일제의 독도·울릉도 침탈 자료집(2)
- 대한제국 정부 문서

일제침탈사
자료총서 03

일제의 독도·울릉도 침탈 자료집(2)

–대한제국 정부 문서

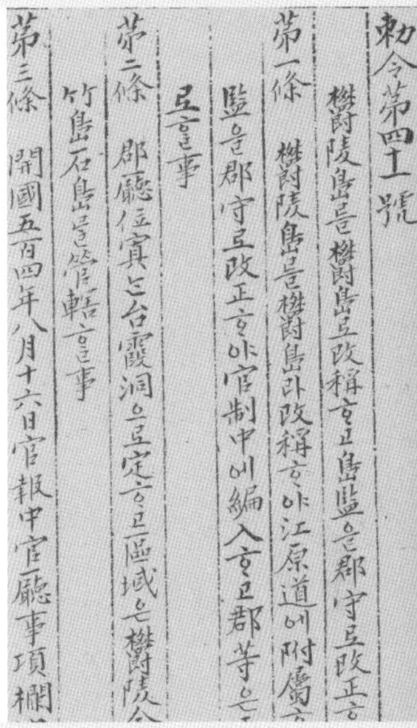

동북아역사재단 편

동북아역사재단
NORTHEAST ASIAN HISTORY FOUNDATION

일러두기

1. 서울대학교 규장각한국학연구원 소장 근대정부기록류 자료 중 1894년부터 1907년까지 울릉도 등지에서 이루어진 외세의 자원침탈, 일본의 불법 벌목 등에 관련되는 자료를 추려서 대본으로 삼고, 이를 번역하였다.
2. 맞춤법은 「한글맞춤법」 문화체육관광부 고시 제2017-12호(2017. 3. 28.), 표준어는 「표준어 규정」 문화체육관광부 국립국어원 「한국어 표준 교육과정」 고시(문화체육관광부 고시 제2020-54호, 2020. 11. 27.)를 따랐으며, 학계의 일반적인 사례를 따랐다.
3. 번역문의 체제는 날짜순으로 배치하였고, 원문을 부가하였다.
4. 문건별로 번호와 제목을 달았고, 독자의 편의를 위해 문서 앞부분에 작성 날짜, 발신 기관, 수신 기관, 관련 자료 등을 표기하였다.
5. 같은 내용의 문서는 대표적인 문서 한두 건을 수록하고, 그 외는 관련 자료 항목에 표시하였다.
6. 번역문의 작성 날짜는 원문에 표기된 연호를 그대로 표기하였고, 왕력 다음에 서력(西曆)을 괄호 안에 병기하였다.
7. 속자(俗子), 약자(略字) 등은 원문 표기대로 쓰는 것을 원칙으로 하되, 일부는 정자(正字)로 바꾸었다.
8. 번역문에 나오는 외국의 지명 및 인명은 되도록 해당 국가의 발음과 글자로 표기하려고 하였다.
9. 관청, 관직명의 약칭이나 별칭은 공식 명칭으로 바꾸어 썼다.
10. 숫자는 아라비아 숫자로 표기하는 것을 원칙으로 하였으나, 고유명사나 일반적으로 쓰이는 경우는 한글로 표기하였다
11. 번역문에 쓰인 주요 기호는 1차 인용은 " ", 2차 인용 및 법률 조문은 ' ', 3차 인용 및 저서는 『 』, 4차 인용은 「 」, 이음 한자는 [ ], 법률 조항은 〈 〉로 하였다.

| 발간사

일제의 식민지에서 벗어나 해방된 지 오래되었지만, 그 역사 문제가 아직도 현실의 한일 관계에서 큰 걸림돌이 되고 있다. 최근 들어 일본의 독도 영유권 주장은 점차 도를 더해 가고 있으며, 더욱이 일제의 인력 강제동원 문제와 이에 대한 피해 보상을 결정한 한국 대법원의 판결, 일본군'위안부' 합의 등을 둘러싸고 갈등이 불거졌다. 역사 문제는 이에 그치지 않고 급기야 무역 분쟁, 안보 문제 등으로 옮겨 붙었다. 식민지배 문제를 바라보는 역사인식의 간격이 좁혀지지 않은 것이다.

우리는 오늘날의 입장에서 과거의 역사를 바라보고, 다시 미래로 나아간다. 과거의 식민지배, 침략의 역사를 미화하고 찬양하면 오늘날의 관계는 물론 평화로운 미래를 얘기할 수 없다. 동북아지역에 미래지향적 평화체제를 한일의 협력으로 만들어야 한다면, 이에 걸맞는 과거사 인식이 필요한 것이다. 미래지향적 역사인식은 한일 양국이 공유해야 할 것이다.

역사인식의 공유를 위해서는 무엇보다도 과거에 대한 객관적이고 정확한 사실에 합의해야 한다. 미래로 나아가는 첫걸음은 과거의 역사를 직시하는 것이다. 이를 위해서는 일본의 침략과 식민지배를 객관적으로 그리고 종합적으로 정리할 필요가 있다. 이에 우리 재단은 한국학계의 연구역량을 결집하여 일제침탈사 연구를 집대성하고, 관련된 자료를 수집하여 체계적으로 정리하고, 일제 침탈 실상을 바로 알리기 위해 국민 대상의 교양서 발간을 기획하게 되었다.

이 사업은 2020년부터 사업을 시작하여 앞으로 몇 개년에 걸쳐 수행할 예정이다. 일제침탈사 편찬사업은 크게 세 부분으로 나누어, (1) 일제 침탈의 전모를 학문적으로 정리한 연구총서(50권), (2) 문호개방 이후 일제 강점기에 이르는 기간의 일제침탈 자료총서(100여 권), 그리고 (3) 일반 국민이 일제 침탈을 올바르게 알 수 있는 주제를 쉽게 풀어쓴 교양총서(70여 권)로 구성하고자 한다.

이 사업은 한국학계에서는 처음이라 할 수 있다. 무엇보다 일반 국민들이 과거 제국주의 시대 우리가 겪었던 침략과 수탈의 역사를 또렷하게 직시할 수 있게 하는 종합 사료집은 드물었다. 따라서 재단은 정치·경제·사회·문화 등 모든 방면에 걸쳐 침탈의 역사를 알기 쉽게 기록하고 그에 대응한 자료를 모아 번역함으로써 국민들에게 일제 식민지배의 실체와 침탈의 실상을 알리고자 한다.

일제 식민지배의 성격과 실상을 알기 위해서는 1876년 개항 후부터 줄곧 전개된 일본의 침략과정부터 해명해야 할 것이다. 한일 간의 불평등한 조약(章程, 協定 등을 포함)을 비롯하여, 독도 침탈, 간도 침탈 등은 물론이고, 각종 사건, 예컨대 갑신정변, 청일전쟁, 을미사변, 러일전쟁 등을 통한 침략의 과정도 규명해야 할 것이다.

이 책은 일제가 울릉도, 독도를 불법적으로 침탈한 자료의 일부이다. 갑오개혁 이후 대한제국시기 정부의 공문서 속에 나타난 여러 문서를 모았다. 서울대학교 규장각한국학연구원에 소장되어 있는 문서 속에서 찾아 가린 것이다. 이 자료 속에는 일본인들이 울릉도에 불법으로 이주하여 나무를 마구 벌목한 문제들이 고스란히 담겨 있다. 이런 불법 침탈에 대해 한일 간의 조약에 의거하여 시정하기 위해 노력하는 정부의 모습도 볼 수 있다. 또 정부는 새로운 지방 제도로 고쳐 울릉도, 독도를 직접적으로 관리하기 위해 노력하였다. 그러나 이미 형세가 기울어진 가운데 이런 노력은 성과를 거둘 수 없었다.

이 자료집이 나오기까지는 시간도 오래 걸리고, 또한 많은 분들이 수고하였다. 자료에 대한 기초적인 조사는 10년 전, 이영학(한국외대) 교수가 주도하는 연구팀[박성준(당시 경희대 소속), 김종준(당시 서울대 소속) 등이 공동연구]이 행한 바 있다. 이를 기반으로 다시 자료를 보완하고 원문을 찾아내는 일은 이연주 석사(연세대 사학과)가 수고하였으며, 이 자료들에 대한 정리와 번역은 오연숙 박사, 이상식 박사, 유성국 박사가 맡았다. 관여한 모든 분들께 감사를 드린다.

1910년 식민지화 이전의 자료 가운데 우리 재단에서는 이미 『한일 조약 자료집(1876~1910)』(일제침탈사 자료총서 1)과 당시 신문 기사 속에 보인 『일제의 독도·울릉도 침탈자료집(4) - 신문기사(1897~1910)』(일제침탈사 자료총서 5)를 간행한 바 있다. 이 책과 아울러 1894년 이전 통리기무통상사무아문(統理機務通商事務衙門)의 일기(『統署日記』), 한일 간의 외교문서(『日案』) 가운데 울릉도, 독도 침탈 자료도 편찬할 것이다. 이 자료집들을 아울러 참조하면 좋을 것이다.

2020년 11월

동북아역사재단

| 차례

20 부산에 머무는 울릉도 도감 배계주에게 전보를 치도록 내부에서 외부에 조회함(1899. 6. 17) 84

21 부산에 머무는 울릉도 도감 배계주에게 친 전보를 받아왔다고 외부에서 내부에 회답 조회함(1899. 6. 18) 86

22 러시아와 계약한 울릉도 등 지역의 삼림을 일본인 등이 무단으로 벌목하는 사안의 해결 방법에 대해 외부에서 내부에 조회함(1899. 8. 8) 88

23 러시아와 계약한 울릉도 등 삼림을 일본인 등이 무단으로 벌목하는 사안에 대해 외부에서 농상공부에 조회함(1899. 8. 8) 91

24 러시아와 계약한 울릉도 등 지역의 삼림 보호나 계약 건은 내부와 관계없다고 내부에서 외부에 회답 조회함(1899. 8. 12) 94

25 울릉도에서 행패 부리고 삼림을 벌목하는 일본인을 돌려보내는 일에 대해 일본 공관에 알리도록 내부에서 외부에 조회함(1899. 9. 15) 97

26 울릉도에서 목재를 운반하는 등 행패를 부린 일본인을 귀국 조치하도록 외부에서 내부에 회답 조회함(1899. 9. 22) 99

27 울릉도에서 행패 부린 일본인을 귀국 조치하는 일에 대해 지방관에게 훈령하도록 외부에서 내부에 조회함(1899. 10. 3) 102

28 울릉 도감 배계주의 보고에 따라 소란을 부린 일본인의 귀국을 일본 공사에게 요구하도록 농상공부에서 외부에 조회함(1899. 10. 24) 104

29 울릉도에서 소란을 부린 일본인의 귀국 요구가 처리되었다고 외부에서 의정부에 회답 조회함(1899. 10. 25) 106

30 울진군 바닷가 주변에서 고기잡이하는 외국 어선의 단속 처리 지침에 대해 외부에서 강원도에 훈령함(1899. 10. 27) 108

31 울릉도 사건에 대해 일본 공관에서 외부에 조회를 보냈다는 『제국신문』 보도를 확인해 주도록 내부에서 외부에 조회함(1899. 11. 27) 112

32 울릉도 사건에 대해 일본 공관에서 외부에 조회를 보냈다는 『제국신문』 보도는 사실이 아님을 외부에서 내부에 회답 조회함(1899. 11. 27) 114

33 조약에 따라 4개도 해안에서 일본 어선의 일반적인 고기잡이를 금지하지 말도록 외부에서 강원도에 훈령함(1899. 12. 14) 116

34 러시아인 케이제링의 고래잡이 해체 장소인 장전포 민간 소유 땅값은 러시아인이 마련하도록 통천군에서 외부에 보고함(1899. 12. 25) 119

35 울릉도 도감 배계주의 보고에 따라 일본인과 결탁해 삼림을 벌목한 김용원의 처벌에 대해 내부에서 외부에 조회함(1900. 3. 14) 122

36 울릉도 백성 최병린 등의 소장에 따라 일본인에게 재산을 빼앗긴 일의 처리에 대해 법부에서 한성부에 훈령함(1900. 3. 20) 125

37 울릉도에 머무는 일본인 사건 처리에 대해 관원을 파견해 대책을 강구하도록 외부에서 내부에 회답 조회함(1900. 3. 27) 128

38 울릉도 백성 최병린 등의 소장에 따라 일본인에게 재산을 빼앗긴 일의 처리에 대해 내부에서 법부에 회답 조회함(1900. 4. 13) 130

39 울릉도를 울도로 개칭하고 감무를 두는 일에 대해 중추원에서 의정부에 회답 조회함(1900. 4. 30) 135

40 내부 파원 김용원이 일본인과 더불어 울릉도 백성들에게 거액을 징수하고 갚지 않은 사건의 처리에 대해 한성부 재판소에서 법부에 보고함(1900. 5. 8) 138

41 울릉도를 조사하기 위해 서울에서 출발하는 날짜를 며칠 늦출 것인지 일본 공관에 확인하도록 내부에서 외부에 조회함(1900. 5. 9) 143

42 울릉도 조사를 위한 출발 날짜와 일본 공사가 보낸 조사 검토 문건에 대해 외부에서 내부에 회답 조회함(1900. 5. 14) 145

43 김용원이 일본인과 더불어 울릉도 백성들에게 징수한 돈을 함께 일한 윤훈상 등에게 받아달라고 내부에서 법부에 회답 조회함(1900. 5. 14) 149

44 울릉도 조사를 위한 출발 날짜와 조사 검토 문건의 합동 검토 날짜에 대해 내부에서 외부에 조회함(1900. 5. 19) 153

45 김용원이 일본인과 더불어 울릉도 백성들에게 징수한 돈을 윤훈상 등에게 거두라고 내부에서 법부에 회답 조회함(1900. 5. 26) 155

46 김용원이 일본인과 더불어 울릉도 백성들에게 돈을 징수할 때 윤훈상 등이 같이 일한 증거를 조사하라고 법부에서 한성부 재판소에 훈령함(1900. 6. 4) 157

47 내부의 울릉도 시찰관이 일본 공사관의 파원 등과 울릉도에서 일본인에 대해 합동 조사한 현황을 동래 감리서에서 외부에 보고함(1900. 6. 9) 160

48 일본인의 울릉도 침탈에 대해 합동 조사하기 위해 오고간 여비를 부산항 세관에서 지불하도록 동래 감리서에서 외부에 보고함(1900. 6. 9) 167

49 울도 시찰 위원 우용정이 결과를 보고함에 따라 일본 공사와 회동하여 심의 처리하자고 내부에서 외부에 조회함(1900. 6. 19) 169

50 울릉도 조사 보고에 대한 합동 심의 날짜를 다시 정하자는 일본 공사의 요청에 따라 외부에서 내부에 회답 조회함(1900. 6. 22) ······················ 172

51 내부 파원의 울릉도 합동 조사 문안을 베끼기 위해 잠시 빌려달라고 외부에서 내부에 통첩함(1900. 6. 26) ······················ 174

52 합동 조사 후 일본인의 벌목이 더욱 심하니 일본 공관에 알려 조속히 일본인들을 철수시키도록 내부에서 외부에 조회함(1900. 7. 5) ······················ 176

53 울릉도에서 일본인들을 철수시켜 돌려보낼 날짜 지정에 대해 일본 공관에 알리도록 내부에서 외부에 조회함(1900. 8. 27) ······················ 179

54 울릉도에 머무는 일본인의 철수 요구에 일본 공사가 이의를 제기한 데 대해 반박하였다고 외부에서 내부에 회답 조회함(1900. 9. 12) ······················ 181

55 울릉도에 머무는 일본인의 철수에 대한 일본 공사의 회답에 대해 외부에서 내부에 조회함(1900. 9. 15) ······················ 186

56 울릉도를 울도로 개칭하는 청의서를 보내며 내부에서 의정부에 통첩함(1900. 9. 29) ······················ 189

57 울릉도에 머무는 일본인의 철수에 대한 내부의 견해를 일본 공사에게 전달하도록 내부에서 외부에 조회함(1900. 10. 2) ······················ 191

58 울릉도를 울도로 개칭하고 도감을 군수로 개정하는 것에 관해 내부에서 의정부에 청의함(1900. 10. 22) ······················ 199

59 울릉도를 울도로 개칭하고 도감을 군수로 개정하는 것에 관한 의정부 회의 결과를 의정부에서 황제께 아룀(1900. 10. 24) ······················ 203

60 울릉도를 울도로 개칭하고 도감을 군수로 개정하는 칙령을 황제가 내부에 내림(1900. 10. 25) ······················ 205

61 울도군에 파견할 순검 2명을 임명하여 올려 보내며 동래 경무서에서 동래 감리서에 보고함(1901. 7. 30) ······················ 207

62 울도군을 침범하여 목재를 약탈하고 백성을 침해하는 일본인들을 일본 공관에 조회하여 철수시키도록 울도군에서 외부에 보고함(1901. 9. 1) ······················ 209

63 일본인들이 울릉도 백성들을 괴롭히고 삼림을 황폐화하는 상황 등에 대해 울도군에서 외부에 보고함(1901. 9. 13) ······················ 211

64 일본인들이 울릉도에서 저지르는 폐단에 대해 일본 공사에게 조회하여 일본인들을 빨리 철수시키도록 내부에서 외부에 조회함(1901. 9. 25) ······················ 213

65 일본인들의 목재 침탈과 관련해 울도의 삼림은 황실 소속이니 함부로 베지 말도록 내장원에서 울도군에 훈령함(1901. 10. 29) ······················ 216

66 울릉도에서 외국인의 폐단과 관련된 일을 신속히 처리하도록 외부에서 동래 감리서에 훈령함(1901. 10. 30) ······················ 218

67 울도군에 외국인과 불법적으로 내통하는 자가 있으면 붙잡아 동래 감리서로 넘기도록 외부에서 울도군에 훈령함(1901. 10. 30) ······················ 220

68 울도군의 삼림을 함부로 베는 일본인과 내통하는 백성들을 보고하여 징계하도록 내장원에서 울도군에 훈령함(1901. 11. 12) ······················ 222

69 부산항에 보관해 둔 울도 느티나무를 즉시 실어 올리라고 동래부윤에게 지시하도록 내부에서 내장원에 조회함(1902. 5. 14) ······················ 224

70 일본인에 대한 배상문제로 자살한 김성술 옥사의 검안 작성을 지체한 배계주의 처리에 대해 평리원에서 법부에 보고함(1902. 5. 17) ······················ 226

71 울도 군수 배계주가 일본인에게 배상하기 위해 출입 금지 산에서 함부로 나무를 벤 일에 대해 평리원에서 법부에 보고함(1902. 6. 22) 229

72 전 울도 군수 배계주의 세금 징수 건의 처리에 대해 평리원에서 법부에 보고함(1902. 7. 7) 231

73 전 울도 군수 배계주가 쓴 경비와 벤 나무 숫자 등을 조사하도록 법부에서 평리원에 훈령함(1902. 7. 14) 233

74 전 울도 군수 배계주의 공금 횡령 혐의에 대해 이전 보고대로 처리하는 것이 타당하다고 평리원에서 법부에 보고함(1902. 8. 25) 236

75 전 울도 군수 배계주의 공금 횡령에 대해 상세히 조사하도록 법부에서 평리원에 훈령함(1902. 8. 30) 239

76 울릉도에 설치한 일본 경무서를 일본 공관에 조회하여 철수시키도록 강원도에서 외부에 보고함(1902. 9. 15) 241

77 전 울도 군수 배계주의 처리에 대해 조사하도록 법부에서 평리원에 훈령함(1902. 10. 31) 244

78 일본인이 벌목하는 일에 대해 일본 공사에게 조회하여 금지하도록 강원도에서 외부에 보고함(1902. 10. 15) 246

79 울도군 백성에게 사사로이 벌목을 허용하고 세금을 받은 울도 군수 배계주의 처리에 대해 평리원에서 법부에 보고함(1903. 1. 5) 249

80 러시아 남작 긴츠브르크가 울릉도 등지에서의 벌목 관련 일로 황제를 직접 만나기를 요청하는 건에 대해 외부에서 예식원에 조회함(1903. 4. 21) 252

81 러시아인의 용암포 토지 구입은 울릉도 등지 벌목 관련 조항 위반 사항임을 들어 조치하도록 의정부에서 외부에 조회함(1903. 6. 11) 254

82 러시아인의 용암포 토지 구입은 울릉도 등지 벌목 관련 조항 위반사항임을 들어 조치하도록 외부에서 의정부에 회답 조회함(1903. 6. 14) ⋯⋯ 260

83 울릉도 삼림 감리의 훈령으로 용암포의 토지 등을 외국인에게 몰래 매매하는 폐단을 금지하겠다고 평안북도에서 외부에 보고함(1903. 7. 17) ⋯⋯ 269

84 울도군에서 벌목하는 일본인들을 철수시키도록 내부에서 외부에 조회함(1903. 8. 12) ⋯⋯ 271

85 울릉도에서 일본인에게 소금을 도둑맞은 일로 하소연하다가 일본 공사를 쓰러뜨린 소금장사 김두원의 처리에 대해 한성부재판소에서 법부에 보고함(1903. 8. 19) ⋯⋯ 274

86 소금장사 김두원이 울릉도에서 일본인에게 소금을 도둑맞은 상황을 목격한 증인을 보내줄 것을 법부에서 외부에 조회함(1903. 8. 28) ⋯⋯ 279

87 울도군에서 일본인이 불법으로 벌목하는 행위에 대해 일본 공사에게 조회하여 금지하도록 강원도에서 외부에 보고함(1903. 10. 15) ⋯⋯ 284

88 울도군에서 일본인이 불법으로 벌목하는 행위에 대한 강원도 관찰사의 보고(1903. 10. 18) ⋯⋯ 287

89 장전포에 일본인이 포경소를 설치한 건에 대해 고성군에서 강원도에 보고함(1903. 11. 8) ⋯⋯ 289

90 장전포에 일본인이 포경소를 설치한 건에 대해 통천군에서 강원도에 보고함(1903. 11. 11) ⋯⋯ 292

91 일본인 원양어업회사의 포경 특허 계속 계약에 대해 외부에서 통천군에 훈령함(1903. 11. 13) ⋯⋯ 297

92 장전포에 일본 공관 설치, 포경막사 설치 문제 및 주문진의 외국인 윤선 왕래 건에 대해 강원도에서 외부에 보고함(1903. 11. 19) 299

93 일본인 포경어업회사가 장전포에 포경 기지를 마련하는 사안에 대해 방해가 없도록 하라고 외부에서 통천군에 훈령함(1903. 11. 23) 302

94 일본인 포경어업회사가 장전포에 포경 기지 마련 건에 대해 러시아인이 정한 경계 이외는 금지하도록 외부에서 고성군에 훈령함(1903. 11. 24) 304

95 울릉도에 머무는 일본 경관과 일본인을 철수하도록 일본 공관에 조회해 달라는 내부의 조회(1903. 11. 26) 306

96 울릉도에 몰래 건너와 머무는 일본인들을 철수해 돌아갈 것을 일본 공관에 조회하도록 내부에서 외부에 조회함(1903. 11. 26) 308

97 울릉도에 머무는 일본인들의 벌목 등의 폐단을 금지해 줄 것을 일본 공사관에 조회하도록 강원도에서 외부에 보고함(1903. 11. 27) 311

98 울릉도에서 일본인과 러시아인의 삼림 벌채 금지와 일본인 철수 건 등을 일본과 러시아 공사에게 조회하도록 강원도에서 외부에 보고함(1903. 11. 28) 313

99 울릉도 등지에 러시아 군함이 정박해 토지를 측량하는데 정부에서 울릉도 삼림을 러시아에 허가했는지에 대해 내부에서 외부에 조회함(1903. 12. 5) 316

100 통상 항구가 아닌 주문진에서 일본 상선이 몰래 어물을 매매한 것에 대해 외부에서 강릉군에 훈령함(1903. 12. 14) 319

101 러시아와 체결한 울릉도 삼림 벌채 허가 등 이전의 모든 계약 폐기건에 대해 외부에서 의정부에 청의함(1904. 5. 17) 321

102 러시아인에게 허가했던 울릉도 등의 삼림을 어공원으로 이속시키도록 농상공부에서 외부에 조회함(1904. 6. 15) 324

103 러시아인에게 허가하였던 울릉도 삼림 계약 문서를 보낸다고 외부에서 농상공부에 회답 조회함(1904. 6. 17) 326

104 영덕군의 어민 어선에 접근해 난동을 부리고 우두머리 백성을 찔러 죽이는 등 일본 어부의 행패에 대해 일본 공사관에 알리도록 내부에서 외부에 조회함(1904. 7. 21) 328

105 조계가 아닌 울진군 죽변포에 일본인이 건물을 지은 것에 대해 강원도에서 외부에 보고함(1904. 7. 23) 332

106 울진군 죽변에서 해저로부터 울릉도 등의 지역까지 전선을 설치하려는 사항에 대해 강원도에서 외부에 보고함(1904. 10. 17) 335

107 일본인이 대진포에 와서 어업 이외에 얼음 채취를 요청한 것에 대해 강원도에서 외부에 보고함(1904. 11. 24) 337

108 울릉도에서 일본인에게 소금 배를 도둑맞은 소금장사 김두원에게 소금값을 돌려줄 것을 일본 공관에 알리도록 법부에서 외부에 조회함(1904. 12. 30) 339

109 러시아와 일본이 바다에서 대포를 쏘며 서로 충돌한 사건에 대해 울진군에서 외부에 보고함(1905. 6. 1) 344

110 일본인 10여 명이 도내 곳곳에 일본 국기를 세운 일에 대해 강원도에서 외부에 보고함(1905. 6. 12) 347

111 러시아와 일본이 울진군 앞바다에서 대포를 쏘며 서로 충돌한 사건에 대해 강원도에서 외부에 보고함(1905. 6. 12) 352

112 일본 군함이 죽변진에서 러시아인 84명을 실어갔다고 울진군에서 외부에 보고함(1905. 7. 1) 355

ㅣ해제

동해안 및 울릉도의 어업, 삼림 자원에 대한 침탈은 일본과 러시아에 의해서 일어났다. 러시아는 1860년대부터 좋은 항구와 어업자원에 관심을 가지고 동해안에 출몰하였다. 특히 청일전쟁 이후 만주와 한국에 세력을 확대하였는데, 삼국간섭(1895) 이후 만주 지역의 이권을 장악해가면서 또한 한국의 정세 변화(을미사변, 아관파천, 광무개혁) 속에서 신식군대를 위한 군사 교관, 재정 고문 등을 파견하였다. 이때 압록강 및 울릉도 삼림채벌권(1896), 동해안 포경 사업과 기지 건설(1898) 등의 이권을 가져갔다.

동해안, 울릉도에 대한 일본의 침탈은 오래되었지만, 개항 이후에는 더욱 빈번해졌다. 특히 청일전쟁 이후에 한국에 대한 정치적 독점력을 바탕으로 침탈도 더 심화되었다. 러시아의 이권침탈이 최소한 조약이나 계약을 통해서 이루어졌다면, 일본은 대부분 불법적으로 행해졌다. 대한제국의 정부 문서도 일본의 침탈과 이에 대응하는 것이 대부분이었고, 이 「해제」도 일본의 침탈을 중점적으로 다루었다.

일본의 동해안, 울릉도 침탈은 여러 종류의 자료를 종합적으로 정리해야 파악할 수 있다. 이런 차원에서 우리 재단에서는 이미 일제의 울릉도 침탈에 대한 '신문기사 자료집'을 간행하였고, 또한 한일 간의 외교문서(『日案』)와 통리교섭통상사무아문의 『통서일기』 등도 간행을 준비하고 있다. 본 재단 연구위원 김영수, 『제국의 이중성-근대 독도를 둘러싼 한국·일본·러시아』(동북아역사재단, 2019)에서도 자세하게 정리하였으므로 참고하면 좋을 것이다.

1. 수록 문서의 종류

동해안과 울릉도 지역에서 이루어진 일본, 러시아의 이권 침탈(삼림 벌목, 고래잡이)에서 문제나 사건이 일어나면 해당 지방의 지방관(관찰사, 군수)이 이를 보고하고, 중앙 정부의 지침(지령, 훈령)을 받았다. 중앙의 내부에서는 그 가운데 일본과의 외교 차원에서 해결해야 할 것이 있으면, 이를 다시 외부에 조회 문서를 보냈고, 외부는 이를 일본 공사관에 보내고, 그 답변 등을 바탕으로 다시 내부의 조회에 대한 답[照覆]을 보내기도 하였다. 한국의 외부와 일본 공사관 사이에 오간 문서는 『일안(日案)』에 남아 있고, 이를 제외한 문서는 이 자료집에 수록하였다.

이와 아울러 지방 제도의 개편이나, 울릉도 문제를 해결하기 위해 정부 안에서 논의하는 과정에서 만들어진 문서도 있다. 황제의 이름으로 제도를 만들어가는 과정을 보인 문서, 벌목 등에서 야기된 내국인의 불법적 행위를 조치하는 조사, 재판 등의 문서도 있다.

수록한 문서의 편철은 대략 다음과 같다.

- 『칙령(勅令)』 : 황제의 칙령만을 모은 문서.
- 『주본(奏本)』 : 임금에게 올린 문서. 주로 황제의 재가(裁可)를 얻어야 하는 행정제도 개정, 인사 발령 등의 내용을 담고 있음.
- 『의주(議奏)』 : 임금이 내각, 의정부에 의논하여 상주(上奏)하라고 내리는 문서.
- 『청의서(請議書)』 : 행정안의 심의를 내각(의정부)에 청원하는 문서.
- 외부 편, 『강원도내거안(江原道來去案)』 : 일본의 침탈이 행해진 울릉도, 강원도의 지방관이 외부대신에게 올린 보고와 답신, 지령, 훈령 등. 『평안북도내거안』, 『함경남도내거안』, 『동래항보첩(東萊港報牒)』, 『각관찰도내거안』 등도 동일.
- 외부 편, 『내부내거문(內部來去文)』, 『내부내거안』 : 외부와 내부 사이에 오간 문서. 지방관이 올린 문서 가운데 외교 문제가 있는 사항에 대한 조회(照會)와 조복(照覆). 『농상공부내거문』, 『법부내거문』 등도 동일.
- 의정부 편, 『중추원내문(中樞院來文)』 : 중추원에서 의정부로 보낸 문서.
- 법부 편, 『사법품보(司法稟報)』 : 간혹 소송으로 이어진 사건에 대해서 법부, 평리원, 한성부재판소 등이 조사, 조치하여 만든 문서를 관계 부서로 조회, 보고한 문서. 『훈지기안(訓指起案)』, 『내조(來照)』 등도 동일.

2. 일본의 울릉도 침탈과 독도 문제

1) 울릉도 삼림 불법 벌목과 무단 거주

일본인들의 울릉도 노략질은 오래되었지만, 개항 이후에 더 심화되었다. 일본은 1876년 「조일수호조규」 이래 개항장을 확대하고, 일본인의 조계지를 만들어 침략의 근거지로 삼았다. 어업 관련으로는 1883년 7월에 「조일통상장정」을 체결하여 일본 어민이 전라도, 경상도, 강원도, 함경도 연해에서 어업활동을 할 수 있도록 하였고, 1889년에는 「통어장정」을 체결하였다. 하지만 일본인은 조약상 허가되지 않는 울릉도에 거주하면서 불법적인 벌목과 어업활동을 자행하였다.

이런 피해를 알게 된 조선 정부는 1880년대에 들어 울릉도를 개척하였다. 시찰관을 파견하여 실상을 파악하면서, 육지 사람들을 이주시켰다. 김옥균이 '동남개척사겸포경사'로 임명되기도 하였다. 그 이후 인구가 1,600여 명으로 늘어났고, 나무와 약초 등 특산물로 육지의 쌀 등과 교역하면서 대체로 무난하게 살았다(수록 문서 47, 이하 같음).

일본은 청일전쟁 이후 한반도를 거의 독점적으로 지배하였다. 이에 일본인들의 행패와 불법 벌목은 더 심해졌다. 울릉도를 둘러싸고 만들어진 대한제국 정부 문서의 대부분도 일본인의 불법적인 벌목과 무단 거주 및 도민(島民)에 대한 행패를 호소하는 것이었다. 갑오개혁 시기에 처음 실시된 제도에 따라 도감이 된 배계주는 일본인의 폐해와 행패를 중앙에 보고하였다. 일본인들이 들어와 나무껍질을 벗기고, 또한 행패를 부리고 있으므로, 이를 일본 공사관에 알려 조치를 취할 것을 원하였다(3). 1898년에도 배계주는 "본 울릉도는 통상 항구(通商港口)가 아니다."라고 하여, 일본인이 거주할 수 없음을 지적하고, 이들이 섬 안의 느티나무를 거리낌 없이 베어내 몰래 팔아먹고, 또 섬 안에 사는 백성에게 위협하며 행패 부리는 폐단을 보고하였다(10).

이 문제는 이후 계속되었다. 울릉도에서는 이를 지속적으로 절차를 거쳐 내부에 보고하고, 내부에서는 외부에 이 문제를 해결하기 위해 일본 공사관에 조회하여 일본인들을 본국으로 돌려보내라고 요구하였다(11, 25, 26, 27).

그러는 사이 '김용원 사건'도 일어났다. 김용원이라는 사람이 '공무'를 이유로 나무를 베어 팔려고 하였고, 우선 나무를 베어 팔면 갚겠다고 하고 일본인에게 돈 3,000냥을 빌렸는데, 도감이 나무를 베지 못하게 하자 빚을 갚지 못하게 되었고, 일본인은 이 돈을 도감이나

도민에게 받아내어 갔다(36, 38).

일본인의 불법 벌목과 행패는 한국 정부와 일본 공사관 사이의 외교 현안이 되었다. 한국 정부의 지속적인 요구에 한일 양국이 울릉도 실상을 공동으로 조사하였다(1900).

이때 정부는 (42) 문서의 부록으로 「울릉도에 머무는 일본인에 대한 조사요령[鬱陵島在留日本人調査要領]」을 작성하였다. 외부 대신이 "일본의 무뢰한 수백 명이 함부로 마을을 이루고, 목재를 베고 화물을 몰래 운반하며, 주민들을 못살게 굴고 조금만 뜻에 거슬려도 제멋대로 난동을 부리고 무기를 사용하는 데 전혀 거리낌이 없지만 지방 관리로서는 금지할 수가 없다."라고 하였고, 이에 대해 일본인들은 "해당 섬에 가서 나무를 베는 것은 바로 해당 도감(島監)의 허가를 거쳐 상당한 벌목 요금을 납부했으므로 몰래 베는 것이 아니다."라고 주장하였다. 그리하여 외부에서는 조사해야 될 것들을 정리하였다. 곧 ① 일본인들의 불법 행위와 행패를 서울에 가서 보고하려 해도 일본인들이 각 나루를 지키고 건너갈 수 없게 하는 점, ② 울릉도감이 일본인을 일본 재판소에 고소하고 배상을 요구한 것에 일본인들이 도리어 도감에게 재판 비용을 요구하고 있는 점, ③ 일본인들이 김용원(金庸爰)에게 돈을 주고 나무 베는 것을 계약한 것 등이었다.

그리하여 공동조사단은 1900년 5월 30일 부산항을 출발하여 울릉도에서 3일간 활동하였다. 내부 시찰관 우용정, 부산항 세무사(稅務司) 라포르트[羅保得, E. Raporte], 부산 주재 일본 부영사(副領事) 아카츠카 마사스케(赤塚正輔), 서울 주재 일본 공사관 경부 와타나베 다카지로(渡邊鷹治郎) 등이었다. 수행했던 동래 감리서 주사 김면수가 외부 대신에게 보고서를 작성하였고(47), 내부 시찰관 우용정도 보고서를 작성하여 내부 대신에게 제출하였으며, 내부 대신은 이를 외부 대신에게 조회하였다(49).

김면수의 보고서 후록(後錄)에는 조사 내용이 자세하게 정리되어 있다.

> ① 일본인의 집은 57칸, 남녀 모두 144명, 정박한 선박은 총 11척이다. 나무를 베기 위한 칼, 톱을 만드는 대장간도 있고, 향나무 등을 베어 그릇을 만드는 목기공(木器工)도 있음. 지난해 1년 동안 베어낸 느티나무가 71그루, 감탕나무의 껍질을 벗기고 즙을 내서 운반해 나간 것 또한 1,000여 통이다. 이렇게 간다면 몇 해 안에 울릉도의 산이 모두 벌거숭이가 될 것이다. 일본인들은 무례하여 여자를 희롱하기도 하며, 이를 힐책하며 행패를 마구 부린다. 도감(島監)이 있으나 휘하에 1명의 병졸도 없으니 일본인의 침범이나 난동을 금지할 수 없다.

② 조사 기간 중에도 4척의 일본 범선이 와서 벌목꾼 40명 등 모두 70여 명이 상륙하려고 해서 조선 정부에서 조사한다고 하니, 다른 곳으로 갔다. 일본 영사에게 함부로 나무를 베지 못하게 하였지만, 조사단이 돌아온 뒤에 나무를 마구 베는 일은 알지 못한다.

③ 울릉도 거주 한국인의 가옥은 총 401호(戶), 남녀 1,641명이다. 판자집에 살며 불을 질러 경작하는데 밀, 보리, 콩, 마의 4가지를 심고, 토양이 비옥하여 분뇨를 뿌릴 필요가 없으며, 뽕, 삼, 목화 또한 토질이 적당하다. 지형상 벼농사를 지을 수 없어서 나주(羅州)의 상인들이 쌀을 싣고 와서 토산물인 해초와 바꿔서 간다고 한다. 느티나무·잣나무·향나무·감탕나무 등의 나무, 우슬(牛膝)·후박(厚朴)·황백(黃柏)·맥문동(麥門冬)·황정(黃精) 등의 약재가 난다. '명이(茗荑)'라는 풀은 1뿌리에서 2개의 잎이 나며 잎은 매우 기름지다. '학(鶴)'이라는 새가 있는데 비둘기에 비해 조금 크며 매의 부리에 오리의 발을 하고 있다. 산에는 승냥이·호랑이·독사가 없고, 물에는 두꺼비가 없고, 나무에는 가시가 없다. 섬 안은 13개 동네로 나누어져 있다. 임오년(1882) 이전에는 황폐한 산이었는데, 계미년(1883)에 관동 사람 7, 8호가 먼저 들어오고, 갑신년(1884) 이후 영남 사람 및 각 도 사람이 조금씩 왔다. 개척 초기부터 지금까지 18년 동안 백성들이 많이 늘었는데, 1,600여 명에 이를 정도로 많아졌다. 주민들은 화목하고 스스로 즐기며 편안하고 한가로운 기상이 있으니, '무릉도원(武陵桃源)'이라 할 만하다. 그런데 일본인이 와서 머물면서 온갖 폐단이 늘어나고 민심은 와글와글 들끓고 서로 용납하지 못하는 상황이 발생했다.

조사하면서 별도의 문서, 책들을 수집 혹은 작성하였다. 을릉도민이 작성한 「일본인의 집 및 인구에 대한 성책(成冊)」 1건, 「일본인의 사실에 대한 성책」 1건, 「일본인이 벤 느티나무에 대한 성책」 1건, 그리고 「일본인 납세책자」 1건, 「일본인 벌금증서」 6장, 「도감(島監) 오상일(吳相鎰)이 느티나무 값 500냥을 받은 증서」 1건, 「섬 백성들이 함부로 벤 느티나무에 대한 성책」 1건 등이었다.

한일 합동조사 이후에도 일본인의 벌목과 폐단은 지속되었다(52, 62). 조선 정부는 일본인의 철수를 거듭 주장하고 이를 일본 공관에 알렸다(53). 그러나 문제는 해결되지 않았다. 일본 측에서는 ① 일본인이 10여 년 전부터 울릉도에 머문 것은 도감의 묵시적 허락이며, ② 나무를 베는 것도 도감의 의뢰나 합의한 매매 때문이며, ③ 섬 안에서 한일 주민 사이의 거래는 매우 중요하고 이를 수출입세로 부과할 수 없고, ④ 일본인이 일본 본토에 왕래하는 것은 울릉도민을 위해서 필요한 일이라고 하면서, 일본인의 도벌을 정당화하였다. 또 한국 정부에서 강제로 물러나게 한다면 그동안의 경비를 협의해야 하고, 또 물러나더라도 다시 일본인이 올 것이므로 현재 상태를 유지하는 것이 좋다는 것이었다(54). 이에 대해 한국 정부는 ① 통상항구가 아닌 곳에 몰래 들어와 거주하는 것은 규정에 위배된다는 것, ② 도감이 이전에 벌목을 인정해 준 것은 실수이며, ③ 도감이 징수한 화물가의 2%는 단지 벌금액에 대신한 것이며, 들어오는 화물에는 부과하지 않고 있으니 수출입세는 아니며, ④ 일본인의 행패로 한일 사람 사이가 원수같이 되었으니 이대로 둘 수 없다는 등의 사유로 이를 반박하였다(54).

이 후에는 개항장이 아닌 곳의 외국인 거주 문제가 핵심으로 떠올랐다. 일본 측은 지난 조사 때 거론하지 않았던 '조약' 문제를 거론하는 것을 지적하면서 "개항과 개시장(開市場) 이외에는 외국인이 거주하는 것을 허락하지 않는다는 것이 규정인데, 일한조약(日韓條約)에서만 그렇지 않다."고 하면서, 서양인 선교사는 전국 각지에 흩어져 활동하고 있다는 점을 거론하며 이를 반박하였다. 그리하여 일본 공사는 "우리나라(일본) 사람이 울릉도에 머무는 것은 비록 조약의 규정 이외에 해당하지만 점차 성립된 관습이니 책임은 섬을 다스리는 귀국 관리의 감독에 있고 바로 귀 정부의 책임"이라고 하며, 울릉도의 일본인을 귀국시킬 수 없다고 강변하였다(55). 이에 한국 정부는 선교사는 백성을 가르치기 위해서 각처에 흩어져 있는 것으로 일본인처럼 통상 항구가 아닌 곳에서 무역하는 것과 다르다고 하고, 이를 핑계로 삼지 말라고 하였다(56).

후에는 일본이 울릉도에 일본경무서를 설치하였고, 경무서에서 한국인도 잡아들이자 조선 정부는 이것도 철수하도록 요구하였다(76). 통상(通商)하지 않는 내지(內地)에 일본인이 몰래 들어와 사는 것, 한국인과 토지를 매매하는 것은 물론, 이를 관리하기 위해 경관(警官)을 파견하여 설치하는 것도 모두 조약 위반이라고 주장하였다(96, 98). 끊임없이 이런 불법을 일본 공사관에 항의하였으나 울릉도에서 일본인의 불법 거주와 벌목 문제는 해결되지 않았다.

2) 일본의 어업 침탈과 포경 사업

일본이 동해안에서 어업 침탈을 자행한 것은 오래되었고, 또한 빈번하였다. 일본은 조선과의 통상조약을 맺고 그 이후에도 어업을 위한 조약(「통어장정」)을 맺었다. 가령 1898년 6월, 강릉 군수의 보고(14)에 의하면, 강릉 바닷가에 일본 고기잡이배가 많이 몰려들고 있고,

특히 해삼을 채취한다는 것이었다. 일본은 이른바 잠수[潜り(모구리)] 작업으로 "얕고 깊고 멀고 가까움을 따지고 않고 남김없이 크고 작은 통에 넣어 두레박에 올려보내며, 오이진(梧耳津) 모래사장에 막사를 짓고 지붕을 만들고 따온 해삼을 언덕처럼 쌓아놓고 솥을 열 지어 놓고 삶아서 말린다."고 하였다. 한국 사람은 하나도 잡지 못하는데, 일본인이 이를 독점한다는 것이었다.

1899년 12월에는 군수가 「통어장정」에 실려 있는 제5조의 '해안 3리 이내에서는 지방의 금지 사항을 어기지 않는다.'와 제6조의 '3리 이내에서는 상대 나라 어선 중 법을 어긴 경우, 모두 압류한다.'에 의거하여 설명하였지만, 일본인들은 멋대로 집을 짓고 한국 사람의 어업을 방해하고 배를 막고 까닭 없이 구타하는 일이 일어났다. 군수는 이를 일본 공사관에 조회해 주기를 원하였다. 외부에서는 강원도에 일본 어선의 일반적인 어업은 「한일통상조약」, 「통어장정」에 따라 허가를 얻어 어업할 수 있다고 훈령하였다. 다만 3리(일본식) 이내는 고래잡이를 허가하지 않는다고 하였다(33).

일본은 포경 사업도 활발하게 전개하였다. 이는 이미 허가를 받은 러시아에 대적하는 행위였다. 1903년에 일본인은 허가를 받지 않고 장전포(長箭浦)에 포경소(捕鯨所)를 설치하였다(89, 90). 러시아는 정부의 허가에 의해 1899년에 장전포에 기지를 설치하고 매년 4~5척의 포경선이 9, 10월에 와서 이듬해 입춘까지 고래를 잡다가 귀국하였다.* 일본은 1901년부터 러시아와 마찬가지로 포경을 해 왔는데, 그해에는 러시아인이 오기도 전에 먼저 일본인이 와서 구역 바깥에 막사를 불법으로 지었던 것이다. 군수는 불법이므로 철거하라고 명령하고, 이에 일본은 허가장이 곧 올 것이라고 버티면서, 단지 고래고기만 보관하다가 겨울을 지나면 철수하겠다고 핑계를 대었다.

보고를 받은 외부는 포경 사업을 하던 일본 원양 어업회사가 허가한 계약 기한이 지나고 다시 계약을 하지 않은 상태였지만, 일본 공사관의 요청으로 그 요구를 들어주어야 하였다. 다만 러시아인이 정한 경계 외는 일본인도 금지하는 정도였다(91~94).

---

* 고래는 회유성동물이기 때문에 1~5월은 장생포, 9~11월은 함경도 신포, 11~1월은 강원도 장전포를 각각 이용하였다.

3) 소금장수 김두원 사건

원산의 소금장수 김두원의 호소문[訴狀]과 관련된 몇 건이 있다. 김두원이 소금배를 울릉도에 기착했다가, 밤새 일본인이 소금배를 훔쳐 도망쳐서 팔아먹은 사건(1899)으로, 김두원은 그 소금값을 받기 위해 여러 차례 통감부, 일본 공사관, 한국 정부 등에 호소하였다. 김두원은 소금 1,088통의 값으로 돈 5,199환 10전과 이 사건이 해결되지 않고 끌어온 8년의 손해배상금으로 8배를 계산하여 총 4만 6,791환 90전을 요구하였다. 그의 호소는 전후 9차례나 이어졌고, 급기야 마주친 일본 공사를 발로 차서 넘어뜨리는 사건도 일어났다.

이 자료집에는 4건이 수록되어 있다(85, 86, 108. 116). 그의 호소 가운데 일부는 다음과 같다.

> (김두원은) 원산 바닷가 구석의 한낱 상인으로 멀고 험한 길과 파도를 건너 소금 파는 것을 생업으로 삼았습니다. 그러다가 한 번 일본인 기무라 겐이치로(木村源一郞) 형제에게 도적맞은 이후로 생업이 다 없어졌고 이리저리 떠도는 신세로 감히 고향으로 되돌아가지 못하고 서울에서 떠돌며 머금은 원한이 뼈에 사무치고 품은 억울함에 가슴이 막혔습니다(116).

3. 대한제국 정부의 지방 제도 개편과 울도군 설치

울릉도의 삼림 벌채 및 어업 침탈에 대해서 대한제국 정부는 한일 간에 맺은 조약, 장정에 의거하여 대응하였다. 그러나 그 조약 자체가 다분히 불평등한 성격을 지니고 있으므로, 이에 의거한 대응에는 한계가 있었다. 더구나 힘의 강약이 명확해지면서 더욱 그러하였다. 다른 한편으로 대한제국 정부는 울릉도를 중앙의 집권체제 속에 편입시켜 관리하고자 하였다. 즉 지방 제도의 개정을 통한 방안이었다.

1) 수토제의 폐지와 도감 설치

조선시대에는 대체로 주민을 살지 않게 하는 공도(空島) 정책으로 왜구의 노략질에 대응하였다. 그러면서도 각종 지리지나 지도에는 조선의 영토라는 사실을 명시해 왔고, 2~3년에 한 번씩 수토사(搜討使)를 파견하여 이를 관리하였다.

개항 후, 근대화 과정에서 고종은 공도 정책을 폐기하고, 울릉도를 개발하고자 하였다. 1881년에 고종은 이규원을 검찰관으로 파견하여 사정을 살피게 하고, 육지 사람을 이주시켰다. 앞서 인용한 문서(47)에서도 알 수 있으며, 김옥균에게 준 동남제도개척사겸포경사라는 직을 준 것도 이와 무관하지 않은 것으로 보인다.

갑오개혁에 이르러 새로운 지방 제도를 개편하였다. 이 일환으로 종래의 수토제를 폐지하고, 이를 관리하는 직책으로 별도의 도장을 설치하기로 하였다(1, 2, 4, 5). "월송 만호(越松萬戶)가 겸직하는 도장(島長)은 줄이고, 별도로 감당할 만한 자 1인을 가려서 도장으로 임명"(2)한다는 것이었다. 이미 개척되어 사람이 살고 있으므로 임시직으로 관리해서는 안 된다는 것이었다. 이에 1895년 8월에 현지 사람을 도감(島監)으로 임명하기로 하고, 9월에 울릉도 사람 배계주를 첫 도감으로 삼았다. 도감은 판임관이므로 관보에도 게재되었다(12).

2) 울도군의 설치와 「칙령」 41호

이후 울릉도에 거주하는 사람도 늘어나고, 또한 일본의 불법 벌채와 행패가 일어나자 정부에서도 울릉도를 지방 제도 속에 넣어 편제하였다. 1898년 5월에 내부에서 의정부에 이를 청의하면서 "거주하는 백성의 호구 수는 277호, 남녀 인구는 총 1,137명이며, 개간한 토지는 4,774두락입니다. 이를 삼가 조사해 보니 해당 섬의 사람과 호구 수, 토지 개간이 이와 같은 경우에는 어쩔 수 없이 지방 제도에 추가하는 것이 타당합니다."라고 하였다. 이에 의정부의 의논을 거쳐 1896년의 「칙령(勅令)」 36호를 개정하여 "울릉도에 도감 1명을 두되, 본 지역 사람을 뽑아 임명하고, 판임관으로 대우한다. 시행 규칙은 내부 대신이 헤아려서 정한다."라는 조항을 추가하였다(12, 1898년 5월 26일).**

이러한 개정 후에 울릉도 관리에 대한 중요성은 더 커졌다. 특히 울릉도에서의 일본인의 불법적 삼림 남벌과 같은 행패가 지속되자 이에 대한 대응이 모색되었다. 1900년 3월에 울도 관제 개정의 논의가 보고되기도 하였고, 4월 말에는 "울릉도를 울도로 개칭하고 감무를 두는 일"이 중추원에서 의정부로 제출되었다(39). 1898년 5월에 가결된 '지방 제도에 추가하

** 그런데 이 청의 문서의 제목은 「울릉도 구역을 지방 제도에 추가하는 것에 관한 청의서[鬱陵島 區域을 地方制度 中 添入에 關한 請議書]」이다. '구역'이 어디까지를 말하는지는 불분명하나, 1900년 10월의 「칙령」 41호와 관련해 본다면 이미 독도를 포함하였을 것으로 추정한다.

는 일'의 연속적 조치로 보인다. 이런 논의 중에 우용정 일행이 울릉도의 일본인 행태를 조사하였고(6월), 이를 통해서도 지방 제도 개정을 더 명확하게 추진하였다.

그리하여 9월에 내부에서 의정부로 실무진 차원에서 "올해(1900) 2월 26일 울릉도 청의서"를 보내어 의견을 구하였고(56), 이를 바탕으로 10월 22일에 내부 대신이 의정부 의정 앞으로 「울릉도를 울도로 개칭하고 도감(島監)을 군수로 개정하는 것에 관한 청의서」를 제출하였다(58). 이 「청의서」의 내용은 다음과 같다.

> 해당 섬이 동해에 외따로 있어서 대륙이 멀리 떨어져 있습니다. 따라서 개국 504년(1895)에 도감을 설치하여 섬 백성을 보호하고 사무를 관장하게 하였는데, 해당 도감 배계주(裵季周)의 보고문서와 본 내부 시찰관 우용정(禹用鼎), 동래세무사의 시찰기록을 참조하여 마디마디 조사해 보니, …… 대체로 호구 수와 밭의 면적과 곡식 수효를 육지에 있는 산간 군과 비교하여 계산하면 수효는 더러 미치지 못하지만 심하게 차이나지는 않습니다. 뿐만 아니라 최근에 외국인이 왕래하며 교역하여 교섭하는 일도 있고 하니 도감(島監)이라 호칭하는 것은 행정상 정말로 장애가 있기에 울릉도를 울도(鬱島)라 개칭하고 도감을 군수로 개정하는 것이 타당하기에 이 칙령안을 회의에 제출합니다.

이 요청에 따라 10월 24일, 의정부 회의에서 이를 가결하고, 이튿날 25일에 「칙령」 41호로 「울릉도를 울도로 개칭하고 도감을 군수로 개정하는 건」을 반포하였다(60).

> 제1조 울릉도를 울도라 개칭하여 강원도에 소속시키고 도감을 군수로 개정하여 관제 중에 편입하고 군의 등급은 5등으로 한다.
>
> 제2조 군청의 위치는 태하동(台霞洞)으로 정하고 구역은 울릉도 전부와 죽도(竹島), 석도(石島)를 관할한다. (……)
>
> 제4조 경비는 5등급 군으로 마련하되 당분간 아전의 수가 갖추어지지 않았고 여러 가지 일이 초창기이기에 해당 섬에서 거두는 세금 중에서 우선 마련한다. (……)

울릉도를 지방 제도 체제 안에서 별도의 군으로 편성하고 군수를 둔 것은 울릉도 및 그 부속 도서인 '석도(독도)'까지 관할하게 되면서 대내외적으로 중요한 의미를 가졌다. 비록 군수의 월급이나 경비를 중앙에서 처리하지 못하여 군수가 벌목하거나 또는 그 섬의 백성들에게 징수하여 문제가 생기기도 하였지만(79), 특히 대외적으로 일본인의 불법 활동을 시정하는 데는 매우 중요한 근거와 논리가 되었다.

강원 관찰사 김정근이 "해당 도(島)는 지금 이미 군(郡)이 되었으니(곧 울릉'도'에서 울도'군'으로), 섬 지역 내의 나무는 우리나라 군 관할이 아닌 것이 없습니다. 이번에 일본인이 이전처럼 나무를 베는 것은 법에서 벗어납니다."라고 한 것이나(78), 울도군수 심흥택이 불법을 저지르는 울릉 거주 일본인에게 "전에는 비록 '섬(島, 곧 울릉도 도감)'이라고 하였으나 지금은 '군(郡, 울도군 군수)'이 되었습니다. 따라서 지역의 풀과 나무조차 본 군수의 관할 아닌 것이 없으니 지나간 일은 따질 것도 없지만 오히려 바로 내쫓을 것입니다. 이후로 다시 이전처럼 나무를 베는 것은 부당하니 또한 귀 경부에서도 헤아려 금지해 주십시오"라고 하였다(84, 87).

4. 러일전쟁과 일본의 독도 침탈

1) 러일전쟁과 한일의정서, 대러 조약, 계약 폐기

한반도와 만주의 지배를 둘러싸고 대립하던 러시아와 일본은 마침내 전쟁으로 나아갔다. 일본은 러일전쟁을 일으키면서 한국을 전쟁에 끌어들이기 위해 강압과 회유, 명분을 제시하였다.

일본이 전쟁의 명분으로 삼은 것은 '동양평화'였다. 백인종인 서양, 러시아의 침략에서 동양의 평화를 지키고 이룩하기 위한 전쟁이라는 것이었다. 이런 점에서 러일전쟁은 백인종과 황인종의 인종전쟁이며, 백인의 침략에 대항해서 싸우는 의전(義戰)이었다.

러시아와 일본의 다툼 틈바구니에서 대한제국은 전쟁에 휘말리지 않기 위해 전쟁 발발 전인 1904년 1월에 '국외 중립(局外中立)'을 선언하였다. 그러나 일본은 이를 인정하지 않았고, 전쟁 발발 후 동양평화와 한국의 독립 보전이라는 명분을 내세워 「한일의정서」를 강제로 체결하였다(1904년 2월 23일). 조항 속에는 일본의 내정간섭, 전쟁에 필요한 지역의 점령 등을 넣었다. 러시아와 싸움이 치열했던 동해안 지역 및 울릉도, 독도가 전쟁의 피해를 받았고, 독도를 강제적, 불법적으로 자신들의 영토로 선언해 버렸다. 울릉도에 불법적으로 거주하며 벌목을 행하던 일본인을 추방하지도 못하고, 대한제국은 식민지화의 길에 들어서게 되었다.

러일전쟁이 일어나자 일본의 간섭 아래에서 대한제국 정부는 러시아와 이전에 맺었던 각종 조약이나 계약을 폐기하였고, 고종 황제도 전쟁에 즈음한 의견을 발표하였다(101). 외부 대신이 의정부에 올린 「청의서」에는 일본의 침략논리를 그대로 추종하였다. 곧 "대한(大韓) 정부는 일본이 러시아를 상대로 전쟁을 선포한 것이 오직 대한의 독립을 유지하여 동양 전체의 평화를 확고히 하는 데 있음을 헤아려 이미 「의정서」를 체결하고 협력함으로써 일본이 싸우는 목적을 달성하는 데 편리하게 하였습니다. 이번에 또 러시아에 있는 공관을 철수해 물러나게 했으니 이로써 대한과 러시아 사이의 외교 관계는 사실상 단절되었습니다."라고 하였다.

이와 관련하여 고종도 "이전에 한국과 러시아 두 나라 사이에 체결된 조약과 협정은 모두 폐기하고 전혀 시행하지 말 일"이라고 하면서, 아울러 울릉도 삼림 채벌 계약은 "두만강, 압록강, 울릉도의 삼림을 베거나 심는 것을 특별히 허가한 경우는 본래 한 개인에게 허락한 것인데, 사실은 러시아 정부가 자연 경영할 뿐 아니라 해당 특별히 승인한 규정을 따르지 않고 제멋대로 침략해 차지하는 행위를 하였으니, 해당 특별 승인은 폐지하고 전혀 시행하지 말 일이다."라고 지시하였다. 이에 따라 울릉도 등의 삼림은 어공원(내장원)이 관리하게 되었다(102).

2) 러일전쟁과 일본의 동해 및 독도 침탈

러일전쟁의 싸움터가 되었던 지역(강원도 동해안 지역)에서는 전쟁의 전개양상을 간혹 보고하였다. 영덕(104), 죽변(105), 대진포(107) 등지에서 일본의 힘을 등에 업고 일본인의 침탈이 일어났다.

러일전쟁과 관련해서는 죽변에 해저 전선을 설치하는 일(106), 울진에서 러시아와 일본이 서로 대포를 쏜 사건(109, 111) 등을 보고하였다. 이런 가운데 동해안 지역 곳곳에 일본인들이 바위에 흰 회칠을 하면서 일본국이라는 글씨도 쓰고, 또 일본 국기를 세우는 만행을 일으켰다. 물론 전쟁에 필요한 지역을 점거한 것으로, 마치 일본 땅인 것처럼 주장하였다(110). 울진의 근북면, 원북면, 근남면, 원남면, 하군면 여러 동네의 동임(洞任)이 연이어 보고하였다.

전쟁이 진행되면서 일본은 러시아 해군을 탐지하기 위해 울릉도와 독도에 망루를 세웠다. 그리고 이듬해 1905년 2월에 독도를 자기 땅으로 편입해 버렸다. 일제 침략 과정에서 영토를 빼앗긴 첫 희생이 독도였다. 일본의 이런 불법 조치를 당시 정부에서는 빨리 숙지하지 못했던 것으로 보인다. 정부 문서에 '독도'가 처음 나타난 것은 1906년 4월이었다. 울도 군수 심흥택의 보고가 그것이다. 울도 군수는 분명하게 독도를 울도군 소속으로 적시하였다 (115).

> 본 울도군 소속 독도(獨島)는 먼 바다 100여 리 밖에 있습니다. 이번 4월 4일 진시(辰時)쯤 윤선 1척이 울도군 내 도동포에 와서 정박하였습니다. 일본 관원 일행이 관아에 도착해 스스로 이르기를, '독도는 이번에 일본의 영토가 되었으므로 시찰하려고 왔다.'라고 하였습니다.

이 보고를 접한 정부 외부에서는 당연히 이를 부당하다고 의견을 표시하였다. 즉 "독도(獨島)를 영토로 한다는 이야기는 전혀 근거가 없으니, 해당 독도의 형편과 일본인이 어떤 행동을 하는지에 대해 다시 조사해 보고할 것"을 지령하였던 것이다. 1900년 10월 「칙령」에서 '석도'라고 했던 이 섬의 이름이 이때의 문서에서 처음으로 명백하게 '독도'라고 기록되었고, 또 이 독도가 "울도 소속"이라고 한 점을 천명했던 점에서 매우 소중한 정부 기록 문서이다.

일제의 독도·울릉도 침탈 자료 번역문

대한제국 정부 문서

1 울릉도 수토 선원과 도구를 없애자는 총리 대신 등의 건의

문서 종류 주본(奏本) 제54호
작성 날짜 1894-12-27
발신 총리 대신 김홍집, 내무 대신 박영효, 탁지 대신 어윤중
수신 임금
출처 奏本(奎17702) 1책 57a-59a

주본 제54호

총리 대신(總理大臣) 신 김홍집(金弘集), 내무 대신(內務大臣) 신 박영효(朴泳孝), 탁지 대신(度支大臣) 신 어윤중(魚允中)이 삼가 임금님께 아뢥니다. 방금 경상도 위무사(慶尙道慰撫使) 이중하(李重夏)가 별단(別單)으로 조목마다 아뢴 것을 보건대, 모두 직접 찾아다니며 확실하게 근거가 있는 것입니다. 이처럼 개혁하는 때에 빨리 바로잡아야 마땅합니다. 이에 신들은 함께 자세히 살펴서 삼가 시행하기에 합당할 사항을 아래와 같이 나열하고 삼가 임금님께서 결재해 주시기를 기다립니다.

(생략)

1. 울릉도(鬱陵島)를 수색[搜討]하는 선원과 도구를 영원히 없애 주실 일입니다. 해당 섬은 지금 이미 개척되었는데, 좌수영(左水營)에서 동쪽 바닷가 각 고을에 배정하고 삼척(三陟) 월송진(越松鎭)으로 들여보낸 것에 대해서는 매우 잘못된 일입니다. 수색하는 선원과 도구를 영원히 없애라는 뜻으로 경상도와 강원도 두 도(道)에 분부하는 것이 마땅합니다.

(생략)

개국 503년(1894) 12월 27일

임금님의 지시를 받들었는데,

"아뢴대로 하라."

라고 하셨다.

奏本第五十四號
總理大臣臣金弘集內務大臣臣朴泳孝度支大臣臣
魚允中謹
奏即見慶尚道慰撫使李重夏別單條陳者俱係躬行
採訪確鑿有據當此更張之會亟宜矯正臣等公同校閱
謹將合行事件開列如左伏候
聖裁
一田政先從最急處次第改量事也二十年一改量自是邦
典而廢墜不擧已過百年田政紊亂莫近日若此非特
嶠南一省爲然請令內務衙門待明春派員八道履
勘田制妥籌改量爲宜
一籍户比総不核虛實而東沿之盈德清河興海延日長
鬐慶州蔚山機張等八邑旱荒仳離村里幾空右道星州
河東兩邑匪擾流亡民户耗縮各衙門軍布及各營鎭軍
錢限三介一停減事也籍法不宜一任解弛亟飭道臣計家
執摠從實入籍上項十邑所納軍布軍錢若不停減招集
無期依所請特施爲宜
一晉州沿江川浦未蒙頉五百結永頉事也此結人地俱亡蠲
稅年限已滿而無處責稅依所請特許永頉爲宜
一金海鳴旨島潰落陳荒之鹽田稅中巡營句管婢貢

條一千三百三十七兩零親軍營上納條八百九十七兩零南營
移屬改杉錢橫徵條五百兩均廳船稅無亡條五百六十七兩
零 明禮宮落紅結稅二百二十五兩零都合寃徵爲三千五
百二十七兩零蠲減事也殘弊小島寃徵此多大關民隱并
分付該 宮該衙門及該道依所請蠲減爲宜
一鬱陵島搜討船格什物永革事也該島今旣開拓左水
營之介定東沿各邑入送三陟月松鎭者殊甚無謂搜
討船格什物自今永革之意分付嶺南關東兩道爲
宜
一統營債殖禁斷事也營債取殖久爲民弊飭該營
自今不得俵給各邑已俵者還収買土以補支調爲宜
一義城縣鑛採陳結二十一結七十四負六束許頉事也掘人
田土白徵其稅豈不可寃上項鑛陳結稅特令蠲除爲
宜
一司饔院晉州白土及情費米恒定代錢事也白土所産漸
貴又無稅船可以添載上項白土及雜費米并以恒定代錢
出給分院燔匠使往産土處貿用之意分付爲宜
一各驛位土川浦無土者從長給代事也驛弊合有矯捄
給代亦難遽議其往來侵討謬例令道臣嚴行禁戢
以省驛弊爲宜

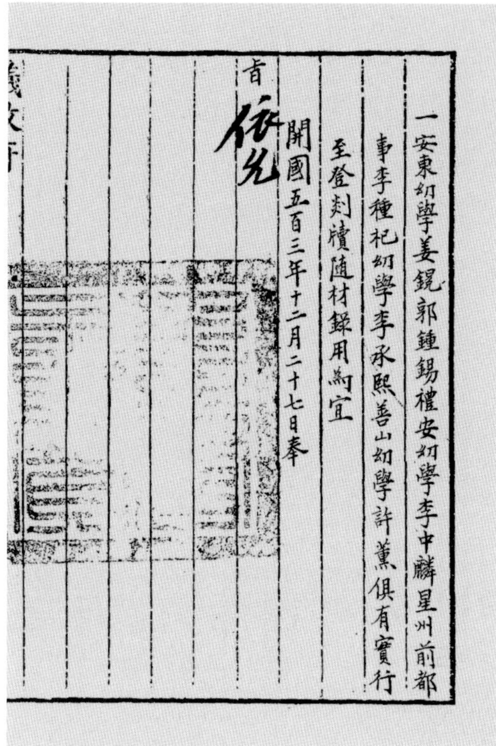
一安東幼學姜鋧郭鍾錫禮安幼學李中麟星州前都
事李種杞幼學李承熙善山幼學許薰俱有實行
至登剡牘隨材錄用爲宜
開國五百三年十二月二十七日奉
旨依允
議政府

2 울릉도 수토 규정을 없애고 전담 도장을 임명하자고 총리 대신 등이 임금에게 아룀

문서 종류 주본 제94호
작성 날짜 1895-01-29
발신 총리 대신 김홍집, 내무 대신 박영효
수신 임금
출처 奏本(奎17702) 2책 36a

주본 제94호

총리 대신 신 김홍집, 내무 대신 신 박영효가 삼가 임금님께 아룁니다.
울릉도를 수색하는 규정을 지금 이미 영원히 없앴습니다. 따라서 월송 만호(越松萬戶)가 겸직하는 도장(島長)은 줄이고, 별도로 감당할 만한 자 1인을 가려서 도장으로 임명하여 섬 백성들의 사무를 관할하게 하고 매년 여러 차례 배를 보내서 섬 백성들이 겪는 어려움에 대해 물어보는 것이 어떻겠습니까? 삼가 임금님께 아룁니다.
개국 504년(1895) 1월 29일
임금님의 지시를 받들었는데,
"아뢴 대로 하라."
라고 하셨다.

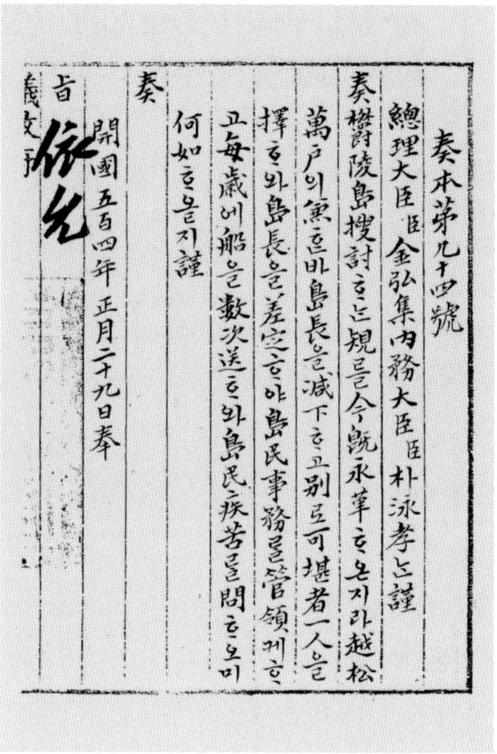
奏本第九十四號

總理大臣 臣 金弘集 內務大臣 臣 朴泳孝 謹

奏 鬱陵島搜討ᄒᆞᄂᆞᆫ規ᄅᆞᆯ今旣永革ᄒᆞ온지라越松

萬戶의兼ᄒᆞᆫ바島長을減下ᄒᆞ고別로可堪者一人을

擇ᄒᆞ와島長을差定ᄒᆞ야島民事務ᄅᆞᆯ管領케ᄒᆞ

고每歲에船을數次送ᄒᆞ와島民疾苦ᄅᆞᆯ問ᄒᆞ오미

何如ᄒᆞ올지謹

奏

開國五百四年正月二十九日奉

旨 依允

議政府

3 울릉도에서 나무껍질을 벗기는 폐단을 부린 일본인을 단속할 것을 일본 공관에 알리도록 내부에서 외부에 조회함

문서 종류	제4호 조회(照會)
작성 날짜	1895-05-20
발신	내부 대신 금릉위 박영효
수신	외부 대신 김윤식
출처	內部來去文(奎17794) 1책 3a
관련 자료	內部來去文(奎17794) 6책 7a, 20a, 10a-b

제4호 조회

"일본인이 울릉도에 밀치고 들어와 나무껍질을 벗기고 또한 섬 안에서 폐단을 부려 섬 백성들이 지탱하고 보존하기 어렵습니다."

라고 합니다. 귀 외부(外部)에서 일본 공관(公館)에 조회하여 이러한 폐단의 실마리를 모두 금지하도록 하는 것이 합당하니 잘 살펴주십시오.

개국 504년(1895) 5월 20일

내부 대신 금릉위 박영효

외부 대신 김윤식 각하

第四號

照會

日本人이 鬱陵島에 攔入ᄒᆞ야 樹木皮를 剝ᄒᆞ고 在島中에
作弊ᄒᆞ야 島民이 支保ᄒᆞ기 難ᄒᆞ다 ᄒᆞ니
貴部에셔 日本公館에 照會ᄒᆞ읍셔 此等弊端을 一切禁
斷케 ᄒᆞ시미 合當ᄒᆞ오니
照亮ᄒᆞ시음

開國五百四年五月二十日

內部大臣錦陵尉朴泳孝

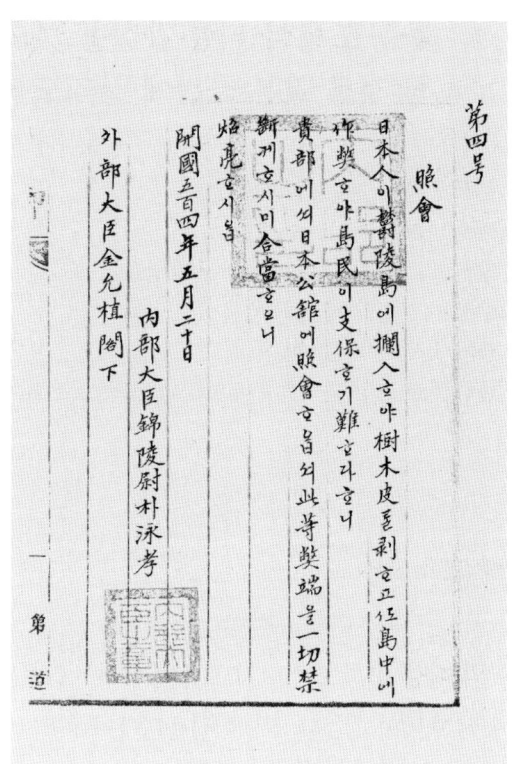

外部大臣金允植閣下

4 울릉도 도감을 임명하자고 내부에서 내각에 청의함

문서 종류 제133호 청의서(請議書)
작성 날짜 1895-08-13
발신 내부 대신 박정양
수신 내각 총리 대신 김홍집
출처 議奏(奎17705) 26책 57a-b
관련 자료 來牒存案(奎17749) 2책 23b; 內部來文(奎17761) 1책 126a; 內部請議書(奎17721) 2책 28b

제133호 울릉도에 도감(島監)을 뽑아 두는 청의서

위의 해당 섬은 바다 가운데 외따로 서 있는데, 육지에서 거리가 매우 멀고 통행하는 배는 매우 드물어서 거주하는 백성들이 정부의 명령을 알지 못합니다. 그러는 가운데 관에서 관할하는 자를 두는 것이 없어서 어느덧 옮겨 가 사는 백성들이 무성한 잡목을 없애고 모여서 마을을 이루었으나 통솔하는 권력이 없으면 흩어질 근심에서 벗어날 수 없습니다. 본 지역 사람 중에서 가장 감당할 자를 뽑아 도감에 임명하고, 봉급의 경우, 이후에 해당 섬의 세입을 조사하여 참작해 정하기 전에는 일단 지방의 면 집강(面執綱) 사례에 따라 관료의 녹봉과 급료를 없애는 것이 합당할 듯합니다. 이것을 각의(閣議)에 제출합니다.
개국 504년(1895) 8월 13일

내부 대신 박정양

내각 총리 대신 김홍집 합하 잘 살펴주십시오.

第一百三十三號

欝陵島에島監擇寘ᄒᆞᄂᆞᆫ請議書

右ᄂᆞᆫ該島가海水中에孤立ᄒᆞ야陸地에距離ᄂᆞᆫ絶遠ᄒᆞ고舟楫의通行은極罕ᄒᆞ야居民이政府에命令을不知ᄒᆞᄂᆞᆫ中에官置ᄒᆞᆫ管摂者가無ᄒᆞ야于于移住ᄒᆞᆫ民人이榛蕪를開拓ᄒᆞ고聚落을成ᄒᆞ나統率ᄒᆞᄂᆞᆫ權이無ᄒᆞ면散亂ᄒᆞᆫ患을免치못ᄒᆞᆯ지니本土人中에셔最其堪勝ᄒᆞᆫ者를擇ᄒᆞ야島監에任ᄒᆞ고其俸給은嗣後該島歲入을査檢ᄒᆞ야酌定ᄒᆞ기前에ᄂᆞᆫ姑且地方面執綱例로官須放은無ᄒᆞ게ᄒᆞ미合當ᄒᆞᆯ둣此段을

閣議에提出홈

開國五百四年八月十三日

內部大臣朴定陽

內閣總理大臣金弘集 閣下 査照

5 울릉도에 도감을 설치하는 일을 청의한 대로 시행하도록 의논해 내각에서 임금에게 아뢲

문서 종류	의주(議奏) 제329호
작성 날짜	1895-08-14
발신	내각 참서관
수신	외부 대신, 내부 대신, 탁지부대신, 군부 대신, 법부 대신, 학부 대신, 농상공부 대신
출처	議奏(奎17705) 26책 56a-b
관련 자료	議奏(奎17705) 26책 55a; 指令存案(奎17750의2) 2책 9a-b; 來牒存案(奎17749) 2책 23b; 內部來文(奎17761) 1책 126a; 內部請議書(奎17721) 2책 28b; 議奏(奎17705) 26책 57a-b

제329호

별지(別紙)

내부 대신이 청의(請議)한, 울릉도에 도감을 뽑아 두는 건을 살펴보았습니다. 해당 섬은 바다 가운데 외따로 서 있는데, 통행하는 배가 매우 드물어서 거주하는 백성들이 정부의 명령을 알지 못합니다. 또 통솔하는 자도 없으니 해당 섬 백성 중에서 도감을 가려서 임명하는 것은 부득이한 일입니다. 또 "면 집강(面執綱) 사례에 따라 관료의 녹봉과 급료를 없앤다."라고 하였습니다. 따라서 관제(官制)와 국고(國庫) 경비에도 관련이 없고 방해됨이 없으니, 청의한 대로 각의에서 결정함이 옳을 것으로 인정합니다.

지령안(指令案)

울릉도에 도감을 뽑아 두는 건은 청의한 대로 각의에서 결정한 후에 임금님께 아뢰어 결재를 거쳤다.

第三百三十九號

顧問官

開國五百四年八月十四日

內閣總理大臣

外部大臣

內部大臣

度支部大臣

軍部大臣

法部大臣

學部大臣

農商工部大臣

內閣參書

內閣總書

別紙內部大臣請議ᄒᆞᆫ鬱陵島에島監을擇置
ᄒᆞᄂᆞᆫ件은案ᄒᆞ니該島가海水中에孤立ᄒᆞ고舟楫
通行이極罕ᄒᆞ야居民이政府의命令을不知ᄒᆞ
內閣
고統率ᄒᆞᄂᆞᆫ者도無ᄒᆞ니該島民中에서島監을
擇任ᄒᆞ기도不得已ᄒᆞᆫ事오版面執綱例로官須放
은無妨ᄒᆞ다ᄒᆞ니官制와國庫經費에도關係치
아니ᄒᆞ야無妨ᄒᆞ오니請議ᄒᆞᆫ되로閣議決定되오
미可ᄒᆞ므로認ᄒᆞᄂᆞ이다

指令案

鬱陵島에島監을擇寘ᄒᆞᄂᆞᆫ件은請議ᄒᆞᆫ되로閣議決定
後上
奏ᄒᆞ야 裁可ᄒᆞ시믈經ᄒᆞᆷ

6 울릉도 등의 삼림 관리에 대해 러시아와 조약을 맺도록 외부와 농상공부에서 내각에 청의함

문서 종류 청의서
작성 날짜 1895-09-08
발신 외부 대신 이완용, 농상공부 대신 조병직
수신 내각 총리 대신 윤용선
출처 議奏(奎17705) 69책 62a-69b
관련 자료 外部內閣去來文(奎17797) 3책 111a-b; 農商工部請議書(奎17719) 1책 81a-86b; 外部請議書(奎17722) 1책 37b-42b; 議奏(奎17705) 69책 61a-b, 62a; 外部內閣來文(奎17796) 3책 171a-b, 113a

청의서

무산과 울릉도 등지의 관유 산림 양목과 벌목 계약을 맺는 데에 관한 건[茂山과鬱陵島等地官有山林에養木과伐木約條ᄒᆞᄂᆞᆫ딕關ᄒᆞᆫ件]

위는 두만강(豆滿江) 상류 오른쪽의 무산과 울릉도에 양목과 벌목에 관한 일로 러시아 블라디보스토크(海蔘葳) 1등 상인 브리너(쁘리너, Юлий Иванович Бринер)와 계약을 체결하려는 규정을 첨부하여 각의에 제출합니다.
건양(建陽) 1년(1896) 9월 8일

외부 대신 이완용
농상공부 대신 조병직

내각 총리 대신 윤용선 합하 잘 살펴주십시오.

대조선국(大朝鮮國) 대군주(大君主)께서 서양의 양목하는 방법을 조선에서 모방하기 위해 아래와 같이 특별히 허락한다.
제1조 러시아 블라디보스토크의 1등 상인 브리너(쁘리너)에게 명칭이 '조선 목상회사(朝鮮木商會社)'라고 하는 회사를 합동으로 설립하는 권리를 허가한다.
제2조 본 회사는 자유롭게 행할 몇 가지 권리를 얻어 기간을 20년으로 참작해 정하고 관유

지 산림에서 벌목하고 양목하되, 두만강 상류 오른쪽의 무산과 울릉도로 한다. 위 항에 정한 여러 곳에서 정당하게 작업을 시작한 후에 해당 회사가 감당할 수 있는 인원을 파견해 압록강 조선 국경 지역에 있는 산림을 자세히 검사하고 해당 지방에서 양목하기에 적합한 곳을 선택하고 오로지 「두만강변산림조관(豆滿江邊山林條款)」에 따라 잘 헤아려서 넓게 작업할 권리를 허가한다. 이 계약에 도장을 찍은 후 5년 이내에 조선 목상회사가 압록강 조선 국경 지역에서 작업을 시작하지 못한 경우에는 이 구역에서 누릴 수 있는 권리를 얻지 못한다.

제3조 아래의 몇 군데에서 가장 가까운 곳에 길을 내고 마찻길과 강바닥을 파내어 목재를 수송하는 데 편리하게 하고 가옥과 작업장 짓는 것을 임의대로 할 수 있도록 한다.

제4조 1. 본 회사에서는 이 계약 기간 동안에 양목학교(養木學校)를 졸업한 러시아인이 감독하게 하고 또 러시아인 몇 명을 고용하여 각종 사무를 관리하고 살피도록 한다.

2. 30년 이하의 나무는 베지 못하게 하며 어린 나무를 기르게 한다. 100그루마다 상등수 1그루씩은 베지 말고 종자를 전하게 하고 어린 나무를 벤 곳에는 종자를 옮겨 심게 한다.

3. 해당 회사에서 착실히 보호하여 화재가 발생하지 않도록 한다. 근처 지방관의 협조를 얻어서 덤불에 불을 피우는 것도 금지하여 방화 규칙을 어기지 않도록 한다.

4. 회사인들이 벌목을 여기저기 모든 산에서 하도록 하지 말고 구렁과 개천을 경계로 하여 1년에 1차례씩 하되 9월에 시작한다.

5. 본 회사에서 정한 산림은 20개 구역으로 자연스레 나누도록 한다.

6. 1방면 안에서 나무를 베고 항구로 내가는 작업은 2번의 겨울과 1번의 여름으로 매년 9월 15일부터 5월 15일까지만 하게 한다.

제5조 본 회사에서 더러 나무를 켜고 자르기 위하여 조선 국경 지역이나 더러 러시아 국경 지역에 편리한 대로 공장을 짓거나 기계를 설치하되, 생산된 재목(材木)은 더러 항구로 내가기도 하고 현장에서 팔도록 한다.

제6조 1. 본 회사에서 고용한 우두머리 산림지기가 산림규칙(山林規則)을 마련할 때에는 조선 정부에서 하라는 대로 하되, 조선 정부는 만일 이 법을 다른 곳에서도 사용할 수 있다.

2. 조선인에게 나무 심는 법과 토지에 거름 주는 법을 익히도록 한다.

3. 조선 정부는 기기소(機器所)에 관원과 나이 어린 사람을 파견하여 익히도록 한다.

제7조 본 회사에서 목재 수송을 요청할 때에 조선 정부에서 일꾼을 고용하게 하고, 외국인을 고용할 때에도 조선 정부에서 여행증명서를 발급할 뿐만 아니라 극진히 보호하게 한다.

제8조 작업자는 조선인을 많이 쓰되 만일 폐단을 부리는 일이 있을 때에는 본 회사가 러시아인이나 청나라 사람을 대신 쓸 수 있는 권리를 갖게 한다.

제9조 식량 쌀 등은 조선에서 사서 쓴다. 하지만 더러 비싸거나 부족하거나 흉년이 들면 외국에서 사들여 일꾼들이 사 먹게 하되 경비 외에 다른 이익을 얻지 못하게 하며 기기(機器) 등의 물건을 항구로 들여오는 것과 재목을 항구로 내갈 때에는 해관세(海關稅)를 면제하도록 한다.

제10조 러시아 상인 브리너는 자본을 충분히 확보하여 회사 일이 궁색하지 않도록 한다.

제11조 브리너는 대군주의 정부에 문서를 작성하여 바치되, 자본을 내지 않고 회사 출자금의 100분의 25를 바친다. 또 회사 이익 몫 중 100분의 25를 바치게 하고 그밖에 각종 세금은 내지 않는다.

제12조 1. 본 회사의 사무실은 우선 블라디보스토크에 설치하고 또 서울이나 또는 인천항(仁川港)에 나눠 설치하고 1년에 1차례씩 회의하되, 출자자나 혹은 대리인들이 서울이나 인천항에서 하게 한다. 출자자 1사람당 투표를 허락하여 표의 많고 적음에 따라 이 약조(約條)에 실려 있지 않은 각 항의 사무를 처리한다.

2. 본 회사의 장부는 블라디보스토크에 두되 1건을 기초(起草)하여 암법사(暗法師)에게 공증을 받은 후에 서울, 인천의 회의장에서 사용하도록 한다.

제13조 1. 대군주께서 관원 한 사람을 임명하여 조선 정부에 관계된 사무를 감독하게 하되 벤 나무의 수량과 기기소에 들여와서 사용한 목재의 많고 적음과 한 곳에 합한 총수를 조사하게 하고 때때로 관원을 보내어 장부를 상세히 살펴보도록 한다.

2. 지방관 한 사람을 특별히 파견하여 포구에서 목재를 내보내는 증명서를 발급하되, 일을 살피는 사람의 성명, 목재 수량, 날짜, 어느 곳에 어떤 용도로 가는지 분명히 기재한다.

3. 만일 11월 15일까지 더러 날씨 때문에 목재를 강물로 내려 보내지 못할 경우에도 지방관은 "목재 몇 개가 무슨 이유로 적체되었다."라는 증명서를 주어 이 증명서에 따라 다음 해 봄에 다시 운반해 내려가도록 한다.

제14조 1. 대군주의 정부에 바칠 이익금을 해마다 서울에서 바치되, 아청은행(俄淸銀行)에서 인출하여 바친다.

2. 이 은행에 브리너가 본 회사 은화 15,000루블(러시아 돈 이름)을 맡겨 두고, 대군주의 정부에 매년 납부하는 일을 기한을 어기지 않도록 하고, 상납하는 대로 맡겨둔 은을 해당 은행에 계속 머물러 두고 끝까지 낭패 보는 일이 없도록 한다.

第15조 이 계약을 정하고 도장을 찍은 후 1년 안에 작업을 시작하지 못할 경우에는 이 계약을 이행하지 않는다. 만약 전쟁이 있거나, 이 같은 일이 발생하거나 본 회사의 힘으로 막을 수 없는 경우에는 대군주의 정부에서 관원을 파견하여 회사와 협의해 기한을 늦추도록 한다.

第16조 만일 이 기간 안에 불행히도 브리너가 사망하였을 때에는 브리너가 출자금을 대리하게 하라고 한 사람이 일을 살피고, 더러 사망 전이라도 기타 감당할 만한 러시아 사람이나 더러 회사에게 위임할 권리가 있다.

第17조 이 계약을 러시아어로 하고 한문으로 번역하여 첨부한다. 그 의미는 같으나 만약 시비가 있을 때에는 러시아어를 따라 이행한다.

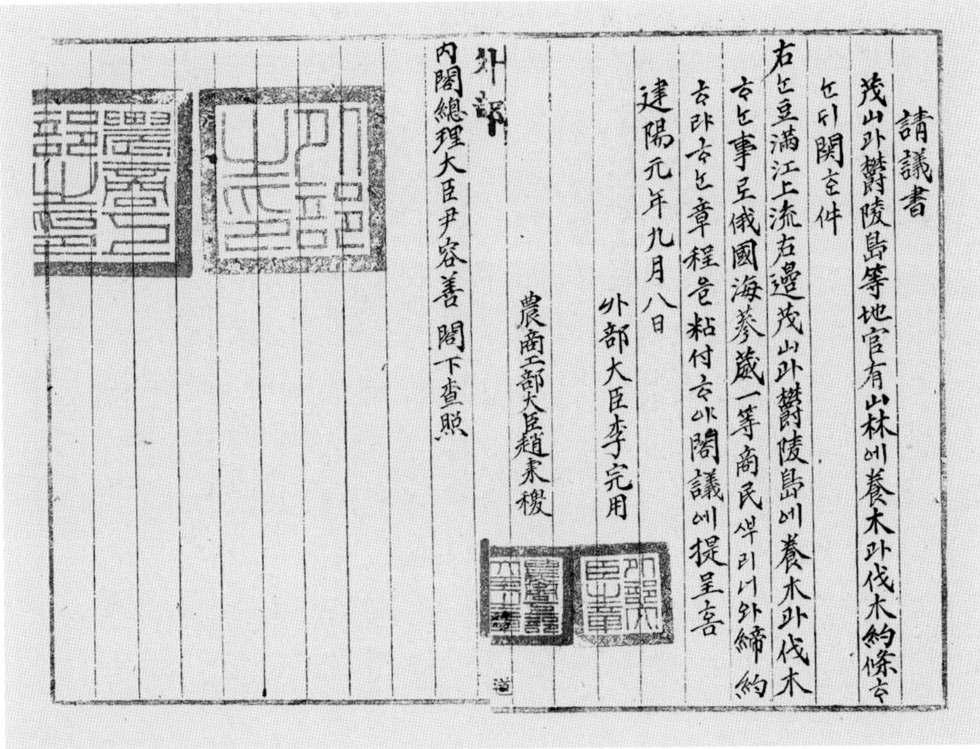
請議書

茂山과鬱陵島等地官有山林에養木과伐木約條ᄒᆞ

ᄂᆞᆫ디閱ᄒᆞᆫ件

右ᄂᆞᆫ豆滿江上流右邊茂山과鬱陵島에養木과伐木

ᄒᆞᄂᆞᆫ事로俄國海蔘葳一等商民쌔리너와締約

ᄒᆞᆫ바ᄒᆞᆫ章程을粘付ᄒᆞ야閣議에提呈ᄒᆞᆷ

建陽元年九月八日

外部大臣李完用

農商工部大臣趙秉稷

外部

內閣總理大臣尹容善 閣下査照

外部

大朝鮮國
大君主게ᄋᆞᆸ셔西洋養木ᄒᆞᄂᆞᆫ法을朝鮮에셔奉
製ᄒᆞ기를위ᄒᆞ오셔左갓치特許ᄒᆞ심
第一條 俄國海蔘葳一等商民ᄲᅧᆨ리너게朝
鮮木商會社라稱ᄒᆞᆫ會社을合成ᄒᆞᄂᆞᆫ權
을准許ᄒᆞᆷ
第二條 本會社가몃가지自由ᄒᆞᄂᆞᆫ權을
得ᄒᆞ야二十年을酌定ᄒᆞ고官地山林에伐
木과養木을ᄒᆞᄂᆞᆫ디豆滿江上流右邊茂山
과鬱陵島ㅣ니上項에所定ᄒᆞᆫ諸處에正當
外部
히始役ᄒᆞᆫ後에該會社가可堪ᄒᆞᆫ人員을派送
ᄒᆞ야鴨綠江朝鮮邊界에所在ᄒᆞᆫ山林을昭詳
히檢閱ᄒᆞ고該地方에 養林ᄒᆞ
기合當ᄒᆞᆫ處를選擇ᄒᆞ야一依豆滿江邊山
林條款ᄒᆞ야量宜廣役ᄒᆞᆯ權을准許ᄒᆞᆷ此
合同을鈐印ᄒᆞᆫ後로五年以內에朝鮮木商會
社가鴨綠江朝鮮邊界에始役을못ᄒᆞᄂᆞᆫ境
遇에ᄂᆞᆫ此地方에所享ᄒᆞᆯ權利를得지못ᄒᆞᆷ
第三條 左開ᄒᆞᆫ數處至近之地에作路ᄒᆞᆷ과馬
車路와江을준천ᄒᆞ야木材輸運을便利

케ᄒᆞ고家屋과工匠所를建造ᄒᆞᆷ을任意로ᄒᆞ
게ᄒᆞᆷ
第四條 一 本會社에셔此約年限동안에養木學
校卒業ᄒᆞᆫ俄國人으로監董ᄒᆞ게ᄒᆞ고又俄國
人幾名을雇入ᄒᆞ야各項事務를管看ᄒᆞ게
ᄒᆞᆷ 二 三十年以下木을斫ᄒᆞ지못ᄒᆞ게ᄒᆞ고稚
木은培養ᄒᆞ되百株內上等樹一株式伐치勿
ᄒᆞ야種子를傳ᄒᆞ게ᄒᆞ고稚木을斫伐ᄒᆞᆫ處
에移種케ᄒᆞᆷ 三 該會社에셔着實守護ᄒᆞ야
失火ᄒᆞᆷ이無ᄒᆞ게ᄒᆞ되近處地方官의幇助ᄒᆞᆷ
外部
을得케ᄒᆞ야덤부사리ᄒᆡᆼ화ᄒᆞᆷ도禁斷ᄒᆞ야
其防火ᄒᆞᄂᆞᆫ示則을不違케ᄒᆞᆷ 四 會社人덜이
伐木ᄒᆞ기를全山에여긔저긔ᄒᆞ지아니ᄒᆞ
고구렁과미쳔을표ᄒᆞ야一年一次式ᄒᆞ되
充 月에始ᄒᆞᆷ 五 本會社에셔定ᄒᆞᆫ山林이自
然二十方에分ᄒᆞ게ᄒᆞᆷ 六 其一方內伐木ᄒᆞᆷ
과出浦ᄒᆞᄂᆞᆫ事役을二冬一夏에ᄒᆞ되每年
自充 月十五日로五月十五日까지만ᄒᆞ게ᄒᆞᆷ
第五條 本會社에셔或나무쳐고자르기를
위ᄒᆞ야朝鮮邊地나或俄國邊地에隨其方

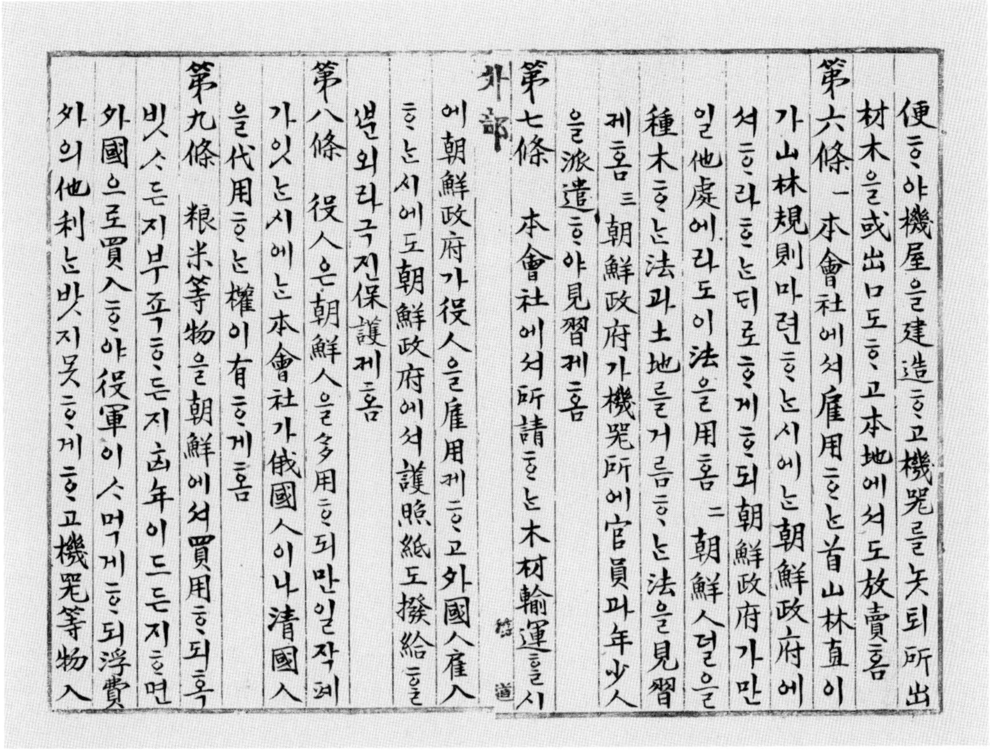

便ᄒᆞ야機屋을建造ᄒᆞ고機器를놋되所出
材木을或出口도ᄒᆞ고本地에셔도放賣홈
第六條 一本會社에셔雇用ᄒᆞᄂᆞᆫ首山林直이
가山林規則마련ᄒᆞᄂᆞᆫ시에ᄂᆞᆫ朝鮮政府에
셔ᄒᆞ라ᄒᆞᄂᆞᆫ되로ᄒᆞ게ᄒᆞ되朝鮮政府가만
일他處에라도이法을用홈 二朝鮮人덜을
種木ᄒᆞᄂᆞᆫ法과土地를거름ᄒᆞᄂᆞᆫ法을見習
케홈 三朝鮮政府가機器所에官員과年少人
을派遣ᄒᆞ야見習케홈
第七條 本會社에셔所請ᄒᆞᄂᆞᆫ木材輸運를시
外部
에朝鮮政府가役人을雇用케ᄒᆞ고外國人雇入
ᄒᆞᄂᆞᆫ시에도朝鮮政府에셔護照紙도撥給ᄒᆞᆯ
ᄲᅮᆫ외라극진保護케홈
第八條 役人은朝鮮人을多用ᄒᆞ되만일작폐
가잇ᄂᆞᆫ시에ᄂᆞᆫ本會社가俄國人이나清國人
을代用ᄒᆞᄂᆞᆫ權이有ᄒᆞ게홈
第九條 粮米等物을朝鮮에셔買用ᄒᆞ되혹
비ᄊᆞᄃᆞᆫ지부족ᄒᆞᄃᆞᆫ지凶年이드ᄃᆞᆫ지ᄒᆞ면
外國으로買入ᄒᆞ야役軍이ᄉᆞ먹게ᄒᆞ되浮費
外의他利ᄂᆞᆫ밧지못ᄒᆞ게ᄒᆞ고機器等物入

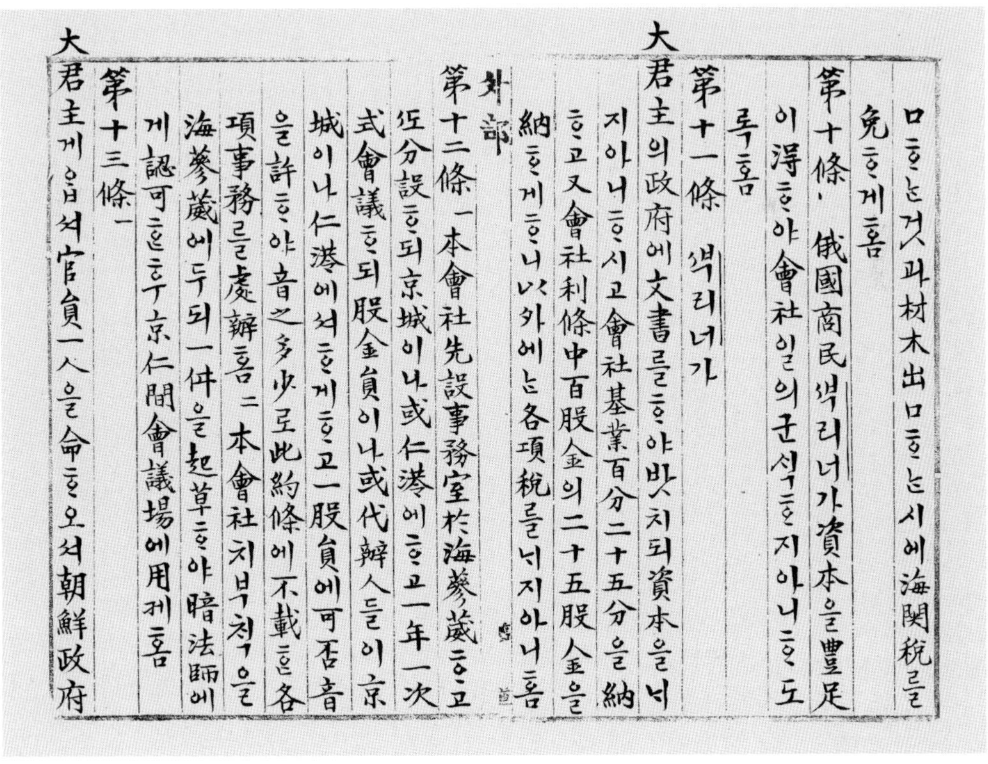

口ᄒᆞᄂᆞᆫ거ᄉᆞ과材木出口ᄒᆞᄂᆞᆫ시에海關稅를
免ᄒᆞ게홈
第十條 俄國商民색리너가資本을豐足
이得ᄒᆞ야會社일의군색ᄒᆞ지아니ᄒᆞ도
록홈
第十一條 색리너가
大君主의政府에文書를ᄒᆞ야밧치되資本을너
지아니ᄒᆞ시고會社基業百分二十五分을納
ᄒᆞ고又會社利條中百股金의二十五股金을
納ᄒᆞ게ᄒᆞ니이外에ᄂᆞᆫ各項稅를너지아니홈
外部
第十二條 一本會社先設事務室於海蔘葳ᄒᆞ고
仍分設ᄒᆞ되京城이나或仁港에ᄒᆞ고一年一次
式會議ᄒᆞ되股金負이나或代辦人들이京
城이나仁港에셔ᄒᆞ게ᄒᆞ고一股負에可否音
을許ᄒᆞ야音之多少로此約條에不載ᄒᆞᆫ各
項事務를處辦홈 二本會社치부칙을
海蔘葳에두되一件을起草ᄒᆞ야暗法師에
게認可ᄒᆞᆫ후京仁間會議場에用케홈
第十三條 一
大君主게옵셔官員一人을命ᄒᆞ오셔朝鮮政府

에關係ᄒᆞᆫ事務를監督ᄒᆞ게ᄒᆞ되伐木ᄒᆞᆫ數
文와機器所에木材多少入用홈과一處에
合ᄒᆞᆫ都數를적어간ᄒᆞ게ᄒᆞ시고時〻로官員
을보내여치부책을詳考ᄒᆞ게홈〻地方
官一員을特派ᄒᆞ야木材出浦ᄒᆞᄂᆞᆫ憑文을
給ᄒᆞ되看事人姓名과材木數爻와年月日
과何處로何所用ᄒᆞ러가ᄂᆞᆫ거슬載明케홈
三 만일十一月十五日에至ᄒᆞ야或天時를因ᄒᆞ
야木材가自水上으로不下ᄒᆞᄂᆞᆫ境遇에도地方
官이幾个가무삼연고로침체되얏다文憑

外部

을ᄒᆞ여주게ᄒᆞ야此文을准ᄒᆞ야來春에다시
運下케홈

第十四條 一
大君主의政府에納ᄒᆞᆯ利條를年〻이京城에셔
納ᄒᆞ되俄淸銀行으로支出ᄒᆞ야納홈〻此
銀行에다쌔리너가本會社銀一萬五千류
쁠(○俄國錢名)任寘ᄒᆞ야
大君主의政府에年納ᄒᆞᆫ난거슬失期가無케ᄒᆞ
고上納ᄒᆞᄂᆞᆫ되로任寘銀을該銀行에서연
年留寘ᄒᆞ야종말까지狼狽가無케홈

第十五條 此約을定ᄒᆞ야盖印ᄒᆞᆫ후一年爲
限ᄒᆞ고始役을못ᄒᆞᆫ境遇에ᄂᆞᆫ此約을准
行치아니ᄒᆞ되만일戰爭이잇거나이와갓
튼事가有ᄒᆞ거나本會社힘으로防禦치
못ᄒᆞᆯ시에ᄂᆞᆫ
大君主의政府에셔派員ᄒᆞ오셔會社와協議ᄒᆞ
야退限케홈

第十六條 만일此限內不幸ᄒᆞ야쌔리너가
身故가잇난時에ᄂᆞᆫ쌔리너가基業을代
理케ᄒᆞ라ᄒᆞᆫ사람이看事ᄒᆞ고或身故가잇

外部

기前이라도其他可堪ᄒᆞᆫ俄國人員이나或會
社의게傳掌ᄒᆞᄂᆞᆫ權이有케홈

第十七條 此約을俄文으로ᄒᆞ고譯漢文ᄒᆞ야
粘付ᄒᆞ니其意ᄂᆞᆫ同ᄒᆞ나若有是非時에ᄂᆞᆫ
俄文으로准行홈

7 러시아인 브리너와 계약에 따라 울릉도 등에서 산림을 벌목하는 일을 방해하지 말도록 외부에서 평안북도에 훈령함

문서 종류	훈령(訓令) 제1호
작성 날짜	1897-03-10
발신	의정부 찬정 외부 대신 이완용
수신	평안북도 관찰사 이용익
출처	平安北道來去案(奎17988) 1책 146a-b
관련 자료	咸鏡南北道來去案(奎17983) 1책 25a-b; 江原道來去案(奎17985) 1책 24a-b

훈령 제1호

지난해 9월 러시아 사람 브리너와 함경도 무산군 두만강, 평안도 압록강, 강원도 울릉도에서 벌목하기로 계약한 것을 허락했다. 해당 러시아 사람이 이상의 3곳에서 벌목 작업을 앞으로 시행할 것이다. 강 주변 각 해당 지방관이 이런 연유를 자세히 안 연후에야 의심하고 방해하는 단서가 없을 것이다. 이에 훈령하니 잘 살펴서 이를 가지고 해당 강 주변 각 지방관에게 일괄 지시하여 두루 알고 준수해 처리하여 해당 러시아 사람들이 벌목하는 조금이라도 방해됨이 없게 하는 것이 옳을 것이다.

건양 2년(1897) 3월 10일

의정부 찬정 외부 대신 이완용

평안북도 관찰사 이용익 각하

訓令第一号

上年九月에俄國人부린열과咸鏡道茂山郡豆滿江平安道鴨綠江江原道欝陵島에伐木ᄒᆞ기로訂約准許ᄒᆞᆫ바該俄國人이以上三處에伐木ᄒᆞᆷ을行將始役ᄒᆞᆯ터인ᄃᆡ沿江各該地方官이此由ᄅᆞᆯ詳悉ᄒᆞᆫ然後에可無致誤防邊之端ᄒᆞ겟기로玆에訓令ᄒᆞ니照亮將此輪飭該沿江各地方官ᄒᆞ야周悉遵辦ᄒᆞ야該俄國人伐木ᄒᆞᄂᆞᆫᄃᆡ無或妨碍케ᄒᆞᆷ이可喜

建陽二年三月十日

議政府贊政外部大臣李完用

第 道

外部

平安北道觀察使李容翊 閣下

8 러시아인 브리너와 계약에 따라 울릉도 등에서 산림을 벌목하는 일을 방해하지 말도록 외부에서 강원도에 훈령함

문서 종류 훈령 제1호
작성 날짜 1897-03-10
발신 의정부 찬정 외부 대신 이완용
수신 강원도 관찰사 이봉의
출처 江原道來去案(奎17985) 1책 24a-b

훈령 제1호

지난해 9월 러시아 사람 브리너(부린열)와 함경도 무산군 두만강, 평안도 압록강, 강원도 울릉도에서 벌목하기로 계약하여 허락했습니다. 해당 러시아 사람이 이상의 3곳에서 벌목 작업을 앞으로 시행할 것입니다. 그런데 강 주변 각 해당 지방관이 이런 연유를 자세히 안 연후에야 의심하고 방해하는 단서가 없을 것입니다. 이에 훈령하니 잘 살펴서 이를 가지고 해당 강 주변 각 지방관에게 일괄 지시하여 두루 알고 준수해 처리하여 해당 러시아 사람들이 벌목하는 데 조금이라도 방해됨이 없게 하는 것이 옳을 것입니다.
건양 2년(1897) 3월 10일

의정부 찬정 외부 대신 이완용

강원도 관찰사 이봉의 각하

訓令第一号

上年九月에俄國人부린열과咸鏡道茂山郡豆滿江平安道鴨綠江江原道欝陵島에伐木ᄒᆞ기로訂約准許ᄒᆞᆫ바該俄國人이以上三處에伐木ᄒᆞᆷ을行將始役ᄒᆞᆯ터인ᄃᆡ沿江各該地方官이此由를詳悉ᄒᆞᆫ然後에可無致訴防遏之端ᄒᆞ겟기로玆에訓令ᄒᆞ니照亮將此輪飭該沿江各地方官ᄒᆞ야周悉遵辦ᄒᆞ야該俄國人伐木ᄒᆞᄂᆞᆫᄃᆡ無或妨碍케ᄒᆞᆷ이可喜

建陽二年三月十日

議政府贊政外部大臣李完用

第 道

外部

江原道觀察使李鳳儀 閣下

9 울릉도에 산림 벌목을 위해 오가는 러시아 선박을 방해하지 말도록 외부에서 강원도에 훈령함

문서 종류 훈령 제4호
작성 날짜 1897-08-19
발신 의정부 찬정 외부 대신 민종묵
수신 강원도 관찰사 권응선
출처 江原道來去案(奎17985) 1책 27a-28a

훈령 제4호

울릉도에서 벌목을 러시아 블라디보스토크의 대상(大商) 브리너(뿌린열)와 계약한 일에 대해 여러 차례 훈령으로 지시했으니 해당 벌목하는 사유에 대해서는 귀 관찰부(觀察府)에서도 모두 아실 것입니다. 현재 러시아 공사의 조회를 접수해 보니 내용에,
"블라디보스토크 대상 브리너는 이미 조선 정부와 계약을 맺은 사람입니다. 해당 대상이 장차 지리사관(地理士官) 갈을나날드쏫들예마, 통역 2명, 일꾼 5명을 울릉도에 보내 나무 벨 곳을 선택하겠다고 요청했습니다. 때문에 이에 귀 외부에 조회로 알립니다. 청컨대 번거로우시겠지만 귀 정부는 장차 해당 지리사관 갈을나날드쏫들예마 및 따르는 사람들이 해당 울릉도에 오갈 때에 해당 사람이 탄 윤선(輪船)이 마음대로 오갈 수 있도록 특별히 허락해 주시는 것이 옳습니다. 아울러 청컨대 번거로우시겠지만 귀 정부는 해당 울릉도 관원에게 훈령을 발송하여 이런 일의 단서를 알게 하는 것이 좋습니다. 청컨대 번거로우시겠지만 귀 대신께서는 조사하는 것이 좋겠습니다."
라고 하였습니다. 이에 따라 조사해 보니 통상(通商)하지 않는 해안(海岸)에 윤선이 오가는 것은 장정(章程)에서 금지하고 있습니다. 하지만 이번 러시아 지리사관 갈을나날드쏫들예마, 통역, 일꾼이 오가는 윤선은 무릇 다른 상선(商船)과는 차이가 있습니다. 뿐만 아니라 해당 러시아 상인과 벌목 계약이 있으니 어쩔 수 없이 편리한 대로 오가게 한 이후에야 작업을 완료할 수 있습니다. 이에 훈령하니 잘 살피셔서 해당 울릉도 도감에게 훈령으로 지시하여 해당 윤선이 다니는 데 방해되는 일이 없게 하되, 해당 윤선에 벤 목재, 음식물, 땔나무, 마실 물은 꾸려 싣고 오가도록 하고 이외의 각종 화물은 별도로 금지하여 장정을 준수하도록 하

는 것이 옳습니다.

광무 1년(1897) 8월 19일

의정부 찬정 외부 대신 민종묵

강원도 관찰사 권응선 각하

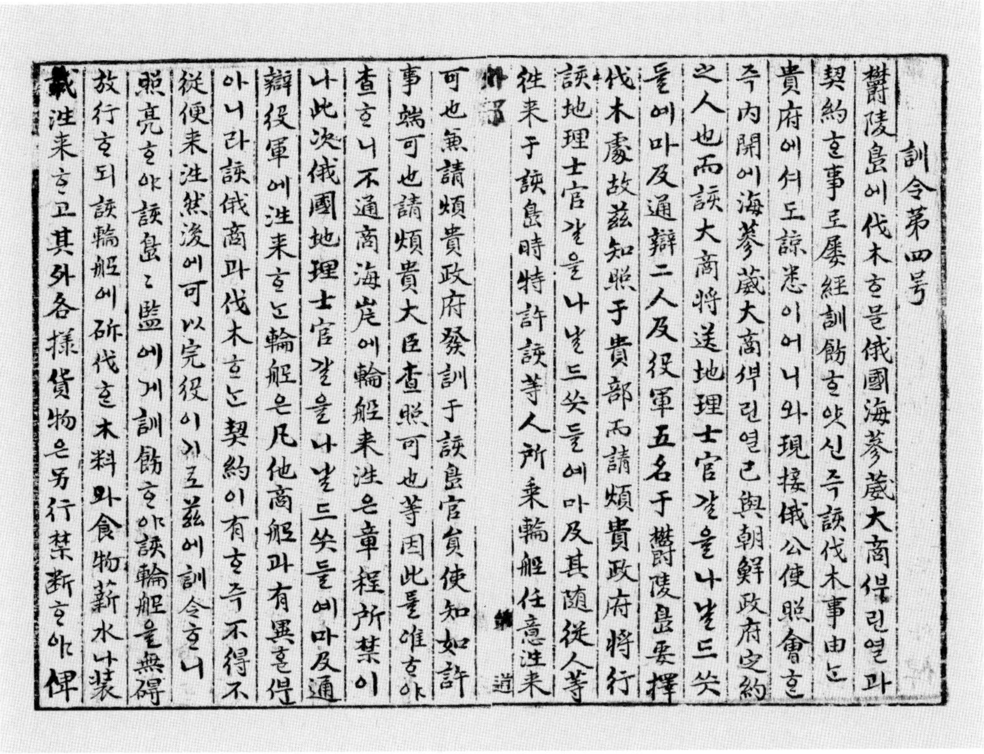

訓令第四号

鬱陵島에伐木ᄒᆞᆷ을俄國海蔘葳大商俳린열과
契約ᄒᆞᆫ事로屢經訓飭ᄒᆞ얏신즉該伐木事由ᄂᆞᆫ
貴府에서도詳悉이어니와現接俄公使照會ᄒᆞᆫ
즉內開에海蔘葳大商俳린열已與朝鮮政府定約
之人也而該大商將送地理士官갈을나보ᄂᆡ矣
들에마及通辯二人及役軍五名于鬱陵島要擇
伐木處故玆知照于貴部而請煩貴政府將行
該地理士官갈을나보ᄂᆡ矣들에마及其隨從人等
往来于該島時特許該等人所乘輪船任意往来
可也兼請煩貴政府發訓于該島官員使知如許
事端可也請煩貴大臣查照可也等因此를准ᄒᆞ야
查ᄒᆞᆫ니不通商海岸에輪船来往은章程所禁이
나此次俄國地理士官갈을나보ᄂᆡ矣들에마及通
辯役軍에往来ᄒᆞᄂᆞᆫ輪船은凡他商船과有異ᄒᆞᆯ뿐
아니라該俄商과伐木ᄒᆞᄂᆞᆫ契約이有ᄒᆞᆫ즉不得不
從便来往然後에可以完役이기로玆에訓令ᄒᆞᄂᆞ니
照亮ᄒᆞ야該島々監에게訓飭ᄒᆞ야該輪船을無碍
放行ᄒᆞ되該輪船에斫伐ᄒᆞᆫ木料와食物薪水나裝
載往来ᄒᆞ고其外各樣貨物은另行禁斷ᄒᆞ야俾

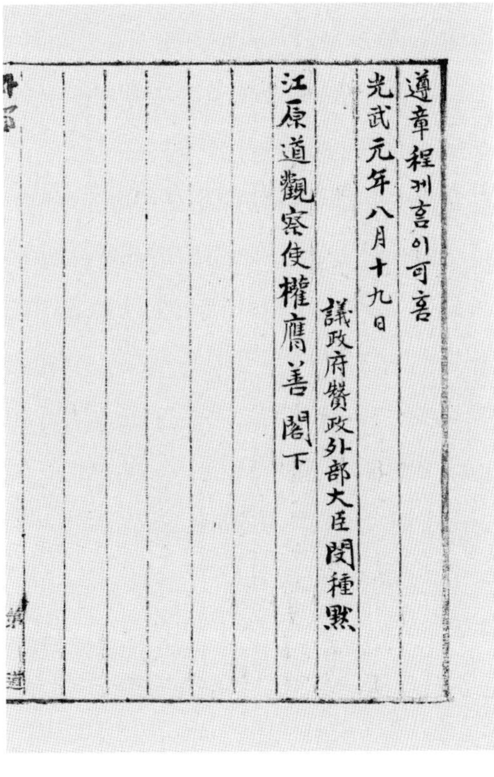

遵章程케ᄒᆞᆷ이可ᄒᆞᆷ
光武元年八月十九日
議政府賛政外部大臣閔種默
江原道觀察使權瀅善 閣下

10 울릉도 도감 배계주의 보고서에 따라 행패 부린 일본인을 단속하는 사항을 일본 공사에게 알리도록 내부에서 외부에 조회함

문서 종류 제1호 조회
작성 날짜 1898-02-09
발신 의정부 참정 내부 대신 남정철
수신 의정부 찬정 외부 대신 이도재
출처 內部來去案(奎17794) 11책 4a-b

제1호 조회

울릉도 도감 배계주(裵季周)의 보고서를 접수해 보니,
"본 울릉도는 바로 통상 항구(通商港口)가 아닙니다. 일본인으로 돗토리현(鳥取縣) 사이하쿠군(西伯郡) 지역에 사는 마츠타니 야쓰이지로(松谷安一郎), 오이타현(大分縣) 분코국(豊後國) 낭카이군(南海郡) 가미우라촌(上浦村) 아자아사우미이(字淺海井)에 사는 간다 겐키치(神田健吉)가 섬 안의 느티나무[槻木]를 거리낌 없이 베어내 제멋대로 몰래 팔았고, 또 섬 안에 사는 백성에게 위협하며 칼을 빼들고 행패를 부리는 등 막돼먹은 짓거리를 부렸습니다. 섬의 백성들은 지탱해 보존하기 어렵습니다."
라고 하였습니다. 이에 따라 조사해 보니, 이 섬은 바다에 외따로 있는데 육지에서 자못 멀리 떨어져 있습니다. 백성들이 개척하여 살아가는데 또한 쇠락하여 아직 군(郡)을 세우고 관직을 설치하는 데 미치지 못했으나 해당 지역을 관할하는 것을 생각하지 않을 수 없습니다. 따라서 본 내부에서는 도감을 별도로 설치하고 토착 백성이 자리 잡고 살게 하였습니다. 어떤 때에는 외국인에게 모욕을 받고 생기는 폐단이 이와 같아서 해당 도감의 보고가 있었습니다. 이에 삼가 알려 드리니 귀 외부에서 일본 공관에 조회하여 이 섬의 이런 폐단을 금지 단속케 해 주시기를 요청하는 일입니다.
광무 2년(1898) 2월 9일

의정부 참정 내부 대신 남정철

의정부 찬정 외부 대신 이도재 각하

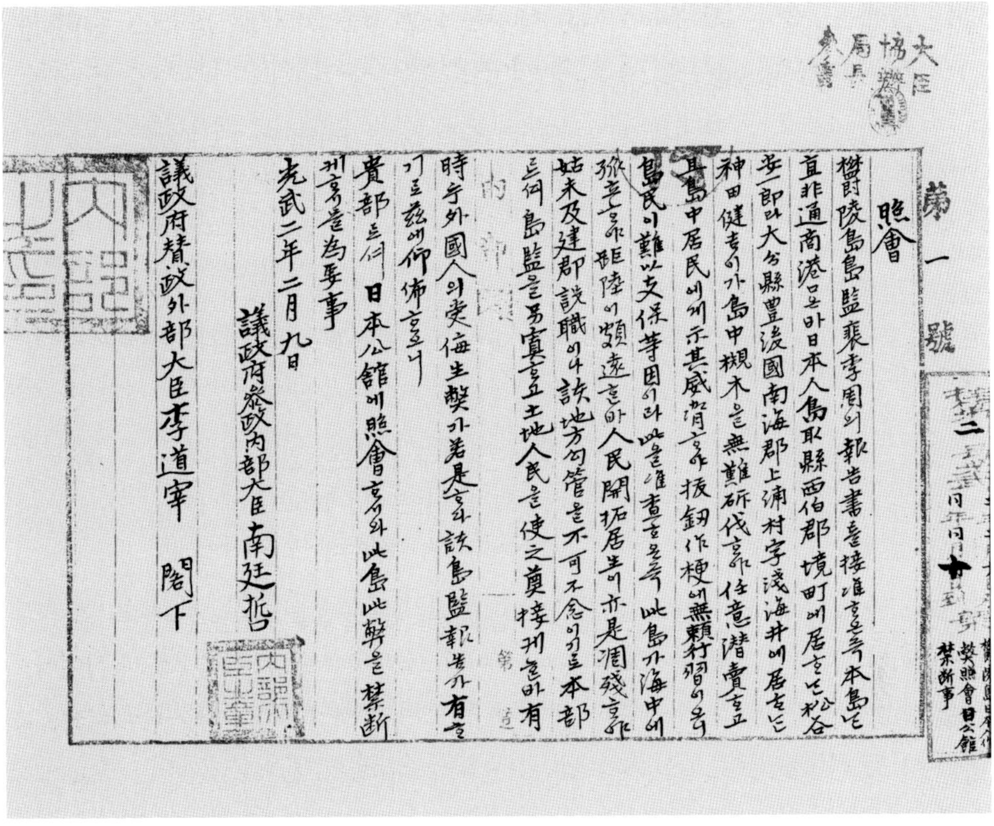

大臣 協辦 局長 參書

第一號

照會

鬱陵島監 裵季周의 報告書를 接准한즉 本島는 直非通商港口인바 日本人 島取縣 西伯郡 境町에 居하는 松谷安一郎과 大分縣 豊後國 南海郡 上浦村字 淺海井에 居하는 神田健吉이가 島中 槻木을 無難斫伐하며 任意潛賣하고 且島中居民에게 亦其威脅하야 振釖作梗에 無賴行習이온즉 島民이 難以支保等因이라 此를 准査한즉 此島가 海中에 孤立하야 距陸이 頗遠한바 人民開拓居生이 亦是凋殘하야 姑未及建郡設職이나 該地方句管을 不可不念이기로 本部는 何島監을 另寘하고 土地人民을 使之奠接케 한바 有하거늘 時乎外國人의 受侮生弊가 若是하다 該島監 報告가 有하기로 玆에 仰佈하오니 貴部는 日本公館에 照會하야 此島此弊를 禁斷케 함을 爲要事

光武二年二月九日

議政府參政內部大臣 南廷哲

議政府贊政外部大臣 李道宰 閣下

第二號 … 鬱陵島居住人 禁斷事 照會日公館

11 울릉도에서 일본인이 행패를 부린 상황을 파악할 것을 도감에게 지시하도록 내부에서 외부에 조회함

문서 종류	제4호 조회
작성 날짜	1898-04-05
발신	내부 대신 임시 서리 의정부 찬정 김명규
수신	외부 대신 임시 서리 의정부 찬정 학부 대신 조병직
출처	內部來去案(奎17794) 11책 6a-b
관련 자료	內部來去案(奎17794) 11책 5a-b

제4호 조회

귀 제2호 회답 조회[照覆]를 접수해 보니,

"이번 달 13일에 귀 조회를 접수해 보니 내용에, '일본인 마츠타니(松谷), 간다(神田) 2명이 울릉도의 느티나무를 거리낌 없이 베어내고 섬 백성을 위협한 한 가지 일에 대해 일본 공사(公使)에게 조회하여 금지케 해 주십시오.'라고 하였습니다. 이에 따라 조사해 보니, 해당 두 사람이 증명서도 없이 몰래 가서 제멋대로 폐단을 부린 것은 듣기에 놀랍고 한탄스럽기 그지없습니다. 다만 해당 사람들이 해당 울릉도에서 폐단을 부린 것이 어느 날짜이며, 베어낸 느티나무 그루 수가 얼마인지, 어느 곳에 몰래 팔았는지, 배를 타고 갔는지에 대해 해당 도감의 보고에는 모두 상세히 실려 있지 않았으니 모호하기 그지없어서 일본 공관에 조회하기에는 분명하지 못합니다. 이에 회답 조회하니 잘 살피셔서 위 항의 각 사항을 해당 도감에게 상세히 물어서 즉시 명확히 알려 주시기를 요청합니다."

라고 하였습니다. 이에 따라 조사해 보니 해당 도감이 보고한 것은 정말로 모호했습니다. 해당 울릉도는 바다를 사이에 두고 떨어져 있어서 때때로 통신이 정말로 쉽지 않습니다. 하지만 해당 사건의 경위를 상세하게 보고해 오라는 뜻으로 결국 다시 지시하겠습니다. 이에 삼가 알려 드리니 잘 살펴주시기를 요청합니다.

광무 2년(1898) 4월 5일

내부 대신 임시 서리 의정부 찬정 김명규

외부 대신 임시 서리 의정부 찬정 학부 대신 조병직 각하

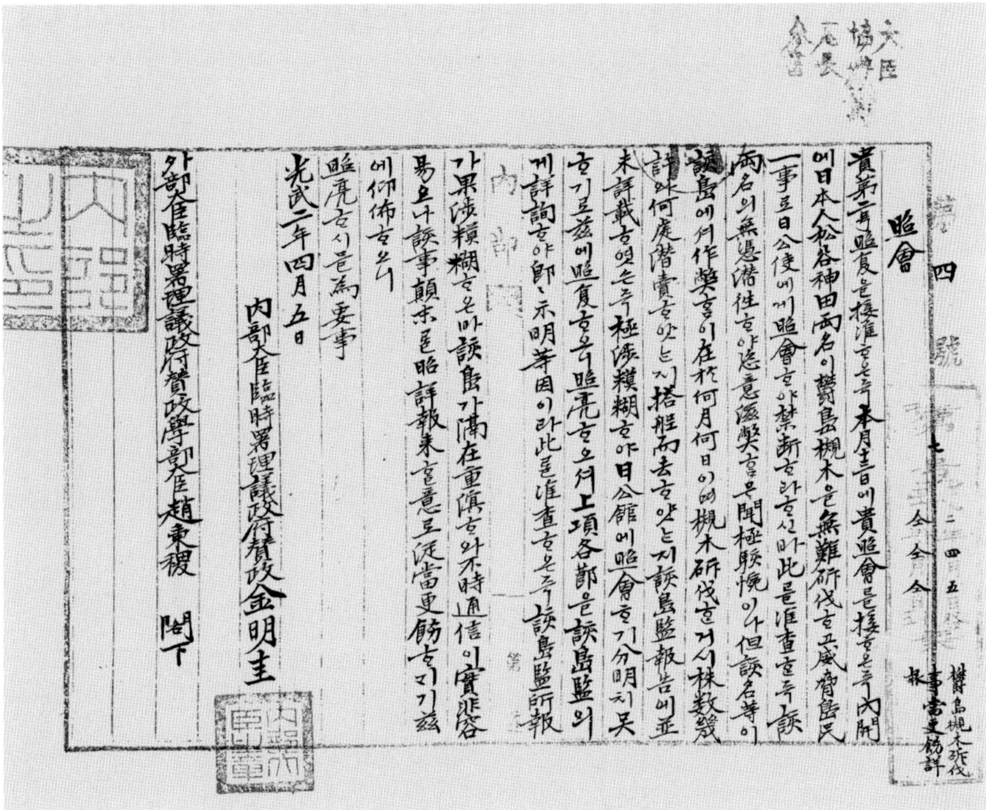

照會

貴第二號照覆을接准ᄒᆞ온즉本月十二日에貴照會를接ᄒᆞ온즉內開에日本人松谷神田兩名이鬱島槻木을無難斫伐ᄒᆞ고威脅島民一事로日公使에게照會ᄒᆞ야禁斷ᄒᆞ라ᄒᆞ신바此를准査ᄒᆞ온즉該兩名의無憑潛往ᄒᆞ야恣意滋弊ᄒᆞᆷ은聞極駭惋이나但該名等이該島에셔作弊ᄒᆞᆷ이在於何月何日이며槻木斫伐ᄒᆞᆫ거시株數幾許와何處潛賣ᄒᆞ얏ᄂᆞᆫ지搭船而去ᄒᆞ얏ᄂᆞᆫ지該島監報告에並未詳載ᄒᆞ엿ᄉᆞᆫ즉極涉糢糊ᄒᆞ야日公館에照會ᄒᆞ기分明치못ᄒᆞ기로玆에照覆ᄒᆞ오니照亮ᄒᆞ오셔上項各節을該島監의게詳詢ᄒᆞ야節節示明等因이라此를准査ᄒᆞ온즉該島監所報가果涉糢糊ᄒᆞ온바該島가僻在重溟ᄒᆞ와不時通信이實非容易오나該事顚末를昭詳報來ᄒᆞᆯ意로從當更飭ᄒᆞ깃기玆에仰佈ᄒᆞ오니

照亮ᄒᆞ심을爲要事

光武二年四月五日

內部大臣臨時署理議政府贊政金明圭

外部大臣臨時署理議政府贊政學部大臣趙秉稷 閣下

12 울릉도를 지방 제도에 추가하는 건에 대한 의정부 회의 결과

문서 종류 의정부 회의 사항(議政府會議事項)
작성 날짜 1898-05-26
출처 奏本(奎17703) 16책 11a-b

광무 2년 5월 26일 의정부 회의

사항 : 내부 대신이 청의한 울릉도 구역을 지방 제도에 개정하여 추가하는 일[內部大臣請議鬱陵島區域地方制度中改正添入事]

칙령안(勅令案)

의정		미임명
참정 내부 대신	박정양(朴定陽)	청의(請議)
찬정 외부 대신	조병직(趙秉稷)	청의한대로 시행하는 것이 옳음
찬정 탁지부 대신	심상훈(沈相薰)	청의한대로 시행하는 것이 옳음
찬정 군부 대신	민영기(閔泳綺)	청의한대로 시행하는 것이 옳음
찬정 법부 대신	이유인(李裕寅)	청의한대로 시행
찬정 학부 대신	조병호(趙秉鎬)	청의한대로 추가하고 개정하는 것이 마땅함
찬정 농상공부 대신	이도재(李道宰)	참석하지 않음
찬정	민영익(閔泳翊)	황제 임명장을 받지 못함
찬정	윤용선(尹容善)	참석하지 않음
찬정	이윤용(李允用)	병들어 참석하지 못함
찬정	김명규(金明圭)	청의한대로 추가하는 것이 옳음
찬정	이근명(李根命)	청의한대로 추가하는 것이 마땅함
찬정	민병석(閔丙奭)	청의한대로 시행하는 것이 타당함
참석 9명	찬성 9명	심사보고서 0
불참 4명	반대 0명	

光武二年五月二十六日議政府會議

事項內部大臣請議鬱陵島區域地方制度中改正添入事勅令案

議 次 未差

叅政內部大臣 朴定陽 請議

贊政外部大臣 趙秉稷 依議施行爲可

贊政度支部大臣 沈相薰 依請議施行爲可

贊政軍部大臣 閔泳綺 依請議施行爲可

贊政法部大臣 李裕寅 依請議施行

贊政學部大臣 趙秉鎬 依議添改爲宜

贊政農商工部大臣 李道宰 未叅

贊政 閔泳翊 未受勅

贊政 尹容善 未叅

贊政 李允用 實病不叅

贊政 金明圭 依議添入爲可

贊政 李根命 依請添入爲宜

叅贊 閔丙奭 依議施行妥當

進叅 九人 可 九 審查報告書 ○

不叅 四人 否 ○

13 지방 제도에 울릉도를 추가하는 사항에 대해 칙령안으로 할 것을 내부에서 의정부에 청의함

문서 종류	청의서
작성 날짜	1898-05-00
발신	의정부 참정 내부 대신 박정양
수신	의정부 참정 박정양
출처	奏本(奎17703) 16책 12a-13a
관련 자료	各部請議書存案(奎17715) 5책 91a-92b; 奏本(奎17703) 16책 11a-b

울릉도 구역을 지방 제도에 추가하는 것에 관한 청의서[鬱陵島區域을地方制度中添入에關한請議書]

울릉도는 동쪽 바다에 외따로 서있어 바다와 육지가 끊어졌으니 진실로 하늘이 갈라놓은 것입니다. 따라서 형편이 어떠한지, 거주하는 백성이 얼마인지가 오히려 상세하지 않습니다. 지난번 개국 504년(1895) 8월 13일에 해당 울릉도 도감을 뽑아 임명하도록 청의하여 같은 8월 16일에 임금님께 아뢰어 결재를 하였기에 같은 해 9월 20일에 해당 울릉도 사람 배계주를 도감으로 정해 임명하였고 해당 도감은 판임관(判任官)으로 대우하므로 관보(官報)에 게재하였습니다. 본 울릉도 관리를 전담하여 형편과 호구 수를 사실대로 조사한 후 보고해 오게 하였습니다. 해당 관원이 보고해 온 성책(成冊)을 접수해 보니, 거주하는 백성의 호구 수는 277호인데, 남녀 인구는 총 1,137명입니다. 개간한 토지는 4,774두락입니다. 이를 삼가 조사해 보니 해당 섬의 사람과 호구 수, 토지 개간이 이와 같은 경우에는 어쩔 수 없이 지방 제도에 추가하는 것이 타당합니다. 따라서 이번 칙령안(勅令案)을 회의에 제출하는 일입니다.
광무 2년(1898) 5월 일

의정부 참정 내부 대신 박정양

의정부 참정 박정양 각하 조사해 주십시오.

칙령(勅令) 제 호

지방 제도 중 개정하여 추가하는 일[地方制度中改正添入ᄒᆞᄂᆞᆫ事]

개국 505년도(1896) 칙령 제36호 제6조 다음에 제7조를 추가하되, 제7조는 '울릉도에 도감 1명을 두되, 본 지역 사람을 뽑아 임명하고, 판임관으로 대우한다. 시행 규칙은 내부 대신이 헤아려서 정한다[鬱陵島에島監一人을寘ᄒᆞᄃᆡ本土人을擇差ᄒᆞ며判任官으로待遇ᄒᆞ고應行規則은內部大臣이參量ᄒᆞ야定홈].'라는 49자를 추가하고, 부칙(附則) 아래 제7조의 '7'자는 '8'자로 개정하는 일이다.

鬱陵島區域을 地方制度中添入에 關ᄒᆞᆫ 請
議書
鬱陵島가 東濵에 孤立ᄒᆞ야 海陸隔絶이 固天所
限이기로 形便의 如何와 居民의 幾許를 猶或未詳
이옵기 粤在開國五百四年八月十三日에 該島島監
擇差ᄒᆞ므로 請議ᄒᆞ와 同月十六日에 上奏
裁可ᄒᆞ시믈 經ᄒᆞ옵기 同年九月二十日에 該島人裵
季周로 島監差定ᄒᆞ고 該島監은 判任官待
遇ᄒᆞ므로 官報에 揭載ᄒᆞ고 本島管理를 專任
ᄒᆞ야 形便과 戶口를 從實調査後報來케 ᄒᆞ온바
該員의 報來成冊을 接准ᄒᆞ온즉 居民의 戶數가 二
百七十七이오 男女人口合一千一百三十七이오 田土起墾
이 四千七百七十四斗落이다온 此를 竊査ᄒᆞ온즉 該島
의 人戶數와 土地起墾이 如斯ᄒᆞ온 境遇에는 不容
不地方制度中添入ᄒᆞ오미 妥當ᄒᆞ옵기 此段
勅令案을 會議에 提呈事
光武二年五月 日
議政府參政內部大臣 朴定陽
議政府參政 朴定陽 閣下 査照

勅令第 號
地方制度中改正添入ᄒᆞᄂᆞᆫ 事
開國五百五年度勅令第三十六号第六條之
次에 第七條를 添入ᄒᆞ되 第七條ᄂᆞᆫ 鬱陵島에 島
監一人을 寘ᄒᆞ되 本土人을 擇差ᄒᆞ며 判任官
으로 待遇ᄒᆞᄂᆞᆫ 應行規則은 內部大臣이 參量ᄒᆞ
야 定ᄒᆞᆷ 四十九字를 添入ᄒᆞᄂᆞᆫ 附則下第七條의
七字ᄂᆞᆫ 八字로 改正ᄒᆞᄂᆞᆫ 事

14 일본인의 해삼 채취 금지와 옷을 벗고 다니지 않도록 일본 공사관에 조회해 줄 것을 강원도에서 외부에 보고함

문서 종류 보고서(報告書) 제3호
작성 날짜 1898-06-18
발신 강원도 관찰사 권응선
수신 의정부 찬정 외부 대신 서리 외부 협판 유기환
출처 江原道來去案(奎17985) 1책 41a-42b
관련 자료 江原道來去案(奎17985) 1책 53a-54a

보고서 제3호

강릉 군수(江陵郡守) 정헌시(鄭憲時)의 보고서 내용에,

"본 강릉군 바닷가는 지난 몇 해 전부터 일본 고기잡이배가 매번 많이 몰려들어 오로지 해삼(海蔘)만을 채취했습니다. 해당 어부들은 머리에는 철 모자를 쓰고 유리로 눈을 보호하고 몸은 인도 고무에 구멍을 내 옷을 짓고 엄나무 껍질 끈으로 숨을 쉬며 30장(丈) 깊이의 물에 들어가서 몇 시간을 머물면서 주머니 밑바닥 만지듯이 모든 물건을 손에 넣습니다. 얕고 깊고 멀고 가까움을 따지고 않고 남김없이 크고 작은 통에 넣어 두레박에 올려 보냅니다. 오이진(梧耳津) 모래사장에 막사를 짓고 지붕을 만들고 따온 해삼을 언덕처럼 쌓아 놓고 솥을 열 지어 놓고 삶아서 말립니다. 그러면서 비록 1개라도 한국 사람이 구매하는 것을 허락하지 않았습니다. 또 벌거벗은 몸으로 시골 마을을 두루 다니니 아녀자들은 달아나 숨고 샘에서 물을 긷지 못했고 더러 까닭없이 나루터 백성을 구타하였습니다. 본 지역의 어선들을 막아서 드나드는 것이 불편합니다. 각 나루터 백성들은 이 때문에 생업을 잃어서 연달아 연명 상소하는데 불쌍하고 답답함을 이길 수 없습니다. 대개 영동(嶺東)은 본디 해삼 생산으로 잘 알려졌습니다. 요즈음 이후 우리나라 사람은 1개도 따지 못하고 단지 일본인에게 독점적 이익과 채취 권리를 넘겼습니다. 군수인 저는 작년 6월에 부임하였는데 그때는 이미 어쩔 수 없었습니다. 그런데 올해 5월에 계속해서 백성의 하소연을 접수하여 연달아 지시하고 각 나루터에 고시했으나 일본인은 줄곧 거리낌이 없었습니다. 때문에 차마 앉아서 보고만 있을 수 없어서 이번 달 6일에 읍내에서 80리 떨어진 오이진으로 긴급히 가서 일본인이 집

을 지었던 곳을 살피고 조사했습니다. 그랬더니 어선은 13척이고 지었던 집은 5개소였습니다. 때문에 해당 배 주인인 봉무수포(峰茂樹浦), 토미타로(富太郎), 모리노토라노슈케(森野虎之助) 3사람을 불러다가 물어보았더니 부산 해관(釜山海關)의 허가증 5장을 지니고 있었습니다. 그래서 군수인 저는 먼저 두 나라의 「통어장정(通漁章程)」에 실려 있는 제5조의 '해안가 3리 이내에서는 지방의 금지 사항을 어기지 않는다[海濱三里以內勿違地方禁制].'와 제6조의 '3리 이내에서는 상대 나라 어선 중 법을 어긴 경우, 모두 압류한다[三里以內彼國漁船違法者竝行押留].'에 의거하여 설명했습니다. 그리고 난 후에 또 지방관이나 백성의 허락을 기다리지 않고 멋대로 집을 짓고 한국 사람의 어업을 방해하고 배를 막고 까닭없이 구타한 일의 경우, 모두 장정에 어긋나고 도리에 어긋난다는 것으로 마디마디 꾸짖고 따졌습니다. 그래서 위 3사람은 말이 꿀려서 사과했고, '지금 이후로 해안가 3리 밖에서는 마음대로 고기잡이하고, 3리 안으로는 감히 침범해 들어옴이 없도록 하여 한국 백성들이 생업에 방해함이 없도록 하겠습니다. 또한 옷을 벌거벗고 돌아다님이 없도록 하고 근거 없이 구타함이 없도록 하겠습니다.'라는 뜻으로 다시 계약을 고친 후 이런 뜻을 본 지역에 지시하고 각 바다 나루터에서 전처럼 고기잡이를 하게 했습니다. 이렇게 사실대로 보고합니다. 비단 본 강릉군뿐만 아니라 영동 9개 고을이 모두 이런 폐단이 있습니다. 잘 헤아리신 후 일본 공사관에 조회로 알리고 해당 나라의 고기잡이 상인에게 전달 지시하여 다시는 규정을 위반해 고기잡이함으로써 생업을 잃는 백성들이 없기를 바랍니다."

라고 하였습니다. 이에 따라 이에 보고하니 잘 살피셔서 특별히 조회를 일본 공사관에 보내 해당국 어선이 다시는 장정을 위반해 고기잡이를 하거나 벌거벗은 몸으로 두루 다니지 못하게 하여 바닷가 각 군의 나루터 백성들이 생업을 잃지 않도록 해 주시기를 바랍니다.

광무 2년(1898) 6월 18일

강원도 관찰사 권응선

의정부 찬정 외부 대신 서리 외부 협판 유기환 각하

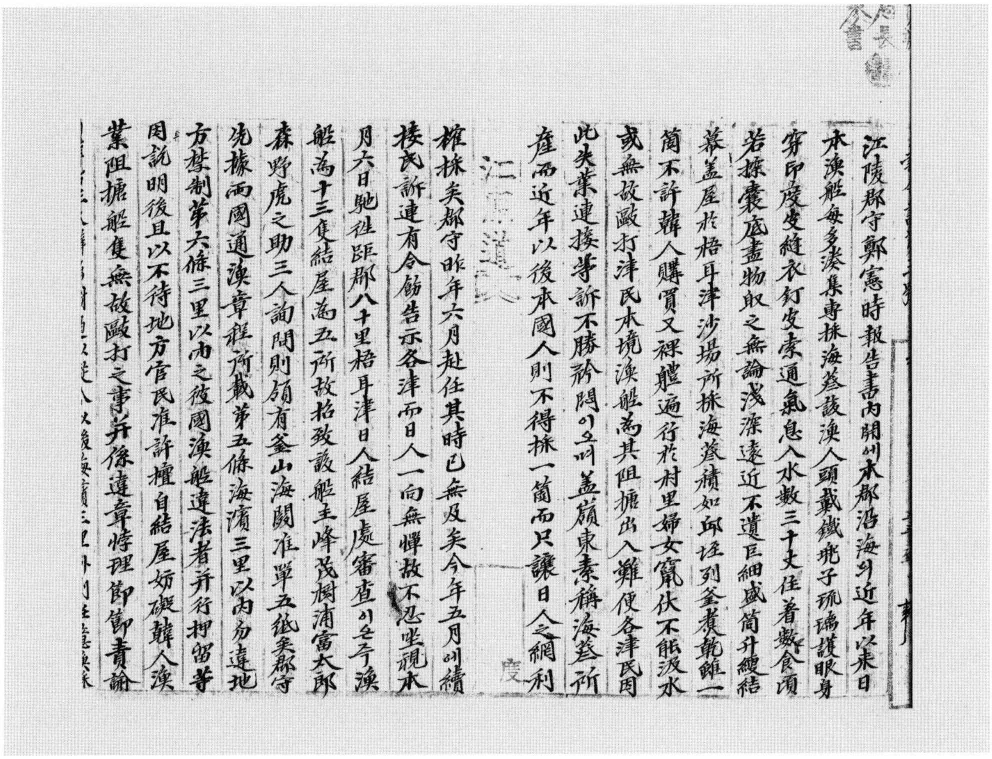
江陵郡守鄭憲時報告書內開에本郡沿海의近年以來日
本漁船每多湊集專採海蔘該漁人頭戴鐵兜子琉璃護眼身
穿印度皮縫衣釘皮囊通氣息入水數三十丈住着數食頃
若採囊底盡物取之無論淺深遠近不遺巨細盛筒升繩結
幕盖屋於梧耳津沙場所採海蔘積如邱垤列釜煮乾雖一
箇不許韓人購買又裸體遍行於村里婦女竄伏不能汲水
或無故毆打津民本境漁船爲其阻搪出入難便各津民因
此失業連接等訴不勝矜悶이오며盖嶺東素稱海蔘所
産而近年以後本國人則不得採一箇而只讓日人之網利
權採矣郡守昨年六月赴任其時已無及矣今年五月에續
接民訴連有令飭告示各津而日人一向無憚故不忍坐視本
月六日馳往距郡八十里梧耳津日人結屋處審查이온즉漁
船爲十三隻結屋爲五所故招致該船主峰茂樹浦富太郎
森野虎之助三人論問則頗有釜山海關准單五紙矣郡守
先據兩國通漁章程所載第五條海濱三里以內勿違地
方禁制第六條三里以內之彼國漁船違法者幷行押留等
因說明後且以不待地方官民准許擅自結屋妨礙韓人漁
業阻搪船隻無故毆打之事幷係違章悖理節節責諭

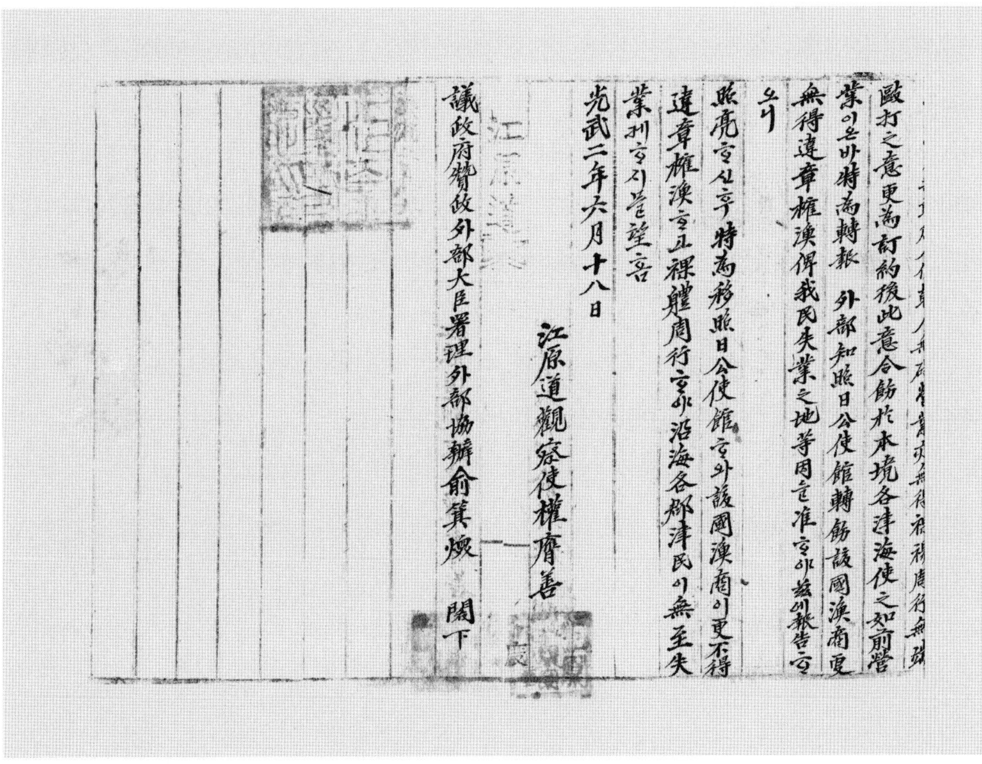
毆打之意更爲討約後此意合飭於本境各津海使之如前營
業이온바特爲轉報 外部知照日公使館轉飭該國漁商更
無得違章擅漁俾我民失業之地等因으로准하와玆에報告하오
니
照亮하신후特爲移照日公使館하와該國漁商이更不得
違章擅漁하고且裸體周行하와沿海各郡津民이無至失
業케하시믈望함
光武二年六月十八日
江原道觀察使權膺善
議政府贊政外部大臣署理外部協辦俞箕煥 閣下

15 울릉도 삼림 벌목 조약을 근거로 평안도 광산 채굴을 영국 공사의 조회대로 할 것을 외부에서 의정부에 청의함

문서 종류	청의서
작성 날짜	1898-06-20
발신	외부 대신 서리 외부 협판 유기환
수신	의정부 참정 윤용선
출처	各部請議書存案(奎17715) 6책 31a-34b
관련 자료	議政府來去文(奎17793) 6책 45a-46b; 奏本(奎17703) 17책 65a-71a

(생략)

평안도 전체 및 영흥·길주·단천·재령·수안·함흥 등 여러 곳, 능·원·묘·궁전 근처 지역, 백성들이 많이 거주하는 지역을 제외하고 영국 공사가 조회로 요청한 대로 광산 1곳을 특별히 허락하는 데에 관한 청의서[除平安全道及永興吉州端川載寧遂安咸興諸處及陵園墓宮殿近地及人民多居之地外에依英國公使照請ᄒᆞ야礦山一處를特准ᄒᆞᄂᆞᆫ데關ᄒᆞᆫ請議書]

위의 경우, 올해 4월에 영국 공사(英國公使) 조르단(朱邇典, J. N. Jordan)의 조회를 접수해 보니,
"평안도(平安道)에서 광물 채굴하는 일을 즉시 이미 각국 상인들에게 허가한 광산 채굴 문안을 원용하여 처리해 주십시오."
라고 하였습니다. 외부에 도착하여 면담하고 여러 번 처리를 재촉했습니다. 그래서
"평안도 안에는 현재 노는 광산이 없어서 시행할 수 없습니다."
라고 회답 조회하였습니다. 그랬더니 현재 온 조회를 또한 접수했더니,
"독일 사람 세창양행(世昌洋行) 볼터(華爾德, Carl Wolter)의 광산 채굴 계약 사례에 따라 처리해 주십시오."
라고 하였습니다. 이에 따라 각 나라 상인들에게 허가한 광산 채굴 문안을 죽 살펴보았더니, 미국인 모스(謨於時, James R. Morse)의 광산 계약은 운산 1곳만을 허락하였고 러시아인 네르친스크(니쓰친쓰키, Нерчинский)의 광산 계약은 경흥(慶興), 종성(鍾城) 2곳을 허락하였

고, 독일 사람 볼터의 광산 계약은 2년 기한으로 합당한 광산 1곳을 골라서 얻는 것을 허락하였습니다. 그밖에도 미국인 모스의 경인철로(京仁鐵路)와 프랑스인 그리(Antonie Grille)의 경의철로(京義鐵路)와 러시아 브리너(쁘리너)의 무산군과 울릉도와 압록강 국경 지역에서 벌목을 허락하였습니다. 이는 모두 여러 해 이미 시행하던 사안입니다. 각국과의 조약[各國條約] 제10관을 조사해 보니 분명히 실려 있기를,

"오늘 이후 어떤 혜택과 이권이 다른 나라나 다른 나라 관리와 백성들에게 시행되어 미친다면, 어느 나라나 어느 나라 관리와 백성들에게도 모두 똑같이 미쳐야 합니다."

라는 말이 있습니다. 현재 영국 공사는 각국 상인들에게 이미 허가한 광산 채굴 사안을 원용하여 처리하고 수호 조약 제10관의 취지를 붙이고자 하여 평안도 석탄 광산을 청구(請求)하였으나 고집부리며 따르지 않자, 따라서 "볼터의 광산 계약대로 어떠한 지역인지를 따지지 말고 1곳을 가리는 것을 허락해 달라."라고 하였습니다.

사안이 외교 교섭에 관계되어 줄곧 거부하기 어렵습니다. 평안도 전체 및 영흥·길주·단천·재령·수안·함흥 등 여러 곳, 능·원·묘·궁전 근처 지역, 백성들이 많이 거주하는 지역을 제외하고 광산 1곳을 특별히 허락하는 것이 옳을 듯합니다. 하지만 올해 1월에 농상공부에서 청의하여, '국내 철로 및 광산을 외국인과 계약하는 것을 허락하지 말라는 일[國內鐵路及礦山을 勿許外國人合同事]'로 임금님께 아뢰어 결재를 받았으니 함부로 허락하기 어렵습니다.

이에 영국 공사와 왕복한 공문 3건을 별도로 첨부하여 회의에 제출하는 일입니다.

광무 2년 6월 20일

외부 대신 서리 외부 협판 유기환

의정부 참정 윤용선 각하 잘 살펴주시기를 바랍니다.

(생략)

卷百二十四

除平安全道及永興吉州端川載寧遂安咸
興諸處及　陵園墓宮殿近地及人民多居
之地外에依英國公使照請ᄒᆞ야礦山一處ᄅᆞᆯ
特准ᄒᆞᄂᆞᆫ데關ᄒᆞᆫ請議書
右ᄂᆞᆫ本年四月에英國公使朱邇典의照會ᄅᆞᆯ
接准ᄒᆞᆫ즉平安道開採礦産鄭行援照已准
各國商民採礦成案辦理ᄒᆞ라ᄒᆞ옵고到部面
談ᄒᆞ야屢行催辦ᄒᆞ옵기平安道内에現無閒礦
ᄒᆞ야不得准施ᄒᆞᆯ意로照覆ᄒᆞ얏ᄉᆞᆸ더니現에來
照ᄅᆞᆯ又接ᄒᆞᆫ즉依德國人世昌洋行華爾德
議政府

卷百二十五

採礦合同例辦理ᄒᆞ라ᄒᆞᆫ바此ᄅᆞᆯ准ᄒᆞ와各國
商民의採礦成案을溯查ᄒᆞ오니美國人謨於
時에礦約은雲山一處ᄅᆞᆯ許ᄒᆞ옵고俄國人이
쓰친쓰키에게礦約은慶興鍾城兩處ᄅᆞᆯ許ᄒᆞ옵
고德國人華爾德의礦約은限二年内可合礦一
處ᄅᆞᆯ揀得ᄒᆞᆷ을許ᄒᆞ얏ᄉᆞ오며其他에도美國人
謨於時에京仁鐵路와法國人그릐외의京義
鐵路와俄國人뷰리너의게茂山郡과欝陵島
와鴨綠江邊界에伐木ᄒᆞᆷ을准許ᄒᆞ얏ᄉᆞ오니此
皆歷年已施之案也라查各國條約第十款에

載明今後有何惠政利權施及他國或他國臣民
人等之處某國及某國臣民人等亦可一體均霑
等語이옵기로現에英國公使가各國商民採礦
已准之案을援照辦理ᄒᆞ야條約第十款之旨
ᄅᆞᆯ符코져ᄒᆞ야平安道内煤礦을請求ᄒᆞ옵다
가堅執不准ᄒᆞᆫ즉華爾德에礦約을依ᄒᆞ야
無論某地ᄒᆞ고許揀一處ᄒᆞ라ᄒᆞ오니事関交
涉ᄒᆞ와一向牢拒키難ᄒᆞᆫ지라除平安全道
及永興吉州端川載寧遂安咸興諸處及
陵園墓宮殿近地及人民多居之地外에礦山
議政府

一處ᄅᆞᆯ特准ᄒᆞ오미可ᄒᆞ오나本年一月에農商工
部에셔請議ᄒᆞ야國内鐵路及礦山을勿許外
國人合同事로　奏蒙
制可ᄒᆞ얏ᄉᆞ오니有難擅許ᄒᆞ옵기로英公使와
往復ᄒᆞᆫ公文三件을另附ᄒᆞ와會議에提出事
光武二年六月二十日
外部大臣署理外部協辦兪箕煥
議政府參政尹容善閣下　查照
英館来照譯錄
照得茲據上海英商會董事稟稱請爲轉請

貴國政府准其于平安道開採礦產即行援照
已准各國商民採礦之成案辦理等情前來
本大臣據此相應備文照會
貴大臣請煩查照即定期會晤俾將所擬辦
理該礦事務之詳細各節面爲呈閱彼此妥
帖議定以成是務並希見覆爲禱須至照會
者

四月三十日

照覆英館

案查本年四月三十日前任大臣趙秉稷內接
議政府
准
貴照會內開茲據上海英商董事稟稱轉請貴
政府准于平安道開採礦產即行援照已准各國
商民採礦之成案辦理等情據此備文照會請
煩查照定期會晤俾所擬礦務詳細各節面
呈議定等因前來准此查平安道煤炭洎各
礦另屬我 宮內府或已經開採或預加經營
惟各國商民錯想平安道內尚有閒礦請援
往年已准之例我政府不勝其煩本年一月會
議將國內礦山鐵道勿許外國人合同事上

奏百二十五

奏欽奉
制可業經頒布一切遵照各國商民應不以礦
事爲請現
貴國商會董事稟請
貴公使擬辦礦務聲稱援照成案諒未及聞知
該道內一切礦產作爲
御用也所有平安道內各礦寔無以勉准
來意相應備文照覆請煩
貴公使查照轉諭該商會董事可也須至照覆者

六月十一日

議政府

英館來照 譯錄

照得本國商會董司木爾鐸海意稟稱轉請
貴政府准其依德國世昌洋行之合同俾爲採
礦之成案辦理等情前來本大臣據此相應
備文照會
貴大臣請煩查照從速即 示覆可也須至照
會者

六月十五日

四十三郡各礦移屬 宮內府請議書

本年四月二十一日에 宮內府大臣閔泳奎의 照會

16 러시아인 케이제링과의 계약에 따라 고래잡이 기지 마련을 위한 조사 및 고래잡이 구역을 준수하도록 외부에서 통천군에 훈령함

문서 종류 훈령 제 호
작성 날짜 1899-04-05
발신 외부 대신 임시 서리 의정부 찬정 이도재
수신 통천 군수
출처 江原道來去案(奎17985) 1책 101a-102a

훈령 제 호

러시아인 케이제링(케셀닝, Геирих Кейзерінт)이 고래잡이 기지 3곳을 빌리는 일에 대해 의정부(議政府)에서 논의를 거쳐 임금님께 아뢰어 결재를 받아서 3월 29일에 계약을 맺었다. 따라서 기지의 경계를 빨리 구획해 정해야 하기에 본 외부 관원을 별도로 파견해 내려 보내고 이에 훈령한다. 귀 통천 군수(通川郡守)는 본 외부 위원(委員)과 함께 귀 군 장전(長箭)으로 가서 해당 러시아인과 협상하고 조사해 정하도록 하라. 길이는 700피트, 너비는 350피트로 기지를 분명히 구분하고 표지석과 표지목을 단단히 세우도록 하라. 그리고 지도(址圖)와 지지(址誌)를 한문과 러시아어로 나누어 2부를 만들고 서로 서명한 후에 1부는 해당 러시아인에게 넘겨주고 1부는 본 외부로 올려 보내도록 하라. 해당 터가 만약 백성 소유 토지이거든 해당하는 가격은 해당 러시아인이 마련해 주도록 하되, 백성들의 묘지와 가옥일 경우에는 방해가 없도록 하라. 해변가 30리 이내에서는 고래잡이를 허가하지 않으니, 만약 러시아인이 해변가 30리 이내에서 고래를 잡을 경우에는 규정을 적용하여 금지하고 단속함이 옳을 것이다.
광무 3년(1899) 4월 5일

외부 대신 임시 서리 의정부 찬정 이도재

군수 좌하

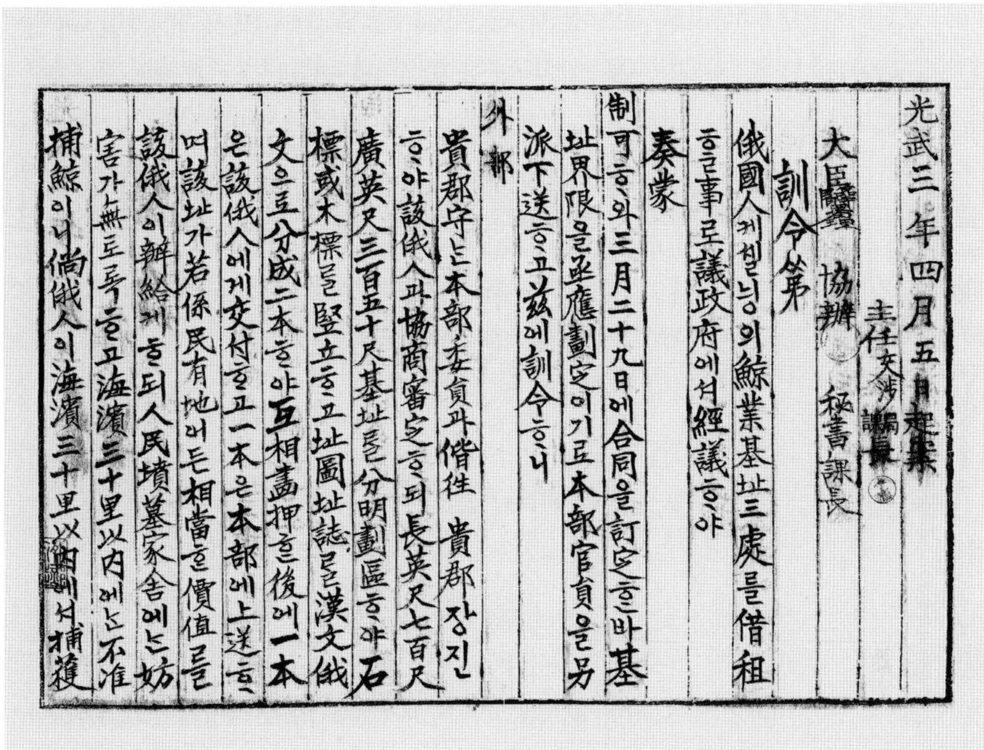
光武三年四月五日起案
大臣 協辦 主任交涉課長 秘書課長
訓令第　號
俄國人케셀닝의鯨業基址三處를借租
ᄒᆞᄂᆞᆫ事로議政府에서經議ᄒᆞ야
奏蒙
制可ᄒᆞ와三月二十九日에合同을訂定ᄒᆞᄂᆞᆫ바基
址界限을亟應劃定이기로本部官員을另
派下送ᄒᆞ고玆에訓令ᄒᆞ니
外部
貴郡守ᄂᆞᆫ本部委員과偕往 貴郡 장진
ᄒᆞ야該俄人과協商審定ᄒᆞ되長英尺七百尺
廣英尺三百五十尺基址를分明劃區ᄒᆞ야石
標或木標를竪立ᄒᆞ고址圖址誌를漢文俄
文으로分成二本ᄒᆞ야互相畵押ᄒᆞᆫ後에一本
은該俄人에게交付ᄒᆞ고一本은本部에上送ᄒᆞ
며該址가若係民有地어든相當ᄒᆞᆫ價值를
該俄人이辦給케ᄒᆞ되人民墳墓家舍에ᄂᆞᆫ妨
害가無토록ᄒᆞ고海濱三十里以內에ᄂᆞᆫ不准
捕鯨이니倘俄人이海濱三十里以內에서捕獲

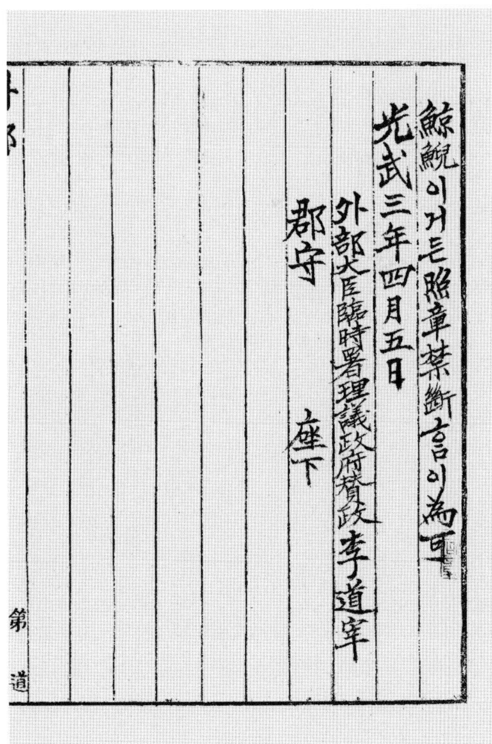
鯨鯢이거든照章禁斷ᄒᆞᆯ이為可
光武三年四月五日
外部大臣臨時署理議政府贊政李道宰
郡守 座下
外部
第　道

17 일본 마쓰에에 머무는 울릉도 도감 배계주에게 일본 전신국을 통해 전보를 보내도록 내부에서 외부에 통첩함

문서 종류 통첩(通牒)
작성 날짜 1899-04-25
발신 내부 주사 권택수
수신 외부 주사 황우영
출처 內部來去文(奎17794) 12책 26a
관련 자료 內部來去文(奎17794) 12책 27a-b

통첩

일본 마쓰에(松江)에 머무는 우리나라 울릉도 도감 배계주에게 보낼 전보 1통을 보냅니다. 이현(泥峴)의 일본 전국(日本電局)에 전달하여 즉시 전보를 치도록 해 주시기를 요청합니다.
광무 3년(1899) 4월 25일

내부 주사 권택수

외부 주사 황우영 좌하

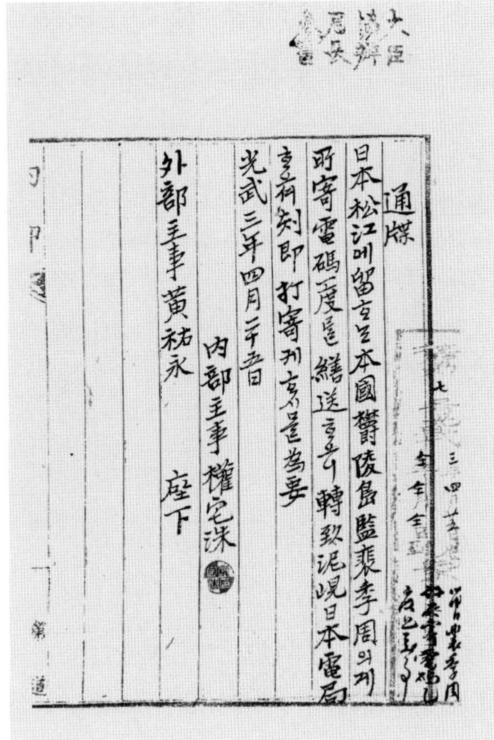

通牒

日本松江에留ᄒᆞᆫ本國鬱陵島監裵季周의게

所寄電碼一度를繕送ᄒᆞ오니轉致泥峴日本電局

ᄒᆞ와刻即打寄케ᄒᆞ심을爲要

光武三年四月二十五日

內部主事 權宅洙

外部主事 黃祐永 座下

18 일본 마쓰에에 머무는 울릉도 도감 배계주에게 전보 비용을 보내 전보 칠 수 있도록 외부에서 내부에 통첩함

문서 종류 통첩 제10호
작성 날짜 1899-04-25
발신 외부 주사 황우영
수신 내부 주사 권택수
출처 內部來去文(奎17794) 12책 27a-b
관련 자료 內部來去文(奎17794) 12책 26a

통첩 제10호

현재 귀 통첩을 접수해 보니 내용에,
"일본 마쓰에에 머무는 우리나라 울릉도 도감 배계주에게 보낼 전보 암호 1통을 보냅니다. 이현의 일본 전국에 전달하여 즉시 전보를 칠 수 있도록 해 주시기를 요청합니다."
라고 했습니다. 이에 따라 해당 암호 글자 수를 계산해 보니 전보 비용이 10원이 됩니다. 이에 답장하니 해당 전보 비용을 지폐로 액수대로 보내 주어 즉시 전보를 칠 수 있게 해 주시기를 요청합니다.
광무 3년(1899) 4월 25일

외부 주사 황우영

내부 주사 권택수 좌하

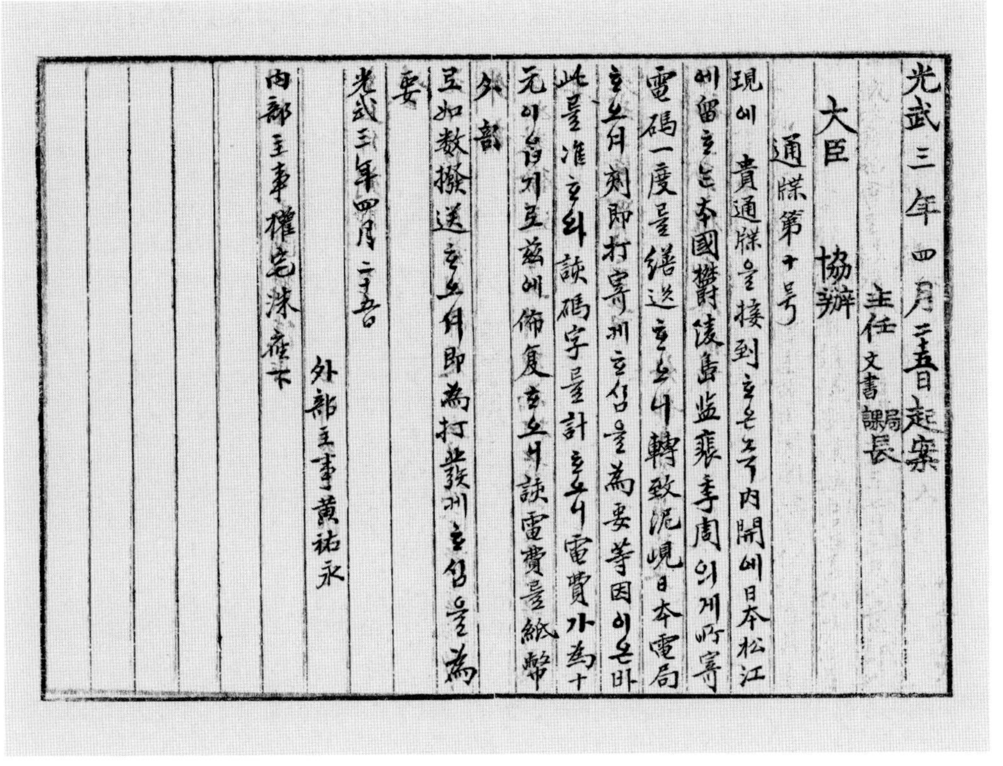
光武三年四月二十五日起案

主任 文書局課長

大臣 協辦

通牒第十号

現에 貴通牒을接到ᄒᆞ온즉內開에日本松江

에留ᄒᆞᄂᆞᆫ本國鬱陵島監裵季周의게所寄

電碼一度를繕送ᄒᆞ오니轉致泥峴日本電局

ᄒᆞ오며刻即打寄케ᄒᆞ심을爲要等因이온바

此를准ᄒᆞ와該碼字를計ᄒᆞ오니電費가爲十

元이옵기로玆에備復ᄒᆞ오니該電費를紙幣

外部

로如數撥送ᄒᆞ오시며即爲打送케ᄒᆞ심을爲

要

光武三年四月二十五日

外部主事黃祐永

內部主事權宅洙座下

19 케이제링의 고래잡이 해체 장소인 장전포 지역을 구획하러 갔다가 약속이 연기되어 돌아왔음을 통천군에서 외부에 보고함

문서 종류 보고서 제2호 원본(原本)
작성 날짜 1899-06-12
발신 강원도 통천 군수 김봉선
수신 외부 대신
출처 江原道來去案(奎17985) 1책 119a-b

보고서 제2호 원본

이번 6월 5일 사시(巳時)에 도착한 외부 훈령 제1호 내용에,

"러시아인 케이제링(케셀닝, Геирих Кейзерінт)이 고래잡이 기지 3곳을 빌리는 일에 대해 의정부에서 논의를 거쳐 임금님께 아뢰어 결재를 받아서 3월 29일에 계약을 맺었다. 따라서 기지의 경계를 빨리 구획해 정해야 하기에 본 외부 관원을 별도로 파견해 내려 보내고 이에 훈령한다. 귀 통천 군수는 본 외부 위원과 함께 귀 군 장전으로 가서 해당 러시아인과 협상하고 조사해 정하도록 하라. 길이는 700피트, 너비는 350피트로 기지를 분명히 구분하고 표지석과 표지목을 단단히 세우도록 하라. 그리고 지도와 지지를 한문과 러시아어로 나누어 2부를 만들고 서로 서명한 후에 1부는 해당 러시아인에게 넘겨주고 1부는 본 외부로 올려 보내도록 하라. 해당 터가 만약 백성 소유 토지이거든 해당하는 가격은 해당 러시아인이 마련해 주도록 하되, 백성들의 묘지와 가옥일 경우에는 방해가 없도록 하라. 해변가 30리 이내에서는 고래잡이를 허가하지 않으니, 만약 러시아인이 해변가 30리 이내에서 고래를 잡을 경우에는 규정을 적용하여 금지하고 단속함이 옳을 것이다."

라고 했습니다. 동시에 도착한 본 외부 주사 정형택(鄭衡澤)의 공식 편지 내용에,

"당일 장전포(長箭浦)에서 모이기로 약속했다."

라고 했기 때문에 즉시 긴급히 갔습니다. 그런데 다음 날 나중에 온 공문 편지에,

"러시아인에게 사정이 있어서 다른 날 약속해 모이지 않을 수 없다."

라고 했습니다. 때문에 군수인 저는 즉시 관아로 돌아와서 다음에 모일 것을 기다려 거행할 계획입니다. 연유를 먼저 보고합니다.

광무 3년(1899) 6월 12일

강원도 통천 군수 김봉선

외부 대신 각하

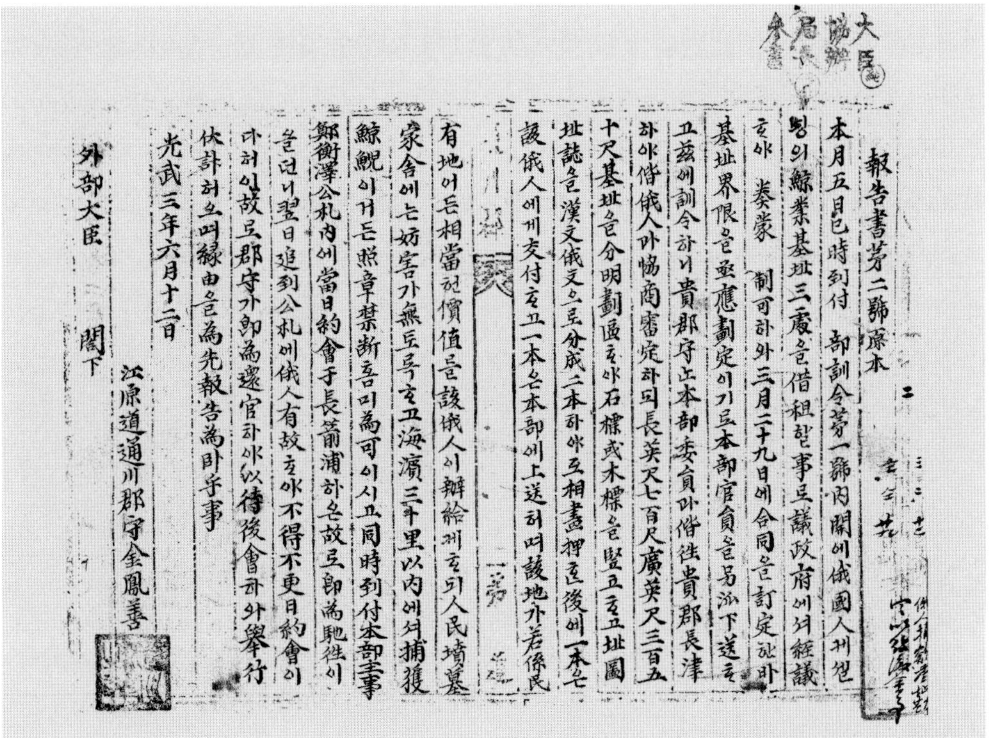

報告書第二號原本

本月五日巳時到付 部訓令第一號內開에俄國人케설링의鯨業基址三處을借租할事로議政府에서經議호야 奏蒙 制可하와三月二十九日에合同을訂定하바基址界限을亟應劃定이기로本部官員을另派下送호고玆에訓令하니貴郡守난本部委員과偕往貴郡長津하야偕俄人과協商審定하되長英尺七百尺廣英尺三百五十尺基址을分明劃區호야石標或木標을竪立호고址圖址誌을漢文俄文으로分成二本하야互相畫押호後에一本은該俄人에게交付호고一本은本部에上送하며該地가若係民有地어든相當한價值을該俄人이辦給케호되人民墳墓家舍에난妨害가無토록호고海濱三十里以內에서捕獲鯨鯢이거든照章禁斷호믈미爲可이시고同時到付本部主事鄭衡澤公札內에當日約會于長箭浦하온故로郎爲馳往이옵던니翌日追到公札에俄人有故호야不得不更日約會이다하이기故로郡守가郎爲還官하야以待後會하外擧行伏計허오며緣由을爲先報告爲卧乎事

光武三年六月十二日

江原道通川郡守金鳳善

外部大臣 閣下

20 부산에 머무는 울릉도 도감 배계주에게 전보를 치도록 내부에서 외부에 조회함

문서 종류 조회
작성 날짜 1899-06-17
발신 내부 주사 안기택
수신 외부 주사 황우영
출처 內部來去文(奎17794) 12책 37a-b

조회

저희 내부(內部) 관할 울릉도 도감 배계주가 부산항(釜山港)에 현재 머무르는데 긴급한 공문으로 저희 내부에 전보(電報)하였습니다. "해당 관원에게 회답 전보를 오늘 안으로 타전해 보내지 않을 수 없기에 전보 문자를 해독하여 첨부하여 삼가 조회하라."는 저희 내부 대신의 지시를 받들어서 이에 삼가 알려 드립니다. 잘 살피신 후 분명히 아뢴 후에 일본 전보사에 즉시 조회로 알려서 오늘 안으로 기어이 전보를 타전해 보낼 수 있게 해 주시기를 요청합니다.
광무 3년(1899) 6월 17일

내부 주사 안기택

외부 주사 황우영 좌하

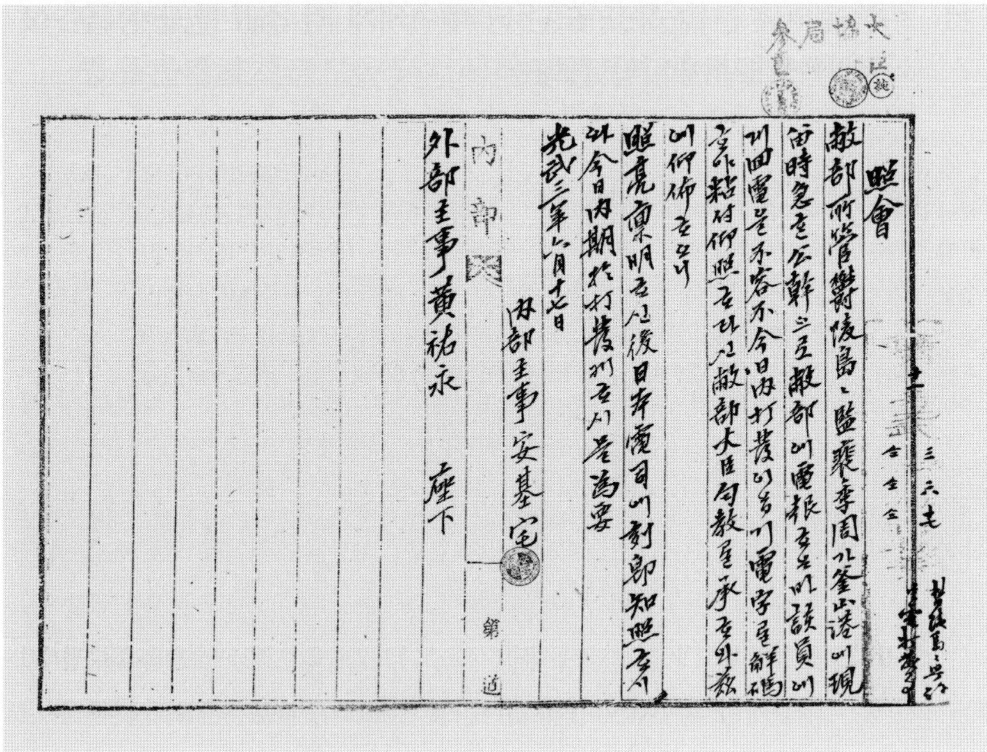

照會

敝部所管鬱陵島監務裵季周가釜山港에現
留時急ᄒᆞᆫ公幹으로敝部에電報ᄒᆞ온바該員에
게回電을不容不今日內打發이온바電字를解碼
ᄒᆞ야粘付仰照ᄒᆞ오니敝部大臣의敎를承ᄒᆞ와玆
에仰佈ᄒᆞ오니
照亮ᄒᆞ신後日本領事에게對郞知照ᄒᆞ시
와今日內期於打發케ᄒᆞ시믈爲要
光武三年六月十七日
內部主事安基完
外部主事黃祐永 座下

內部

第 號

21 부산에 머무는 울릉도 도감 배계주에게 친 전보를 받아왔다고 외부에서 내부에 회답 조회함

문서 종류 조복(照复) 제 호
작성 날짜 1899-06-18
발신 외부 주사 황운표
수신 내부 주사 안기택
출처 內部來去文(奎17794) 12책 38a-b
관련 자료 內部來去文(奎17794) 12책 37a-b

회답 조회[照复] 제 호

어제 귀 조회를 접수해 보니,
"울릉도 도감 배계주가 부산에 와서 머무르면서 긴급한 사건이 발생하여 저희 내부에 전보하였습니다. 해당 관원에게 회답 전보를 오늘 안으로 타전해 보내지 않을 수 없기에 전보 문자를 해독하여 첨부하여 삼가 조회하라는 저희 내부 대신의 지시를 받들어서 이에 삼가 알려 드립니다. 잘 살피신 후 분명히 아뢰신 후에 일본 전보사에 즉시 조회로 알려서 오늘 안으로 기어이 전보를 타전해 보낼 수 있게 해 주시기를 요청합니다."
라고 했습니다. 이에 따라 해당 전보 암호를 일본 전국에 즉시 보내어 타전해 보냈고 받아왔습니다. 이에 회답 조회하니 조사하여 귀 내부 대신에게 밝게 아뢰어 주시기를 요청합니다.
광무 3년(1899) 6월 18일

외부 주사 황운표

내부 주사 안기택 좌하

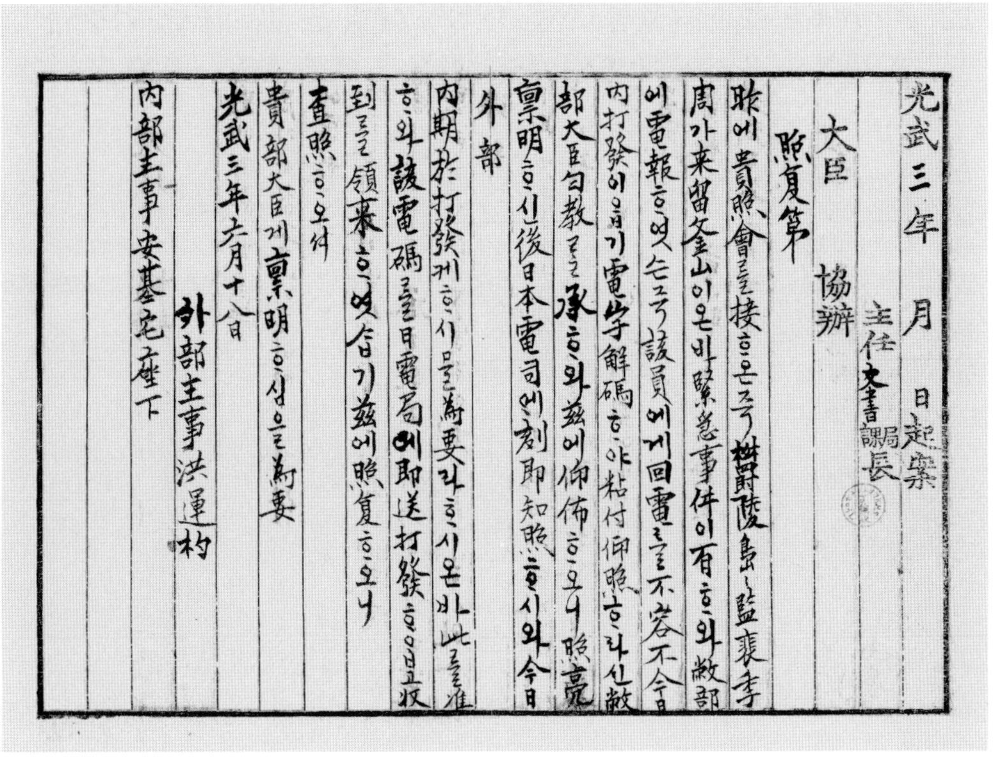
光武三年 月 日起案
主任 文書課局長
大臣 協辦
照復第
昨에貴照會ᄅᆞᆯ接ᄒᆞ온즉鬱陵島監裵季
周가來留釜山이온바緊急事件이有ᄒᆞ와敝部
에電報ᄒᆞ엿ᄉᆞᆫ즉該員에게回電ᄅᆞᆯ不容不今日
內打發이옵기電字解碼ᄒᆞ야粘付仰照ᄒᆞ라신敝
部大臣口敎ᄅᆞᆯ承ᄒᆞ와玆에仰佈ᄒᆞ오니照亮
稟明ᄒᆞ신後日本電司에刻即知照ᄒᆞ시와今日
外部
內期於打發케ᄒᆞ시믈爲要라ᄒᆞ시온바此ᄅᆞᆯ准
ᄒᆞ와該電碼ᄅᆞᆯ日電局에即送打發ᄒᆞ옵고收
到ᄅᆞᆯ領來ᄒᆞ엿ᄉᆞᆸ기玆에照復ᄒᆞ오니
査照ᄒᆞ오셔
貴部大臣게稟明ᄒᆞ심을爲要
光武三年六月十八日
外部主事洪運杓
內部主事安基宅座下

22 러시아와 계약한 울릉도 등 지역의 삼림을 일본인 등이 무단으로 벌목하는 사안의 해결 방법에 대해 외부에서 내부에 조회함

문서 종류	조회 제17호
작성 날짜	1899-08-08
발신	의정부 찬정 외부 대신 박제순
수신	의정부 찬정 내부 대신 서리 협판 이재극
출처	內部來去文(奎17794) 12책 42a-43a
관련 자료	農商工部來去文(奎17802) 8책 2a-3a

조회 제17호

개국 504년(1895)에 러시아인과 삼림 계약을 체결하였는데 기한은 20년으로, 지역은 두만강 상류 오른쪽 무산과 울릉도와 압록강 국경 지역으로 하여 벌목하고 양목하는 권리를 허가하였습니다. 그런데 지난해 8월쯤에 러시아 전임 공사 마튜닌(馬去寧, Н.Г. Мтюнин)이 조회로 묻기를,
"두만강 근처 지역에서 대한(大韓) 사람들이 마음대로 벌목하는데 지방관이 제대로 금지하지 않는다."
라고 하였습니다. 그래서
"서북 쪽 국경 지방은 높은 산 깊은 계곡이 쭉 이어져서 도끼를 들고 마구 들어가더라도 해방 지방관이 그때마다 규찰하기 어렵다."
라는 일로 회답 조회했습니다. 이전 달에 러시아 공사 드미트레프스키(德密特, П.А.Дмитриевский)의 조회 내용에,
"외부 대신의 전보를 접수해 보니 내용에, '울릉도, 두만강, 압록강 등지의 삼림을 기르고 베는 일의 경우, 대한제국 정부는 이미 러시아 회사에게 허가했습니다. 그런데 오히려 보호하고 지키는 방법은 없고 일본인과 청나라 사람이 삼림을 모두 베어갈 것입니다. 이런 연유로 한국 정부에 신속히 공문을 보냅니다.'라고 했습니다. 이에 따라 문안을 갖추어 조회합니다. 청컨대 번거로우시겠지만 지방관에게 훈령하여 즉시 삼림을 보호하고 지킬 방안을 마련해 회답해 주시는 것이 옳을 것입니다."

라고 했습니다. 오늘 러시아 공사가 관원을 파견하여 외부에 도착하여 처리할 방법이 어떠한지를 물었습니다. 이에 농상공부(農商工部)에 공문을 보냈는데 또한 지방 사무와 관련이 있기에 이에 조회하니 조사하여 각 지방관에게 훈령으로 지시하고 보호하고 지킬 방법을 별도로 강구하여 사단이 생기는 데에서 벗어날 수 있게 해 주시고 신속하게 분명히 알려 주시기를 요청합니다.

광무 3년(1899) 8월 8일

의정부 찬정 외부 대신 박제순

의정부 찬정 내부 대신 서리 협판 이재극 각하

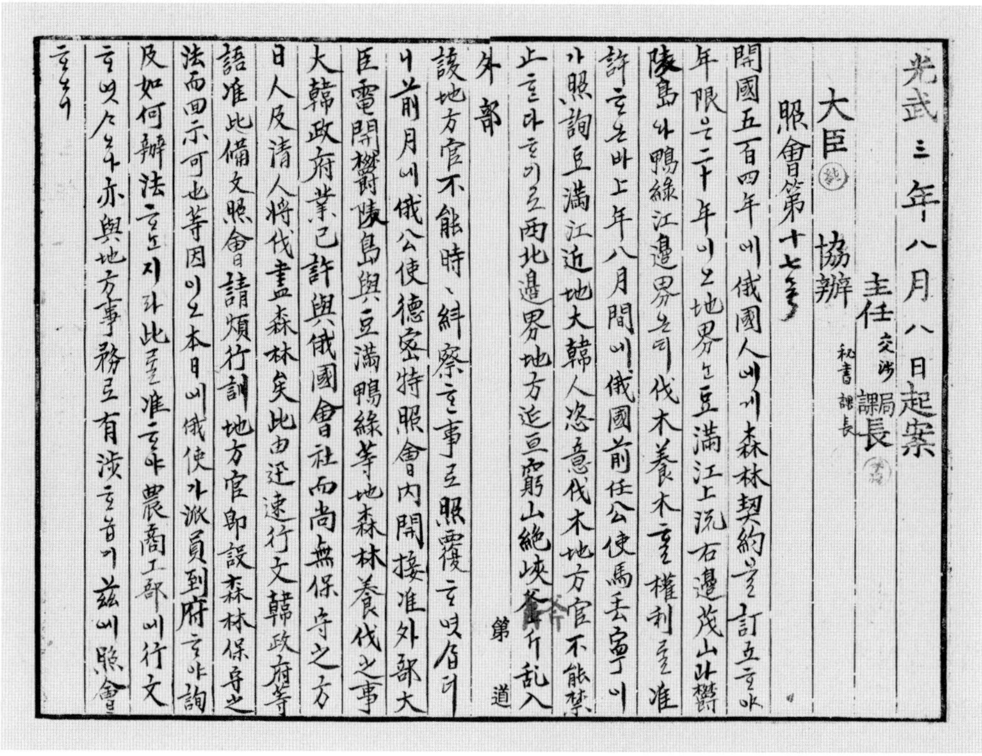

光武三年八月八日起案

主任 交涉局 課長 秘書課長

大臣 協辦

照會第十七號

閉國五百四年에 俄國人에게 森林契約을 訂立ᄒᆞ야
年限은 二十年이오 地界는 豆滿江上流右邊茂山과 欝
陵島와 鴨綠江邊界오 伐木養木ᄒᆞᆯ 權利를 准
許ᄒᆞ엿더니 上年八月間에 俄國前任公使馬丢寧이
가 照詢호되 滿江近地大韓人恣意伐木地方官不能禁
止ᄒᆞ다ᄒᆞ이오 西北邊界地方近豆窮山絶峽斧斤亂入

外部

該地方官不能時時糾察ᄒᆞᆫ 事로 照覆ᄒᆞ엿삽더니
니 前月에 俄公使德密特照會內開 接准外部大
臣電開 欝陵島與豆滿鴨綠等地森林養伐之事
大韓政府業已許與俄國會社而尚無保守之方
日人及淸人將伐盡森林矣 此由迅速行文韓政府等
語 准此備文照會 請煩行訓地方官 卽設森林保守之
法而回示可也 等因이오 本日에 俄使가 派員到府ᄒᆞ야 詢
及如何辦法ᄒᆞ오지라 此를 准ᄒᆞ야 農商工部에 行文
ᄒᆞ엿거니와 亦與地方事務로 有涉ᄒᆞᆫ 바이기 茲에 照會
ᄒᆞ오니

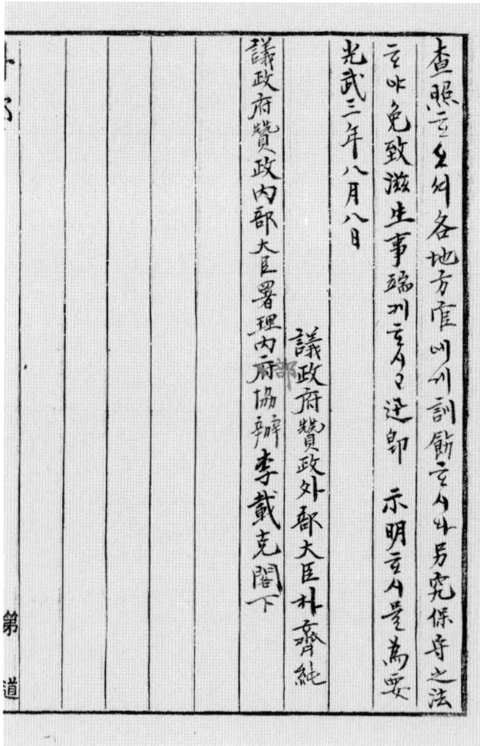

査照ᄒᆞ시와 各地方官에게 訓飭ᄒᆞ시와 另究保守之法
ᄒᆞ야 免致滋生事端케 ᄒᆞ심을 望ᄒᆞᆷ 卽 示明ᄒᆞ심을 爲要

光武三年八月八日

議政府贊政外部大臣 朴齊純

議政府贊政內部大臣署理內部協辦 李載克 閣下

23 러시아와 계약한 울릉도 등 삼림을 일본인 등이 무단으로 벌목하는 사안에 대해 외부에서 농상공부에 조회함

문서 종류	조회 제32호
작성 날짜	1899-08-08
발신	의정부 찬정 외부 대신 박제순
수신	의정부 찬정 농상공부 대신 민영기
출처	農商工部來去文(奎17802) 8책 2a-3a

조회 제32호

개국 504년(1895)에 러시아인과 삼림 계약을 체결하였는데 기한은 20년으로, 지역은 두만강 상류 오른쪽 무산과 울릉도와 압록강 국경 지역으로 하여 벌목하고 양목하는 권리를 허가하였습니다. 그런데 지난해 8월쯤에 러시아 전임 공사 마튜닌이 조회로 묻기를,

"두만강 근처 지역에서 대한 사람들이 마음대로 벌목하는데 지방관이 제대로 금지하지 않는다."

라고 하였습니다. 그래서

"서북 쪽 국경 지방은 높은 산 깊은 계곡이 쭉 이어져서 도끼를 들고 마구 들어가더라도 해당 지방관이 그때마다 규찰하기 어렵다."

라는 일로 회답 조회했습니다. 이전 달에 러시아 공사 드미트레프스키의 조회 내용에,

"외부 대신의 전보를 접수해 보니 내용에, '울릉도, 두만강, 압록강 등지의 삼림을 기르고 베는 일의 경우, 대한제국 정부는 이미 러시아 회사에게 허가했습니다. 그런데 오히려 보호하고 지키는 방법은 없고 일본인과 청나라 사람이 삼림을 모두 베어갈 것입니다. 이런 연유로 한국 정부에 신속히 공문을 보냅니다.'라고 했습니다. 이에 따라 문안을 갖추어 조회합니다. 청컨대 번거로우시겠지만 지방관에게 훈령하여 즉시 삼림을 보호하고 지킬 방안을 마련해 회답해 주시는 것이 옳을 것입니다."

라고 했습니다. 오늘 러시아 공사가 관원을 파견하여 외부에 도착하여 처리할 방법이 어떠한지를 물었습니다. 이에 조회하니 조사하여 각 지방관에게 훈령으로 지시하고 보호하고 지킬 방법을 별도로 강구하여 사단이 생기는 데에서 벗어날 수 있게 해 주시고 신속히 분명히

알려 주시기를 요청합니다.

광무 3년(1899) 8월 8일

의정부 찬정 외부 대신 박제순

의정부 찬정 농상공부 대신 민영기 각하

光武三年八月八日起案
主任 交涉局課長 秘書課長
大臣 協辦
照會第三十二号
開國五百四年에俄國人에게森林契約을訂立
ᄒᆞ야年限은二十年이오地界ᄂᆞᆫ豆滿江上流右邊
茂山과鬱陵島와鴨綠江邊界온데伐木養木
ᄒᆞᄂᆞᆫ權利를准許ᄒᆞ온바上年八月間에俄國前
任公使馬去宰이가照詢豆滿江近地大韓人恣
意伐木地方官不能禁止ᄒᆞᆫ다ᄒᆞ기로西北邊界
第 道
外部
地方延亘窮山絶峽斧斤亂入護地方官不暇時
糾察ᄒᆞᆫ事로照復ᄒᆞ엿삽더니前月에俄公使
德密特照會內開接准外部大臣電開鬱陵
島與豆滿江鴨綠江等地森林養伐之事大韓政
府業已許與俄國會社而尚無保守之方日人及
清人將伐盡森林矣此由迅速行文韓政府等
語准此備文照會請煩行訓地方官即設森林
保守之法而回示可也等因이오本日에俄使가派員
到部ᄒᆞ야詢及如何辦法이기로玆에照會ᄒᆞ오니
査照ᄒᆞ오셔各地方官에게訓飭ᄒᆞ와另究保守

之法ᄒᆞ야免致滋生事端케ᄒᆞ시고迅即示明ᄒᆞ
심을爲要
光武三年八月八日
議政府贊政外部大臣朴齊純
議政府贊政農商工部大臣閔泳綺閣下
第 道

24 러시아와 계약한 울릉도 등 지역의 삼림 보호나 계약건은 내부와 관계없다고 내부에서 외부에 회답 조회함

문서 종류 조복 제11호
작성 날짜 1899-08-12
발신 의정부 찬정 내부 대신 서리 내부 협판 이재극
수신 의정부 찬정 외부 대신 박제순
출처 內部來去文(奎17794) 12책 44a-45a
관련 자료 農商工部來去文(奎17802) 8책 2a-3a; 內部來去文(奎17794) 12책 42a-43a

회답 조회 제11호

개요 : 삼림 보호는 저희 내부 소관이 아님[森林保護非敝部所關事]

귀 제17호 조회를 접수해 보니 내용에,

"개국 504년(1895)에 러시아인과 삼림 계약을 체결하였는데 기한은 20년으로, 지역은 두만강 상류 오른쪽의 무산과 울릉도와 압록강 강변 지역으로 하여 벌목하고 양목하는 권리를 허가하였습니다. 그런데 지난해 8월쯤에 러시아 전임 공사 마튜닌이 조회로 묻기를, '두만강 근처 지역에서 대한 사람들이 제멋대로 벌목하는데 지방관이 제대로 금지하지 않는다.'라고 하였습니다. 그래서 '서북 쪽 국경 지방은 높은 산 깊은 계곡이 죽 이어져서 도끼를 들고 마구 들어가더라도 해방 지방관이 그때마다 제대로 규찰할 수 없다.'라는 일로 회답 조회했습니다. 지난달에 러시아 공사 드미트레프스키의 조회 내용에, '외부 대신의 전보를 접수해 보니 내용에, 『울릉도, 두만강, 압록강 등지에 삼림을 기르고 베는 일의 경우, 대한제국 정부는 이미 러시아 회사에게 허가했습니다. 그런데 오히려 보존하고 지키는 방법이 없어서 일본인과 청나라 사람이 삼림을 모두 베어 갈 것입니다. 이런 연유로 한국 정부에 신속히 공문을 보냅니다.』라고 했습니다. 이에 따라 문안을 갖추어 조회합니다. 청컨대 번거로우시겠지만 지방관에게 훈령하여 즉시 삼림을 보존하고 지킬 방안을 마련해 화답해 주시는 것이 옳을 것입니다.'라고 했습니다. 오늘 러시아 공사가 관원을 파견하여 외부에 도착하여 처리할 방법이 어떠한지를 물었습니다. 이에 따라 농상공부에 공문을 보냈는데 또한 지방사무와 관계가 있기에 이에 조회하니 조사하여 각 지방관에게 훈령으로 지시하여 보존하고 지킬 방법

을 별도로 강구하여 사건이 생기는 데에서 벗어나도록 해 주시고 신속하게 분명히 알려 주시기를 요청합니다."

라고 하였습니다. 이에 따라 조사해 보니 해당 계약의 경우, 저희 내부는 일찍이 들어보지 못한 사건입니다. 뿐만 아니라 삼림 보호는 저희 내부와는 관계가 없습니다. 이에 삼가 답장하니 잘 살펴 주시기를 요청하는 일입니다.

광무 3년(1899) 8월 12일

의정부 찬정 내부 대신 서리 내부 협판 이재극

의정부 찬정 외부 대신 박제순 각하

大臣 純
協辦
局長
參書

照覆第 十一 號

貴第十七號照會를接ᄒᆞ온즉內開開國五百四年에俄國
人에게森林契約을訂ᄒᆞ야年限은二十年이오地界ᄂᆞᆫ豆滿
江上流右邊茂山과鬱陵島와鴨綠江邊界온ᄃᆡ伐木養
木ᄒᆞᆫ權利를准許ᄒᆞ온바上年八月間에俄國前任公
使馬吞寧이가照詢ᄒᆞᆫ豆滿江近地大韓人恣意伐木地
方官不能禁止ᄒᆞ다ᄒᆞ기로西北邊界地方延亘窮山絶
峽斧斤亂入該地方官不能時時糾察ᄒᆞᆫ事로照覆ᄒᆞ
엿삽더니前月에俄公使德密特照會內開接准外部
大臣電開鬱陵島與豆滿江鴨綠江等地森林養伐之
事大韓政府業已許與俄國會社而尚無保守之方日
人及清人將伐盡森林矣此由迅速行文韓政府等語
准此備文照會請煩行訓地方官即設森林保守之
法而回示可也等因이오本日에俄使가派員到部ᄒᆞ야
詢及如何辦法ᄒᆞᆫ지라此를准ᄒᆞ야農商工部에行
文ᄒᆞ엿ᄉᆞ오나亦與他地方事務로有涉ᄒᆞ옵기茲에
照會ᄒᆞ오니査照ᄒᆞ오셔各地方官에게訓飭ᄒᆞ시와
另究保守之法ᄒᆞ야免致滋生事端ᄒᆞ시고迅即示明
ᄒᆞ심을爲要等因이라此를准査ᄒᆞ온즉該契約은
敝部로셔曾未與聞ᄒᆞᆫ事件이옵더니森林保
護ᄂᆞᆫ敝部에所關이아니옵기茲에仰復ᄒᆞ오니
照亮ᄒᆞ심을爲要事

光武三年八月十二日
議政府贊政內部大臣署理內部協辦李載克

議政府贊政外部大臣朴齊純 閣下

25 울릉도에서 행패 부리고 삼림을 벌목하는 일본인을 돌려보내는 일에 대해 일본 공관에 알리도록 내부에서 외부에 조회함

문서 종류 조회 제13호
작성 날짜 1899-09-15
발신 의정부 찬정 내부 대신 민병석
수신 의정부 찬정 외부 대신 박제순
출처 內部來去文(奎17794) 12책 53a-54a

조회 제13호

울릉도는 바다 가운데의 황무지로 개척한 지 얼마 되지 않아 인구가 매우 적고 생업을 꾸려 나가기가 어렵기 그지없습니다. 그러던 중에 "막돼먹은 일본인들이 떼를 지어 옮겨와 살면서 거주하는 백성들을 업신여기고 못살게 굴며 삼림을 베어낸다."라는 보고가 놀랍습니다. 따라서 올해 5월에 배계주를 해당 울릉도 도감으로 도로 임명하여 가게 했습니다. 그때 총세무사(總稅務司)에게 편지로 부탁하여 부산항 세무사(釜山港稅務司)와 모여서 함께 가서 조사하게 하였습니다. 그랬더니 해당 도감의 보고서와 총세무사가 보내온 편지를 모두 조사해 보았더니, 일본인 수백 명이 촌락(村落)을 자연스레 이루고 배로 항해하며 목재를 계속해서 실어 운반하고 곡식 자루 물건을 몰래 거래하였습니다. 그 뜻에 조금이라도 어그러지면 창을 쥐고 칼을 휘두르며 제멋대로 난폭하게 행동하며 거리낌이 조금도 없었습니다. 그래서 거주민들은 대부분 놀랍고 두려워하며 편안하게 지내지 못하는 정황이 정말로 확실합니다. 해당 사건은 관계되는 바가 가볍지 않습니다. 지금 엄히 그치게 하지 않으면 해당 섬에 사는 백성들이 흩어지고 말 것입니다. 이에 사실을 들어 삼가 알려 드리니 잘 살피신 후에 일본 공관에 전달 조회하여 울릉도에 몰래 들어간 일본인을 기한을 정해 돌려보내게 하고 통상 항구가 아닌데 몰래 매매한 것에 대한 벌금은 조약에 의해 조사하여 징수해 뒷날의 폐단을 영원히 막도록 해 주시기를 요청합니다.
광무 3년(1899) 9월 15일

의정부 찬정 내부 대신 민병석

의정부 찬정 외부 대신 박제순 각하

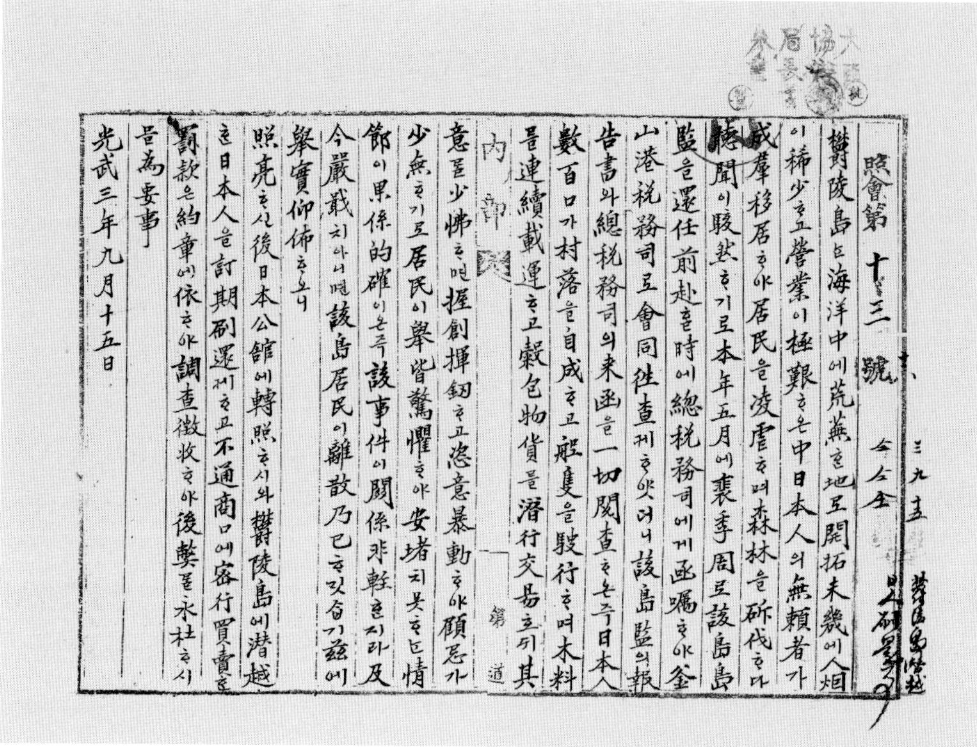

照會第十三號

鬱陵島는 海洋中에 荒蕪한 地로 開拓未幾에 人烟이 稀少하고 營業이 極艱하온 中 日本人의 無賴者가 成羣移居하야 居民을 凌虐하며 森林을 斫伐하다 聽聞이 駭然하기로 本年五月에 裵季周로 該島島監을 還任前赴할 時에 總稅務司에게 函囑하야 釜山港稅務司로 會同往查케 하얏더니 該島監의 報告書와 總稅務司의 來函을 一切閱查하온즉 日本人數百口가 村落을 自成하고 船隻을 駛行하며 木料를 連續載運하고 穀包物貨를 潛行交易하니 其意를 少拂하면 握劍揮釰하고 恣意暴動하야 顧忌가 少無하기로 居民이 擧皆驚懼하야 安堵치 못하난 情節이 果係的確이온즉 該事件이 關係非輕한지라 及今嚴戢치 아니하면 該島居民이 離散乃已하깃삽기 玆에 擧實仰佈하오니

照亮하신 後 日本公館에 轉照하시와 鬱陵島에 潛越한 日本人을 計期刷還케 하고 不通商口에 密行買賣한 罰款은 約章에 依하야 調査徵收하야 後弊를 永杜하시믈 爲要事

光武三年九月十五日

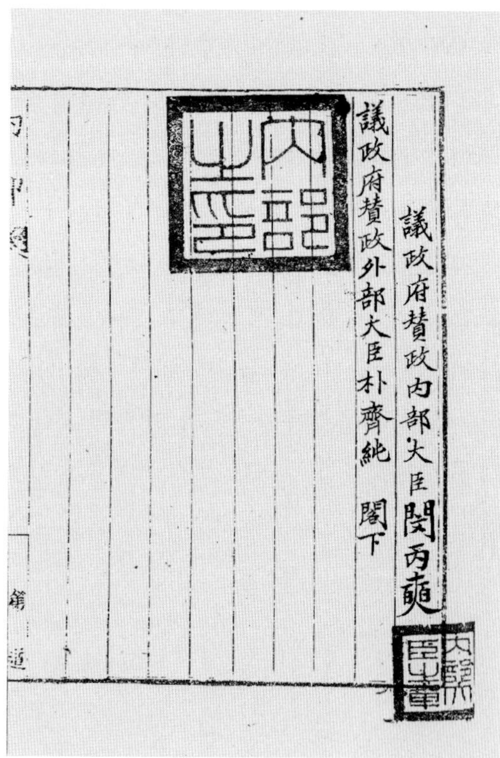

議政府贊政內部大臣 閔丙奭

議政府贊政外部大臣 朴齊純 閣下

26 울릉도에서 목재를 운반하는 등 행패를 부린 일본인을 귀국 조치하도록 외부에서 내부에 회답 조회함

문서 종류 조복 제20호
작성 날짜 1899-09-22
발신 의정부 찬정 외부 대신 박제순
수신 의정부 찬정 내부 대신 민병석
출처 內部來去文(奎17794) 12책 55a-56b

회답 조회 제20호

귀 제13호 조회에 따라, "울릉도에 일본인 수백 명이 자연스레 촌락을 이루고 목재를 실어 운반하고 물건을 거래하고 제멋대로 난폭하게 행동하여 거주민들이 흩어졌다."라는 등의 일을 일본 공사에게 즉시 조회로 알려서,
"여러 범인들을 조사해 잡아들여 무거운 것을 따라 심리 판결하고 본국으로 되돌려 보내 주십시오. 아울러 조약의 취지를 살피고 적용하여 벌금을 징수해 주십시오."
라고 했습니다. 그래서 해당 회답 조회를 접수했더니,
"우리나라 사람이 귀국의 영토 안에서 조약을 위반하고 기타 범죄에 대해서 처리하는 한 가지 사항에 대해서는 모두 귀국과 우리나라 사이의 조약에 분명히 실려 있습니다. 울릉도에서 우리나라 사람의 행위가 정말로 귀하의 이야기와 같다면 이는 또한 조약상 순서에 따라 가장 가까운 우리 영사에게 넘겨서 조처를 요구하는 일은 귀 정부에 속한 권리입니다. 하지만 저는 귀 정부의 사정을 잘 알기에 특별히 호의적인 입장에서 적절한 조치를 시행하겠다고 생각하고 저번에 원산항에 정박한 경비함(警備艦)에 영사관원(領事館員)을 태워 정황을 조사하고 우리나라 사람을 설득하여 되돌려 보내려고 해당 울릉도에 파견했습니다. 그런데 해당 경비함에서 '울릉도에 막 도착하려는데 날씨가 몹시 궂고 풍랑이 막아서 사람이 육지에 내릴 수 없으니 부산으로 빈손으로 돌아가겠다.'라는 뜻으로 저번에 전보를 접수하였습니다. 그래서 제가 전보 훈령을 다시 발송하여 '날씨를 살펴가며 일단 해당 울릉도로 회항(回航)하여 그 일을 결말짓도록 하라.'라고 이미 명령했습니다. 결과 보고를 기다려 어떻든 조회할 것입니다만 이에 먼저 회답 조회합니다."

라고 했습니다. 통상 항구가 아닌 곳에서 외국인이 땅을 사거나 집을 구입하거나 상점을 여는 등의 일은 장정을 살펴보면 금지하는 사항입니다. 만약 위반하거나 거부하는 자가 있으면 근처의 해당국 영사에게 붙잡아 넘기고 벌금을 징수하게 하는 것은 바로 지방관의 직무상 권한입니다. 귀 내부에서 해당 지방관에게 이것으로 훈령 지시하되, 일본 관원의 조사를 기다리지 말고 먼저 일본인에게 밝게 타이르도록 하고 일제히 돌아가라는 뜻으로 기한을 정해 주고 글을 내걸어 알리게 하는 것이 타당합니다. 이에 회답 조회하니 조사하여 처리해 주시기를 요청합니다.

광무 3년(1899) 9월 23일

의정부 찬정 외부 대신 박제순

의정부 찬정 내부 대신 민병석 각하

光武三年九月二十二日起案

主任 交涉局課長

秘書課長

大臣 協辦

照覆第二十号

貴第十三号照會를准ᄒᆞ와鬱陵島에日本人數
百口가自成村落ᄒᆞ고載運木料ᄒᆞ며交易貨物ᄒᆞ
고恣意暴動ᄒᆞ야居民離散等事를日本公使에
게知照ᄒᆞ야查拿諸犯從重究辦調回本國
並按照約旨徵繳罰金ᄒᆞ라ᄒᆞ엿더니該照覆을
接到ᄒᆞᆫ즉本邦人이貴國境土內에서條約違犯

外部

及其他犯罪에對ᄒᆞ야處辦一事ᄂᆞᆫ一切貴我條約
에載明ᄒᆞᆫ바며 鬱陵島에서本邦人의行爲가
果如貴等因이면是亦條約上順序를因ᄒᆞ야最
近我領事에게交付ᄒᆞ야措處를求ᄒᆞᆷ은貴政
府의自屬ᄒᆞᆫ權能이라然而本官이貴政府의事
情을察ᄒᆞᆷ으로特히好意上便宜의措置를行ᄒᆞ라
ᄒᆞ야曩者에元山碇泊ᄒᆞᆫ警備艦에領事館員
을搭乘케ᄒᆞ야其情況을調查ᄒᆞ야本邦人을說
諭調回케ᄒᆞᆯ次로該島에派遣이러니該艦이鬱陵
島에恰達ᄒᆞᆯᄉᆡ天候가凶惡ᄒᆞ야爲風浪之阻

ᄒᆞ야人員이不能下陸ᄒᆞ고釜山으로空歸之意로向
日에電報를接ᄒᆞ고本官이電訓을更發ᄒᆞ되天
候를見量ᄒᆞ야一應該島에回航ᄒᆞ야其事를歸結
ᄒᆞ라고旣命ᄒᆞ얏스니其覆命을追俟ᄒᆞ야何等照
會를ᄒᆞᆯ터이나玆先照覆等因이온바不通商口岸
에外國人이買地贌屋開棧等事ᄂᆞᆫ按章禁止ᄒᆞ며
如有違拒者면附近該國領事에게拿交徵罰케ᄒᆞᆷ
이自是地方官職權이온즉 貴部에서該地方官
에게將此訓飭ᄒᆞ시되不待日本官員調查ᄒᆞ고先行
曉飭日人ᄒᆞ야一齊撤回ᄒᆞᆯ意로定給期限ᄒᆞ며揭

外部 第 道

文告示케ᄒᆞ심이妥當ᄒᆞ기로玆에照覆ᄒᆞ오니
查照辦理ᄒᆞ심을爲要

光武三年九月二十二日

議政府贊政外部大臣朴齊純

議政府贊政內部大臣閔丙奭閣下

27 울릉도에서 행패 부린 일본인을 귀국 조치하는 일에 대해 지방관에게 훈령하도록 외부에서 내부에 조회함

문서 종류 조회 제 호
작성 날짜 1899-10-03
발신 의정부 찬정 외부 대신 박제순
수신 의정부 찬정 내부 대신 민병석
출처 內部來去文(奎17794) 12책 73a-b

조회 제

울릉도에 있는 일본인을 되돌려 보내는 한 가지 일에 대해 일본 공사의 회답 조회에 따라 이미 회답 조회했습니다. 그리고 오늘 일본 공사가 보내온 문서를 거듭 접수해 보니,

"울릉도에 있는 우리나라 사람을 설득해 물러가게 하는 한 가지 일에 대해 지난 20일 제101호 저의 조회 내용에, '지난번 해당 항구에 회항한 제국(帝國)의 군함이 풍랑 때문에 육지에 내릴 수 없어서 일단 해당 군함을 회항시키고 상황을 조사해 적절한 수단으로 집행하겠습니다.'라는 뜻으로 이미 조회했습니다. 이번에 다행히도 육지에 내려 사실을 조사한 후 '울릉도에 있는 우리나라 사람에 대해 정해진 기한에 물러가게 명령했다.'라는 뜻으로 해당 울릉도에 파견된 원산 영사관원이 전보로 아뢴 것을 접수하고 이를 근거로 이에 조회합니다."

라고 했습니다. 이에 따라 조회하니 조사하여 해당 지방관에게 훈령 지시하고 해당 일본인들을 일제히 철수해 돌아가게 하십시오. 그리고 보고가 오는 대로 또한 즉시 분명히 알려 주시기를 요청합니다.

광무 3년(1899) 10월 3일

의정부 찬정 외부 대신 박제순

의정부 찬정 내부 대신 민병석 각하

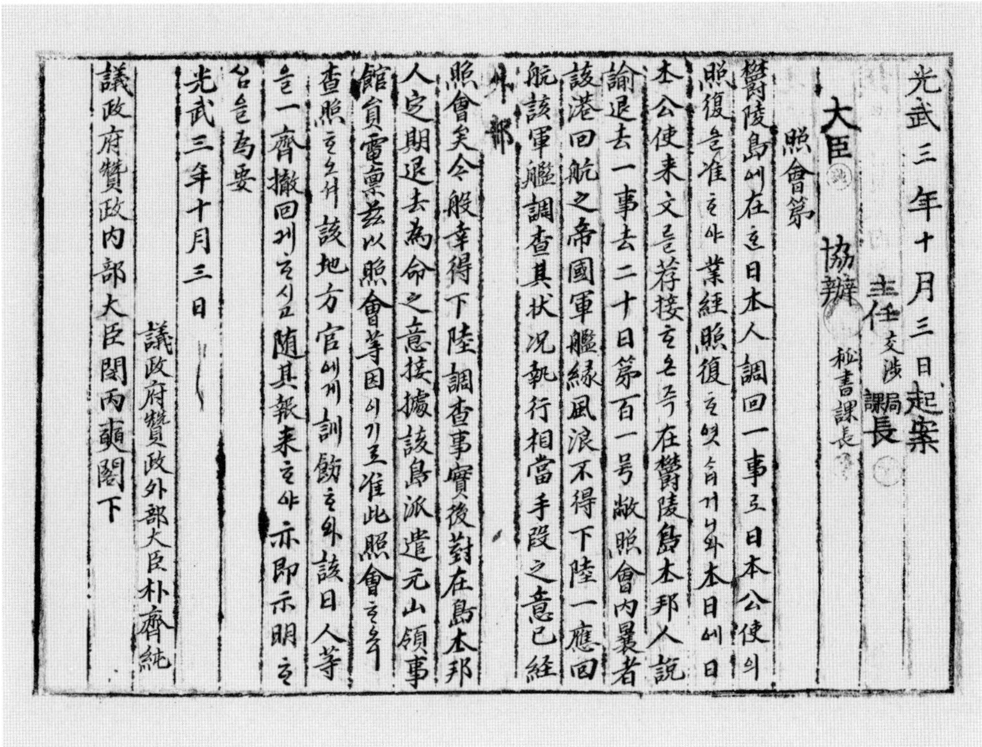
光武三年十月三日起案

大臣 協辦 主任 交涉局課長 秘書課長

照會第 號

欝陵島에在한日本人調回一事로日本公使의照復을准하야業經照復하엿슴거니와本日에日本公使來文을荐接한즉在欝陵島本邦人說諭退去一事去二十日第百一号敝照會內畧者該港回航之帝國軍艦緣風浪不得下陸一應回航該軍艦調查其狀況執行相當手段之意已經照會矣今般幸得下陸調查事實後對在島本邦人定期退去為命之意援據該島派遣元山領事館員電稟茲以照會等因이기로准此照會하오니查照하오셔該地方官에게訓飭하와該日人等을一齊撤回케하시고隨其報來하와亦即示明하심을為要

外部

光武三年十月三日

議政府贊政外部大臣朴齊純

議政府贊政內部大臣閔丙奭閣下

28 울릉 도감 배계주의 보고에 따라 소란을 부린 일본인의 귀국을 일본 공사에게 요구하도록 농상공부에서 외부에 조회함

문서 종류 조회 제41호
작성 날짜 1899-10-24
발신 의정부 찬정 농상공부 대신 임시 서리 의정부 찬정 민종묵
수신 의정부 찬정 외부 대신 박제순
출처 農商工部來去文(奎17802) 8책 63a-b

조회 제41호

울릉 도감 배계주의 보고서를 접수해 보니,
"본 울릉도 삼림을 일본인이 거리낌없이 몰래 베기에 이치를 들어 금지했습니다. 그러자 일본인은 패거리를 불러 모아 본 울릉도에 머무르면서 총을 쏘며 독살스런 짓을 벌이고 소란을 부리고 말썽을 일으켜서 기강이 없기 그지없습니다."
라고 했습니다. 이를 조사해 보니 외국인이 통상하지 않는 항구에서 거리낌없이 머무는 것은 이미 바로 금지령을 어기는 것입니다. 뿐만 아니라 국가 소유 산의 삼림을 제멋대로 몰래 베고 패거리를 엮어 소란을 부리다가 총을 쏘는 지경에 이르렀습니다. 이는 대수롭지 않게 내버려둘 수는 없습니다. 우리 서울에 주재하는 일본 공사에게 이치를 따져 조회로 알려서 울릉도에 머무는 일본인을 모두 철수시켜 돌려보내고 해당 울릉도의 삼림을 몰래 베어 가는 등의 폐단은 방법을 강구해 금지하시도록 이에 조회하니 잘 살피셔서 답장해 주시기를 요청합니다.
광무 3년(1899) 10월 24일

의정부 찬정 농상공부 대신 임시 서리 의정부 찬정 민종묵

의정부 찬정 외부 대신 박제순 각하

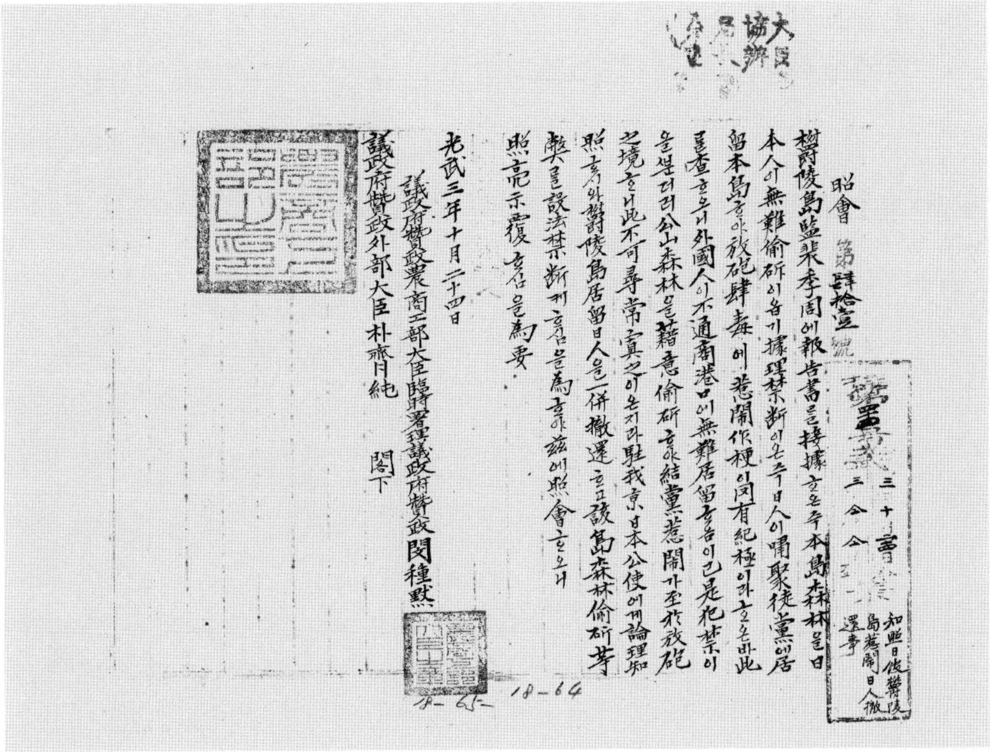
照會 第肆拾壹號

鬱陵島監裴季周에報告書를接據ᄒᆞ온즉本島森林을日本人이無難偷斫이옵기據理禁斷이온즉日人이嘯聚徒黨ᄒᆞ야居留本島ᄒᆞ야放砲肆毒에惹鬧作梗이罔有紀極이라ᄒᆞ온바此를查ᄒᆞ온니外國人이不通商港口에無難居留ᄒᆞ옴이已是犯禁이온뿐더러公山森林을藉意偷斫ᄒᆞ며結黨惹鬧가至於放砲之境ᄒᆞ니此不可尋常寘之이온지라駐我京日本公使에게論理知照ᄒᆞ야鬱陵島居留日人을一併撤還ᄒᆞ고該島森林偷斫等弊를設法禁斷케ᄒᆞ심을爲ᄒᆞ야玆에照會ᄒᆞ오니

照亮示覆ᄒᆞ심을爲要

光武三年十月二十四日

議政府贊政農商工部大臣臨時署理議政府贊政閔種默

議政府贊政外部大臣朴齊純 閣下

知照日使撤鬱陵島惹鬧日人撤還事

18-65 18-64

29 울릉도에서 소란을 부린 일본인의 귀국 요구가 처리되었다고 외부에서 의정부에 회답 조회함

문서 종류 조복 제54호
작성 날짜 1899-10-25
발신 의정부 찬정 외부 대신 박제순
수신 의정부 찬정 농상공부 대신 임시 서리 의정부 찬정 민종묵
출처 農商工部來去文(奎17802) 8책 66a-b

회답 조회 제54호

귀 제41호 조회를 접수해 보니,
"일본인이 울릉도에서 국가 소유 산의 삼림을 제멋대로 몰래 베고 패거리를 엮어 소란을 부리니 일본 공사에게 이치를 따져 조회로 알리고 방법을 강구해 금지 단속케 해 주십시오."
라고 하였습니다. 이를 조사해 보니 해당 사안은 전에 내부 조회에 따라 이미 일본 공사에게 조회로 알렸습니다. 곧바로 답장을 접수해 보니,
"섬에 있는 일본인들을 관원을 파견해 조사하고 정해진 기한에 철수해 되돌아가게 하였습니다."
광무 3년(1899) 10월 25일

의정부 찬정 외부 대신 박제순

의정부 찬정 농상공부 대신 임시 서리 의정부 찬정 민종묵 각하

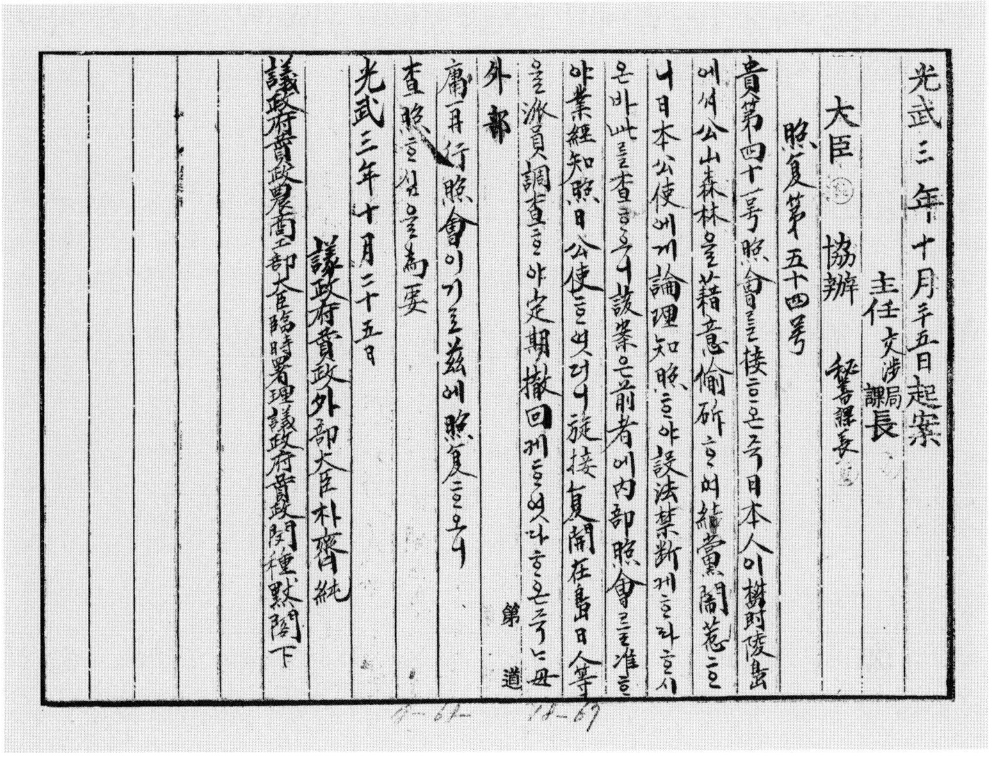
光武三年十月二十五日起案

大臣 協辦 主任交涉局課長 秘書課長

照覆第五十四號

貴第四十一號照會를 接ᄒᆞ온즉 日本人이 鬱陵島에서 公山森林을 藉意偸斫ᄒᆞ며 結黨鬧葛ᄒᆞᆫ 日本公使에게 論理知照ᄒᆞ야 設法禁斷케ᄒᆞ라 ᄒᆞ시온바 此를 査ᄒᆞ온즉 該案은 前者에 內部照會로 準ᄒᆞ야 業經知照日公使ᄒᆞ엿더니 旋接覆開在島日人等을 派員調査ᄒᆞ야 定期撤回케ᄒᆞ엿다ᄒᆞ온즉 毋庸再行照會이기로 玆에 照覆ᄒᆞ오니 査照ᄒᆞ심을 爲要

外部 第 道

光武三年十月二十五日

議政府贊政外部大臣 朴齊純

議政府贊政農商工部大臣臨時署理議政府贊政 閔種默 閣下

30 울진군 바닷가 주변에서 고기잡이하는 외국 어선의 단속 처리 지침에 대해 외부에서 강원도에 훈령함

문서 종류	훈령 제10호
작성 날짜	1899-10-27
발신	의정부 찬정 외부 대신 박제순
수신	강원도 관찰사 서리 춘천 군수 권직상
출처	江原道來去案(奎17985) 1책 159a-161a

훈령 제10호

귀 보고 제11호에 의지해 보니,

"울진 군수(蔚珍郡守)의 보고서에, '『개항장(開港場) 100리 밖에서는 여행증명서를 지니지 않은 외국인을 분명히 조사하여 해당 국가 영사관에 압송해 넘기도록 하라.』라고 하였습니다. 본 울진군은 바닷가 구석진 곳에 있는데, 외국 어선들이 종종 와서 정박하는데 금지하거나 막지 못했습니다. 지금 훈령 지시를 받드니 감히 소홀히 할 수 없습니다. 저들은 더러 해관(海關)의 선표(船票)나 더러 물고기잡이 선표를 와서 보이고 어장(漁場)을 요구합니다. 어느 아문의 공문서를 믿을지 자세히 지시해 주십시오.'라고 하였습니다. 잘 살피셔서 지령하여 신식(新式)의 규정에 어두운 바닷가 각 군이 규정을 적용해 따라 행할 수 있게 해 주십시오." 라고 하였습니다. 이를 조사해 보니 각 나라의 조약 제4관에, '통상 지역에서 100리 안에서는 모두들 편리하게 여행할 수 있으며, 여행증명서을 지니도록 요청할 수 없다. 또한 허가된 여행증명서을 지니고 각 곳을 여행하며 통상하는데 지니고 있는 여행증명서을 지방관은 점검하고 보내도록 한다.' 라고 했으니, 통상 항구에서 100리 밖으로 여행증명서를 지니지 않는 자는 하나하나 금지하고 붙잡아서 해당 관할 영사관에 넘겨야 되는지요?

제6관에 '어떤 나라의 상인이 만약 통상하지 않는 항구나 통행을 금지한 곳에 화물을 몰래 운반한 경우는 이미 행했거나 행하지 않았는지를 따지지 않고 모두 화물을 관아에 들이고, 위반한 사람은 관아에 들인 화물의 가격을 고려해 2배의 벌금을 물린다. 이상의 금지령을 위반한 화물은 조선 지방관이 참작하여 압류한다. 금지령을 위반하려 한 백성은 일의 성공 여부를 따지지 않고 모두 조사하여 붙잡고 그 즉시 근처 영사에게 넘긴다.'라고 하였으니, 외국 배가 통상 항구가 아닌 곳에 항해해 도착하여 화물을 매매하면 또한 장정을 고려해 처리해야 마땅합니다.

그러나 어선의 경우, 한일통상장정(韓日通商章程) 제41관에 '일본 어선은 조선의 전라도, 경상도, 강원도, 함경도 4개도 바닷가에서 할 수 있다.'라고 했고, 한일통어장정(韓日通漁章程) 제1관에 '무릇 두 나라에서 의논해 정한 지방의 바닷가 3리(일본 해리) 이내에서 고기잡이를 하려는 어선은 신청서를 갖추어 영사관(領事官)을 거쳐 통상 항구 지방관서(地方官署)에 넘기고 허가증을 신청한다.'라고 했습니다. 4도에서 고기잡이를 허가한 것은 단지 일본인뿐입니다. 울진 군수 보고에 대충 '외국인'이라고 하였고 또 '저들 사람'이라고 하였으니 어찌 그리 매우 모호하단 말입니까? 일본인 이외에도 각국의 사람의 고기잡이를 철저히 금지해야 하겠습니까? 일본인의 고기잡이는 분명 통상 항구 지방관[바로 도감(島監)이다]의 허가증이 있어야 바야흐로 허락할 수 있습니다. 일본인의 고기잡이배도 다른 화물을 매매하는 것은 또한 금지하여야 할 것입니다. 이상 각 사항은 모두 약장(約章)에 실려 있으니 살려볼 수 있을 것입니다. 그런데도 각 지방관은 애당초 찾아보지도 않아서 일을 만나면 막연해지니 어찌 한탄스럽지 않겠습니까?

본 외부에서 약장 합편(約章合編)을 각 도와 각 군에 나눠 보낸 것은 자세히 살펴보고 대책을 연구하여 서툰 일처리에서 벗어날 수 있기를 바란 것입니다. 그런데 형식적인 것으로만 여겨 결국에는 실제 효과가 없었으니 더욱 한탄스럽고 안타깝습니다. 지방은 진실로 한두 군만이 아니고 외교는 또한 수많은 일이 있습니다. 만약 때때로 적절히 의논하고자 하면 바로 서두르지 않아도 될 것입니다. 오직 해당 지방관리가 사실을 파악하고 처리하는 것에 달려있습니다. 이에 훈령하니 조사하여 각 군에 널리 지시하는 것이 옳을 것입니다.

광무 3년(1899) 10월 26일

의정부 찬정 외부 대신 박제순

강원도 관찰사 서리 춘천 군수 권직상 좌하

光武三年十月二十七日起案
主任 交涉局課長
秘書課長
大臣 (印) 協辦
訓令第十号
貴報告第十一号를據ᄒᆞᆫ즉蔚珍郡守報告
에開港塲百里以外에不帶護照外國人을
査明押交該國領事官ᄒᆞ라ᄒᆞ시ᄂᆞᆫ바本郡이
居在海隅ᄒᆞ와外國漁船이種種来泊ᄒᆞ나莫
之禁遏이올더니今承訓飭ᄒᆞ니不敢踈忽이
나ᄂᆞᆫ彼人이或海関船標와捕漁船標을来
外部
示ᄒᆞᆸ고要許漁塲이온즉何衙門公文을一
從准信ᄒᆞ올지昭詳指教ᄒᆞ라ᄒᆞ엿ᄉᆞ니照亮指
教ᄒᆞᆸ나新式에昧例ᄒᆞᆫ沿海各郡으로照例遵
行케ᄒᆞ라ᄒᆞᆫ바此를査ᄒᆞ니各國約章第四
欵에離通商各處百里内均可任便游歷勿庸
請領執照亦准持照前往各處遊歷通商所
持執照地方官驗照放行ᄒᆞ라ᄒᆞ엿ᄉᆞ니通商
口岸百里以外에不帶護照者ᄂᆞᆫ一一禁止ᄒᆞ야
拿交該管領事ᄒᆞᆯ지오第六欵에某國商民
如將貨物偷運非通商口岸及禁往處所不

論已行未行均應將貨物入官違犯之人接入官貨
物之價倍示罰以上違禁貨物可由朝鮮地方官
酌量扣留其希圖違禁之民無論事成與否並
可查拿隨帶就近領事ᄒᆞ라ᄒᆞ엿ᄉᆞ니外國船隻
이非通商口岸에駛到ᄒᆞ야賣買貨物ᄒᆞ면亦
應按章辦理ᄒᆞᆯ지나至於漁船은韓日通商
章程第四十一款에准日本漁船於朝鮮國全羅
慶尚江原咸鏡四道海濱이라ᄒᆞ고韓日通漁章
程第一款에凡兩國議定地方海濱三里日本海里以内
欲營漁業之漁船繕具稟單經其領事官交通商
外部 第 道
口岸地方官署請領准單이라ᄒᆞ엿ᄉᆞ니四道漁採
准許나只是日本人이라蔚珍郡守報告에泛稱
外國人ᄒᆞ며又稱彼人ᄒᆞ니何其糢糊之甚也오日
本人以外에ᄂᆞᆫ各國人漁採를到底禁止ᄒᆞᆯ지오日
人漁採ᄂᆞᆫ必有通商口岸地方官監理准單이라야
方可許施이며日人漁船도他物貨賣買ᄂᆞᆫ亦應
禁防ᄒᆞᆯ지라已上各節이俱載約章ᄒᆞ니可按
而知여ᄂᆞᆯ各地方官이初不涉獵ᄒᆞ야遇事茫昧
ᄒᆞ니寧不可歎이리오本部에셔約章合編을
各道各郡에分送ᄒᆞᆷ은使之熟覽講究ᄒᆞ야希

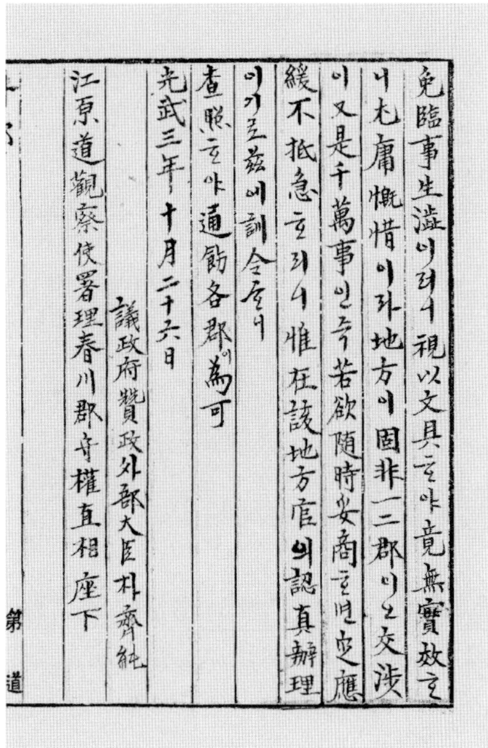

免臨事生澁이러니 視以文具ᄒᆞ야 竟無實效ᄒᆞ
니 尤庸慨惜이라 地方이 固非一二郡이오 交涉
이 又是千萬事인즉 若欲隨時妥商ᄒᆞ면 定應
緩不抵急ᄒᆞ리니 惟在該地方官의 認真辦理
이기로 玆에 訓令ᄒᆞ니
查照ᄒᆞ야 通飭各郡이 爲可
光武三年十月二十六日
議政府贊政外部大臣 朴齊純
江原道觀察使署理春川郡守 權直相 座下

31 울릉도 사건에 대해 일본 공관에서 외부에 조회를 보냈다는 『제국신문』 보도를 확인해 주도록 내부에서 외부에 조회함

문서 종류 조회
작성 날짜 1899-11-27
발신 내부 주사 홍우섭
수신 외부 주사 황우영
출처 內部來去文(奎17794) 12책 75a

조회

오늘 『제국신문(帝國新聞)』을 살펴보았더니,

"울릉도 사건에 대해 일본 공관에서 귀 외부에 조회를 보냈다."

라고 하였습니다. 만약 정확하다면 관계된 것이 가볍지 않습니다. 이에 삼가 알려 드리니 잘 살피신 후에 해당 문건을 베껴서 분명히 보여 주시기를 요청합니다.

광무 3년(1899) 11월 27일

내부 주사 홍우섭

외부 주사 황우영 좌하

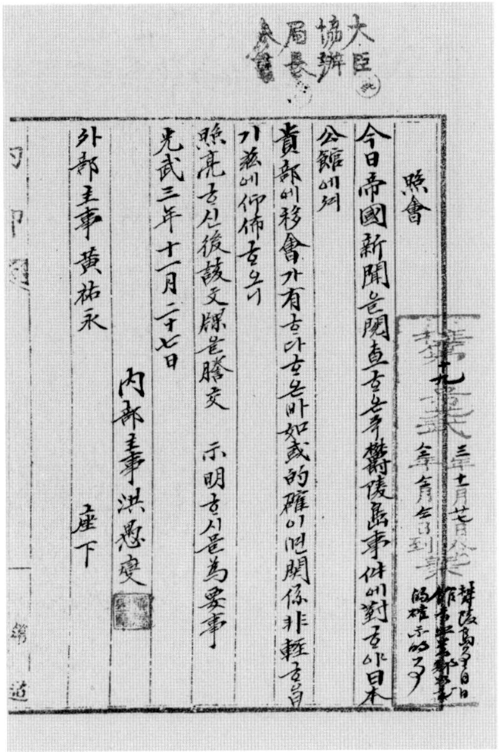

照會

今日帝國新聞을閱見ᄒᆞ온즉鬱陵島事件에對ᄒᆞ야日本
公館에셔
貴部에移會가有ᄒᆞ다ᄒᆞ온바如或的確이오면關係非輕ᄒᆞ읍
기玆에仰佈ᄒᆞ오니
照亮ᄒᆞ신後該文牒을謄交　示明ᄒᆞ시믈為要事
光武三年十一月二十七日
內部主事洪思變
外部主事黃祐永　座下

32 울릉도 사건에 대해 일본 공관에서 외부에 조회를 보냈다는 『제국신문』 보도는 사실이 아님을 외부에서 내부에 회답 조회함

문서 종류 조복 제25호
작성 날짜 1899-11-27
발신 외부 주사 황우영
수신 내부 주사 홍우섭
출처 內部來去文(奎17794) 12책 76a-b
관련 자료 內部來去文(奎17794) 12책 75a

회답 조회 제25호

귀 조회를 접수해 보니,

"『제국신문』에 '울릉도 사건으로 일본 공사의 조회가 있었다.'라고 하니 해당 문건을 베껴 넘겨주십시오."

라고 하였습니다. 이를 조사해 보니 내지(內地)에 몰래 거주하는 외국인을 돌려보내는 일로 일본 공사와 문건을 왕복한 일은 있으나, 울릉도 한 가지 사안의 경우, "기한을 정해 철수해 돌려보낸다."라고 한 후에 다시 온 문건은 없습니다. 따라서 신문 보도에서 전하는 이야기는 믿을 만한 것이 못됩니다. 이에 회답 조회하니 조사해 주시기를 요청합니다.

광무 3년(1899) 11월 27일

외부 주사 황우영

내부 주사 홍우섭 좌하

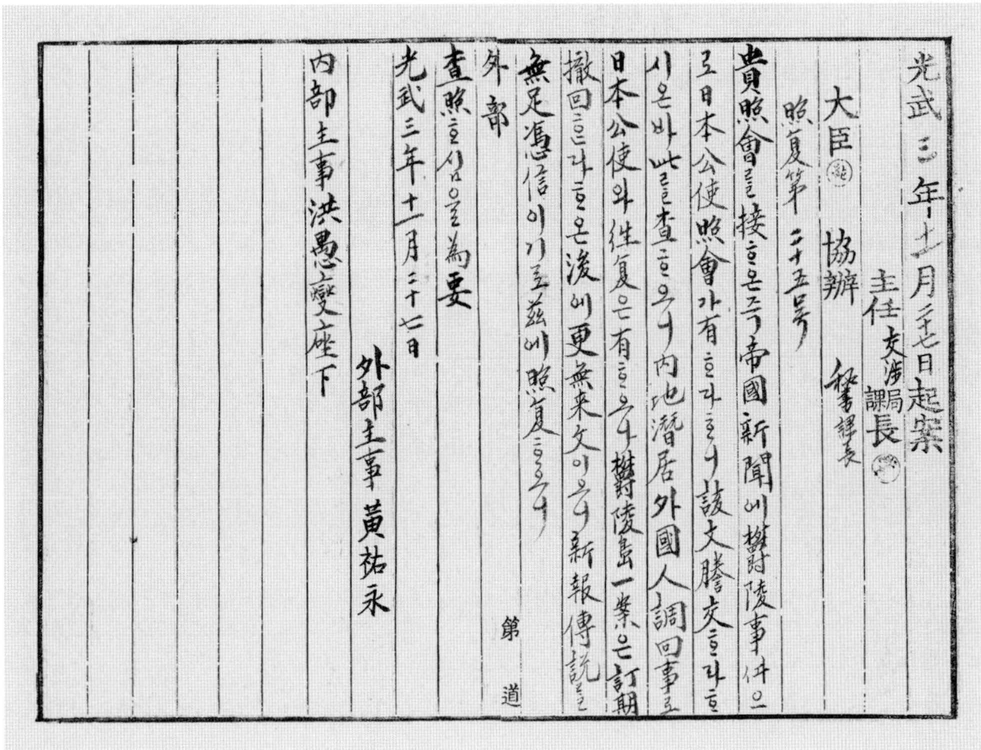
光武三年十二月二十七日起案
主任 交涉局課長
大臣 協辦 秘書課長
照復第二十五號
貴照會ᄅᆞᆯ接ᄒᆞ온즉帝國新聞에鬱陵事件으
로日本公使照會가有ᄒᆞ다ᄒᆞ나該文謄交ᄒᆞ라ᄒᆞ
시온바此ᄅᆞᆯ查ᄒᆞ온즉內地潛居外國人調回事로
日本公使와往復은有ᄒᆞ오나鬱陵島一案은訂期
撤回ᄒᆞ기로ᄒᆞ온後에更無來文이온즉新報傳說은
無足憑信이기로茲에照復ᄒᆞ오니
第 道
外部
查照ᄒᆞ심을爲要
光武三年十二月二十七日
外部主事 黃祐永
內部主事洪愚燮座下

33 조약에 따라 4개도 해안에서 일본 어선의 일반적인 고기잡이를 금지하지 말도록 외부에서 강원도에 훈령함

문서 종류 훈령 제 호
작성 날짜 1899-12-14
발신 의정부 찬정 외부 대신 박제순
수신 강원도 관찰사 서리 춘천 군수 권직상
출처 江原道來去案(奎17985) 1책 157a-158a

훈령 제 호

한일통상장정(韓日通商章程) 제41관에 '일본 어선은 조선의 전라도, 경상도, 강원도, 함경도 4개도 바닷가에서, 조선 어선은 일본의 히젠(肥前)·치쿠젠(筑前)·이시미(石見)·나가도(長門)·이즈모(出雲)·쓰시마(對馬島) 바닷가를 오가며 고기잡이할 수 있다.'라고 하였고, 통어장정(通漁章程) 제1관에는 '무릇 두 나라에서 의논해 정한 지방의 바닷가 3리(일본 해리) 이내에서 고기잡이를 하려는 두 나라 어선은 배 주인이나 대리인을 통해 문서를 갖추어 관아에 바치고 허가증을 신청한다.'라고 했습니다. 일본 어선이 우리나라 통상 항구 관원의 허가증을 가지고 있으면 4도의 해안가 외에도 어느 지역을 막론하고 자연스레 어업을 경영할 수 있습니다.
제4조에는 '두 나라의 어선이 어업 허가증을 가진 자가 특별 허가를 받지 않으면 두 나라 바닷가 3리 이내에서 고래잡이를 허가하지 않는다.'라고 했습니다. 바닷가 3리를 일본 해리(海里)로 계산하면 바로 우리나라의 30리입니다. 30리 이내에서 고래를 잡는 한 가지의 일은 정부의 특별 허가가 아니면 시행할 수 없지만 일반적인 어업은 방해하거나 막을 수는 없습니다. 하지만 요즈음 듣건대 각 지방관이 더러 나루터 백성들의 호소에 의거하거나 더러는 조약의 취지를 오해하여 '바닷가 30리 이내는 특별 허가를 얻지 못하면 고기잡이할 수 없다.'라고 하여 종종 금지령을 내기도 합니다. 이는 한갓 이익이 없을 뿐만 아니라 사건을 번지게 하기에 충분합니다. 이에 훈령하니 도착하는 즉시 바닷가 각 관아에 널리 지시하여 일본 어선을 절대로 금지하지 말 것입니다. 각 항의 규정의 경우, 조약을 상세히 살펴서 더러 지나침은 미치지 못함만 못하는 폐단이 없게 해야 합니다. 만약 더러 어업을 핑계로 사사로이 물품을 사고파는 자가 있다면 물품은 관아에 압수하고 거행 경위를 계속해서 긴급 보고

하는 것이 옳습니다.

광무 3년(1899) 12월 14일

의정부 찬정 외부 대신 박제순

강원도 관찰사 서리 춘천 군수 권직상 좌하

光武三年十二月十四日起案

主任 交涉局長
秘書課長

大臣 協辦

訓令第 號

韓日通商章程第四十一款에准日本國漁船於朝
鮮國全羅慶尙江原咸鏡四道海濱朝鮮國漁船於
日本國肥前筑前石見長門出雲對馬海濱往來捕
漁라ᄒᆞ고通漁章程第一條에凡於兩國議定地方
海濱三里(依日本海里)以內欲營漁業之兩國漁船由其
船主或代理人具單呈官請領准單이라ᄒᆞ엿스니
日本國漁船이領有我國通商口岸官員의准單이
면四道海濱에無論何地ᄒᆞ고自可經紀漁業이며
第四條에兩國漁船領有漁業准單者非得特准則
不准於兩國海濱三里以內捕獲鯨鯢라ᄒᆞ여스니
海濱三里로日本海里로計ᄒᆞ면即我國三十里也
라三十里以內에捕鯨一事ᄂᆞᆫ非有政府特准이면
不可許施이어니와尋常漁業은莫之防遏이거ᄂᆞᆯ
近聞各地方官이或浦民의呼訴도據ᄒᆞ며或約章
을誤解ᄒᆞ야謂以海濱三十里以內非得特准則不
准漁採라ᄒᆞ야往往禁制之令을發ᄒᆞ니此不徒無

外部 第 道

益이라適足以滋事이기로玆에訓令ᄒᆞ니到即通
飭沿海各官ᄒᆞ야日本漁船을一切勿禁ᄒᆞ되各項
條規로詳考約章ᄒᆞ야無或有過不及之弊ᄒᆞ고如
或憑藉漁業私將貨物貿易者어든將貨入官ᄒᆞ며
舉行形止로陸續馳報가爲可

光武三年十二月十四日

議政府贊政外部大臣朴齊純

江原道觀察使署理春川郡守權直相座下

外部 第 道

34 러시아인 케이제링의 고래잡이 해체 장소인 장전포 민간 소유 땅값은 러시아인이 마련하도록 통천군에서 외부에 보고함

문서 종류 보고서 제2호 원본
작성 날짜 1899-12-25
발신 강원도 통천 군수 김봉선
수신 의정부 찬정 외부 대신 박제순
출처 江原道來去案(奎17985) 1책 162a-163a

보고서 제2호 원본

올해 5월 일에 도착한 본 외부 훈령 제1호 내용에,
"러시아인 케이제링이 고래잡이 기지 3곳을 빌리는 일에 대해 의정부에서 논의를 거쳐 임금님께 아뢰어 결재를 받아서 3월 29일에 계약을 맺었다. 따라서 기지의 경계를 빨리 구획해 정해야 하기에 본 외부 관원을 별도로 파견해 내려 보내고 이에 훈령한다. 귀 통천 군수는 본 외부 위원과 함께 귀 군 장전으로 가서 해당 러시아인과 협상하고 조사해 정하도록 하라. 길이는 700피트, 너비는 350피트로 기지를 분명히 구분하고 표지석과 표지목을 단단히 세우도록 하라. 그리고 지도와 지지를 한문과 러시아어로 나누어 2부를 만들고 서로 서명한 후에 1부는 해당 러시아인에게 넘겨주고 1부는 본 외부로 올려 보내도록 하라. 해당 터가 만약 백성 소유 토지이거든 해당하는 가격은 해당 러시아인이 마련해 주도록 하되, 백성들의 묘지와 가옥일 경우에는 방해가 없도록 하라. 해변가 30리 이내에서는 고래잡이를 허가하지 않으니, 만약 러시아인이 해변가 30리 이내에서 고래를 잡을 경우에는 규정을 적용하여 금지하고 단속함이 옳을 것이다."
라고 했습니다. 이번 달 12월 25일에 본 군수가 덕원 감리서 주사 신형모와 러시아인 케이제링과 함께 장전(계약서에서 말한 '장진'은 바로 '장전'이다)으로 가서 고래잡이 기지를 구획해 정한 후 표지목을 단단히 세웠습니다. 길이는 900피트, 너비는 270피트이고, 이는 민간 소유 밭은 6일 반 갈이[六半耕], 논은 7두락, 나무갓[柴場]은 3일갈이[三日耕]였습니다. 때문에 값을 엽전 1,550냥으로 하고 해당 러시아인이 마련해 주도록 했습니다. 연유를 보고하는 일입니다.

광무 3년(1899) 12월 25일

강원도 통천 군수 김봉선

의정부 찬정 외부 대신 박제순 각하

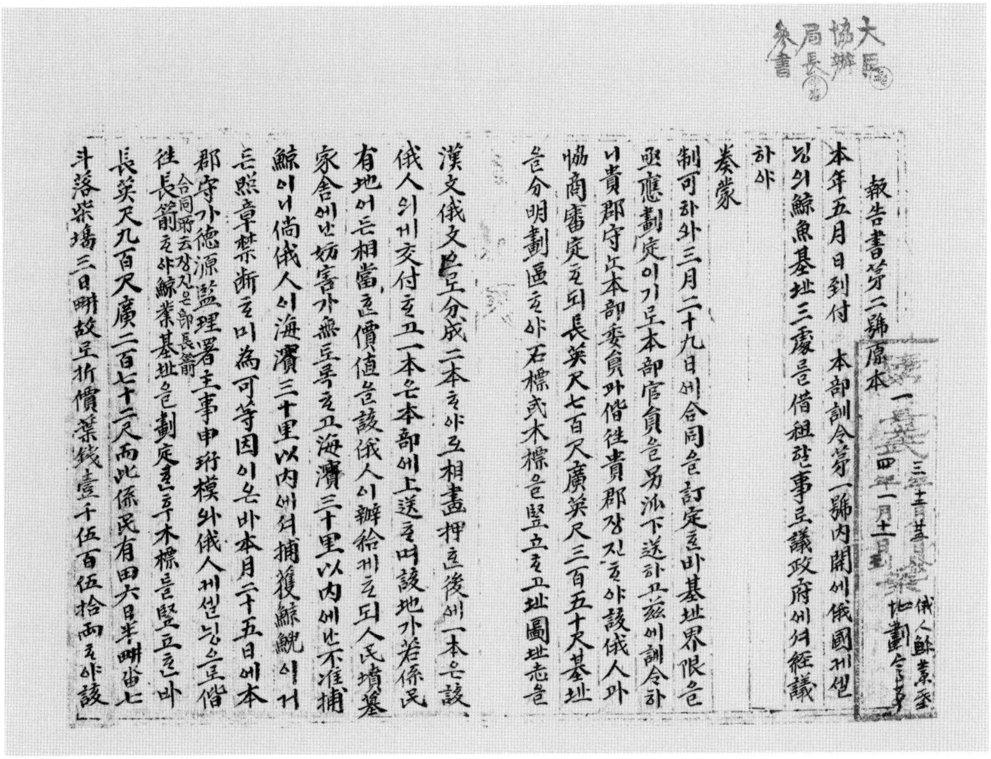

大臣 協辦 局長 參書

報告書第二號原本

一[illegible] 四年一月十一日到 俄人鯨業基地劃定事

本年五月日到付 本部訓令第一號內開에俄國게셰
닝의鯨魚基址三處를借租ᄒᆞᆫ事로議政府에셔經議
ᄒᆞ야
奏蒙
制可ᄒᆞ와三月二十九日에合同을訂定ᄒᆞᆫ바基址界限을
亟應劃定이기로本部官員을另派下送ᄒᆞ고玆에訓令ᄒᆞ
니貴郡守도本部委員과偕往貴郡장진ᄒᆞ야該俄人과
協商審定ᄒᆞ되長英尺七百尺廣英尺三百五十尺基址
을分明劃區ᄒᆞ야石標式木標을竪立ᄒᆞ고址圖誌을
漢文俄文으로分成二本ᄒᆞ야互相畫押ᄒᆞᆫ後에一本은該
俄人의게交付ᄒᆞ고一本은本部에上送ᄒᆞ며該地가若係民
有地어든相當ᄒᆞᆫ價值을該俄人이辦給케ᄒᆞ되人民墳塋
家舍에난妨害가無토록ᄒᆞ고海濱三十里以內에난不准捕
鯨이니倘俄人이海濱三十里以內에셔捕獲鯨鯢이거
든照章禁斷ᄒᆞ미為可等因이온바本月二十五日에本
郡守가德源監理署主事申珩模와俄人게셜닝으로偕(合同所云장진은即長箭)
往長箭ᄒᆞ야鯨業基址을劃定ᄒᆞᆫ후木標를竪立ᄒᆞᆫ바
長英尺九百尺廣二百七十二尺而此係民有田六日半畊畓七
斗落柴塲三日畊故로折價葉錢壹千伍百伍拾両ᄒᆞ야該

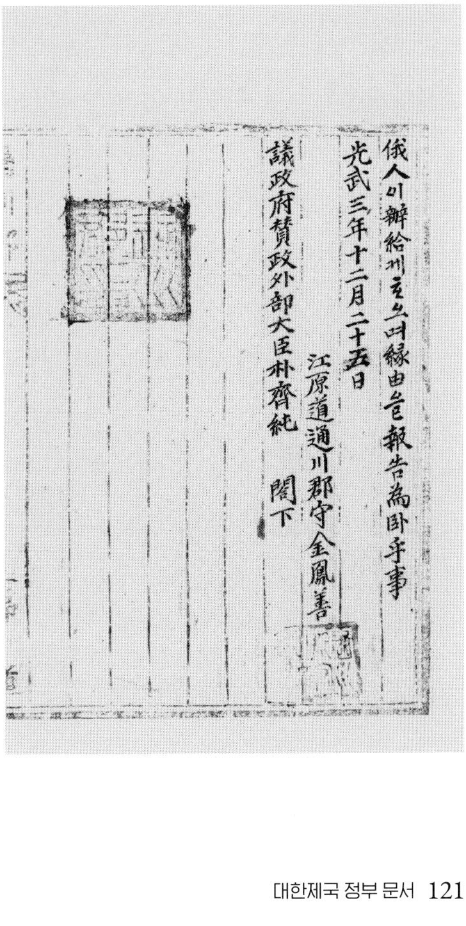

俄人이辦給케ᄒᆞ오며緣由을報告為卧乎事
光武三年十二月二十五日
江原道通川郡守金鳳善
議政府賛政外部大臣朴齊純 閣下

35 울릉도 도감 배계주의 보고에 따라 일본인과 결탁해 삼림을 벌목한 김용원의 처벌에 대해 내부에서 외부에 조회함

문서 종류 조회 제6호
작성 날짜 1900-03-14
발신 의정부 찬정 내부 대신 이건하
수신 의정부 찬정 외부 대신 박제순
출처 內部來去文(奎17794) 13책 9a-10b

조회 제6호

울릉도 도감 배계주의 보고서를 접수해 보니 내용에,
"본 울릉도 관할 느티나무를 일본인에게 빼앗긴 일에 대해서는 이미 두 차례 보고한 바가 있으니 삼가 환히 살피셨을 것으로 생각합니다. 일본인이 느티나무를 벤 것은 바로 전 도감 오성일(吳聖一)이 허가해 준 문서에 불과할 뿐입니다. 이처럼 한때의 도감이 공공 물건을 헐값으로 마구 판 것은 이미 근거 없습니다. 이를 만약 금지하지 않는다면 섬 백성들은 보호되기 어렵습니다. 때문에 섬 백성들과 함께 만류하여 그치게 하려고 하였습니다. 그런데 구역을 제한하지 않고 줄곧 베어냈습니다. 스스로 본 울릉도의 형세를 돌아보건대 강하고 약함이 매우 차이가 났습니다. 그리고 8, 9월 2개월 동안 일본인이 또 나무를 베어낸 것은 1,000여 그루에 이르렀습니다. 보호해야 하는 처지에 앉아서 모두 빼앗길 수 없어서 직접 외부에 가서 대기하면서 근본 연유를 아뢰려고 떠났더니, 일본인이 사방으로 흩어져서 각 곳의 항구를 지키면서 드나들지 못하게 하였으니 진실로 답답합니다. 또 일본인은 말하기를, 작년 재판 후에 샀던 곳의 문서를 가지고 도리어 소송에서 이겨 재판 비용 수만 원을 도감에게 징수해 내라는 뜻으로 위협해 붙잡아 갈 계획이었습니다. 때문에 어쩔 수 없이 집안 재산을 다 털어 팔았으나 반 이상이 부족하여 바야흐로 일본인에게 괴롭힘을 당하고 있었습니다. 그즈음에 섬 백성들이 어떻게 논의했는지 모르지만 각자 돈과 곡식을 내주어 위 돈을 갚아서 겨우 재앙에서 벗어났습니다.
지난번 8월 어느 날 사검 김용원이 제익선을 건조한다고 농상공부의 훈령을 지니고 도착해 와서 느티나무 80그루를 베었습니다. 위 김용원은 이때를 틈타 느티나무를 일본인에게 팔아먹을 수 있다고 핑계대고 돈 3,000여 냥을 빌려 썼습니다. 그리고 일본인을 요청해 만나고 본 울릉도에 함께 도착해서 함부로 느티나무를 베려고 하였습니다. 때문에 나무 베는 것을 허가하지 않자, 이른바 사검은 일본인의 빚 독촉을 견디지 못하고, 잠시 담당하겠다고 하면서 죽도록 간청했습니다. 때문에 헤아릴 수 없는 일의 낌새를 생각하여 섬 백성들에게 빌려서 일본인 빚을 대신 갚아 주었습니다. 위 항의 사검 김용원에 대해 아직 결정 처리하지 못했기 때문에 대략 경위를 아룁니다.

하늘 끝 외진 곳으로 관원이 없는 것은 울릉도 하나뿐입니다. 보호할 사항은 오로지 느티나무에 의지해야 하고, 섬 백성들의 땔나무도 또한 여기에서 말미암습니다. 따라서 중요함은 다른 것과는 매우 차이가 있습니다. 다만 생각건대 말단의 일의 경우, 애당초 팔아서 국용(國用)에 보충하지 않으면 일본인에게 재판 비용 수만 원(圓)을 재판 비용으로 징수당할 것입니다. 그리고 사검이 섬 백성에게 갚아야 할 빌려 쓴 몫 3,000여 냥을 만약 갚아 주지 않으면 이 세상에 정말로 얼굴을 들고 살 마음이 없는 것이니 또한 매우 답답하고 가련합니다. 이에 보고합니다."

라고 했습니다. 이에 따라 조사해 보니 해당 섬의 일본인이 이치에 맞지 않게 엉뚱하게 괴롭힌 일의 상황에 대해서는 이미 삼가 알렸습니다. 이번 행위는 더욱 놀랍고 도리에 어긋나기 그지없습니다. 이에 삼가 알려 드리니 잘 살피신 후 해당 일본 공관에 조회로 알려서 해당 막돼먹은 일본인의 도리에 어긋난 행위를 금지 단속하고 강제로 징수한 해당 돈을 액수대로 돌려주도록 요구하고, 해당 울릉도에 사는 남녀 인구를 모두 철수해 돌려보내게 하시고 분명히 알려 주시기를 요청하는 일입니다.

광무 4년(1900) 3월 14일

의정부 찬정 내부 대신 이건하

의정부 찬정 외부 대신 박제순 각하

大臣 協辦 局長 參書

照會第 六 號

光武四年三月十四日

鬱陵島監裵季周의報告書를接ᄒᆞ온즉內開本島
所管槻木見奪於日人事已有所兩次報告則伏想洞
燭而日人之所斫槻木者卽不過前島監吳聖一之許
給文字已而以若一時島監斥賣公物已是無據此若
不禁斷則島民有難奠保故並與島民欲爲挽止則
不有經界一向斫伐自顧本島勢力強弱懸絶至於八
九兩朔日人又爲斫伐者至爲千餘板則其在保護之
地不可坐而全奪以身進待于部庭告達根由次發
行則日人散四守直於各處港口使不得出入誠爲鬱
悶且日人謂以昨年裁判之後以其買處文字反爲浮
訟裁判浮費數萬元徵出於島監之意威脅捉去
計料故不獲已蕩斥家産太半不足方爲受困於日人
之際島民如何發論各出錢穀以報右錢僅爲免禍
項於八月日司檢金庸爰濟溺船造成次到付農商
工部訓令而來斫槻木八十株同金庸爰藉以此時可
乘賣食槻木於日人次出用債錢三千餘兩而要接
日人偕到本島將欲亂斫槻木故不許斫木則所謂司
檢難耐日債之督促暫爲措當次抵死懇請故爲念
事機之叵測挪貸於島民而替報日債上項司檢金

庸爰尙無發落故畧陳顚末이온바天涯僻隅奉職
未由者鬱陵一島也保護之節專靠於槻木而島民
之進採亦由於玆則緊重與他逈別第伏念末梢事
則初不如賣補於　國用而日人處見徵裁判浮費
數萬圓及司檢所報島民處貸用条三千餘兩若不
報給則其於覆載之間果無擡頭之心亦是萬萬悶
憐玆用報告等因이라此를准査ᄒᆞ온즉該島中日本
人의非理橫侵ᄒᆞᆫ事狀은業已仰佈ᄒᆞ온바今此擧措
난尤極駭悖라玆以仰佈ᄒᆞ오니
照亮ᄒᆞ신後該公舘에知照ᄒᆞ시와該日本亂民悖擧
를禁斷ᄒᆞ고該勒徵錢額을責還ᄒᆞ고該島中所住ᄒᆞᆫ
男女口를幷爲撤還케ᄒᆞ시고　示明ᄒᆞ시믈爲要事

光武四年三月十四日

議政府贊政內部大臣李乾夏

議政府贊政外部大臣朴齊純　閣下

36 울릉도 백성 최병린 등의 소장에 따라 일본인에게 재산을 빼앗긴 일의 처리에 대해 법부에서 한성부에 훈령함

문서 종류 훈령안(訓令案) 제21호
작성 날짜 1900-03-20
발신 의정부 찬정 법부 대신 임시 서리 의정부 참정 김성근
수신 한성부 검사 김정목
출처 訓指起案(奎17277의5) 2책 114a-115b
관련 자료 來照(奎17277의8) 1책 27a-28a

한성부 재판소(漢城府裁判所)에 훈령하는 건

아래 안건을 베껴 보내는 것이 어떻겠습니까? 결재해 주시기를 바랍니다.

안(案) 제21호

내부 조회 제1호를 접수해 보니 내용에,

"울릉도 백성 최병린(崔秉麟) 등의 소장에 근거하면 내용에, '고소한 내용의 경우, 본 울릉도의 형편에 대해서는 이미 전에 보고한 것이 있으니 일찍이 환히 살피셨을 것입니다. 지난 8월 어느 날 김용원이 '사검 파원(査檢派員)'이라고 하면서 느티나무 80그루를 베는 것을 허가한 농상공부의 훈령을 가지고 도착해서 도감에게 넘기고 즉시 일본인과 함께 도끼로 베려고 하였습니다. 베기를 허용하려고 하면 이전의 금지 지시가 매우 엄하고, 허용하지 않기에는 지금의 허가가 분명합니다. 금지할지 허용할지 어느 쪽이든 어렵고 섬의 논의도 일치하지 않았습니다. 그즈음에 일본인이 무슨 일의 꼬투리인지 모르겠지만 파원을 휘둘러 때렸는데, 그 자리에서의 광경은 말할 수 없이 위험했습니다. 그런데 갑자기 파원이 와서 이야기하기를, 『오늘 이 변고는 모두 일본인 빚 3,030냥에서 발생했다. 내 돈 문제로 온 섬을 놀래게 해서 이미 두렵기 그지없다. 하지만 저 사람들을 내보내야 섬은 안정될 수 있다. 현재 손쓸 방법이 전혀 없으니 바라건대 모름지기 관아와 백성이 겨우 붙어 있는 내 목숨을 생각해서 잠시 보증을 서 달라. 또한 되돌아갈 뱃삯의 경우 푼돈도 마련할 길이 없다. 뱃삯 300냥을 잠시 빌려준다면 오는 날 즉시 갚아 주겠다.』라고 하였습니다. 그때 정황은 애처롭기 그지없었을 뿐만 아니라 저 사람들을 내보내 섬을 안정시켜야 한다는 욕심에 다급해서 순순

히 잠시 보증 서고 뱃삯을 마련해서 보냈습니다.
그런데 이른바 파원은 한번 가서는 소식이 없고, 일본인은 정해진 날짜에 와서 독촉하니 다급한 재앙과 위험한 낌새가 전날에 비해 배나 되었습니다. 또 저들이 인명을 가볍게 여기고 해쳤던 일은 이미 이전 사례가 있는데, 어찌 파원은 소식이 없고 이처럼 진실성이 없으며, 일본인은 다그치며 위협하고 갑자기 이처럼 다급하게 이르리라고 기대겠습니까?
위협에 몰려 작년 10월 15일 위 항의 돈을, 도감 이하 그때 참여해 본 사람들 중에서 거둬 마련해 줌으로써 이후로는 아마도 안정될 수 있을 것으로 여겼습니다. 그래서 관아와 백성의 생명을 보호하는 계책으로 도리어 간청해서 돈 2,900냥을 먼저 콩으로 내주었습니다. 이런 당장의 조처는 생명을 보호하려는 데에서 나왔습니다. 하지만 만약 이것을 그치지 않는다면 우리 한국의 요충지에 대한 저들의 요구는 마치 진나라의 요구처럼 그치지 않을 것이니 닥쳐올 재앙의 씨앗은 근원이 깊습니다. 잘 살피셔서 엄히 그치게 하여 섬을 보호할 완전한 계책으로 삼기를 삼가 바랍니다.'라고 했습니다. 이에 따라 조사해 보니 '해당 파원 김용원이 『사검』이라고 하면서 섬 백성들의 재산을 강제로 빼앗아서 온 섬의 형편이 보존하기 어려운 지경에 이르렀다.'라고 원통함을 하소연하는 것이 여러 차례 이르렀으므로 저희 내부에서는 경무청(警務廳)에 훈령으로 지시하여 해당 김용원을 이미 붙잡아 수감했습니다. 귀 법부(法部)에서 경무청에 훈령으로 지시하여 해당 김용원을 붙잡아 오게 하시고 답장해 주십시오. 해당 울릉도 백성 최병린과 대질하여 재판하려고 이미 지목해 보냈습니다. 이에 삼가 조회하니 잘 살피셔서 결정 처리하여 해당 김용원의 도리에 어그러진 짓거리를 엄히 징계하신 후 강제로 빼앗은 위 항의 돈을 하나하나 찾아 주시어 울릉도 백성들이 편안하고 보존될 수 있게 해 주시기를 요청합니다."
라고 했다. 이를 조사해 보니, 해당 최병린을 귀 한성부 재판소로 보내라는 뜻으로 내부에 회답 조회했다. 도착하는 즉시 경무청에 수감 중인 김용원을 압송해다가 별도로 대질 조사하여 만약 실제 저지른 짓이 있다면 강제로 빼앗은 해당 돈을 하나하나 찾아준 후 보고해 오라는 일로 이에 훈령하니 이대로 시행할 일이다.
광무 4년(1900) 3월 20일

의정부 찬정 법부 대신 임시 서리 의정부 참정 김성근

한성부 검사 김정목 좌하

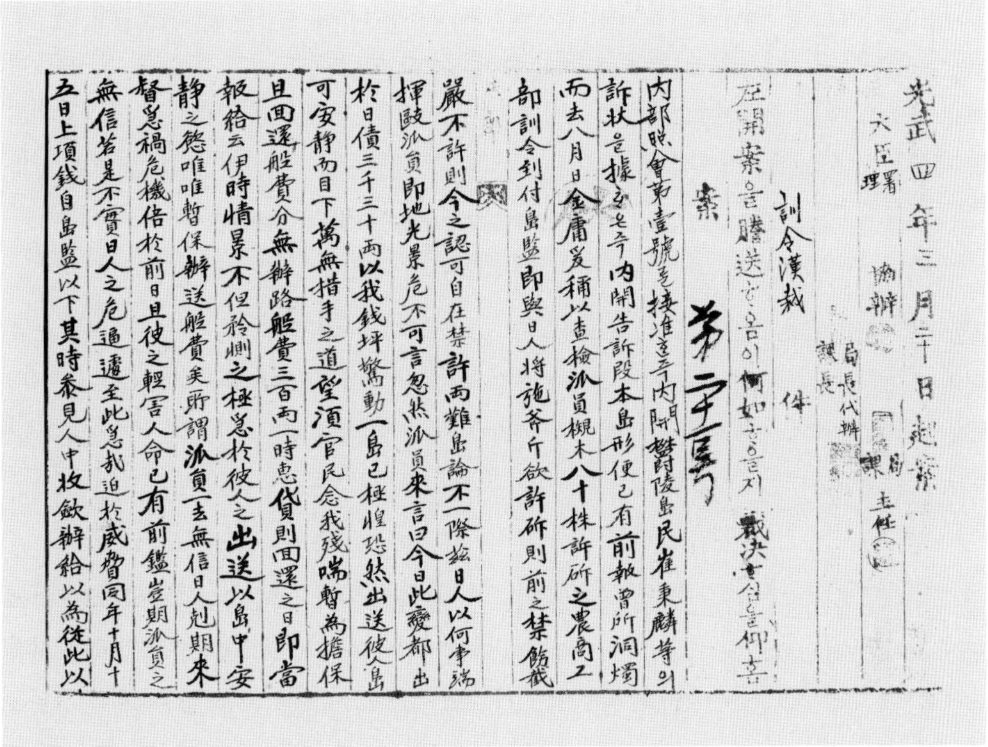
光武四年三月二十日起案
大臣署理 協辦 局長代辦 課長 主任
訓令漢城 件
左開案을謄送하옵이何如하온지裁決하심을仰喜
案 第二十號
內部照會第壹號를接准한則內開에鬱陵島民崔東麟等의
訴狀을據한즉內開告訴段本島形便은已有前報會所洞燭
而去八月日金庸爰稱以査檢派員槻木八十株許斫之農商工
部訓令到付島監이即與日人將施斧斤欲許斫則前之禁飭截
嚴不許則令之認可自在禁許兩難島論不一際該日人以何事端
揮毆派員卽地光景危不可言忽然派員來言曰今日此變都出
於日債三千三十兩以我錢坪驚動一島已極惶恐然出送彼人島
可安靜而目下萬無措手之道望須官民念我殘喘暫爲擔保
且回還船費分無辦路船費三百兩一時患貸則回還之日卽當
報給云伊時情景不但矜惻之極急於彼人之出送以島中安
靜之態唯唯暫保辦送船費矣所謂派員一去無信日人尅期來
督急禍危機倍於前日且彼之輕害人命已有前鑑豈期派員之
無信若是不實日人之危逼遽至此急哉迫於威脅同年十月十
五日上項錢自島監以下其時叅見人中收斂辦給以爲從此以

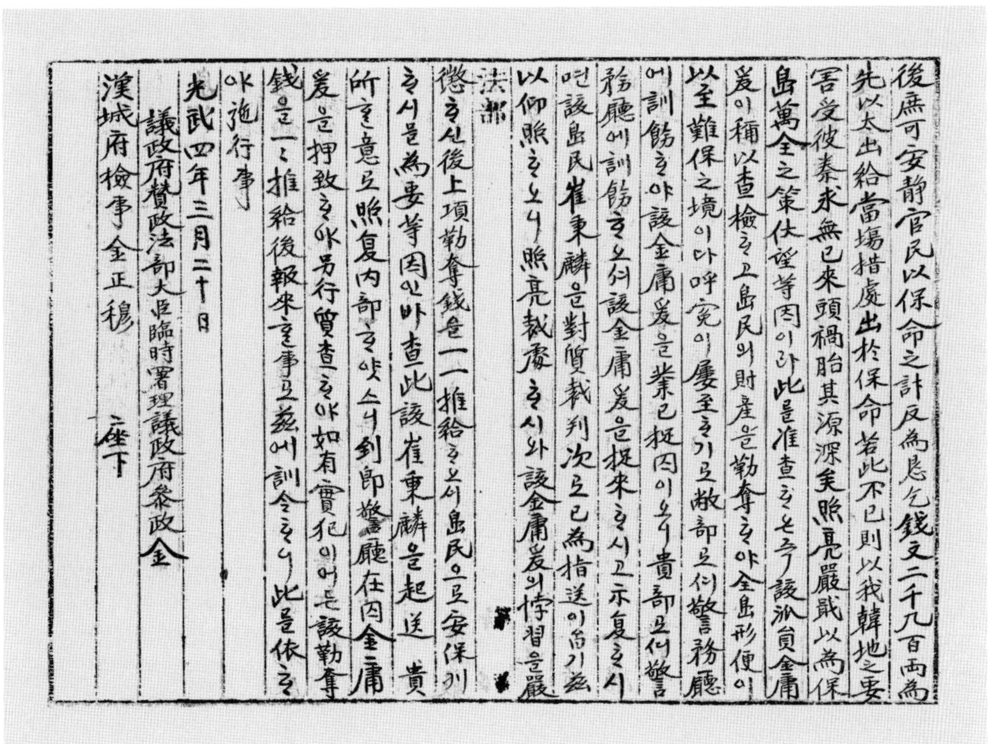
後庶可安靜官民以保命之計反爲恳乞錢文二千九百兩爲
先以太出給當場措處出於保命若此不已則以我韓地之要
害受彼泰求無已來頭禍胎其源深矣照亮嚴戢以爲保
島萬全之策伏望等因이라此를准査한즉該派員金庸
爰이稱以査檢하고島民의財産을勒奪하야全島形便이
以至難保之境이다呼冤이屢至하기로敝部로서警務聽
에訓飭하야該金庸爰을業已捉囚이오니貴部로서警
務聽에訓飭하오셔該金庸爰을捉來하시고亦復하시
면該島民崔東麟을對質裁判次로已爲指送이옵기玆
以仰照하오니照亮裁處하시와該金庸爰의悖習을嚴
法部
懲하신後上項勒奪錢을一一推給하오셔島民으로安保케
하시믈爲要等因인바査此該崔東麟을起送 貴
所하ᄂ意로照復內部하얏스니到卽警廳在囚金庸
爰을押致하야另行質査하야如有實犯이어든該勒奪
錢을一一推給後報來할事로玆에訓令하니此를依하
야施行할事
光武四年三月二十日
議政府贊政法部大臣臨時署理議政府叅政金
漢城府檢事金正穆 座下

37 울릉도에 머무는 일본인 사건 처리에 대해 관원을 파견해 대책을 강구하도록 외부에서 내부에 회답 조회함

문서 종류 조복 제5호
작성 날짜 1900-03-27
발신 의정부 찬정 외부 대신 박제순
수신 의정부 찬정 내부 대신 이건하
출처 內部來去文(奎17794) 13책 12a-b

회답 조회 제5호

귀 조회 제6호, 제7호의 울릉도에 머무는 일본인 사건을 차례로 접수하였습니다. 일본 공사에게 즉시 조회로 알렸더니 해당 회답 조회가 현재 도착하였습니다. 이에 문안 전체를 베껴서 별도로 첨부하여 조회합니다. 조사하여 서로 관원을 파견하고 조사할 방책을 강구하여 분명히 알려 주시기를 요청합니다.

광무 4년(1900) 3월 27일

의정부 찬정 외부 대신 박제순

의정부 찬정 내부 대신 이건하 각하

光武四年三月二十七日起案

主任 交涉局課長

大臣 協辦

照覆第五号

貴照會第六号七号에鬱陵島居留日人事件은

次第接准이온바日本公使에게即行知照ᄒᆞ엿더니

該照復이現到ᄒᆞ엿기로全文鈔謄ᄒᆞ와另附照會

ᄒᆞ오니

查照ᄒᆞ오셔彼此派員ᄒᆞ야前往調查ᄒᆞᆯ方策을

講究 示明ᄒᆞ심을爲要

外部 第 道

光武四年三月二十七日

議政府贊政外部大臣朴齊純

議政府贊政內部大臣李乾夏 閣下

38 울릉도 백성 최병린 등의 소장에 따라 일본인에게 재산을 빼앗긴 일의 처리에 대해 내부에서 법부에 회답 조회함

문서 종류 조복 제4호
작성 날짜 1900-04-13
발신 의정부 찬정 내부 대신 이건하
수신 의정부 찬정 법부 대신 권재형
출처 來照(奎17277의8) 1책 45a-47b
관련 자료 司法稟報(乙)(奎17279) 27책 171a-172a; 訓指起案(奎17277의5) 3책 41a-42b

회답 조회 제4호

귀 제4호 회답 조회를 받들어 접수해 보니 내용에,
"울릉도 백성 최병린 등의 소장에 근거한 귀 제1호 조회를 접수하여 보고, 해당 김용원이 '사검 파원'이라고 하고 울릉도 백성에게 강제로 빼앗은 돈을 하나하나 찾아 주라는 뜻으로 한성부 재판소에 훈령으로 지시한 일은 이미 삼가 답장했습니다. 현재 접수한 해당 한성부 재판소 검사 김정목의 보고서 내용에, '법부 훈령을 받들고 내부의 조회로 인하여 압송해 넘긴 김용원을 조사했습니다. 피고가 진술한 내용에, 『울릉도는 험하고 멀어서 우리 배로는 교통이 편리하지 못한 것이 매우 많아서 물품의 매매가 오로지 일본인에게 달려 있었습니다. 때문에 울릉도 백성들의 일을 주장에 따라 강원도 및 부산항 상인들이 제익선사(濟益船社)를 설립하여 범선을 제조하여 상품을 편리하게 운반하자는 뜻으로 농상공부에 소원을 바쳤습니다. 피고가 사검 파원으로 울릉도의 배 목재 80그루를 베도록 허가한 농상공부의 훈령 및 장정을 지니고 일본인 목수의 배를 세내어 타고 갔습니다. 그랬더니 일본인들이 해당 울릉도의 나무를 패거리 지어 함부로 베어냈습니다. 그즈음에 이런 사유를 작성해 서울 농상공부에 보고하고 먼저 금지하여 그치게 하기 위해 해당 도감의 보고를 지니고 함께 길을 떠나려고 하였습니다. 그러자 일본인이 뱃삯과 비용으로 합계 당오전 3,030냥을 독촉하며 받으려고 트집 잡았습니다. 그래서 피고는 10월까지 갚아 줄 터이니 일본인이 요구한 돈을 일단 증서를 만들어 보증해 달라는 뜻으로 도감에게 요청해 부탁하고 승낙을 받았습니다. 따라서 즉시 서울로 올라왔는데 일이 아직 끝나지 않아 지금까지 질질 끌게 되었고 울릉도 백성들은 해당 돈을 징수해 줄 것으로 요청하여 이렇게 고소당했습니다. 이는 또한 공무로 인한 것으로 먹지 않았으나 자연 횡령한 것이고, 해당 돈은 마땅히 즉시 갚아 줄 것입니다. 하지만 현재 이 몸은 아무 것도 없어 마련해 바칠 방법이 없습니다.』라고 하였습니다. 이를 조사해 보니, 김용원은 정말 강제로 백성의 돈을 빼앗은 것은 아니고 이는 공무로 인해 횡령한 것에 해당합니다. 하지만 울릉도 백성의 경우, 엉뚱하게 징수당했으니 원통함을 호소한 것은 마땅합니다. 해당 돈의 경우, 이치상 독촉해 받아서 울릉도 백성에게 내주어야 합니다. 하지만 피고는 단지 아무 것도 없는 몸뚱이뿐이어서 징수해 거둘 길이 없습니다.

해당 울릉도 백성 최병린 등의 진술도, 『해당 돈은 먹지 않았으나 자연 횡령한 것이 된 것이고 일의 형세상 거두기 어려움을 충분히 알지 못하는 것은 아닙니다.』라고 했습니다. 따라서 해당 김용원을 원고 등과 대동하여 내보내서 힘껏 마련해 갚게 하는 것이 타당할 듯합니다. 하지만 훈령으로 지시한 마당에 함부로 할 수 없기에 이에 보고하니 조사하여 지령해 주시기를 바랍니다.'라고 했습니다. 이를 조사해 보니 원고와 피고가 바친 진술이 모두 근거가 있습니다. 따라서 해당 보고대로 조처해 처리하는 것이 아마도 타당할 것입니다. 하지만 사안이 귀 내부에 관계되기에 이에 삼가 조회하니 잘 살피셔서 분명히 알려 주시기를 요청합니다." 라고 했습니다. 이에 따라 조사해 보니 울릉도 전체는 개척한 지 오래되지 않아 생업이 어렵기 그지없습니다. 그러던 중 최근에 일본인이 못살게 구는 것을 빈번히 받게 되어 거주하는 백성들이 두려워하고 불안해하였습니다. 따라서 위로하고 달래서 편안히 살기 위한 방법을 철저히 강구하였으나 큰 바다의 외딴섬에는 임금님의 교화가 두루 미치지 못함을 항상 탄식했습니다. 그런데 이른바 김용원이 서울 농상공부 '파원'이라고 핑계대고 울릉도 백성에게 사기 쳐 수많은 돈과 재물을 일본인과 위협하고 강제로 빼앗았으며, 현재 그를 상대로 고소하는 마당에 그는 이미 자복(自服)하였으니 진작 마련해 배상하는 것이 사리상 타당합니다. 그런데도 횡설수설하며 질질 끌고 갚지 않고자 하였습니다.

"엽전 3,030냥은 당오전이다."라고 한 이 한 가지 사항의 경우, 원고와 피고를 다시 대질하면 분명히 분별하는 데 어려움이 없을 것입니다. 외국인과 한통속이 되어 이득을 탐낸 일의 경우, "공무 때문이다."라고 하니 이런 행위가 정말로 공무 때문이면 손해 금액을 관아에서 마련해 주어야 할 곳이 분명히 있어야 할 것입니다. 마땅히 갚아야 할 돈과 재물의 경우 "아무것도 없는 몸이라서 마련하기 어렵다. 힘껏 마련해 갚겠다."라고 했는데, 아무것도 없는 몸으로 마련하기 어려운 사람은 어떠한 불법적인 행위로 백성의 재물을 사기 쳐 빼앗아도 해당 율문이 없단 말입니까? 힘껏 마련해 갚을 방법이 있으면 도로 건너온 후에 수많은 세월 동안 태연하게 시간을 보내 놓고 앞으로는 특별히 다시 힘껏 할 수 있겠습니까?
해당 김용원이 교활하고 밉살스런 짓거리는 정말로 놀랍고 한탄스럽기 그지없습니다. 뿐만 아니라 해당 울릉도 백성의 사정을 생각하면 입 다물고 있지 못할 사건입니다. 이에 사실대로 삼가 알려 드리니 잘 살피신 후 해당 재판소에 다시 지시하여 김용원이 사기 쳐 빼앗은 돈 3,030원을 하루빨리 독촉해 받아서 외딴섬 힘없는 백성들이 원통함을 호소하는 일이 없게 하시기를 요청하는 일입니다.
광무 4년(1900) 4월 13일

의정부 찬정 내부 대신 이건하

의정부 찬정 법부 대신 권재형 각하

大臣
協辦

照覆第 四 號

二百七十四

貴第四號照會를奉接ᄒᆞ온즉內開欝陵島民崔秉麟
等訴狀을據ᄒᆞ온貴第一號照會를接准ᄒᆞ와該金庸爰
의稱以查檢派員ᄒᆞ고島民에게勒奪ᄒᆞᆫ錢을一推給ᄒᆞᆯ意
로漢城府裁判所에訓飭ᄒᆞ옵든已有所仰覆이온바現接該所
檢事金正穆報告書內開部訓令을承准ᄒᆞ와內部照會
를因ᄒᆞ와押交ᄒᆞ오신金庸爰을行查ᄒᆞ온즉被告所供內
에欝陵島가險遠ᄒᆞ야我船通涉이甚多難便ᄒᆞ야物產買
賣가專在日本人ᄒᆞᆷ으로因島民之主議ᄒᆞ야江原道及釜山
港商民等이濟益船社를設立ᄒᆞ야製造風帆船ᄒᆞ야利
涉商貨ᄒᆞᆯ意로呈願農商工部ᄒᆞ야被告가以查檢派員으
로島中船材木八十株許斫ᄒᆞᆫ農商工部訓令及章程을帶
持ᄒᆞ고日本人木匠의船隻을定貰乘往ᄒᆞ얏더니日人等이該
島木을作黨犯斫ᄒᆞᆷ을際值ᄒᆞ야此事由를修報京部ᄒᆞ야
為先禁戢ᄒᆞᆷ을為ᄒᆞ야該島監報告와同程起發ᄒᆞ랴ᄒᆞᆫ즉日人
이船貰及浮費幷當五計三千三十兩을督推執詰ᄒᆞᆷ으로被
告가限十月報給ᄒᆞᆯ터이니日人에所推錢을姑為成標擔保
ᄒᆞᆯ意로島監에게要托受諾ᄒᆞ고因卽上京ᄒᆞ야事未出末ᄒᆞ
야延拖于今에島民等이該錢을徵給ᄒᆞᆷ으로至此被訴ᄒᆞ얏
스나此亦因公ᄒᆞ와不食自逋오該錢을當卽報給ᄒᆞᆯ터오나現

此隻身赤立에無由辦納이라ᄒᆞ온바此를查ᄒᆞ온즉金庸爰
이實非勒奪民錢이오係是因公欠逋이오나至有島民橫
徵ᄒᆞ니宜有呼寃이온지라該錢을理當督捧ᄒᆞ야出付島民
이옵거나被告가只有赤身ᄒᆞ야徵刷末由이오며該島民崔
秉麟等所供도該錢之不食自逋와其事勢之難捧을非不
稔知라ᄒᆞ오니該金庸爰을原告等과眼同出送ᄒᆞ야舒力辦
報케ᄒᆞ옴이妥合ᄒᆞᆯ듯ᄒᆞ오나訓飭之下에不可擅便이옵기玆
에報告ᄒᆞ오니查照指令ᄒᆞ심을為望等因이온바查此原
被告之納供이俱有可據則依該所報告措辦이似合妥宜이
오나事係貴部이옵기玆에仰照ᄒᆞ오니照亮示明ᄒᆞ심을為要
等因이라此를准查ᄒᆞ온즉欝陵一島는開拓이未久ᄒᆞ고產
業이極難ᄒᆞ온中挽近日本人의侵虐을頻受ᄒᆞ야居民이疑懼
不安ᄒᆞᆷ이기慰撫安接ᄒᆞᆯ方略을到底講究ᄒᆞ되海洋孤島
에 王化가周洽치못ᄒᆞᆷ은恒常欽歎ᄒᆞ옵ᄂᆞᆫ비어ᄂᆞᆫ所謂金
庸爰이가京部派員이라藉托ᄒᆞ고島民을欺騙ᄒᆞ야夥夥錢
貨를日本人으로威脅勒奪ᄒᆞ고現今對訴ᄒᆞᄂᆞᆫ地에渠旣自
服ᄒᆞ야시니趂卽辦償ᄒᆞ미事理에妥當ᄒᆞ거ᄂᆞᆯ橫竪說話로
遷延不報코ᄌᆞᄒᆞ되葉錢三千三十兩은當五라稱ᄒᆞ오니此一款
은原被告가更質ᄒᆞ면辨明이無難ᄒᆞ옵거니와外國人은符
同牟利ᄒᆞᆫ事ᄂᆞᆫ因公이라稱ᄒᆞ오니此行이果係因公이면

損害金額을 自公辨給ᄒᆞᆫ處이오 有ᄒᆞᆯ지오 當報ᄒᆞᆫ錢貨
ᄂᆞᆫ 赤身難辨이라 舒力辨報라 稱ᄒᆞ오니 赤身難辨ᄒᆞᆫ人은
如何ᄒᆞᆫ 不法行爲로 民財를 騙奪ᄒᆞ야도 當律이 無ᄒᆞ온지 舒
力辨報ᄒᆞᆫ道가 有ᄒᆞ면 還渡ᄒᆞᆫ後 許多歲月에 恬然虛度
ᄒᆞ고 来頭ᄂᆞᆫ 別般舒力이 更有ᄒᆞᆯᄂᆞᆫ지 該金庸爰의 巧猾
ᄒᆞᆫ 惡習은 誠極駭歎ᄒᆞᆯ뿐더러 該島民情을 言念ᄒᆞ오
미 泯黙치 못ᄒᆞᆫ 事件이ᄋᆞᆸ기 玆에 據實仰佈ᄒᆞ오니
照亮ᄒᆞ신後 該裁判所에 更飭ᄒᆞ시와 金庸爰의 騙奪
錢三千三十兩을 不日督捧ᄒᆞ야 絶島殘民으로 呼寃이 無케ᄒᆞ
시믈 爲要事

光武四年四月十三日

議政府贊政內部大臣 李乾夏

議政府贊政法部大臣 權在衡 閣下

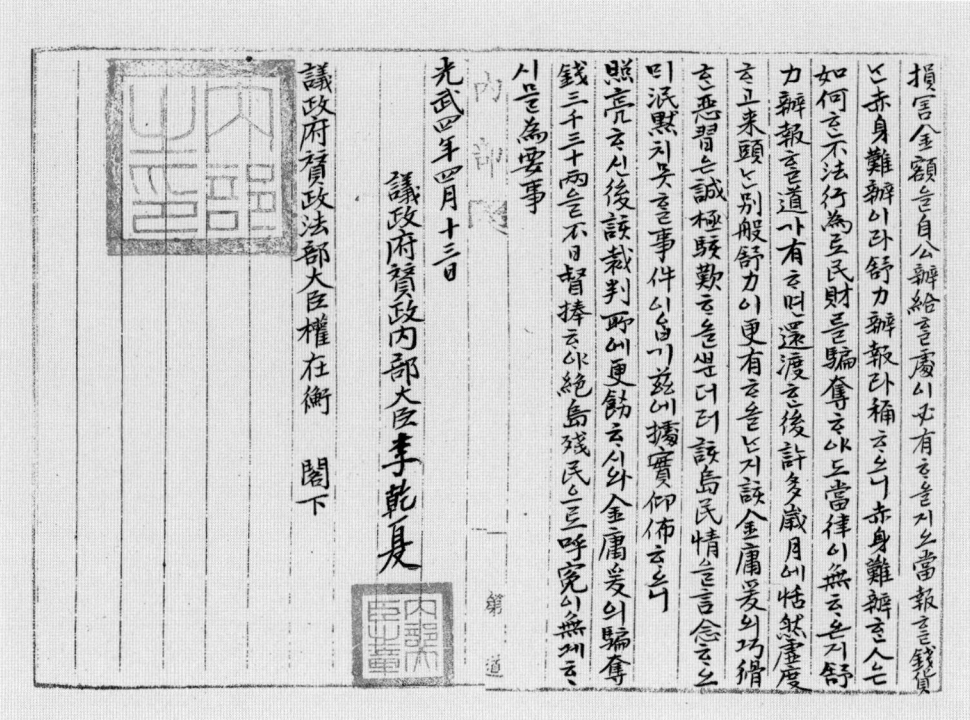

第 道

39 울릉도를 울도로 개칭하고 감무를 두는 일에 대해 중추원에서 의정부에 회답 조회함

문서 종류 조복 제1호
작성 날짜 1900-04-30
발신 중추원 참서관 김사묵
수신 의정부 참서관 조병규
출처 中樞院來文(奎17788) 5책 54a-55a
관련 자료 起案(奎17746) 3책 157a-b; 內部來文(奎17746) 15책 58a-b

회답 조회 제1호

귀 제21호, 제24호 2통의 조회로 넘겨주신 의안(議案) 10통을 차례로 접수하였으며, 해당 안건 중 2통은 이미 귀 통첩으로 인해 돌려보냈고, 나머지 8통은 지금까지 안건을 보류하고 있습니다. 그런데 본 중추원의 여러 의관이 바야흐로 황제께 아뢰었지만 아직 지시를 받들지 못해 회의를 개최하기 어렵기 때문에 아직 의결할 수 없었습니다. 중요한 안건을 헛되이 시일을 보내며 중지하고 있다니 정말로 편치 않습니다. 따라서 '위 항의 의안은 비록 적절히 결정하기 이전이지만 또한 도로 바쳐야 귀 의정부에서 결정 처리하기에 편리하고, 더러는 본 중추원에서 황제의 지시를 받들기를 기다려 각 항의 의안을 다시 자문하는 것이 타당하다.'는 뜻으로 현재 의장(議長)의 지시를 받들었습니다. 그래서 8통의 의안을 아래 기록하여 돌려드리니 조사하여 거두고 분명히 아뢰어 주시기를 요청합니다.
광무 4년(1900) 4월 30일

중추원 참서관 김사묵

의정부 참서관 조병규 좌하

아래

- 궁내부 특진관(宮內府特進官) 이유인(李裕寅) 상소
- 경효전 제조(景孝殿提調) 윤태흥(尹泰興) 상소
- 중추원 의관(中樞院議官) 백호섭(白虎燮) 상소

- 유학(幼學) 변원식(邊元植) 상언(上言)
- 병원 관제를 개정하는 일[病院官制改正事]
- 울릉도를 울도로 개칭하고 감무를 두는 일[鬱陵島改稱鬱島設實監務事]
- 경무청 관제를 개정하는 일[警務廳官制中改正事]
- 안변 학포사를 도로 흡곡군에 소속시키는 일[安邊鶴浦社還屬于歙谷郡事]

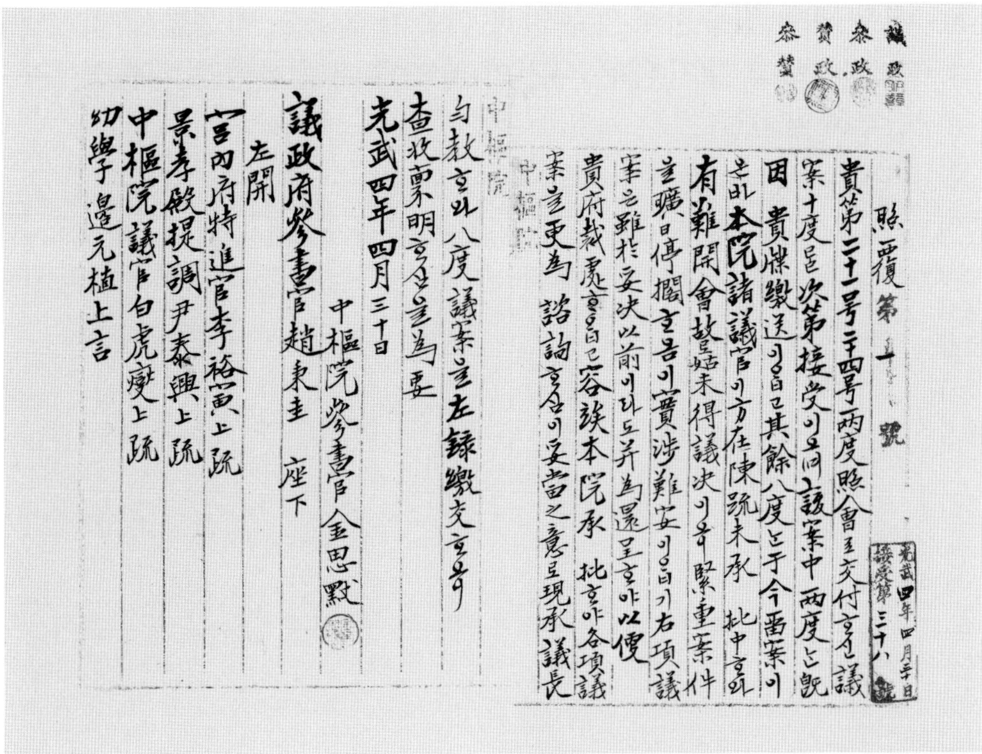
議政 參政 贊政 參贊

照覆第十號

光武四年四月三十日 接受第三十八號

貴第二十二號二十四號兩度照會로交付ᄒᆞ신議
案十度ᄂᆞᆫ次第接受이오며該案中兩度ᄂᆞᆫ旣
因貴牒繳送이옵고其餘八度ᄂᆞᆫ于今留案이
온바本院諸議官이方在陳疏未承　批中ᄒᆞ와
有難開會故로姑未得議決이온바緊重案件
을擴日停擱ᄒᆞᆷ이實涉難安이옵기右項議
案ᄋᆞᆫ雖在妥決以前이라도幷爲還呈ᄒᆞ야以便
貴府裁處ᄒᆞ옵고容俟本院承　批ᄒᆞ야各項議
案을更爲諮詢ᄒᆞ심이妥當之意로現承議長
勻敎ᄒᆞ와八度議案을左錄繳交ᄒᆞ오니
査收專明ᄒᆞ심을爲要

光武四年四月三十日

中樞院參書官金思默

議政府參書官趙東圭　座下

左開

宮內府特進官李裕寅上疏
景孝殿提調尹泰興上疏
中樞院議官白虎燮上疏
幼學邊元植上言

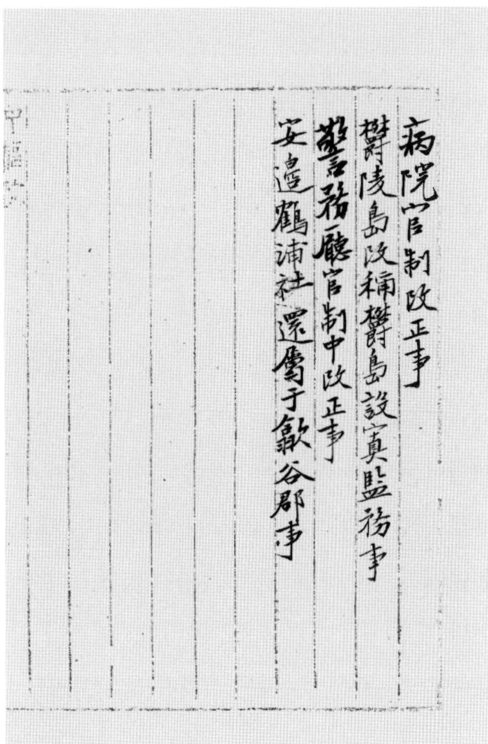
病院官制改正事
鬱陵島改稱鬱島設寘監務事
警務廳官制中改正事
安邊鶴浦社還屬于歙谷郡事

40 내부 파원 김용원이 일본인과 더불어 울릉도 백성들에게 거액을 징수하고 갚지 않은 사건의 처리에 대해 한성부 재판소에서 법부에 보고함

문서 종류 보고서(報告書) 제46호
작성 날짜 1900-05-08
발신 한성부 재판소 검사 김정목
수신 의정부 찬정 법부 대신 권재형
출처 司法稟報(乙)(奎17279) 24책 74a-76a
관련 자료 來照(奎17277의8) 1책 58a-60a, 62a-b; 訓指起案(奎17277의5) 3책 82a-83a; 內部來去文(奎17794) 13책 21a-b, 22a-b

보고서 제46호

법부 훈령 제35호를 받들어 보니,

"내부의 회답 조회의 내용에, '울릉도는 개척한 지 오래되지 않았고 생업이 그지없이 어렵습니다. 그런 가운데 요즈음 일본인의 침학(侵虐)을 자주 받아 거주민들이 두렵고 불안하여 위로하고 어루만져 편안히 지내게 할 대책을 철저히 강구하되 바다 가운데 외딴 섬에 임금의 교화가 두루 충분치 못한 것을 항상 깊이 한탄하고 있습니다. 그런데 이른바 김용원이 서울 내부의 파원(派員)임을 빙자하여 섬 백성들을 속여 많은 액수의 돈을 일본인과 더불어 위협하고 억지로 빼앗아서 현재 소송당한 마당에 그가 이미 자복하였으니 진작 마련하여 갚는 것이 사리상 타당합니다. 그런데 횡설수설하며 질질 끌고 갚지 않으려고 하는데 엽전 3,030냥을 『당오전이다.』라고 하니 이 한 가지 사항은 원고와 피고가 다시 대질하면 분명히 판별하는 것은 어려움이 없습니다. 하지만 외국인과 한통속이 되어 이익을 도모한 일을 『공무로 인한 것이다.』라고 핑계 대니 이번 행위가 정말로 공무로 인한 것이라면 손해 금액을 관아에서 마련해 줄 곳이 분명히 있겠습니까? 마땅히 갚아야 할 돈에 대해 『한 푼도 없는 몸이라 마련하기 어렵다.』고 하거나 『형편이 되면 마련해 갚겠다.』라고 핑계 댑니다. 한 푼도 없어 갚기 어려운 사람은 어떠한 불법행위로 백성의 재물을 속여서 빼앗아도 해당하는 율문이 없단 말입니까? 형편이 되면 마련해 갚을 방법이 있다고 하면서 도로 육지로 건너온 뒤에

도 많은 세월이 흐르도록 태연하게 헛되이 시간만 보내는데, 앞으로는 특별히 형편이 될 만한 일이 다시 있겠습니까?
해당 김용원의 교활하고 못된 짓거리는 진실로 놀랍고 한탄스럽기 그지없습니다. 뿐만 아니라 해당 섬의 민심을 생각하면 입 다물고 있을 수 없는 사건입니다. 이에 사실을 근거로 삼가 알려 드리니 잘 살피신 뒤 해당 재판소에 다시 지시하여 김용원이 속여서 빼앗은 돈 3,030냥을 하루빨리 독촉해 받아 외딴 섬의 힘없는 백성들이 원통함을 호소하는 일이 없게 해 주시기를 요청합니다.'라고 하였다.
이를 근거로 조사해 보았다. 해당 빚돈이 엽전인지 당오전인지는 마땅히 즉시 대질조사하여 바르게 결론짓도록 하라. 그리고 내부에서 회답 조회한 것이 비록 이와 같으나, 피고의 정황과 형편상 이미 '한 푼도 없는 몸이라 마련하기 어렵다.'라고 하였으니 대동하여 내보내서 '형편이 되면 마련해 갚으라.'는 뜻으로 원고와 피고에게 타이르고 지시하라. 원고에게 만약 허락할 만한 정황이 있다면 증빙문서를 받아서 첨부하여 긴급 보고하고 지령을 기다려 처리할 일이다, 이에 훈령하니 이대로 시행할 일이다."
라고 하였습니다.
이에 따라 조사하였습니다. 원고를 불러와서 피고와 먼저 대질 조사하여 해당 돈이 엽전인지 당오전인지 조사하였더니 원고와 피고 양쪽이 진술에서 모두 말하기를 "엽전입니다."라고 하였습니다. 그 돈이 엽전인지 당오전인지는 비록 분명히 밝혀졌지만, 피고의 정황과 형편상 이미 말하기를 "찢어지게 가난하여 마련하기 어렵습니다."라고 하니 대동하고 나가서 서로 사사로이 타협하여 갚도록 하라는 뜻으로 원고와 피고에게 타이르고 지시하였습니다.
그러자 원고가 진술한 내용에,
"피고의 정황과 형편이 안타깝지 않은 것은 아니나 섬 백성들의 정황과 형편상 만약 이 돈을 받지 않으면 고향으로 내려갈 수 없습니다. 다만 바라건대 그대로 수감하고 받아 주십시오."
라고 하였습니다.
김용원이 갚아야 할 돈의 경우, 속여서 빼앗은 것도 아니고 스스로 횡령해서 먹은 것도 아닙니다. 따라서 섬 백성들에게 엉뚱하게 징수한 것은 아마도 책임이 있는 듯하지만, 또한 일을 꾸려 나가던 중 자연히 저지르게 된 것이지 정말로 고의로 침탈한 것은 아닙니다. 그 정상을 살펴보면 율문으로 검토하기에는 부족합니다. 비록 매일 매질을 하며 여지없이 독촉하였지만 먼 시골의 백성으로서 친척 간에 상의할 사람도 없고 수감 중 끼니를 때우는 것 또한 30일 동안 9끼니에 지나지 않습니다. 그러니 해당 돈을 비록 독촉해 받고자 하지만 바로 거북이 등에서 털을 깎고 마른나무에서 물이 나오는 것처럼 쥐어짜도 불가능합니다. 법관은 쓸데없이 입만 놀리고 해당 백성은 단지 목숨이 끝나기만을 기다립니다. 원고와 피고의 정황과 형편을 생각건대 모두 안타깝기 그지없습니다. 일의 형편이 위와 같아서 처리할 방법이 없습니다. 이에 사실을 들어 보고하니 조사하여 지령해 주시기 바랍니다.

광무 4년(1900) 5월 8일

한성부 재판소 검사 김정목

의정부 찬정 법부 대신 권재형 각하

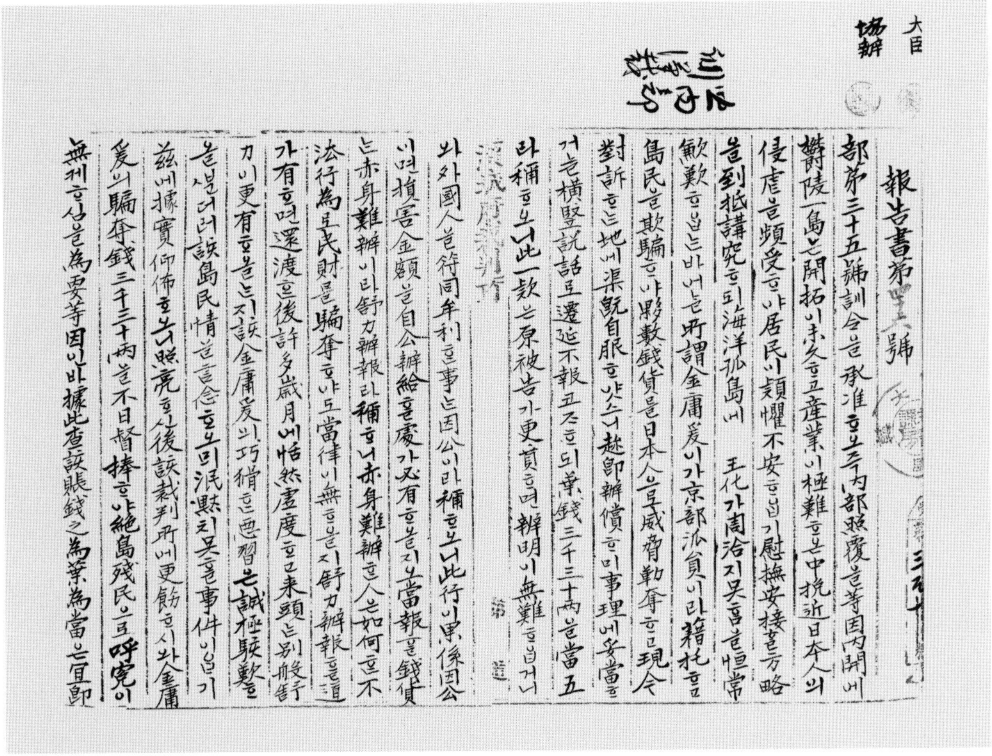

大臣 協辦

三月一日

報告書第四十六號

部第三十五號訓令을承准ᄒᆞ오즉內部照覆을等因內開에
鬱陵一島ᄂᆞᆫ開拓이未久ᄒᆞ고産業이極難ᄒᆞᆫ中挽近日本人의
侵虐을頻受ᄒᆞ야居民이頻懼不安ᄒᆞᆸ기慰撫安接ᄒᆞᆯ方略
을到抵講究ᄒᆞ되海洋孤島에 王化가周洽지못ᄒᆞᆷ을恒常
歉歎ᄒᆞᆸᄂᆞᆫ바어ᄂᆞᆯ所謂金庸爰이가京部派員이라藉托ᄒᆞ고
島民을欺騙ᄒᆞ야夥數錢貨를日本人으로威脅勒奪ᄒᆞ고現今
對訴ᄒᆞᄂᆞᆫ地에渠旣自服ᄒᆞ얏ᄉᆞ니趂卽辦償ᄒᆞᆷ이事理에妥當ᄒᆞ
거ᄂᆞᆯ橫竪說話로遷延不報ᄒᆞ고ᄌᆞᄒᆞ되葉錢三千三十兩을當五
라稱ᄒᆞ오니此一款은原被告가更質ᄒᆞ면辨明이無難ᄒᆞᆸ거니
와外國人을符同牟利ᄒᆞᆫ事ᄂᆞᆫ因公이라稱ᄒᆞ오니此行이果係因公
이면損害金額을自公辦給ᄒᆞᆯ處가必有ᄒᆞᆯ지오當報ᄒᆞᆯ錢貨
ᄂᆞᆫ赤身難辦이라舒力辦報라稱ᄒᆞ니赤身難辦ᄒᆞᆫ人은如何ᄒᆞᆫ不
法行爲로民財를騙奪ᄒᆞ야도當律이無ᄒᆞᆯ지舒力辦報ᄒᆞᆯ道
가有ᄒᆞ면還渡ᄒᆞᆫ後許多歲月에恬然虛度ᄒᆞ고來頭ᄂᆞᆫ別般舒
力이更有ᄒᆞᆯᄂᆞᆫ지該金庸爰의巧猾ᄒᆞᆫ惡習은誠極駭歎ᄒᆞᆯ
ᄲᅮᆫ더러該島民情을言念ᄒᆞ오ᄆᆡ泯默치못ᄒᆞᆯ事件이ᄋᆞᆸ기
玆에據實仰佈ᄒᆞ오니照亮ᄒᆞ신後該裁判所에更飭ᄒᆞ시와金庸
爰의騙奪錢三千三十兩을不日督捧ᄒᆞ야絶島殘民으로呼冤이
無케ᄒᆞ심을爲要等因인바據此査該賬錢之爲葉爲當은宜卽

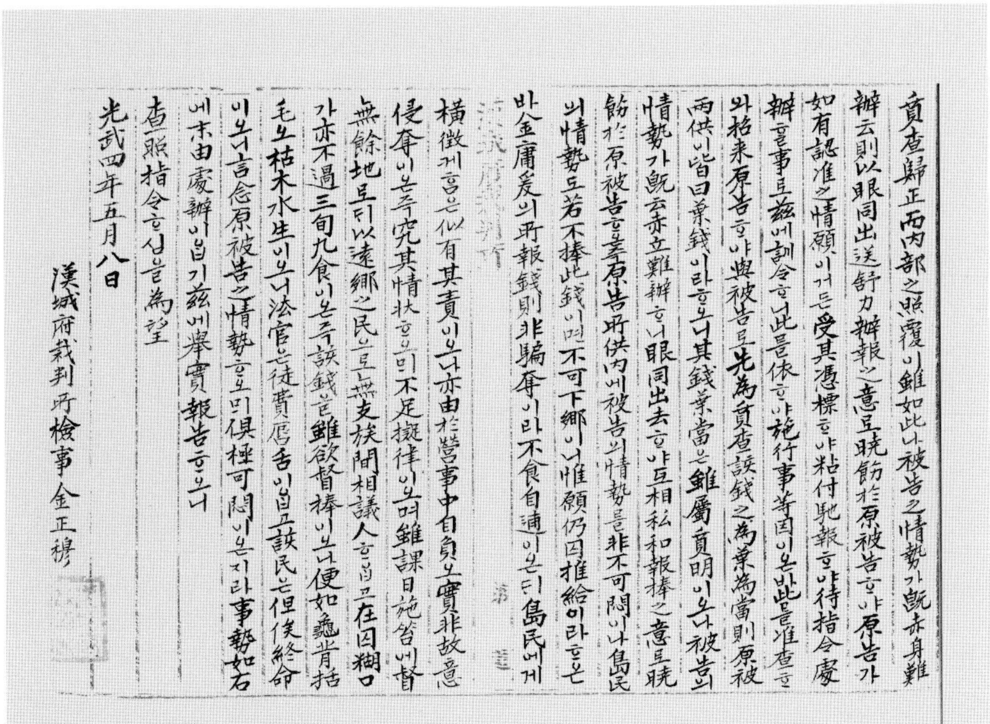

質査歸正而內部之照覆이雖如此나被告之情勢가旣赤身難
辦云則以眼同出送舒力辦報之意로曉飭於原被告ᄒᆞ야原告가
如有認准之情願이거든受其憑標ᄒᆞ야粘付馳報ᄒᆞ야待指令處
辦ᄒᆞᆯ事로玆에訓令ᄒᆞ니此를依ᄒᆞ야施行事等因이온바此를准査ᄒᆞ
와招來原告ᄒᆞ야與被告로先爲質査該錢之爲葉爲當則原被
兩供이皆曰葉錢이라ᄒᆞ오니其錢葉當은雖屬質明이오나被告의
情勢가旣云赤立難辦ᄒᆞ니眼同出去ᄒᆞ야互相私和報捧之意로曉
飭於原被告ᄒᆞ온즉原告所供內에被告의情勢를非不可悶이나島民
의情勢도若不捧此錢이면不可下鄕이니惟願仍囚推給이라ᄒᆞ온
바金庸爰의所報錢則非騙奪이라不食自適이온ᄃᆡ島民에게
橫徵케ᄒᆞᆷ은似有其責이오나亦由於營事中自負오實非故意
侵奪이온즉究其情狀ᄒᆞ오ᄆᆡ不足擬律이오며雖課日施笞에督
無餘地로되以遠鄕之民으로無支族間相議人ᄒᆞᆸ고在囚糊口
가亦不過三旬九食이온즉該錢은雖欲督捧이오나便如龜背括
毛오枯木水生이오니法官은徒費唇舌이ᄋᆞᆸ고該民은但俟終命
이오니言念原被告之情勢ᄒᆞ오ᄆᆡ俱極可悶이온지라事勢如右
에末由處辨이ᄋᆞᆸ기玆에擧實報告ᄒᆞ오니
査照指令ᄒᆞ심을爲望

光武四年五月八日

漢城府裁判所檢事金正穆

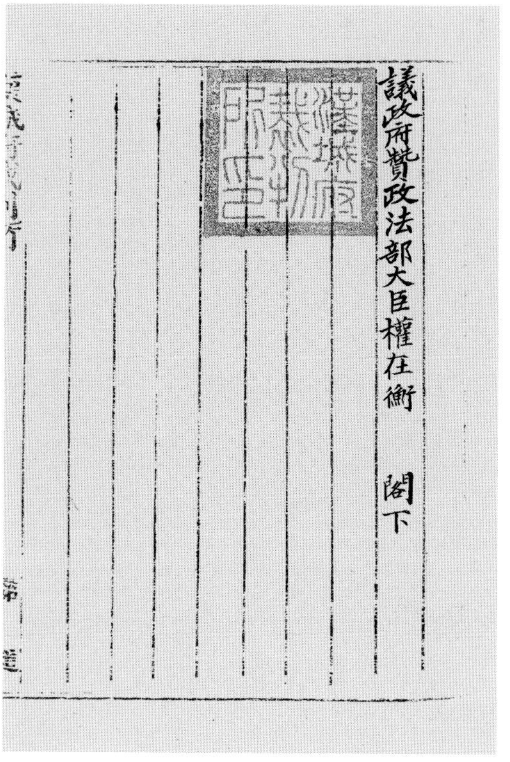

議政府贊政法部大臣權在衡　閣下

41 울릉도를 조사하기 위해 서울에서 출발하는 날짜를 며칠 늦출 것인지 일본 공관에 확인하도록 내부에서 외부에 조회함

문서 종류	조회 제9호
작성 날짜	1900-05-09
발신	의정부 찬정 내부 대신 이건하
수신	의정부 찬정 외부 대신 박제순
출처	內部來去文(奎17794) 13책 13a
관련 자료	內部來去文(奎17794) 13책 14a-16b, 17a-b, 18a-19a, 20a-b, 21a-b, 22a-b, 23a-b, 24a-b, 25a-26a; 東萊港報牒(奎17867의2) 4책 100a-104a, 105a-b

조회 제9호

울도를 조사하는 일로 어제 공문을 받들었습니다. 일본 공사의 회답 편지를 자세히 살펴보았더니 서울에서 출발하는 날짜를 2주일 늦춰 달라고 요청하였습니다. 이에 삼가 알려 드리니 해당 공관에 다시 전달 조회하여 2주일이란 기한이 정확히 며칠인지 상세하게 분명히 알려 주어서 준비하는 데 편리하게 해 주시기를 요청하는 일입니다.

광무 4년(1900) 5월 9일

의정부 찬정 내부 대신 이건하

의정부 찬정 외부 대신 박제순 각하

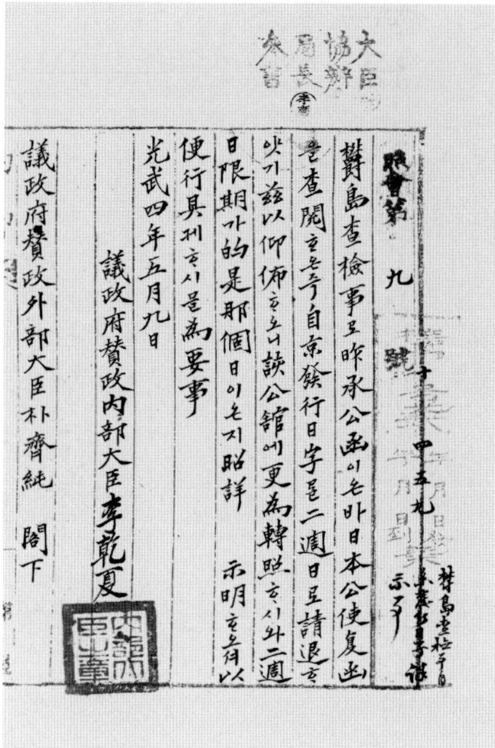
大臣 協辦 局長 參書

照會第 九 號

欝島査檢事로 昨承公函이온바 日本公使復函
을 査閱ᄒᆞ온즉 自京發行日字를 二週日로 請退ᄒᆞ
얏기 玆以仰佈ᄒᆞ오니 該公舘에 更爲轉照ᄒᆞ시와 二週
日限期가 的是那個日이온지 昭詳 示明ᄒᆞ오셔 以
便行其케ᄒᆞ시믈 爲要事

光武四年五月九日

議政府贊政內部大臣 李乾夏

議政府贊政外部大臣 朴齊純 閣下

42 울릉도 조사를 위한 출발 날짜와 일본 공사가 보낸 조사 검토 문건에 대해 외부에서 내부에 회답 조회함

문서 종류	조복 제7호
작성 날짜	1900-05-14
발신	의정부 찬정 외부 대신 박제순
수신	의정부 찬정 내부 대신 이건하
출처	內部來去文(奎17794) 13책 14a-16b
관련 자료	內部來去文(奎17794) 13책 13a-b, 17a-b, 18a-19a, 20a-b, 21a-b, 22a-b, 23a-b, 24a-b, 25a-26a; 東萊港報牒(奎17867의2) 4책 100a-104a, 105a-b

회답 조회 제7호

귀 제9호 조회를 접수해 보니,

"울릉도를 조사하는 일로 일본 공사가 서울에서 출발하는 날짜를 2주일 늦춰 달라고 요청하였으니 해당 공관에 다시 전달 조회하여 2주일이란 기한이 정확히 며칠인지 상세하게 분명히 알려 주십시오."

라고 하였습니다.

이에 따라 일본 공사에게 파원이 가는 시기에 대해 물어보았더니 답하기를 "공사와 주무 대신(主務大臣)과 파원이 같이 모여서 정할 일이 있습니다. 파원이 갈 시기는 다시 의논해 결정합시다."라고 하였습니다. 그리고 또 "조사 검토 문건을 서로의 파원에게 각자 1통씩 지니게 합시다."라고 하였기에 해당 조사 검토 문건을 뽑아 기록하여 보내 드리니 귀 내부 파원이 1통을 지니게 하고, 귀 내부 대신께서 어느 날로 날짜를 정해 외부에 모여 검토하는 것이 타당하겠습니다. 이에 조회하니 조사하고 회답해 주시기를 요청합니다.

광무 4년(1900) 5월 14일

의정부 찬정 외부 대신 박제순

의정부 찬정 내부 대신 이건하 각하

울릉도에 머무는 일본인에 대한 조사 요령[鬱陵島在留日本人調査要領]

1. "일본의 무뢰한 백성 수백 명이 한 구역을 함부로 차지하고 자연히 마을을 이루었으며, 선박으로 왕래하면서 목재를 베고 화물을 몰래 운반하며 주민들을 못살게 굴고 조금만 뜻에 거슬려도 제멋대로 난동을 부리고 무기를 사용하는데 전혀 거리낌이 없지만 지방 관리로서는 금지할 수가 없다."

라고 광무 3년(1899) 외부 대신이 조회에서 말한 것이다.

그래서 작년 9월 중에 서기생(書記生) 타카오(高雄)가 해당 울릉도에 가서 머무는 일본인들에게 물러가도록 명령하였다. 그러자 위 사람들이 항의하기를, "우리나라 사람들이 해당 섬에 가서 벌목하는 것은 바로 해당 도감의 허가를 거쳐 상당한 벌목 요금을 납부했으므로 정말로 몰래 베는 것이 아니다."라고 했다. 그렇다면 그 사실은 조회와 서로 조금 어긋난다.

1. 일본인들은 오히려 물러갈 뜻이 없고 느티나무를 마구 베는 것이 갈수록 더욱 심해졌다. 도감은 이치에 어긋나는 짓을 두고 볼 수가 없어 바로 배를 타고 서울로 가서 사실을 죽 아뢰려고 하였다. 그런데 일본인들이 각 나루를 지키며 우리 사람들이 건너갈 수 없게 하였다.

2. 벌목하는 한 가지 사안에 대해 도감이 일본 재판소에 가서 고소하고 대질 조사를 거쳐 배상을 요구한 지가 지금 몇 년이나 되었다. 그런데 일본인들은 재판 비용이 수만 원(元)이 된다고 핑계 대면서 도감에게 배상을 요구하며 강압과 협박이 이르지 않는 곳이 없었다. 섬 백성들은 두려워서 대신 비용을 마련하려고 재산을 팔았지만 필요한 액수를 충당할 수 없어 현재 매우 곤란한 상황에 있다.

3. "일본인들은 '한국인 김용원에게 돈을 주고 벌목하는 것에 대해 계약하였으므로 만약 나무 베기에 대해 금지를 요구하려면 돈을 반드시 갚아야 한다.'는 등으로 말한다. 그런데 섬 백성들은 느티나무를 생명처럼 여기므로 장차 해당 돈 3,000여 냥을 모두 대신 갚으려 한다. …… "라고 했다.

위는 광무 4년(1900) 3월 16일 외부 대신의 조회 내용에서 말한 것이다.

그런데,

제1의 사실은 매우 의심스럽다. 정말로 어긋남이 없다면 그 잘못은 우리나라 사람에게 돌아갈 것이다. 그렇지만 그 사이에는 반드시 어떤 사정이 있을 것이라 생각한다. 이는 조사가 필요하다.

제2의 경우, 무릇 재판 비용은 소송에서 진 자가 부담하는 것이 바로 일반적인 이치이다. 그런데 "소송에서 진 것은 우리나라 사람인데 도리어 도감에게 재판 비용을 요구한다."라고 하는 것은 매우 모순되고 또 의아한 일이다.

제3의 경우, 우리나라 사람이 값을 주고 사서 벌목하는데 금지하려고 한다면 마땅히 먼저 금액을 마련해 갚는 것이 이치상 당연하다. 따라서 또한 조사를 필요로 한다.

이번에 파견하는 일본·한국 조사위원은 이상 각항의 사실을 조사하여 결과를 보고하는 외에 어떠한 조처 권한도 없다. 단 일본·한국 당국자는 해당 위원들의 결과 보고를 기다렸다가 서울에서 심의하고 처리한다.

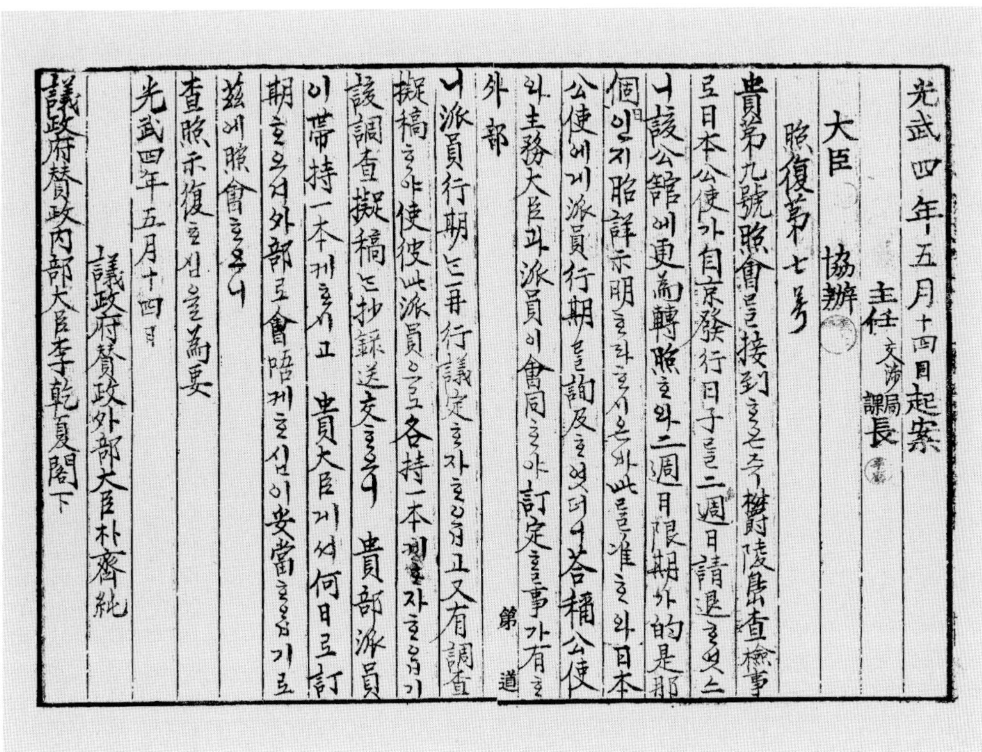
光武四年五月十四日起案
主任 交涉局課長
大臣 協辦
照復第七號
貴第九號照會를接到ᄒᆞ온즉鬱陵島査檢事
로日本公使가自京發行日子를二週日請退ᄒᆞ엿스
나該公館에更爲轉照ᄒᆞ와二週日限期外的是那
個日인지貽詳示明ᄒᆞ라ᄒᆞ시온바此를准ᄒᆞ와日本
公使에게派員行期를詢及ᄒᆞ엿더니答稱公使
와主務大臣과派員이會同ᄒᆞ야討定ᄒᆞᆯ事가有ᄒᆞ
第 道
外部
니派員行期ᄂᆞᆫ再行議定ᄒᆞ자ᄒᆞ오며又有調査
擬稿ᄒᆞ야使彼此派員으로各持一本케ᄒᆞ자ᄒᆞ옵기
該調査擬稿ᄂᆞᆫ抄錄送交ᄒᆞ오니貴部派員
이帶持一本케ᄒᆞ시고貴大臣게서何日로討
期ᄒᆞ오셔外部로會晤케ᄒᆞ심이安當ᄒᆞ올기로
玆에照會ᄒᆞ오니
查照示復ᄒᆞ심을爲要
光武四年五月十四日
議政府贊政外部大臣朴齊純
議政府贊政內部大臣李乾夏閣下

欝陵島在留日本人調査要領

一有日本無恒之民數百名冒佔一區自成村落駛
行船舶斫伐木料偷運貨物侵虐居民少拂其意
恣意暴動用兵器全無顧忌地方官吏不得
禁止

光武三年九月十六日外部大臣照會內稱
然而昨年九月中高雄書記生之前往該島命在留
本人退去也同人等抗議云本邦人之前往該島伐木
者即經該島監之許可納付其相當代木料也實

外部 第 道

非盜伐也然則其事實與照會稍相齟齬

一日本人尚無退去之意亂斫槻木愈往愈甚島監
不可坐視其無理直欲船赴漢城告愬事實奈日
本人等派守各津口使我人不得通涉事

二以代木一案島監往訴日本裁判所經質查索賠
今爲幾年之久日本人藉稱裁判費爲數萬元向
島監責償威逼脅持無所不至島民恐懼代
爲辦備發賣産業無以充補其所要之額現在
危困之中

三日本人給錢韓人金庸爰討有代木之約若要禁
伐必須償錢等語島民等視槻木如性命將該
錢三千餘兩一併替償云之

右光武四年三月十六日外部大臣照會內稱
第一之事實甚疑而果若無違則其申必歸本邦人
然而想必有何等事情於其間此要調查也
第二凡裁判費用負擔於敗訴者即普通之理也其
爲敗訴者之本邦人却向島監要求裁判費用云
者甚屬矛盾且係疑訝也
第三欲禁本邦人給價買伐之樹木則宜先辦償
具全額理所當然亦要調查也

外部 第 道

此次派遣日韓調查委員除調查以上各項事實
復命外不有如何措處之權但日韓當局者待該
委員復命在京城審議辦理

43 김용원이 일본인과 더불어 울릉도 백성들에게 징수한 돈을 함께 일한 윤훈상 등에게 받아달라고 내부에서 법부에 회답 조회함

문서 종류	조복 제5호
작성 날짜	1900-05-14
발신	의정부 찬정 내부 대신 이건하
수신	의정부 찬정 법부 대신 권재형
출처	來照(奎17277의8) 1책 58a-60a
관련 자료	司法稟報(乙)(奎17279) 24책 74a-76a; 來照(奎17277의8) 1책 62a-b; 訓指起案(奎17277의5) 3책 82a-83a; 內部來去文(奎17794) 13책 21a-b, 22a-b

회답 조회 제5호

귀 제12호 조회를 접수해 보니 내용에,

"지난번에 귀 제4호 회답 조회를 접수하고 김용원의 빚돈이 엽전인지 당오전인지 바르게 결론짓도록 하라는 뜻으로 한성부 재판소에 훈령으로 지시하였습니다. 현재 접수한 해당 재판소 검사 김정목의 보고서 내용의 대략에, '원고를 불러와서 피고와 먼저 대질 조사하여 해당 돈이 당오전인지 엽전인지 조사하였습니다. 원고와 피고 양쪽의 진술에서 모두 말하기를 『엽전입니다.』라고 하였으니 그 돈이 엽전인지 당오전인지는 비록 분명히 밝혀졌지만, 피고의 정황과 형편상 이미 말하기를 『찢어지게 가난하여 마련하기 어렵습니다.』라고 하니 대동하고 나가서 서로 사사로이 타협하여 갚도록 하라는 뜻으로 원고와 피고에게 타이르고 지시하였습니다. 그러자 원고가 진술한 내용에,

『피고의 정황과 형편도 안타깝지 않은 것은 아니나 섬 백성들의 정황과 형편상 만약 이 돈을 받지 않으면 고향으로 내려갈 수 없습니다. 다만 바라건대 그대로 수감하고 받아 주십시오.』

라고 하였습니다.

김용원이 갚아야 할 돈은 속여서 빼앗은 것도 아니고 스스로 횡령해서 먹은 것도 아닙니다. 따라서 섬 백성들에게 엉뚱하게 징수하는 것은 아마도 책임이 있는 듯하지만, 또한 일을 꾸려나가던 중 자연히 저지르게 된 것이고 정말로 고의로 침탈한 것은 아닙니다. 그 정상을 살펴보면 율문으로 검토하기에는 부족합니다. 비록 매일 매질을 하며 여지없이 독촉하였지만

면 시골의 백성으로 친척 간에 상의할 사람도 없고 수감 중 끼니를 때우는 것 또한 30일 동안 9끼니에 지나지 않습니다. 그러니 해당 돈을 비록 독촉해 받고자 하지만 바로 거북이 등에서 털을 깎고 마른나무에서 물이 나오는 것처럼 쥐어짜도 불가능합니다. 법관은 쓸데없이 입만 놀리고 해당 백성은 단지 목숨이 끝나기만을 기다립니다. 원고와 피고의 정황과 형편을 생각하건대 모두 안타깝기 그지없습니다. 일의 형편이 위와 같아서 처리할 방법이 없습니다. 이에 사실을 들어 보고하니 조사하여 지령해 주시기 바랍니다.'라고 하였습니다.
이를 조사해 보니, 원고의 사정이 비록 절박하지만 피고인 자가 수감되어 있을 무렵 끼니를 때우기도 또한 어렵다고 하니, 비록 해를 넘기며 구속하더라도 갑자기 받기는 어렵습니다. 그러니 귀 내부에서 원고에게 타이르고 지시하여 오래 머물러 비용이 발생하지 않도록 하고 일단 먼저 고향으로 돌아가서 피고가 힘쓰기를 기다려 징수하도록 해 주십시오."
라고 하였습니다.
이에 따라 조사해 보니, 해당 김용원이 외국인과 결탁하여 해당 울릉도에 폐단을 일으킨 것은 이미 매우 놀랍기 그지없습니다. 이 일로 인하여 섬에 사는 모든 사람은 보전하기 어렵고 일본의 도리에 어긋난 백성들이 행패를 부리는 경우에 이르렀습니다. 그러니 그 죄상을 살펴보면 오래 머물러 비용이 생긴다고 하여 동정할 수 없습니다.
현재 또 해당 섬의 백성 최병린의 소장을 접수하였는데,
"청원한 사실의 경우, 본 울릉도 사검 파원 김용원이 섬에서 지나치게 뜯은 돈 3,030냥을 받아서 달라는 일로 이미 귀 내부에서 조회하여 붙잡아 수감하고 재판하였습니다. 그 뒤 한성재판소(漢城裁判所)에서 회답 조회한 내용에 '당오전 3,030냥이다.'라고 하였습니다. 그러니 지나치게 징수한 돈을 계산하면 2,400여 냥이 되므로 '다시 대질하여 재판하라.'는 조회를 삼가 받들어 서로 어긋나는 돈의 액수는 바르게 결론이 났습니다. 그러나 위 김용원은 '빈손이다.'라고 하며 붙잡아 수감하기만 하였습니다. 김용원이 빈손인 것은 이미 잘 알고 있는 바이지만 그와 같이 일한 윤훈상(尹勳相), 김성진(金聲振)은 바야흐로 수만 냥을 거래하는 처지입니다. 만약 도로 갚을 마음만 있다면 그와 같이 일한 사람에게 통지하여 즉시 결말지을 수 있습니다. 그런데 갖가지로 핑계 대며 당오전이니 엽전이니 하니, 하는 짓을 생각하건대 교활하기 그지없습니다. 이에 청원하니 잘 살펴서 같이 일한 윤훈상, 김성진을 압송해 올려 마련해 갚으라는 뜻으로 법부에 조회를 보내 위 돈을 즉시 받아주십시오."
라고 하였습니다.
해당 김용원과 같이 일하며 주도적으로 처리한 사람은 바로 윤훈상, 김성진이라고 합니다.

그러니 해당 지나치게 뜯은 돈인 엽전 3,030냥은 전 양산 군수(梁山郡守) 윤훈상과 전 주사(主事) 김성진을 붙잡아 올려서 독촉하여 받아 주십시오. 해당 죄상은 단연코 예사롭게 둘 수 없으니 해당 빚돈을 결말짓기 이전에는 김용원을 절대로 석방하지 말아서 섬 백성들이 이 때문에 뿔뿔이 흩어지기에 이르지 않도록 해 주시기를 요청하는 일입니다.

광무 4년(1900) 5월 14일

의정부 찬정 내부 대신 이건하

의정부 찬정 법부 대신 권재형 각하

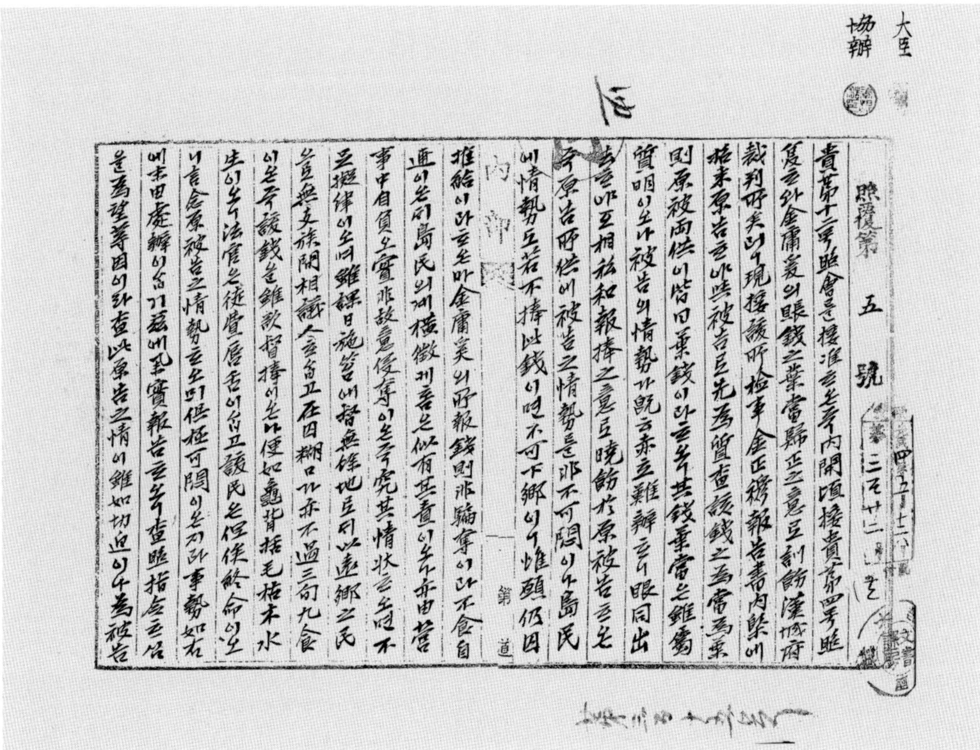

旣在囚之際에 糊口도 亦難이라 ᄒᆞ온즉 雖經歲拘繫라도 辨難
責捧이온즉 自當部로 曉飭原告ᄒᆞ고 何無使久留生費ᄒᆞ고
姑先還鄕ᄒᆞ야 待被告辦力ᄒᆞ야 以爲徵捧等因이라 此를 准
査ᄒᆞ온즉 該金庸爰이가 外國人을 締結ᄒᆞ야 生梗該島
ᄒᆞ已 極痛瘢은 勿論이오 此事를 當緣ᄒᆞ야 全島居人에 難保ᄒᆞ고 日
本亂民이 行悖ᄒᆞᆫ 境遇에 至ᄒᆞ온즉 究厥罪狀ᄒᆞ오면 不可以
久留生費로 爲恤이라 現又接該島民崔秉麟의 訴狀ᄒᆞ오
니 請願事實 使은 本島査檢派員金庸爰의 島中濫討
錢三千三十兩推尋事로 業經本部照會ᄒᆞ야 捉囚裁判ᄒᆞ온 濫
辛漢城裁判所照覆內開에 當五三千三十兩이라 ᄒᆞ온즉 濫

內部

懲錢이라 討ᄒᆞ면 二千四百餘金이 되기로 更質裁判ᄒᆞ라신 照
會을 准承ᄒᆞ와 相左兒錢坪交數ᄂᆞᆫ 歸正되얏ᄉᆞ온 同金
庸爰을 赤手라 ᄒᆞ고 捉囚ᄒᆞ겟기 庸爰의 赤手ᄂᆞᆫ 已
所諗知온ᄂᆞ 渠矣同事尹勳相金聲振은 方今數萬金去
來ᄒᆞᄂᆞᆫ 處地온즉 若有還報之心이면 通其于渠矣同事ᄒᆞ라 郎
地出末에 거슨 百般補塡에 計出當棄ᄒᆞ니 著念所爲에 捉詰
이 極矣라 茲에 請願ᄒᆞ거든 照亮ᄒᆞ야 何同事尹勳相金聲
振을 押上辦報할 意로 法部에 移照ᄒᆞ엿ᄉᆞ라 右錢을 郎爲推
尋等因이온바 該金庸爰에 同事主辦人이 郎尹勳相金聲
振이라 ᄒᆞ온즉 該濫收錢業三千三十兩之前梁山郡守尹勳相

과 前主事金聲振을 捉上辦捧ᄒᆞ시고 該罪狀之斷 不可尋
常犯罪ᄒᆞ온즉 該賬出末以前에ᄂᆞᆫ 金庸爰을 切勿放釋ᄒᆞ야
俾島民으로 無至緣此渙散케 ᄒᆞ심을 爲要事

光武四年五月十四日

議政府贊政內部大臣 李乾夏

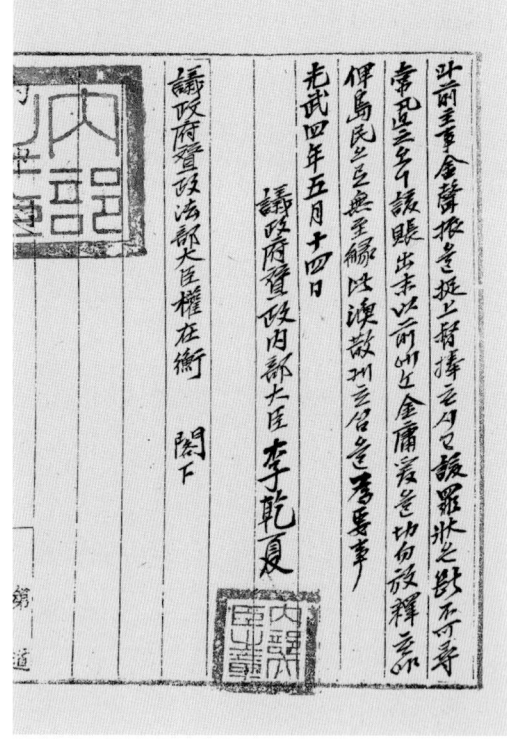

議政府贊政法部大臣 權在衡 閣下

44 울릉도 조사를 위한 출발 날짜와 조사 검토 문건의 합동 검토 날짜에 대해 내부에서 외부에 조회함

문서 종류 조회 제11호
작성 날짜 1900-05-19
발신 의정부 찬정 내부 대신 이건하
수신 의정부 찬정 외부 대신 박제순
출처 內部來去文(奎17794) 13책 17a-b
관련 자료 內部來去文(奎17794) 13책 13a-b, 14a-16b, 17a-b, 18a-19a, 20a-b, 21a-b, 22a-b, 23a-b, 24a-b, 25a-26a; 東萊港報牒(奎17867의2) 4책 100a-104a, 105a-b

조회 제11호

귀 제7호 회답 조회를 접수해 보니 내용에,
"귀 제9호 조회를 접수하였는데, '울릉도를 조사하는 일로 일본 공사가 서울에서 출발하는 날짜를 2주일 늦춰 달라고 요청하였으니 해당 공관에 다시 전달 조회하여 2주일이란 기한이 정확히 며칠인지 상세하게 분명히 알려 주십시오.'라고 하였습니다.
이에 따라 일본 공사에게 파원이 가는 시기에 대해 물어보았더니 답하기를 '공사와 주무 대신과 파원이 같이 모여서 정할 일이 있습니다. 파원이 갈 시기는 다시 의논해 결정합시다.'라고 하였습니다. 그리고 또 '조사 검토 문건을 서로의 파원에게 각자 1통씩 지니게 합시다.'라고 하였기에 해당 조사 검토 문건을 뽑아서 기록하여 보내 드리니 귀 내부 파원이 1통을 지니게 하고, 귀 대신께서 어느 날로 날짜를 정해 외부에 모여 검토하는 것이 타당하겠습니다. 이에 조회하니 조사하고 회답해 주시기를 요청합니다."
라고 하였습니다.
이에 따라 조사해 보니, 한 차례 모여서 검토하는 것은 정말로 타당합니다. 이에 삼가 알려 드리니 잘 살피신 뒤 해당 공관에 조회로 알려서 올해 5월 21일 오후 2시에 귀 외부에 같이 모이도록 해 주시기를 요청하는 일입니다.
광무 4년(1900) 5월 19일

의정부 찬정 내부 대신 이건하

의정부 찬정 외부 대신 박제순 각하

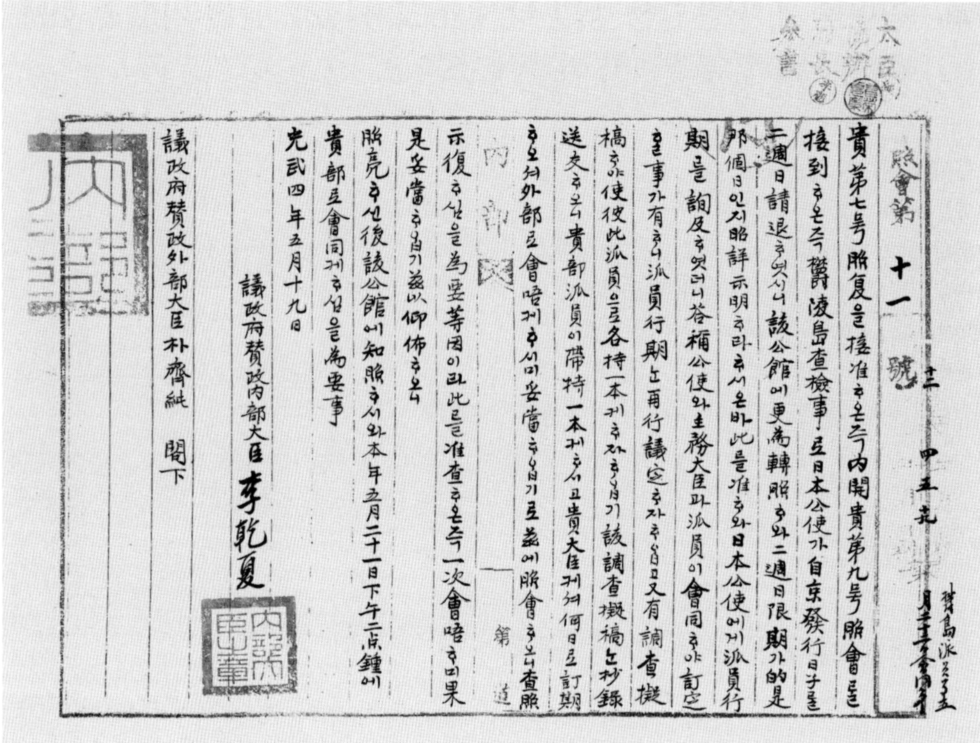

照會第 十一 號

貴第七號照復을接准ᄒᆞ온즉內開貴第九號照會를
接到ᄒᆞ온즉鬱陵島查檢事로日本公使가自京發行日子를
二週日請退ᄒᆞ엿시나該公館에更爲轉照ᄒᆞ와二週日限期가的是
那個日인지略詳示明ᄒᆞ라ᄒᆞ시온바此를准ᄒᆞ와日本公使에게派員行
期를詢及ᄒᆞ엿더니答稱公使와主務大臣과派員이會同ᄒᆞ야訂定
ᄒᆞᆯ事가有ᄒᆞ니派員行期ᄂᆞᆫ再行議定ᄒᆞ자ᄒᆞ옵고又有調查擬
稿ᄒᆞ야使彼此派員으로各持一本케ᄒᆞ자ᄒᆞ옵기該調查擬稿ᄂᆞᆫ抄錄
送交ᄒᆞ오니貴部派員이帶持一本케ᄒᆞ시고貴大臣께셔何日로訂期
ᄒᆞ오셔外部로會晤케ᄒᆞ시미妥當ᄒᆞ올기로玆에照會ᄒᆞ오니查照
示復ᄒᆞ심을爲要等因이라此를准查ᄒᆞ온즉一次會晤ᄒᆞ미果
是妥當ᄒᆞ올기玆以仰佈ᄒᆞ오니
照亮ᄒᆞ신後該公館에知照ᄒᆞ시와本年五月二十一日下午二点鍾에
貴部로會同케ᄒᆞ심을爲要事

光武四年五月十九日

議政府贊政內部大臣 李乾夏

議政府贊政外部大臣 朴齊純 閣下

45 김용원이 일본인과 더불어 울릉도 백성들에게 징수한 돈을 윤훈상 등에게 거두라고 내부에서 법부에 회답 조회함

문서 종류 조복 제6호
작성 날짜 1900-05-26
발신 의정부 찬정 내부 대신 이건하
수신 의정부 찬정 법부 대신 권재형
출처 來照(奎17277의8) 1책 62a-b
관련 자료 司法稟報(乙)(奎17279) 24책 74a-76a; 來照(奎17277의8) 1책 58a-60a; 訓指起案(奎17277의5) 3책 82a-83a; 內部來去文(奎17794) 13책 21a-b, 22a-b

회답 조회 제6호

귀 제6호 조회를 접수해 보니 내용의 대략에,

"이에 따라 조사해 보니, 김용원에게 달을 넘기며 거두려고 독촉하였으나 빈손이어서 마련하기 어려워 아직도 상환을 지체하고 있었습니다. 그러다가 같이 일한 2명의 성명이 갑자기 원고의 소장에 드러났으니 사실을 조사하고 독촉해 징수하는 것은 그만둘 수 없습니다. 뿐만 아니라 해당 사람들이 같이 일하기로 약속할 때에 근거될 만한 무슨 증서가 있는지 모르겠습니다. 이에 삼가 알려 드리니 잘 살피신 뒤 해당 소장을 낸 백성을 보내서 탐문하여 조처하는 데 편리하게 해 주시기를 요청합니다."

라고 하였습니다.

이에 따라 조사해 보니, 김용원이 윤훈상, 김성진과 같이 일한 증서는 해당 김용원에게 정황을 파악하면 자연히 진술이 나올 것이며 저희 내부에서는 그 속내를 알고 있습니다. 그러므로 이 백성의 소장에 따라 사실에 근거하여 조회로 알리니 또한 근거가 없다고 할 수 없습니다. 소장을 낸 백성 최병린의 경우, 울릉도를 시찰하는 일로 저희 내부 관원이 출발할 때 이미 데리고 갔기에 보낼 수 없습니다. 이를 잘 살펴 해당 두 김 씨와 윤 씨를 대질한 뒤 독촉하여 거두시기를 요청합니다.

광무 4년(1900) 5월 26일

의정부 찬정 내부 대신 이건하

의정부 찬정 법부 대신 권재형 각하

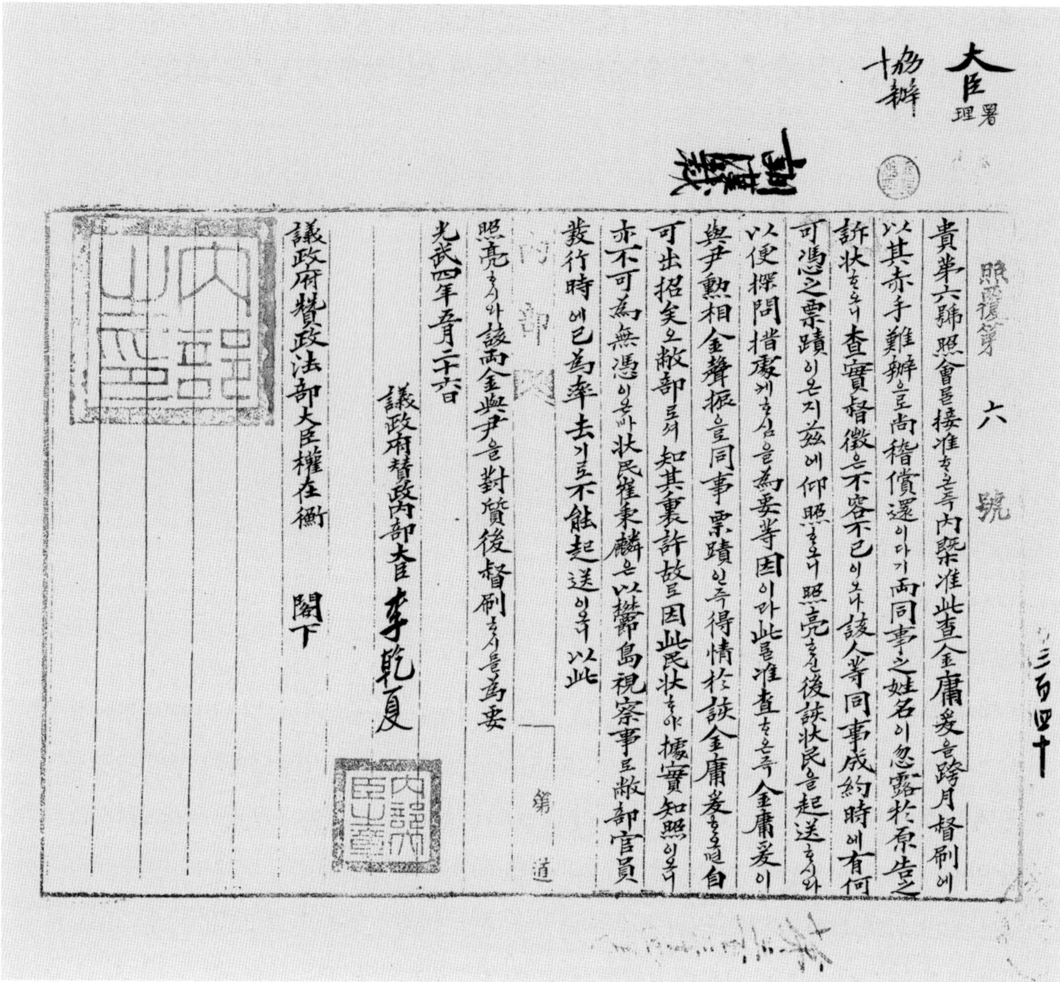

大臣 署理
協辦

照覆第 六 號

三百四十

貴第六號照會를 接准ᄒᆞ온즉 內槩准此查金庸爰을 跨月督刷에
以其赤手難辦으로 尙稽償還이다가 兩同事之姓名이 忽露於原告之
訴狀ᄒᆞ오니 查實督徵은 不容不已이오나 該人等同事成約時에 有何
可憑之票蹟이온지 玆에 仰照ᄒᆞ오니 照亮ᄒᆞ신 後 該狀民을 起送ᄒᆞ시와
以便探問措處케 ᄒᆞ심을 爲要等因이라 此를 准查ᄒᆞ온즉 金庸爰이
與尹勲相金聲振을 同事票蹟인즉 得情於該金庸爰ᄒᆞ오면 自
可出招矣오 敝部로서 知其裏許故로 因此民狀ᄒᆞ야 據實知照이오니
亦不可爲無憑이옵바 狀民崔秉麟은 以鬱島視察事로 敝部官員
發行時에 已爲率去기로 不能起送이오니 以此
照亮ᄒᆞ시와 該兩金與尹을 對質後 督刷ᄒᆞ시믈 爲要

光武四年五月二十六日

議政府贊政內部大臣 李乾夏

議政府贊政法部大臣權在衡 閣下

46 김용원이 일본인과 더불어 울릉도 백성들에게 돈을 징수할 때 윤훈상 등이 같이 일한 증거를 조사하라고 법부에서 한성부 재판소에 훈령함

문서 종류 훈령안
작성 날짜 1900-06-04
발신 의정부 찬정 법부 대신 임시 서리 의정부 찬정 민종묵
수신 한성부 재판소 검사 김정목
출처 訓指起案(奎17277의5) 3책 82a-83a
관련 자료 司法稟報(乙)(奎17279) 24책 74a-76a; 來照(奎17277의8) 1책 58a-60a, 62a-b; 內部來去文(奎17794) 13책 21a-b, 22a-b

한성 재판소에 훈령하는 건(件)

아래 문안을 베껴 보내는 것이 어떨지 결재해 주시기를 삼가 바랍니다.

안

귀 제46호 보고서를 접수하여 보고, 내부에 조회로 알린 것에 대해서는 이미 훈령으로 지시하였다. 그리고 저번에 접수한 해당 내부의 회답 조회 내용의 대략에,

"최병린의 소장을 접수하였는데, 해당 김용원과 같이 일하며 주도적으로 처리한 사람은 바로 윤훈상, 김성진이라고 합니다. 그러니 해당 지나치게 뜯은 돈인 엽전 3,030냥은 전 양산 군수 윤훈상과 전 주사 김성진을 붙잡아 올려서 독촉하여 받아 주시고, 해당 죄상은 단연코 예사롭게 둘 수 없으니 해당 빚돈 문제를 결말짓기 이전에는 김용원을 절대로 석방하지 말고, 섬 백성들이 이 때문에 뿔뿔이 흩어지기에 이르지 않도록 해 주시기를 요청하는 일입니다."

라고 하였다.

이에 따라 해당 사람들이 같이 일하기로 약속할 때에 대해 근거될 만한 무슨 증서가 있는지 모르겠지만, 해당 소장을 낸 백성을 보내서 탐문하여 조처하는 데 편리하게 하여 달라는 뜻으로 다시 해당 내부에 조회하였다. 그리고 현재 해당 회답을 접수하였는데 내용의 대략에,

"김용원이 윤훈상, 김성진과 같이 일한 증서에 대해서는 해당 김용원에게 정황을 파악하면 자연히 진술이 나올 것이며, 저희 내부에서는 그 속내를 알고 있습니다. 그러므로 이 백성의 소장에 따라 사실에 근거하여 조회로 알리니 또한 근거가 없다고 할 수 없습니다. 소장을 낸

백성 최병린은 울릉도를 시찰하는 일로 저희 내부 관원이 출발할 때 이미 데리고 갔기에 보낼 수 없습니다. 이로써 잘 살펴 해당 두 김 씨와 윤 씨를 대질한 뒤 독촉하여 거두시기를 요청합니다."

라고 하였다.

해당 내부의 회답 조회가 이미 이와 같으니 해당 김용원에게 윤훈상과 김성진 두 사람과 같이 일할 때에 대해 정말로 근거할 만한 확실한 증거가 있는지 별도로 조사 심문한 뒤 보고해 올 일이다. 이에 훈령하니 이대로 시행할 일이다.

광무 4년(1900) 6월 4일

의정부 찬정 법부 대신 임시 서리 의정부 찬정 민종묵

한성부 재판소 검사 김정목 좌하

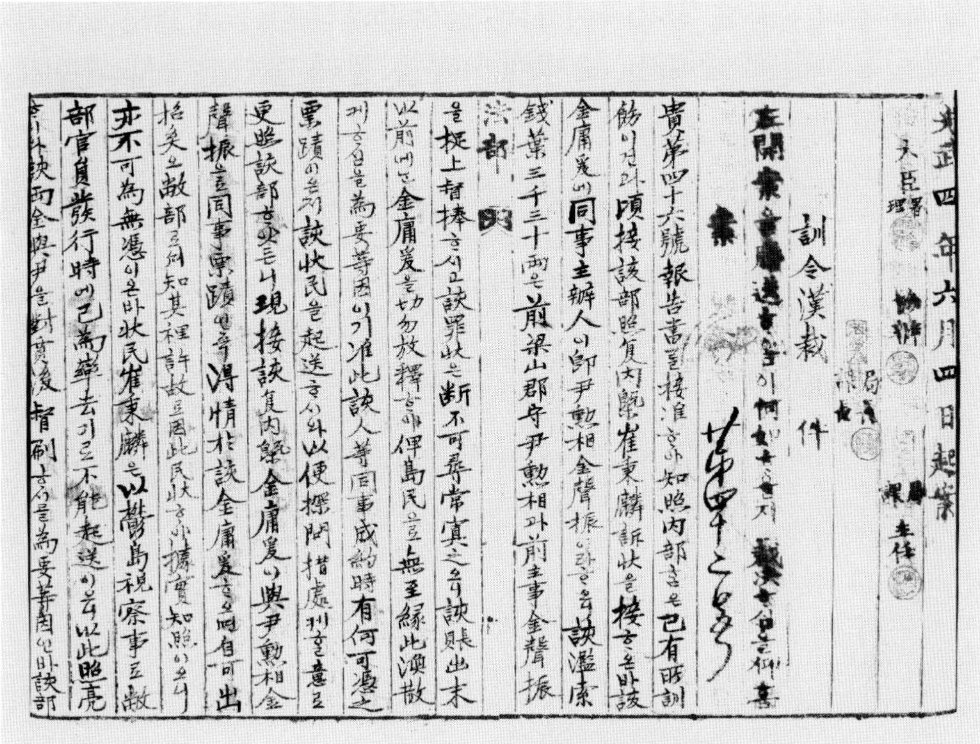

光武四年六月四日起案

大臣署理 協辦 局長 課長 主任

訓令漢裁 件

貴第四十六號報告書를接准ㅎ야知照內部ㅎ온은已有所訓
飭이거니와頃接該部照覆內槪崔東麟訴狀을接ㅎ온바該
金庸㝷씨同事主辦人이卽尹勳相金聲振이라ㅎ옵기該濫索
錢葉三千三十兩은前梁山郡守尹勳相과前主事金聲振
法部 照
을提上旨捧ㅎ시고該罪狀은斷不可尋常寘之옵기該賬出末
以前에는金庸㝷을切勿放釋ㅎ며俾島民으로無至緣此渙散
케ㅎ옵을爲要等因이기准此該人等同事成約時有何可憑之
票蹟이온지該狀民을起送ㅎ시와以便探問措處케ㅎ을意로
更照該部ㅎ얏ㅅ오니現接該覆內槪金庸㝷이與尹勳相金
聲振으로同事票蹟만즉得情於該金庸㝷ㅎ오며自可出
招矣오敝部로써知其裡許故로因此民狀ㅎ와據實知照이오나
亦不可爲無憑이온바狀民崔東麟은以鬱島視察事로敝
部官員發行時에已爲辭去기로不能起送이온즉以此照亮
ㅎ시와該兩金與尹을對質後旨副ㅎ시믈爲要等因이온바該部

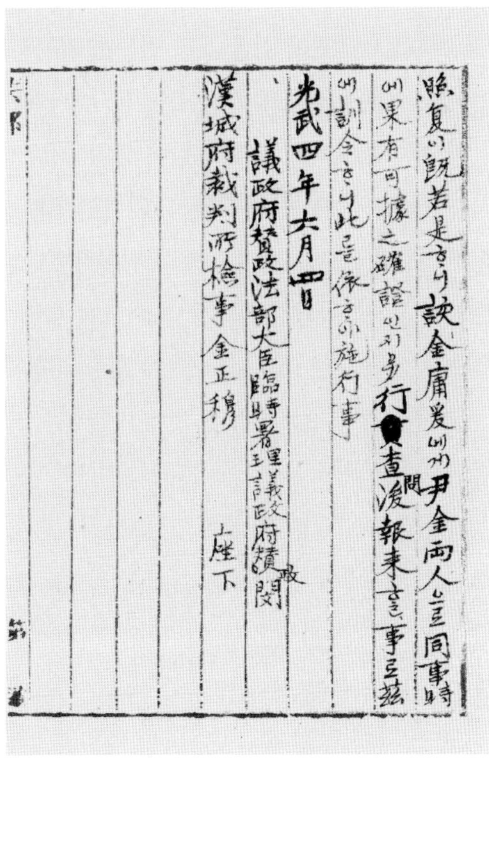

照覆이旣若是ㅎ니該金庸㝷에게尹金兩人으로同事時
에果有可據之確證인지를行問査後報來ㅎ을事로玆
에訓令ㅎ니此를依ㅎ야施行事

光武四年六月四日

議政府贊政法部大臣臨時署理議政府贊政 閔

漢城府裁判所檢事金正穆 座下

47 내부의 울릉도 시찰관이 일본 공사관의 파원 등과 울릉도에서 일본인에 대해 합동 조사한 현황을 동래 감리서에서 외부에 보고함

문서 종류 보고(報告) 제26호
작성 날짜 1900-06-09
발신 동래 감리서 주사 김면수
수신 의정부 찬정 외부 대신 박제순
출처 東萊港報牒(奎17867의2) 4책 100a-104a
관련 자료 內部來去文(奎17794) 13책 13a-b, 14a-16b, 17a-b, 18a-19a, 20a-b, 21a-b, 22a-b, 23a-b, 24a-b; 25a-26a; 東萊港報牒(奎17867의2) 4책 105a-b

보고 제26호

도착한 제33호 훈령을 받들었더니 내용에,
"울릉도에 일본인이 집을 짓고 머물며 벌목하고 더러는 사람들을 모아 소란을 피우고, 이치에 어긋나게 욕심을 부리는 것이 한 가지 일에 그치지 않는다. 따라서 일본 공사에게 여러 차례 조회로 알리고 계속 회동해 상의하고, 내부에서는 시찰관(視察官) 우용정(禹用鼎)을 파견하고, 일본 공사는 경부(警部) 와타나베(渡邊)를 파견하고, 본 외부에서는 귀 관원을 특별히 파견하려고 지난번에 전보로 지시하였다. 오늘 각 사람들이 인천에서 윤선을 탔으니 부산항에 도착하기를 기다려 함께 가도록 하라. 일본 공사와 서로 오고간 공문과 조사할 사항을 초록해 별도로 첨부한다. 이에 훈령하니 해당 지역으로 가서 정황에 대해 상세히 조사하여 문안을 갖춰 보고해 오는 것이 옳다."
라고 하였습니다.
이에 따라 지난달 30일 오후 6시에 내부의 시찰관 우용정, 본 부산항 세무사 라포르트[羅保得, E. Raporte], 부산항 주재 일본 부영사(副領事) 아카츠카 마사스케(赤塚正輔), 서울 주재 해당 일본 공사관 파원 경부 와타나베 다카지로(渡邊鷹治郎)와 같이 우리나라 윤선 창룡환(蒼龍丸)을 타고 다음 날 오후 1시에 울릉도에 도착해 정박하고 곧바로 육지에 내려 이달 1일부터 3일까지 연달아 회동하여 조목조목 심사하였습니다. 일본 백성들의 행위는 곳곳에서 금지를 위반하여 재판하기에 이르렀는데, 그 무렵 말마다 꾸며 댔지만 이치상 꿀리는 것은 모두 자취를 감추기 어렵습니다. 따라서 각각의 해당 정황을 성책으로 작성하여 올려 보내며 현재 섬에 있는 일본인 및 우리나라 백성들의 정황에 대해서는 모두 뒤에 기록하고 작성해 보고합니다. 증거 책자와 증서를 아래와 같이 보고하니 조사해 보시기를 삼가 바랍니다.
광무 4년(1900) 6월 9일

동래 감리서 주사 김면수

의정부 찬정 외부 대신 박제순 각하

후록(後錄)

1. 현재 바닷가에 사는 일본인의 집은 57칸이 되는데, 대부분 느티나무로 판자를 만들어 지붕을 덮고 벽을 둘렀습니다. 남녀 총 144명이며 정박한 선박은 총 11척이고, 오가는 상선의 수는 일정하지 않습니다. 대개 일본인들은 울릉도 전 지역을 이득이 많은 곳으로 여기고 화덕을 개설하여 칼과 톱을 주조하고 만드는 쇠 대장장이도 있고, 향나무 및 각종 아름다운 나무를 베어 그릇을 만드는 목기공(木器工)도 있는데, 지난해 1년 동안 몰래 베어낸 느티나무가 71그루에 이릅니다. 감탕나무의 껍질을 벗기고 즙을 내서 운반해 나간 것 또한 1,000여 통 밑으로 내려가지는 않습니다(감탕나무즙은 요즈음 일본인들이 끈끈이 파리즙으로 팝니다). 만약 또 몇 해를 머물러 지낸다면 울릉도의 산 색깔은 분명히 벌거숭이가 되고야 말 것입니다. 또 섬에 있는 일본인은 본래 버릇이 무례한데, 작년 4월쯤 섬 백성들 집의 나이 든 여자 및 결혼한 여자가 샘에 물을 길러 나가면 일본인 몇 명이 갑자기 샘가에 이르러 여자의 손을 잡고 희롱하고 비웃으며 놀렸습니다. 섬 백성들이 듣고 사람들을 모아 해당 일본인 집에 가서 무례를 꾸짖고 "붙잡아 부산항에 넘기겠다."라고 하자 해당 일본인들은 증서를 작성해 주며 이러한 못된 짓거리를 다시는 하지 않겠다고 애걸하였습니다. 그러므로 섬사람들은 다시는 폐단을 되풀이하지 않겠다고 하기에 용서하고 특별히 너그럽게 놓아주었습니다. 그런데 며칠 되지 않아 일본인들이 창을 잡고 칼을 휘두르며 와서 며칠 전에 준 증서를 도로 찾았는데 형세상 매우 위급하고 두려웠습니다. 섬 백성들은 몹시 놀라서 해당 증서를 도로 주었습니다. 일본인들의 행위는 이러한 일이 종종 있어서 1일을 머물면 1일치의 폐해가 발생하고 2일을 머물면 2일치의 폐해가 발생하니 섬 백성들은 장차 뿔뿔이 흩어지는 지경에 이르렀습니다. 그러나 명색이 도감이라는 관리인데 휘하에 1명의 병졸도 없으니 일본인의 침범이나 난동을 금지할 수 없습니다.

1. 이달 4일, 범선 4척이 또 동네 어귀 바닷가에 정박하였습니다. 그래서 섬사람들이 탐색하였더니 이는 바로 일본 범선이었는데 벌목꾼 40명이 도끼와 톱을 꾸려서 실었고 다른 기술자 등 총 70여 명이 육지에 내리려고 하였습니다. 그 무렵 해당 사람들은 세무사가 해관원을 보내 배 이름과 호수를 기록한다는 얘기를 듣자 돛을 올리고 "다른 만에 가서 정박하겠다."라고 하였습니다. 그러므로 일본 영사와 담판해서 해당 일본인들에게 엄히 지시하여 다시는 함부로 나무를 베지 못하게 하였습니다. 그런데 이달 6일 윤선으로 출발하여 돌아온 뒤 또 마구 베는 폐단이 없었는지는 알지 못합니다.

1. 해당 섬은 바다 가운데 홀로 서 있는데 사방의 암벽은 깎아 세운 듯하며 천 길이나 되고 빙 둘러 100여 리나 되는데 거주하는 백성과 가옥은 총 401호(戶)에 남녀 총 1,641명이며 산 속이나 바닷가에 흩어져 있습니다. 판잣집에 살며 불을 질러 경작하는데 밀, 보리, 콩, 마의 4가지를 심고, 토양이 비옥하여 분뇨를 뿌릴 필요가 없으며, 뽕, 삼, 목화 또한 토질이 적당합니다. 주민들이 입는 옷과 먹는 곡식은 외부에서 도움을 받지 않아도 살아가는데 자체적으로 충분합니다. 땅의 형세는 대단히 경사지고 평탄한 곳이 없어서 논을 만들어 벼를 심을 수는 없습니다. 그래서 나주(羅州)의 상인들이 쌀을 싣고 와서 토산물인 해초와 바꿔서 간다고 합니다.

지역 산물인 느티나무·잣나무·향나무·감탕나무 등의 나무는 나주·원주의 뱃사람들이 선박 운임으로 이것을 많이 챙깁니다. 아울러 우슬(牛膝)·후박(厚朴)·황백(黃柏)·맥문동(麥門冬)·황정(黃精) 등의 약재가 납니다. 그리고 '명이(茗荑)'라는 풀이 있는데 1뿌리에서 2개의 잎이 나며 잎은 매우 기름집니다. 그리고 '학(鶴)'이라는 새가 있는데 비둘기에 비해 조금 크며 매의 부리에 오리의 발을 하고 있습니다. 갑신년(1884)과 을유년(1885)에 새와 쥐로 인한 재해로 밭에서 한 톨의 곡식도 거두지 못하자 주민들은 명이를 캐고 학을 잡았는데, 깊은 밤 불을 비추면 학은 스스로 불 속으로 따라왔습니다. 명이 잎을 먹고 학 고기를 씹는 것으로 굶주림을 구제하는 데 이용했는데 일찍이 굶주린 얼굴빛을 한 사람은 하나도 없었습니다. 또 산에는 승냥이·호랑이·독사가 없고, 물에는 두꺼비가 없고, 나무에는 가시가 없습니다. 섬 안은 13개 동네로 나누어져 있습니다. 태하동(台霞洞)의 땅은 조금 평평하며 100여 경(頃) 가량이고, 관아 건물이 있는데 도감이 사는 곳입니다. '천부동(天府洞)'이라는 동네 어귀에 쌍촛대바위가 천 길 높이로 우뚝 서 있는데 위는 붙어 있고 아래는 벌어져 있어서 범선이 그 사이로 드나들 수 있으며 섬 안에서 하나의 기이한 볼거리가 되고 있습니다.

대개 이 섬은 황제께서, 임오년(1882) 이전에는 일찍이 오로지 황폐한 산이었는데, 계미년(1883)에 개척하라는 명령을 하고 관동 사람 7, 8호가 먼저 들어오고, 갑신년(1884) 이후 영남 사람 및 각 도 사람이 조금씩 와서 모여 자식을 낳아 기르고 이곳에서 혼인하며 화목한 풍속을 이루었습니다. 개척 초기부터 지금까지 18년 동안 백성들이 많이 늘었는데, 1,600여 명에 이를 정도로 많게 된 것은 오로지 백성의 부담을 줄이고 원기를 회복시킨 황제의 교화에 말미암았습니다. 여기에서 땅을 파고 경작하여 주민들은 화목하고 스스로 즐기며 편안하고 한가로운 기상이 있으니, '무릉도원'이라 할 만합니다. 그런데 한번 일본인이 와서 머물면서 죽 온갖 폐단이 늘어나고 민심은 와글와글 들끓고 서로 용납하지 못하는 상황이 발생했습니다. 마땅히 빨리 일본 공사와 공식적으로 처리하여 일본인을 철수시키고 섬 백성들이 머물러 살게 하면 국가로서는 매우 다행이겠습니다.

• 일본인의 집 및 인구에 대한 성책 1건
• 일본인의 사실에 대한 성책 1건, 시찰관이 지니고 감
• 일본인이 벤 느티나무에 대한 성책 1건
 이 3책은 섬 백성들이 쓴 것인데 일본 영사가 자세히 본 것을 이미 살펴보았으므로 고쳐 쓰지 않고 원래 문건을 올려 보내는 일입니다.
• 일본인 납세책자 1건
• 일본인 벌금증서 6장
• 도감 오상일(吳相鎰)이 느티나무 값 500냥을 받은 증서 1건, 해당 증서의 등본
 〈이상 3건〉 시찰관이 지니고 감
• 섬 백성들이 함부로 벤 느티나무에 대한 성책 1건

報告 第三十六號

奉到第三十三號訓令內開鬱陵島에日本人이營屋居留ᄒᆞ며
斫伐木料ᄒᆞ며或糾衆滋擾非理逞憝이非止一事이기로日本公
使에게屢經知照ᄒᆞ고繼而會同商議ᄒᆞ야內部에셔視察官禹
用鼎을派送ᄒᆞ고日本公使ᄂᆞᆫ警部渡邊을派送ᄒᆞ고本部에
셔ᄂᆞᆫ貴員을特派ᄒᆞ야向有電飭이어니와本日에各員이由
仁搭輪ᄒᆞ니俟其到釜ᄒᆞ야與之偕行ᄒᆞ며日本公使와往來公
文과調査ᄒᆞᆯ事項을鈔錄另付ᄒᆞ야玆에訓令ᄒᆞ니前往當地
ᄒᆞ야詳査情形ᄒᆞ야備文報來가爲可等因이시온바遵此ᄒᆞ와
去月三十日下午六點에內部視察官禹用鼎과本港稅務司
羅保得과駐港日本副領事赤塚正輔와駐京該公使館派員警
部渡邊鷹治郞으로同搭本國輪船蒼龍丸ᄒᆞᆸ고翌日下午
一點에到泊于鬱陵島ᄒᆞ야仍卽下陸ᄒᆞ와自本月一日로至三
日ᄭᆞ지連次會同에逐條審査ᄒᆞ온즉日本民行爲가在在違禁
ᄒᆞ야至於裁判之際에言言粧撰이오나其所理屈은幷難掩跡이
온지라所有各該情節을修成冊送上ᄒᆞ오며現今在島ᄒᆞᆫ日人
及我民情形을一切後錄修報ᄒᆞ오며證據ᄒᆞᆫ冊子與稟紙를
左開報告ᄒᆞ오니
査照ᄒᆞ심을伏望
光武四年六月九日

東萊監理署主事金冕秀
議政府贊政外部大臣朴齊純 閣下

指令 第四十二號
[illegible]冊子件量一切接閱
ᄒᆞ事
十六

後錄

一現在日本人之濱海住屋爲五十七間而擧皆槻木作板盖其屋而圍
其壁男女共一百四十四口留泊船舶共十一隻倏來倏往之商船無定數大
抵日人以鬱陵全島看作利藪有鐵冶匠開爐鑄成刀鋸者有木器
工斫香木及各種美木而爲器者去年一年之內偷斫槻木至爲七十一
株甘湯木去皮生汁之運出亦不下千餘桶（甘湯汁卽今日人所賣粘緞汁）若又住留幾箇
年則鬱陵山色必赭乃已且在島日人素習無禮昨年四月間島民家
有年及笄之女子出汲澗泉日人數名忽至於泉畔執女子之手謔浪
笑歎島民聞之糾衆往該日人家責其無禮將拿交釜山港云則
該日人等成給手據乞更不爲此等惡習故島人恕其更不滋獘特
爲寬放未幾日日人等握鎗揮劒而來還覓日前所給手據勢甚危怖
島民喫驚還給該票日人行爲種種有此等事留一日則有一日之害留二日
則有二日之害島民將至渙散之境島監名爲官人而手下無一箇卒日人
之侵暴未得禁止也

一本月四日風帆船四隻又泊洞口海濱島人探之則乃是日本風帆而伐木
工匠四十人裝載斧鋸而外他工匠等合爲七十餘人將下陸之際該人等
聞稅務司送海關員記船名船號之說揚帆而去泊別灣口云故更與日
領事談辦使之嚴飭該日人不復犯斫而本月六日輪船發還之後又
未知不有亂斫之獘也

一該島特立海中四面巖壁削立千仞周回可百餘里居民住屋共四
百一戶男女共一千六百四十一口散處山中或沿海濱板屋而居用火
而菑種小麥大麥黃豆薯四者土壤肥沃不復糞漑菜麻木綿亦
其土宜居民之綠身穀腹不資於外而生計自足地勢太斜無平坦
處不能成水田種稻羅州商人等載米而來以土產海菜交易而退
云

地產槻木栢子香木甘湯等木羅州原州船客等船料多取於此
兼產牛膝厚朴黃栢麥門冬黃精等藥材有草曰茗荑一莖而
二葉葉甚油膩有鳥曰鸖比鳩稍大鷹喙而鳧足粤在甲申乙
酉島鼠爲災田無一粒之收居民採茗捕鸖（夜深燃火則鸖自隨於火中）食其
葉而啖其肉用以救飢曾無一人菜色且山無豺虎蛇虺水無蠑
螈木無荊棘島中分十三洞而台霞洞地稍平假量百餘頃而官舍
在焉島監之所居也有曰天府洞洞口雙燭巖屹立千丈上合而下闢可
容帆船出入於其間爲島中之一奇觀也盖此島
聖上壬午以前曾是一荒山癸未有開拓之 命關東人七八家先
入甲申以後嶺南人及各省人稍稍來集生育子女婚嫁於斯有
朱陳之俗自開拓初迄今十有八年而人民之蘩衍至爲千六百餘
口之多寔由於 聖化之休養生息而耕於斯鑿於斯居民怡怡自
樂有安閒氣像謂之武陵桃源可也而一自日人之來住百獘滋
生民情嗷嗷有不相容之勢亟宜與日使公辦撤退日人俾安島
民奠接則國家幸甚

日人結幕及人口成冊 一

日人事實成冊 一　視察官持去

日人斫伐槻木成冊 一

此三冊島民所書而已閱日領事之考覽故不爲改書

而原件送上事

日人納稅冊子 一

日人罰金票六張　視察官持去

吳島監槻木價五百兩捧上票 一　該票謄本

島民犯斫槻木成冊 一

48 일본인의 울릉도 침탈에 대해 합동 조사하기 위해 오고간 여비를 부산항 세관에서 지불하도록 동래 감리서에서 외부에 보고함

문서 종류 보고 제27호
작성 날짜 1900-06-09
발신 동래 감리서 주사 김면수
수신 의정부 찬정 외부 대신 박제순
출처 東萊港報牒(奎17867의2) 4책 105a-b
관련 자료 內部來去文(奎17794) 13책 13a-b, 14a-16b, 17a-b, 18a-19a, 20a-b, 21a-b, 22a-b, 23a-b, 24a-b, 25a-26a; 東萊港報牒(奎17867의2) 4책 100a-104a

보고 제27호

울릉도에 갔다가 돌아오는 여비를 배정해 지불할 일에 대해 이미 전보로 아뢰었습니다. 그리고 지난번에 받든 회답 전보 내용에,
"귀 감리서 여비 중에서 먼저 임시로 사용하고 돌아온 뒤 명세서를 올려 보내면 부족한 것은 배정해 지불하겠다."
라고 하였습니다.
지난달 30일에 품팔이꾼 1명을 대동하고 해당 울릉도로 출발하였다가 이달 7일에 부산항으로 돌아왔는데 날짜를 계산하면 총 9일이 됩니다. 여비표(旅費表)에 기재된 판임관의 1일 비용 3냥 5전과 품팔이꾼의 1일 비용 2냥 5전씩, 9일의 여비를 계산하면 총 54냥이 됩니다. 본 부산항 감리서의 여비는 달마다 배정해 사용하는데 매번 부족할까 근심합니다. 그러므로 다른 곳에서 전용하니 해당 하루 비용 10원 80전을 본 부산항 세무사에게 전달 지시하여 즉시 지불하도록 해 주시기를 삼가 바랍니다.
광무 4년(1900) 6월 9일

동래 감리서 주사 김면수

의정부 찬정 외부 대신 박제순 각하

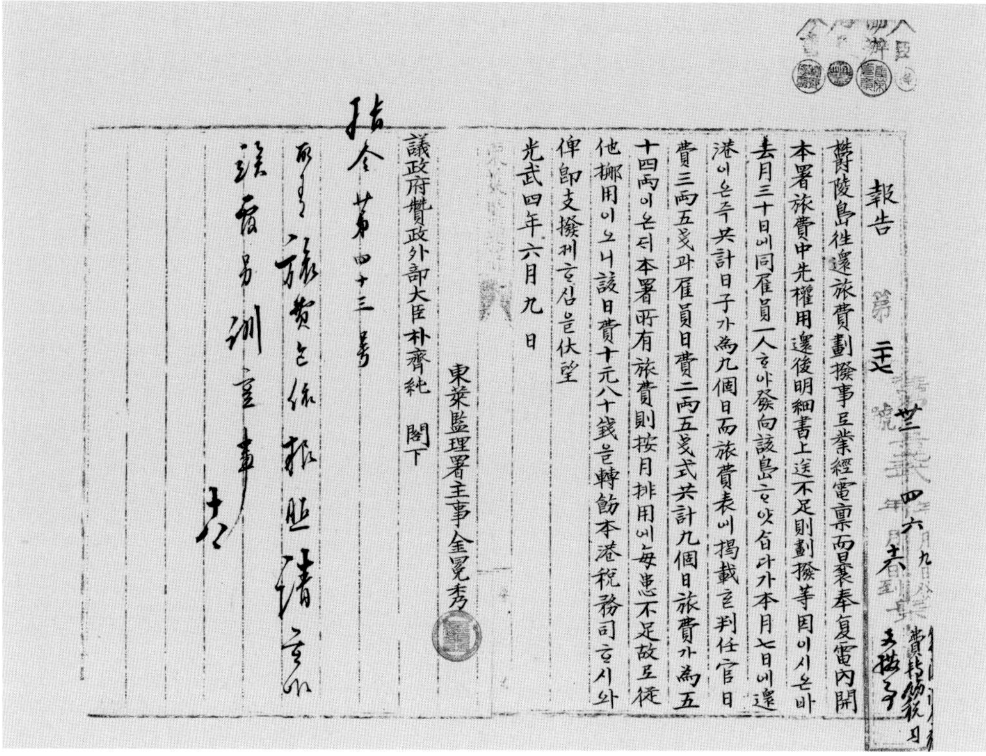
報告 第 號

欝陵島往還旅費劃撥事로業經電稟而昰褁奉復電內開
本署旅費中先權用還後明細書上送不足則劃撥等因이시온바
去月三十日에同雇員一人을ᄒᆞ야發向該島ᄒᆞ얏삽다가本月七日에還
港이온주共計日子가為九個日而旅費表에揭載ᄒᆞᆫ判任官日
費三兩五戔과雇員日費二兩五戔式共計九個日旅費가為五
十四兩이온듸本署所有旅費則按月排用에每患不足故로從
他挪用이오니該日費十元八十錢을轉飭本港稅務司ᄒᆞ시와
俾卽支撥케ᄒᆞ심을伏望

光武四年六月九日

東萊監理署主事金冕秀

議政府贊政外部大臣朴齊純 閣下

指令 第四十三號
所言旅費는依報照請ᄒᆞ야該署에訓令事

49 울도 시찰 위원 우용정이 결과를 보고함에 따라 일본 공사와 회동하여 심의 처리하자고 내부에서 외부에 조회함

문서 종류 조회 第12호
작성 날짜 1900-06-19
발신 의정부 찬정 내부 대신 이건하
수신 의정부 찬정 외부 대신 박제순
출처 內部來去文(奎17794) 13책 18a-19a
관련 자료 內部來去文(奎17794) 13책 13a-b, 14a-16b, 17a-b, 20a-b, 21a-b, 22a-b, 23a-b, 24a-b, 25a-26a; 東萊港報牒(奎17867의2) 4책 100a-104a, 105a-b

조회 第12호

울도 시찰 위원(鬱島視察委員) 우용정의 보고서를 접수해 보니 내용에,

"내부 제1호 훈령을 삼가 받들었더니 내용에, '울도의 시찰 및 논의해 처리할 사항으로 귀 관원을 특별히 선정하여 보내니, 해당 2건의 사항에 대해 형편을 살펴 전담 처리하되 모쪼록 힘껏 치밀하고 상세히 하여 일마다 바르게 결론짓도록 하고, 지금까지 울릉도의 형편 및 함부로 처리하기 어려운 사항은 듣고 보는 대로 기록하고 책자로 만들어 본 내부에 대면하여 아뢰도록 하라.'고 하였습니다.

이달 25일에 인천항에서 출발하여 27일에 일본 경부(警部) 1명과 윤선 기소가와마루(木曾川丸)를 타고 부산항에 도착하여 정박했습니다. 그리고 감리서 주사 김면수, 해관 세무사 라포르트·해관 방판(幫辦) 김성원(金聲遠), 부산항 주재 일본 부영사 아카츠카 마사스케, 일본 경부 와타나베 다카지로와 30일에 같이 창룡환을 타고 다음 날 오후에 울릉도에 도착해 육지에 내려, 이달 1일부터 연달아 회동하여 조사하고 아래와 같이 조목조목 상세히 알려 드리는 바입니다. 섬에 5일 간 있으면서 해당 섬의 정황에 대해 두루 조사하였는데, 섬 백성들의 보호받기 어려운 상황과 지금까지의 사실을 또한 죽 나열하여 상세히 알려 드리는 바입니다."

라고 하였습니다.

이에 따라 조사해 보니, 해당 섬의 정황에 대해 샅샅이 조사하여 뒤에 기록한 것이 귀 외부에도 또한 있을 듯하기에 해당 죽 나열한 기록은 보내 드리지 않겠습니다. 그런데 지난번 일

본 공사와의 조약 내용에 '서울에서 심의하여 처리한다.'라고 있습니다. 따라서 이에 삼가 알려 드리니 잘 살피신 뒤 일본 공관에 즉시 조회로 알려 6월 23일 오후 1시에 귀 외부에 모여 처리하도록 하고, 분명히 알려 주시기를 요청하는 일입니다.

광무 4년(1900) 6월 19일

의정부 찬정 내부 대신 이건하

의정부 찬정 외부 대신 박제순 각하

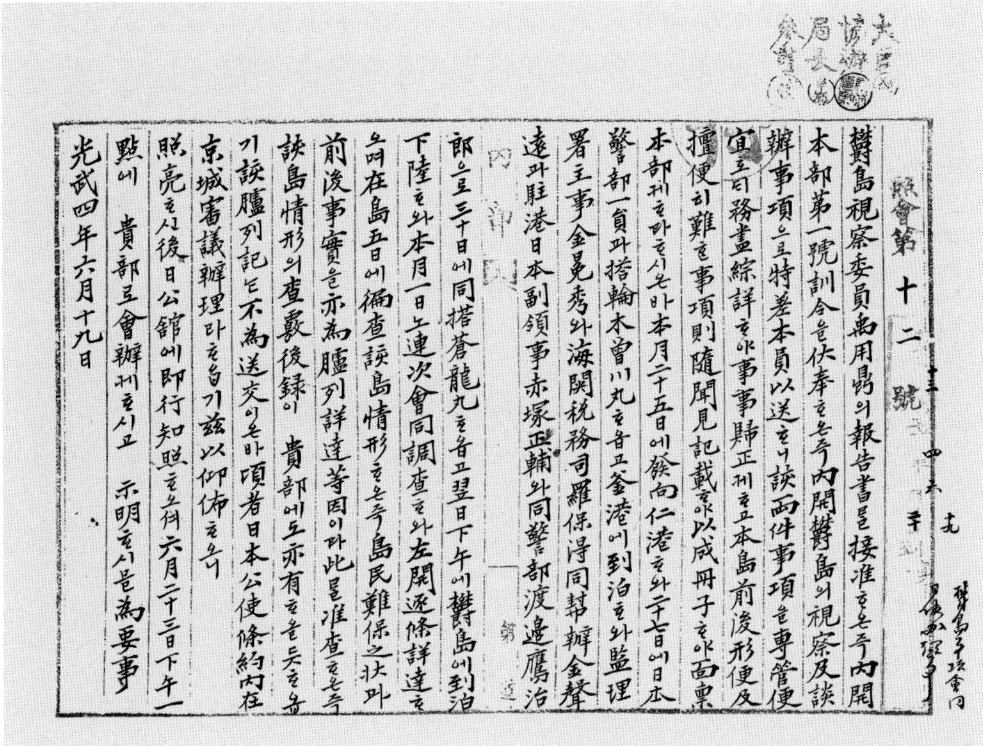

照會第十二號

欝島視察委員禹用鼎의報告書를接准ᄒᆞ온즉內開
本部第一號訓令을伏奉ᄒᆞ온즉內開欝島의視察及該
辦事項으로特差本員以送ᄒᆞ니該兩件事項을專管便
宜ᄒᆞ되務盡綜詳ᄒᆞ야事事歸正케ᄒᆞ고本島前後形便及
擅便치難ᄒᆞᆫ事項則隨聞見記載ᄒᆞ야以成冊子ᄒᆞ야面稟
本部케ᄒᆞ라ᄒᆞ시온바本月二十五日에發向仁港ᄒᆞ와二十七日에日本
警部一員과搭輪木曾川丸ᄒᆞ옵고釜港에到泊ᄒᆞ와監理
署主事金冕秀와海關稅務司羅保得同幇辦金聲
遠과駐港日本副領事赤塚正輔와同警部渡邊鷹治
郎으로三十日에同搭蒼龍丸ᄒᆞ옵고翌日下午에欝島에到泊
下陸ᄒᆞ와本月一日노連次會同調查ᄒᆞ와左開逐條詳達ᄒᆞ
오며在島五日에徧查該島情形ᄒᆞ온즉島民難保之狀과
前後事實을亦為臚列詳達等因이라此를准查ᄒᆞ온즉
該島情形의查覈後錄이 貴部에도亦有ᄒᆞ올듯ᄒᆞ옵
기該臚列記는不為送交이온바頃者日本公使條約內在
京城審議辦理라ᄒᆞᆸ기玆以仰佈ᄒᆞ오니
照亮ᄒᆞ신後日公館에即行知照ᄒᆞ오며六月二十三日下午一
點에 貴部로會辦케ᄒᆞ시고 示明ᄒᆞ시믈為要事

光武四年六月十九日

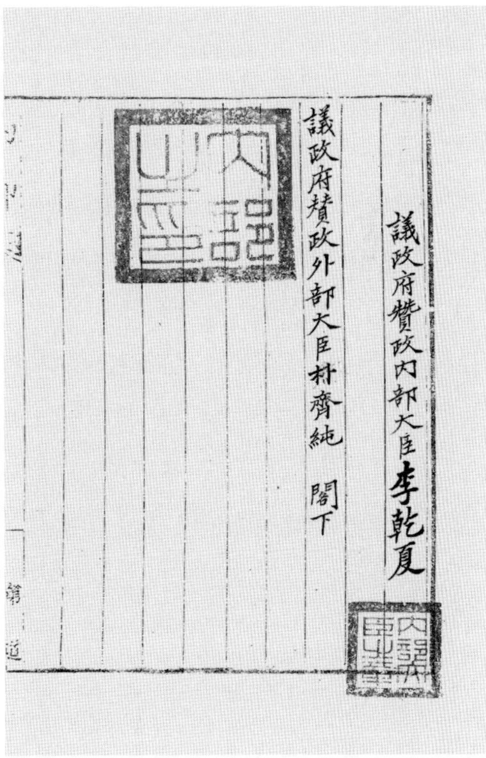

議政府贊政內部大臣李乾夏

議政府賛政外部大臣朴齊純 閣下

50 울릉도 조사 보고에 대한 합동 심의 날짜를 다시 정하자는 일본 공사의 요청에 따라 외부에서 내부에 회답 조회함

문서 종류	조복 제10호
작성 날짜	1900-06-22
발신	의정부 찬정 외부 대신 박제순
수신	의정부 찬정 내부 대신 이건하
출처	內部來去文(奎17794) 13책 20a-b
관련 자료	內部來去文(奎17794) 13책 13a-b, 14a-16b, 17a-b, 18a-19a, 21a-b, 22a-b, 23a-b, 24a-b, 25a-26a; 東萊港報牒(奎17867의2) 4책 100a-104a, 105a-b

회답 조회 제10호

귀 제12호 조회를 접수해 보니, 울릉도에 대해 심사하는 한 가지 안건을 이달 23일 오후 1시에 본 외부에 모여 처리하자는 일로 일본 공사에게 조회하였습니다. 그런데 현재 접수한 해당 회답의 내용에,

"지난번 울릉도에 파견한 귀 조사 위원이 서울로 돌아온 뒤 제출한 복명서(復命書)를 오는 23일 오후 1시에 귀 외부에서 회동하여 심의하자는 한 가지 일에 대해서는 삼가 잘 알았습니다. 그런데 공사관에서 파견한 아카츠카 마사스케 영사관 보(領事官補)가 조사 복명서를 아직 제출하지 않아서 모여 심의하기에 불편합니다. 더러 제출하기를 기다려 모여서 심의할 날짜를 다시 정하는 것이 옳겠습니다."

라고 하였습니다. 이에 따라 회답 조회하니 조사해 주시기를 요청합니다.

광무 4년(1900) 6월 22일

의정부 찬정 외부 대신 박제순

의정부 찬정 내부 대신 이건하 각하

光武四年六月二十二日起案

主任 交涉局課長

大臣 協辦

照覆第十號

貴第十二号照會를接准ᄒᆞ온즉鬱陵島審査

一案을本月二十三日下午一點에本部에셔會

辦ᄒᆞᆯ事로日本公使에게照會ᄒᆞ엿삽더니現

接該覆內開曩派鬱陵島之貴調査委員歸

京後提出復命書來二十三日午後一時在貴部

會同審議一事敬悉而本館派遣之赤塚領事

第 道

外部

官補調査復命書姑未提出未便會審容俟

提出更定會審日期可也等因이기로准此照

覆ᄒᆞ오니

査照ᄒᆞ심을爲要

光武四年六月二十二日

議政府贊政外部大臣朴齊純

議政府贊政內部大臣李乾夏閣下

51 내부 파원의 울릉도 합동 조사 문안을 베끼기 위해 잠시 빌려 달라고 외부에서 내부에 통첩함

문서 종류 통첩(通牒) 제12호
작성 날짜 1900-06-26
발신 외부 주사 이원용
수신 내부 주사 서병염
출처 內部來去文(奎17794) 13책 23a-b
관련 자료 內部來去文(奎17794) 13책 13a-b, 14a-16b, 17a-b, 18a-19a, 20a-b, 21a-b, 22a-b, 24a-b, 25a-26a, 100a-104b; 東萊港報牒(奎17867의2) 4책 105a-b

통첩 제12호

귀 내부의 파원이 울릉도를 조사한 문건을 잠시 빌려 주시면 베껴 낸 뒤 즉시 되돌려 드리겠습니다. 이에 통첩하니 잘 살펴 주시기를 요청합니다.
광무 4년(1900) 6월 26일

외부 주사 이원용

내부 주사 서병염 좌하

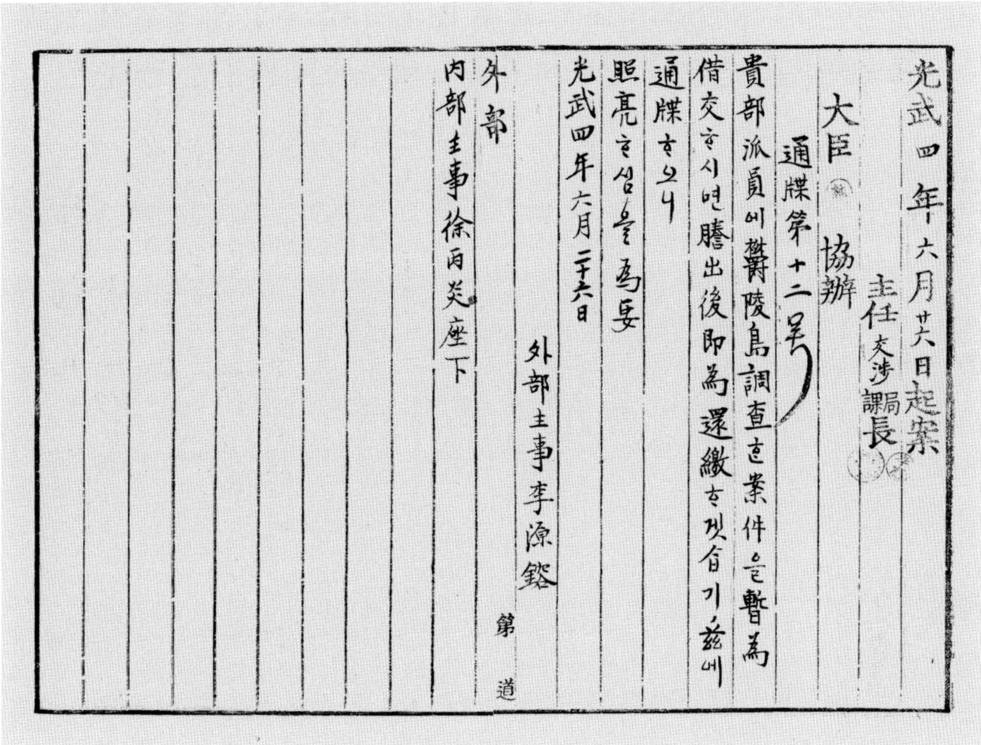
光武四年六月廿六日起案
主任 交涉課局長
大臣 協辦
通牒第十二号
貴部派員이 鬱陵島調査ᄒᆞᆫ 案件을 暫爲借交ᄒᆞ시면 謄出後卽爲還繳ᄒᆞ깃合기 玆에 通牒ᄒᆞ오니 照亮ᄒᆞ심을 爲要
光武四年六月二十六日
外部主事 李源鎔
外部
內部主事 徐丙炎 座下
第 道

52 합동 조사 후 일본인의 벌목이 더욱 심하니 일본 공관에 알려 조속히 일본인들을 철수시키도록 내부에서 외부에 조회함

문서 종류 조회 제14호
작성 날짜 1900-07-05
발신 의정부 찬정 내부 대신 이건하
수신 의정부 찬정 외부 대신 박제순
출처 內部來去文(奎17794) 13책 25a-26a
관련 자료 內部來去文(奎17794) 13책 27a-b, 28a-30b, 31a-32b, 33a-37b, 40a-41b; 江原道來去案(奎17985) 2책 18a-b

조회 제14호

현재 울도 감무 배계주의 보고서를 접수하였는데 내용에,
"내부 시찰관 우용정이 본 울릉도를 조사하고 배로 돌아간 뒤 다음 날 새로 도착한 상선 5척과 섬에 머물고 있는 일본인이 사방의 산을 두루 답사하고 남아 있는 느티나무를 모조리 베어 내는데 지난날보다 더욱 심합니다. 그러므로 불러서 곡절을 물었더니 일본인 연본(烟本)이 말한 내용에, '전 도감 오상일이 벌목을 허가한 증서가 있고 전재항(田在恒)에게 7월까지 벌목하는 증서가 또한 있는데 어찌 금지할 수 있겠습니까? ……'라고 하였습니다. 하지만 그가 말한 이른바 전 도감 오상일의 증서는 본래 2그루 베는 것을 허가한 증서인데 이미 함부로 벤 것이 70여 그루에 이르며, 전재항에게 허가한 '7월까지 베는 것을 허가하는 증서……' 하는 것도 이는 바로 80그루로 수를 정해서 베기로 서로 약속하였는데 이미 함부로 베어서 또한 83그루에 이르렀습니다. 그러므로 시찰관이 섬에 있으면서 조사할 때에 상세히 조사하여 일본 영사(日本領使)와 여러 차례 논의해 처리한 뒤 일본 영사도 '다시는 침범하지 말라는 뜻으로 섬에 있는 일본인에게 정말로 단단히 지시하겠습니다.'라고 하였습니다. 이번에 일본인들이 법을 깔보고 마구 베는 것은 갈수록 더욱 심하지만, 감무의 권력으로는 금지할 수 없기에 두려움과 안타까움을 이기지 못하겠습니다. 이에 보고하니 잘 살피신 뒤 외부에 전달 조회하여 일본 공사와 처리해서 섬에 있는 일본인들을 하루빨리 철수하여 돌아가도록 해 주시기를 삼가 바랍니다."

라고 하였습니다.

이를 조사해 보니 일본의 무뢰한 백성들이 섬에서 침범하며 부리는 난동은 날이 갈수록 심해졌습니다. 따라서 지난번 귀 외부에서 일본 공사와 논의해 처리할 때 일본인이 철수하여 돌아가는 안건에 대해 일본 정부에 즉시 분명히 보고하고 기일을 정해 철수하여 돌아가겠다는 뜻으로 일본 공사와 약속을 정했습니다. 그러므로 귀 외부에서 즉시 다시 일본 공관에 조회로 알려서 섬에 있는 일본인들을 철수시켜 돌아가게 하는 한 가지 사항에 대해 구체적으로 날짜를 지목하여 분명히 알려 주시도록 요청하는 일입니다.

광무 4년(1900) 7월 5일

의정부 찬정 내부 대신 이건하

의정부 찬정 외부 대신 박제순 각하

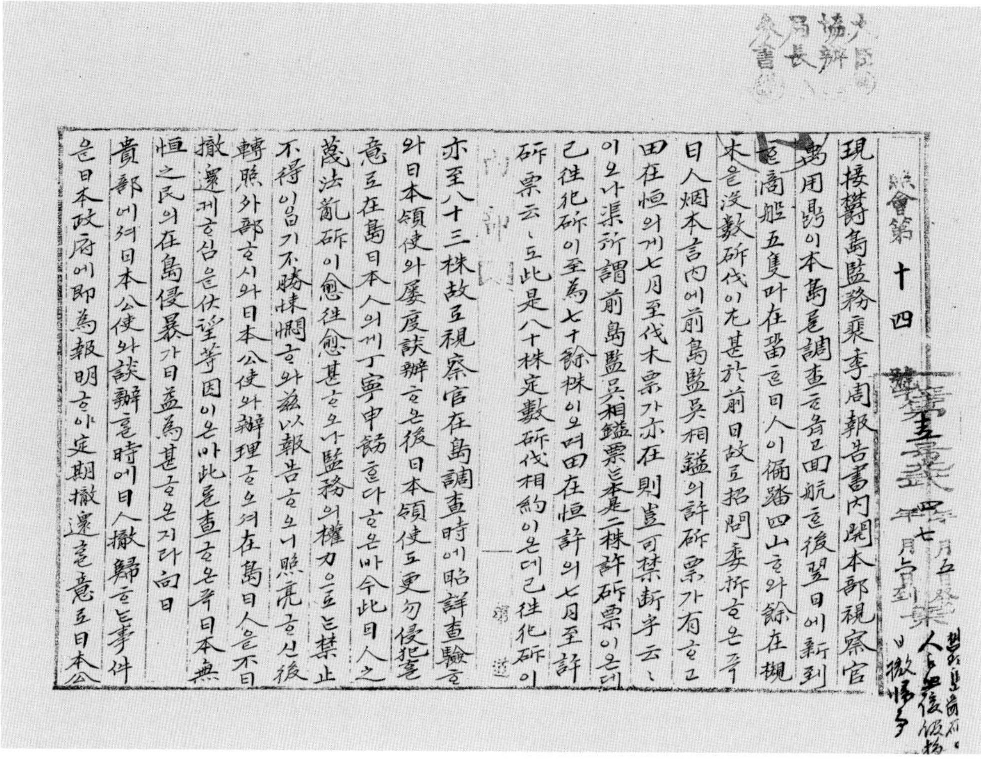

照會第十四

現接欝島監務裵季周報告書內開本部視察官
禹用鼎이本島를調査ᄒᆞ올ᄯᅢ田航ᄒᆞᆫ後翌日에新到
ᄒᆞᆫ商船五隻이在留ᄒᆞᆫ日人이偏踏四山ᄒᆞ와餘在槻
木을沒數斫伐이尤甚於前日故로招問委析ᄒᆞ온즉
日人烟本言內에前島監吳相鑑의許斫票가有ᄒᆞ고
田在恒의게七月至伐木票가亦在則豈可禁斷乎云云
이오나渠所謂前島監吳相鑑票ᄂᆞᆫ本是二株許斫票이온ᄃᆡ
已往犯斫이至爲七十餘株이오며田在恒許의七月至許
斫票云云도此是八十株定數斫伐相約이온ᄃᆡ已往犯斫이
亦至八十三株故로視察官在島調査時에昭詳査驗ᄒᆞ
와日本領使와屢度談辦ᄒᆞ온後日本領使로更勿侵犯ᄒᆞᆯ
意로在島日本人의게丁寧申飭ᄒᆞᆫ다ᄒᆞ온바今此日人之
蔑法亂斫이愈往愈甚ᄒᆞ오나監務의權力으로ᄂᆞᆫ禁止
不得이옵기不勝悚悶ᄒᆞ와玆以報告ᄒᆞ오니照亮ᄒᆞ신後
轉照外部ᄒᆞ시와日本公使와辦理ᄒᆞ오셔在島日人을不日
撤還케ᄒᆞ심을伏望等因이온바此를査ᄒᆞ온즉日本無
恒之民의在島侵暴가日益爲甚ᄒᆞ온지라向日
貴部에셔日本公使와談辦ᄒᆞᆯ時에日人撤歸ᄒᆞᄂᆞᆫ事件
은日本政府에即爲報明ᄒᆞ야定期撤還ᄒᆞᆯ意로日本公

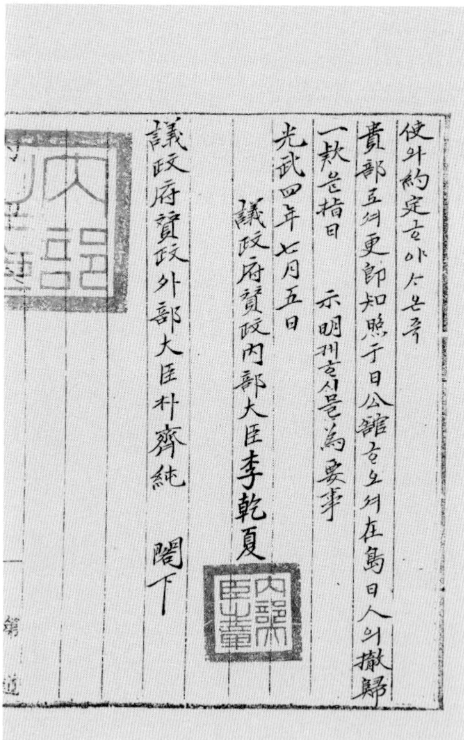

使와約定ᄒᆞ야ᄉᆞ온즉
貴部로셔更即知照于日公館ᄒᆞ오셔在島日人의撤歸
一款을指日　示明케ᄒᆞ심을爲要事
光武四年七月五日
議政府贊政內部大臣李乾夏
議政府贊政外部大臣朴齊純　閣下

53 울릉도에서 일본인들을 철수시켜 돌려보낼 날짜 지정에 대해 일본 공관에 알리도록 내부에서 외부에 조회함

문서 종류 조회 제17호
작성 날짜 1900-08-27
발신 의정부 찬정 내부 대신 이건하
수신 의정부 찬정 외부 대신 박제순
출처 內部來去文(奎17794) 13책 27a-b
관련 자료 內部來去文(奎17794) 13책 25a-26a, 28a-30b, 31a-32b, 33a-37b, 40a-41b; 江原道來去案(奎17985) 2책 18a-b

조회 제17호

지난번 울도 도감 배계주의 보고서에 따라 섬에 있는 일본인들을 기한을 정해 철수시켜 돌려보내는 일로 일본 공사에게 조회로 알려 달라고 조회로 요청하였습니다. 그런데 2개월이 다 되도록 어떠한 회답 조회도 아직까지 없습니다. 귀 외부에서 아직까지 일본 공사관에 조회로 알리지 않은 것인지, 아니면 일본 공사관에서 이렇다 저렇다 아무런 회답도 아직 없는 것인지 의혹이 매우 심합니다. 해당 섬의 정황은 시시각각 답답합니다. 이에 삼가 알려 드리니 잘 살피신 뒤 즉시 일본 공사관에 다시 조회로 알려 섬에 있는 일본인을 철수시켜 돌려보내는 한 가지 사항에 대해 분명하게 날짜를 지정해 주시기를 요청하는 일입니다.
광무 4년(1900) 8월 27일

의정부 찬정 내부 대신 이건하

의정부 찬정 외부 대신 박제순 각하

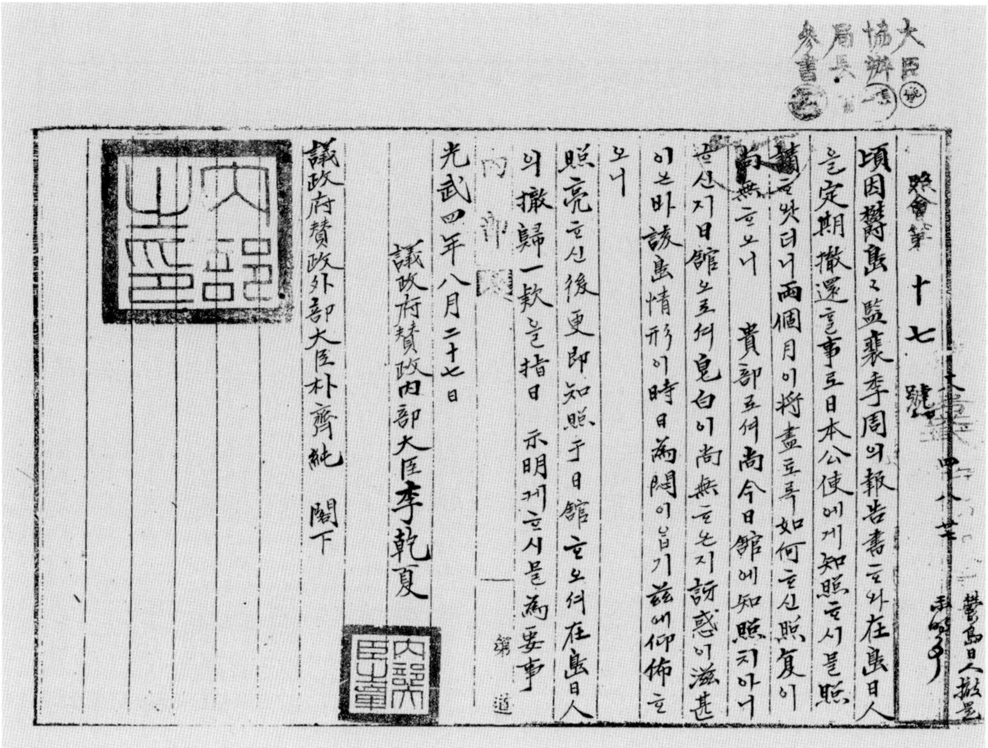
照會第十七號

頃因鬱島監裵李周의報告書ᄒᆞ온則在島日人을定期撤還ᄒᆞᆯ事로日本公使에게知照ᄒᆞ시믈照請ᄒᆞ왓더니兩個月이將盡토록如何ᄒᆞ신照復이尙無ᄒᆞ오니 貴部로셔尙今日館에知照치아니ᄒᆞ신지日館으로셔見白이尙無ᄒᆞᆫ지訝惑이滋甚이온바該島情形이時日爲悶이옵기玆에仰佈ᄒᆞ오니

照亮ᄒᆞ신後更卽知照于日館ᄒᆞ오셔在島日人의撤歸一款을指日 示明케ᄒᆞ시믈爲要事

光武四年八月二十七日

議政府贊政內部大臣李乾夏

議政府贊政外部大臣朴齊純 閣下

54 울릉도에 머무는 일본인의 철수 요구에 일본 공사가 이의를 제기한 데 대해 반박하였다고 외부에서 내부에 회답 조회함

문서 종류 조복 제
작성 날짜 1900-09-12
발신 의정부 찬정 외부 대신 박제순
수신 의정부 찬정 내부 대신 이건하
출처 內部來去文(奎17794) 13책 28a-30b
관련 자료 內部來去文(奎17794) 13책 25a-26a, 27a-b, 31a-32b, 33a-37b, 40a-41b; 江原道來去案(奎17985) 2책 18a-b

회답 조회 제

울릉도에 머무는 일본인을 기일을 정해 철수하여 돌려보내는 일로 귀 조회를 여러 번 보았고, 일본 공사에게 이미 조회로 알렸습니다. 그리고 해당 회답 조회를 접수하였는데,

"우리나라 사람이 정말로 도감이 보고한 것과 같고, 계약 이외의 느티나무를 베어 냈다면 그 행동은 정말로 온당하지 않습니다. 귀 정부가 만약 배편을 차출한다면 마땅히 근처의 일본 제국 영사(領事)에게 지시하여 소환장(召喚狀)을 발급하고 연본 등을 우리 법정으로 불러다가 심문한 후 당연히 적절한 조치를 하겠습니다."

라고 하였습니다.

또 조회를 접수하였는데,

"이제 일본 제국 정부의 의견을 아래와 같이 열거하겠습니다.

1. 우리나라 사람이 해당 섬에 처음 머문 것은 정말로 10여 년 이전의 일입니다. 그런데 해당 섬에서 조사한 책임자인 귀국의 도감은 묵시적으로 허락하였을 뿐만 아니라 도리어 진입을 부추겼습니다. 그러므로

2. '몰래 베었다. ……'라고 하는 것은 사실 확실하지 않습니다. 이에 당시의 공식적인 말과 이번의 조사를 살펴보면 나무를 베어 내는 것은 도감의 의뢰나 또는 합의한 매매에 해당하는 것이 분명합니다. 또

3. 섬에 있는 우리나라 사람과 섬 백성들 사이에 행해지는 거래는 수요와 공급상 매우 중요

하고 또한 섬 백성들이 바라는 것이기도 합니다. 그리고 도감이 수출입하는 화물에 대해 징수하는 것은 수출입세(輸出入稅)와 같은 것입니다. 그리고

4. 섬 백성들 중 우리나라 본토에 오가는 것은 대개 우리나라에 머물러 편의를 얻으니 섬 백성들을 위해 없어서는 안 될 요건입니다.

이상의 사실은 바로 조사한 후 발견한 것입니다. 우리나라 사람이 섬에 머무는 것은 귀 정부의 허락 하에 머무는 것이라 할 수 있으니 정당한 행위이고 바로 10여 년이나 되었습니다. 그런데 오늘날 갑자기 즉시 물러가라고 명령하는 것은 서로가 이익이 되지 않습니다. 그런데도 귀 정부에서 억지로 물러가라고 강요한다면 지출할 상당한 비용 한 가지 일에 대해 협의해 정하지 않을 수 없습니다. 오히려 비록 한 차례 물러가더라도 오래된 습관상 다시는 바다를 건너려 하지 않는다고 보장하기 어렵습니다. 출입하는 화물에 관세를 징수하는 것만 같지 못합니다. 나무를 베는 것에 대한 대책을 세워 현재의 상태를 유지하면 서로가 편의를 얻을 것입니다."

라고 하였습니다.

본 대신이 조목조목 반박하기를,

"1. 해당 섬은 원래 황폐한 산이었는데 우리 정부가 백성들을 모집하여 개척한 지 지금 18년 되었고, 일본인이 와서 머문 것은 더러는 5, 6년, 더러는 3, 4년이니 10여 년 전의 일이라고 할 수 없습니다. 또 햇수가 오래된 건지 얼마 되지 않은 건지 따질 것 없이 통상 항구가 아닌 해안에 함부로 들어가서 거주하며 몰래 운반하는 것은 확실히 규정에 위배됩니다. 해당 도감이 여러 차례 물러가라고 지시하였는데도 그들이 항거하며 따르지 않은 것이니, 이른바 묵시적으로 허락하였다거나 부추겼다는 등의 말은 매우 이치에 닿지 않습니다.

2. 몰래 베는 한 가지 일의 경우 비록 합의하여 매매하였다고 하지만 이는 전의 도감 무리의 일시적인 실수입니다. 그런데 일본인이 이를 빙자하여 이렇게 함부로 벤 것이 숫자를 계산할 수 없습니다. 두 나라 관리가 조사한 후 거리낌 없이 멋대로 부린 일을 보니, 전부터 몰래 벤 그 자취를 숨길 수 없습니다.

3. 도감이 징수한 세금 액수는 단지 항구에서 나가는 화물 가치의 100분의 2를 받아서 벌금액에 대신하는 것입니다. 이는 일본인들이 스스로 원한 데 따른 것이며, 항구에 들어오는 화물의 경우 이러한 규정이 없으니 혹시라도 수출입세와 같게 한다면 어찌 나가는 화물에만 징수할 수 있고 들어오는 화물에는 징수하지 않겠으며 또 어찌 가치의 100분의 2를 받는 법이 있겠습니까?

4. 섬 백성들은 일본인들이 일으키는 말썽에 곤란을 겪어서 점차 원수 같은 사이가 되었으니 이치상 결코 편리하다고 핑계 대서는 안 됩니다.

이상 각 항목은 조약에 비추어 보면 단연코 허락하기 어렵습니다. 귀 정부는 이를 정당한 행위라고 그 죄를 다만 징계하지 않았을 뿐만 아니라 이내 도리어 그 악을 길러 내니 조약을 어디에 두어야 할지 모르겠습니다. 적당한 비용을 협의해 정하여 지출하는 한 가지 사항의 경우, 이는 조약에 실려 있지 않은데 귀 정부는 어찌 쉽게 말을 하는지요? 혹시라도 해당 일본인들이 한 차례 물러갔다가 습관적으로 다시 건너온다면 그 책임은 귀 정부에 있으며 우리 정부에서 추측할 수 있는 것이 아닙니다. 만약 이로 인해 운송 화물에 관세를 징수하고 벌목에 대책을 세워 현재의 상태를 유지하려고 계획한다면 조약 한 가지 문서는 다시 살펴볼 것이 없게 되니, 이는 우리 정부로서는 할 수 없는 것입니다. 다만 귀 공사께서는 이해관계를 충분히 계산하고 조약을 신중하게 여겨 주시고, 한편으로는 귀 정부에 상세히 알리고 한편으로는 해당 섬에 머무는 일본인들에게 지시해 기한 내에 철수하여 돌아가서 사안을 번지게 하는 데서 벗어나도록 하십시오."

라고 하였습니다.

그런데 아직도 철수하여 돌아갈 날짜를 지목한 회답이 없고 "만약 배편을 차출한다면 지시하여 소환장을 발급하겠다."라는 등의 얘기는 단지 일을 질질 끌려는 계획이니 진실로 답답합니다. 이에 회답 조회하니 잘 살펴 주시기를 요청합니다.

광무 4년(1900) 9월 12일

의정부 찬정 외부 대신 박제순

의정부 찬정 내부 대신 이건하 각하

光武四年九月十二日起案
主任交涉局課長
大臣 協辦
照覆第
鬱陵島在留日人定期撤回事로
貴照會를疊准이온바日本公使에게已經知照ᄒᆞ고
以今日에該照覆을接ᄒᆞ온즉我國人果如島監
所報而採伐契約以外槻木則其所為實不穩當
也貴政府如差便船則當飭附近帝國領事發
名喚收招致烟本等于我法廷審問後當行相當
外部 第 道
措畫等因이옵고又照會를接ᄒᆞ온즉玆將帝
國政府意見開列如左
一本邦人在留該島之始實係十數年以前事而
有該島取調之責之貴國島監非徒黙許乃反
慫慂其進故
二盜伐云云之事實不確而玆將當時聲言換以今回
取調則樹木伐採出自島監依賴或係合意賣買
也明矣又
三在島本邦人與島民間所行商業緊要於需用
供給上亦係島民之企望者而島監將其輸出入

貨物徵收如輸出入稅者矣而
四島民之交通大陸槪依本邦在留者以得其便則
均為島民不可欠之要件也
以上事實即調查後發見者也本邦人在留可謂
貴政府允許下正當行為乃經十數年而忽於今
日即命退去則互相不利然貴政府强要退去則
支出相當費用一事不得不協定也尚雖一度退
去其在許久習慣難保無再欲渡航矣莫若徵關
稅於出入貨物設方略於樹木採伐維持現狀相
得便宜等因이기로本大臣이逐條駁下ᄒᆞ오되
外部 第 道
一該島原屬荒山本政府募民開拓今為十八年日
人來住或五六年或三四年不可謂十數年以前之事
且無論年月久近擅入非通商口岸居住偷運確
係違章該島監屢經飭退伊等抗拒不遵其所
稱黙許及慫慂等語殆不近理
二盜伐一事雖謂合意賣買此係前島監輩一時
過失日人之藉此濫伐不計其數觀於兩國官吏
取調之後恣行無忌則從前盜伐莫掩其跡也
三島監之徵收稅款者只將出口貨值百抽二以代罰
款此由日人之自願至進口貨則不在此例倘如輸出入

稅則何可徵之於出貨而不徵於進貨又定有值百抽
二之法
四島民困於日人滋事轉成仇隙萬無藉以爲便之
理
以上各節按照條約斷難允許貴政府以此爲正
當行爲不惟不懲其罪乃反養成其惡未知直條約
於何地至相當費協定支出一節此係條約所不載貴
政府詭何容易倘該日人等一度退去習慣再渡則其
責任在於貴政府非本政府所可逆料若因此而徵關
稅於運貨設方略於伐木欲爲維持現狀之計則
外部　第　道
條約一書更無可講之地此本政府之所不可爲也惟貴
公使熟籌利害愼重條約一面詳陳貴政府一面行飭
該島在留日人等尅期撤還免滋事案ᄒᆞ라ᄒᆞ엿시나
ᄒᆞᆫ 尙無指日撤回之答ᄒᆞ옵고 如差便船則飭發名
換狀等說이오 只事延拖之計이오니 誠爲悶然이옵기
玆에 照覆ᄒᆞ오니
照諒ᄒᆞ심을 爲要
光武四年九月十二日
議政府贊政外部大臣朴齊純
議政府贊政內部大臣李乾夏 閣下

55 울릉도에 머무는 일본인의 철수에 대한 일본 공사의 회답에 대해 외부에서 내부에 조회함

문서 종류 조복 제
작성 날짜 1900-09-15
발신 의정부 찬정 외부 대신 박제순
수신 의정부 찬정 내부 대신 이건하
출처 內部來去文(奎17794) 13책 31a-32b
관련 자료 內部來去文(奎17794) 13책 25a-26a, 28a-30b, 31a-32b, 33a-37b, 40a-41b; 江原道來去案(奎17985) 2책 18a-b

조회 제

울릉도에 머무는 일본인을 철수해 물러가게 하는 한 가지 일로 지난번에 조회하였는데, 현재 일본 공사의 회답 조회를 접수하였더니,

"울릉도에 머무는 우리나라 사람을 물러가게 하는 일로 지난번에 조회하고 곧바로 귀 제64호 회답 조회를 접수하였습니다. 바로 귀 정부의 의견으로 본 공사의 공문의 주된 의견에 대해 하나하나 반박하고 신속히 물러나기를 명령하라고 하였습니다. 그런데 그 중 4항의 반박은 사실과 서로 어긋날 뿐만 아니라 또한 사리상 정말로 동의하기 어렵습니다. 대개 본 공사의 조회의 주된 의견은 지난번에 귀국과 우리 두 나라 관리가 나아가서 현상을 조사한 결과에 비추어 단지 서로 편익을 도모하자는 것이고, 조약상 권리가 어떠한지는 일단 제쳐 두고 따지지 않았는데, 귀 정부가 이미 조약을 방패 삼아 본 안건의 결단을 강요하고 있습니다. 따라서 본 공사도 또한 서로 간의 편익에 대한 생각은 버리고 조약을 끌어다가 본 안건을 따지지 않을 수 없습니다. 조사해 보니 개항과 개시장(開市場) 이외에는 외국인이 거주하는 것을 허락하지 않는다는 것이 규정인데, 일본과 한국의 조약에서만 그렇지 않습니다. 귀국과 조약을 맺은 여러 나라 사이의 조약도 모두 같습니다. 그렇다면 어떻게 된 일인지 모르지만 외국 선교사 중 다수가 허락하지 않는 각 지역에 흩어져 살고 있는 것을 귀 정부는 알고 있습니다. 그런데 유독 울릉도에 머무는 우리나라 사람만 물러가기를 요구하는 것을 본 공사는 이해할 수 없습니다. 귀 정부가 만약 조약에서 허락한 지역 이외에 머무는 외국인은

모두 퇴거시킨다는 조약의 취지를 분명히 설명하지 않는다면, 본 공사는 단연코 울릉도에 머무는 우리나라 사람만 홀로 물러가게 하기는 어렵습니다. 또 우리나라 사람이 울릉도에 머무는 것은 비록 조약의 규정 이외에 해당하지만 점차 성립된 관습이니 책임은 섬을 다스리는 귀국 관리의 감독에 있고 바로 귀 정부의 책임입니다."

라고 하였습니다.

이번에 해당 공사가 보내온 문건 내용의 경우, 이쪽에서 밀고 저쪽에서 막으며 오로지 질질 끌기만 일삼으니 이 안건이 끝나는 것은 아득히 기약할 수 없으며, 한갓 헛되이 공문만 일삼으니 또한 좋은 계책이 아니어서 진실로 답답합니다. 이에 조회하니 잘 살펴 주시기를 요청합니다.

광무 4년(1900) 9월 15일

의정부 찬정 외부 대신 박제순

의정부 찬정 내부 대신 이건하 각하

光武四年九月十五日起案
主任交涉局課長
大臣 協辦
照會第 號
鬱陵島在留日人撤退ᄒᆞ올一事로曩經照會
ᄒᆞ얏삽거니와現接日本公使照覆ᄒᆞ온즉
鬱陵島在留本邦人退去事曩經照會而
旋接貴第六十四号照覆則乃以貴政府意
見將本使公文之主意一一駁辨速命退去
而就中四項駁辨其在事實非徒相違亦
外部 第 道
於事理果難同意蓋本使照會之主意則照
曩者貴我兩官吏前往取調之結果現狀
而已圖互相便益也其條約上權利何如姑
置不講矣貴政府旣以條約爲楯強要本件
斷案則本使亦可捨互相便益之起見而不
容不援條約而論本案也查開港開市場
以外不許外國人居住之規非獨日韓條約
爲然也貴國與訂盟諸國間之條約則皆
同矣然則奈之何如外國宣教師之多數散
居於不許各地者則貴政府認之而獨要鬱

陵島在留本邦人退去者本使所不觧也貴
政府若不申明約旨除條約所許地方外所
留外國人一切退去之則本使斷難使鬱陵
島在留本邦人獨退也且本邦人之在留鬱
陵島雖係條約規定之外其致漸成習慣則
責在監其島治之貴國官吏而卽爲貴政
府之責者也等因이온바此次該公使來文
辭意가此推彼捱의惟事延拖ᄒᆞ오니玆案
出梢가杳無其期이오며徒事虛文이亦非
良策이온즉誠屬悶然이옵기玆에照會ᄒᆞ오
外部 第 道
니
照亮ᄒᆞ심을爲要
光武四年九月十五日
議政府贊政外部大臣朴齊純
議政府贊政內部大臣李乾夏閣下

56 울릉도를 울도로 개칭하는 청의서를 보내며 내부에서 의정부에 통첩함

문서 종류 통첩
작성 날짜 1900-09-29
발신 내부 주사 이승채
수신 의정부 주사 윤형구
출처 內部來文(奎17761) 15책 58a
관련 자료 中樞院來文(奎17788) 5책 54a-55a; 起案(奎17746) 3책 157a-b

통첩

올해 2월 26일 울릉도 청의서를 저희 내부 대신의 지시를 받들어 이에 삼가 알려 드립니다. 잘 살피신 후 분명히 아뢰고 돌려보내 주시기를 요청합니다.

광무 4년(1900) 9월 29일

내부 주사 이승채

의정부 주사 윤형구 좌하

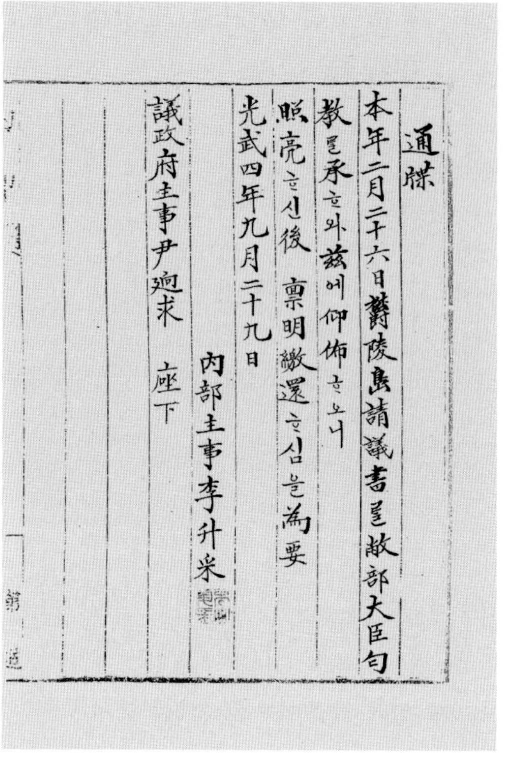
通牒

本年二月二十六日欝陵島請議書로敝部大臣旬

敎로承ᄒᆞ와玆에仰佈ᄒᆞ오니

照亮ᄒᆞ신後 稟明繳還ᄒᆞ심을爲要

光武四年九月二十九日

內部主事李升采

議政府主事尹廻求 座下

57 울릉도에 머무는 일본인의 철수에 대한 내부의 견해를 일본 공사에게 전달하도록 내부에서 외부에 조회함

문서 종류	조회 제19호
작성 날짜	1900-10-02
발신	의정부 찬정 내부 대신 이건하
수신	의정부 찬정 외부 대신 박제순
출처	內部來去文(奎17794) 13책 33a-37b
관련 자료	內部來去文(奎17794) 13책 25a-26a, 27a-b, 28a-30b, 31a-32b, 40a-41b; 江原道來去案(奎17985) 2책 18a-b

조회 제19호

귀 외부 제15호 회답 조회 내용에,

"울릉도에 머무는 일본인을 기일을 정해 철수하여 돌려보내는 일로 귀 조회를 여러 번 보았고, 일본 공사에게 이미 조회로 알렸습니다. 그리고 해당 회답 조회를 접수하였는데, '우리나라 사람이 정말로 도감이 보고한 것과 같고, 계약 이외의 느티나무를 베어냈다면 그 행동은 정말로 온당하지 않습니다. 귀 정부가 만약 배편을 차출한다면 마땅히 근처의 일본제국 영사에게 지시하여 소환장을 발급하고 연본 등을 우리 법정으로 불러다가 심문한 후 당연히 적절한 조치를 하겠습니다.'라고 하였습니다.

또 조회를 접수하였는데, '이제 일본 제국 정부의 의견을 아래와 같이 열거하겠습니다.

1. 우리나라 사람이 해당 섬에서 처음 머문 것은 정말로 10여 년 이전의 일입니다. 그런데 해당 섬을 조사한 책임자인 귀국의 도감은 묵시적으로 허락하였을 뿐만 아니라 도리어 진입을 부추겼습니다. 그러므로

2. 『몰래 베었다. ……』라고 하는 것은 사실 확실하지 않습니다. 이에 당시의 공식적인 말과 이번의 조사를 살펴보면 나무를 베어내는 것은 도감의 의뢰나 또는 합의한 매매에 해당하는 것이 분명합니다. 또

3. 섬에 있는 우리나라 사람과 섬 백성들 사이에 행해지는 거래는 수요와 공급상 매우 중요하고 또한 섬 백성들이 바라는 것이기도 합니다. 그리고 도감이 수출입하는 화물에 대해 징

수하는 것은 수출입세와 같은 것입니다. 그리고

4. 섬 백성들 중 우리나라 본토에 오가는 것은 대개 우리나라에 머물러 편의를 얻으니 섬 백성들을 위해 없어서는 안 될 요건입니다.

이상의 사실은 바로 조사한 후 발견한 것입니다. 우리나라 사람이 섬에 머무는 것은 귀 정부의 허락 하에 머무는 것이라 할 수 있으니 정당한 행위이고 바로 10여 년이나 되었습니다. 그런데 오늘날 갑자기 즉시 물러가라고 명령하는 것은 서로가 이익이 되지 않습니다. 그런데도 귀 정부에서 억지로 물러가라고 강요한다면 지출할 상당한 비용 한 가지 일에 대해 협의해 정하지 않을 수 없습니다. 오히려 비록 한 차례 물러가더라도 오래된 습관상 다시는 바다를 건너려 하지 않는다고 보장하기 어렵습니다. 드나드는 화물에 관세를 징수하는 것만 같지 못합니다. 나무를 베는 것에 대한 대책을 세워 현재의 상태를 유지하면 서로가 편의를 얻을 것입니다.'라고 하였습니다.

본 대신이 조목조목 반박하기를,

'1. 해당 섬은 원래 황폐한 산이었는데 우리 정부가 백성들을 모집하여 개척한 지 지금 18년 되었고, 일본인이 와서 머문 것은 더러는 5, 6년, 더러는 3, 4년이니 10여 년 전의 일이라고 할 수 없습니다. 또 햇수가 오래된 것인지 얼마 되지 않은 것인지 따질 것 없이 통상 항구가 아닌 해안에 함부로 들어가서 거주하며 몰래 운반하는 것은 확실히 규정에 위배됩니다. 해당 도감이 여러 차례 물러가라고 지시하였는데도 그들이 항거하며 따르지 않은 것입니다. 이른바 묵시적으로 허락하였다거나 부추겼다는 등의 말은 매우 이치에 닿지 않습니다.

2. 몰래 나무를 베는 한 가지 일의 경우 비록 합의하여 매매하였다고 하지만 이는 전의 도감 무리의 일시적인 실수입니다. 일본인이 이를 빙자하여 이렇게 함부로 벤 것이 숫자를 계산할 수 없습니다. 두 나라 관리가 조사한 후 거리낌이 없이 제멋대로 부린 일이니 전부터 몰래 벤 자취를 숨길 수 없습니다.

3. 도감이 징수한 세금 액수는 단지 항구에서 나가는 화물 가치의 100분의 2를 받아서 벌금액에 대신하는 것입니다. 이는 일본인들이 스스로 원한 데 따른 것이며, 항구에 들어오는 화물의 경우 이러한 규정이 없으니 혹시라도 수출입세와 같게 한다면 어찌 나가는 화물에만 징수할 수 있고 들어오는 화물에는 징수하지 않겠으며 또 어찌 가치의 100분의 2를 받는 법이 있겠습니까?

4. 섬 백성들은 일본인들이 일으키는 말썽에 곤란을 겪어서 점차 원수 같은 사이가 되었으니 이치상 결코 편리하다고 핑계 대서는 안 됩니다.

이상 각 항목은 조약에 비추어 보면 단연코 허락하기 어렵습니다. 귀 정부는 이를 정당한 행위라고 그 죄를 다만 징계하지 않았을 뿐만 아니라 이내 도리어 그 악을 길러내니 조약을 어디에 두어야 할지 모르겠습니다. 적당한 비용을 협의해 정하여 지출하는 한 가지 사항의 경우, 이는 조약에 실려 있지 않은데 귀 정부는 어찌 쉽게 말을 하는지요? 혹시라도 해당 일본인들이 한 차례 물러갔다가 습관적으로 다시 건너온다면 그 책임은 귀 정부에 있으며 우리 정부에서 추측할 수 있는 것이 아닙니다. 만약 이로 인해 운송 화물에 관세를 징수하고 나무 베는 것에 대한 대책을 세워 현재의 상태를 유지하려고 계획한다면 조약 한 가지 문서는 다시 살펴볼 것이 없게 되니, 이는 우리 정부로서는 할 수 없는 것입니다. 다만 귀 공사께서는 이해관계를 충분히 계산하고 조약을 신중하게 여겨 주시고 한편으로는 귀 정부에 상세히 알리고 한편으로는 해당 섬에 머무는 일본인들에게 지시해 기한 내에 철수하여 돌아가서 사안을 번지게 하는 데서 벗어나도록 하십시오.'라고 하였습니다.

그런데 아직도 철수하여 돌아갈 날짜를 지목한 회답이 없고 '만약 배편을 차출한다면 지시하여 소환장을 발급하겠다.'라는 등의 얘기는 단지 일을 질질 끌려는 계획이니 진실로 답답합니다. 이에 회답 조회하니 잘 살펴 주시기를 요청합니다."

라고 하였습니다.

그리고 제16호 회답 조회 내용에,

"울릉도에 머무는 일본인을 철수시켜 돌려보내는 한 가지 일로 지난번에 조회하였는데, 현재 일본 공사의 회답 조회를 접수하였더니, '울릉도에 머무는 우리나라 사람을 물러나도록 하는 일로 지난번에 조회하고 곧바로 귀 제64호 회답 조회를 접수하였습니다. 바로 귀 정부의 의견으로 본 공사의 공문의 주된 의견에 대해 하나하나 반박하고 신속히 물러나기를 명령하라고 하였습니다. 그런데 그 중 4항의 반박은 사실과 서로 어긋날 뿐만 아니라 또한 사리상 정말로 동의하기 어렵습니다. 대개 본 공사의 조회의 주된 의견은 지난번에 귀국과 우리 두 나라 관리가 나아가서 현상을 조사한 결과에 비추어 단지 서로 편익을 도모하자는 것입니다. 조약상 권리가 어떠한지는 일단 제쳐 두고 따지지 않았는데, 귀 정부가 이미 조약을 방패 삼아 본 안건의 결단을 강요하고 있습니다. 따라서 본 공사도 또한 서로 간의 편익에 대한 생각은 버리고 조약을 끌어다가 본 안건을 따지지 않을 수 없습니다. 조사해 보니 개항과 개시장 이외에는 외국인이 거주하는 것을 허락하지 않는다는 규정의 경우, 일본과 한국의 조약에서만 그러하지 않습니다. 귀국과 조약을 맺은 여러 나라 사이의 조약도 모두 같습니다. 그렇다면 어떻게 된 것인지 외국 선교사 중 다수가 허락하지 않는 각 지역에 흩어져 살고 있는 것을 귀 정부는 알고 있습니다. 그런데 울릉도에 머무는 우리나라 사람만 홀로 물러나기를 요구하는 것을 본 공사는 이해할 수 없습니다. 귀 정부가 만약 조약에서 허락한 지역 이외에 머무는 외국인은 모두 물러나게 한다는 조약의 취지를 분명히 설명하지 않는다면, 본 공사는 단연코 울릉도에 머무는 우리나라 사람만 홀로 물러나도록 하기 어렵습니다. 또 우리나라 사람이 울릉도에 머무는 것은 비록 조약의 규정 이외에 해당하지만 점차 성립된 관습이니 책임은 섬을 다스리는 귀국 관리의 감독에 있고 바로 귀 정부의 책임입니다.'라고 하였습니다.

이번에 해당 공사가 보내온 문건의 내용입니다. 이쪽에서 밀고 저쪽에서 막으며 오로지 질질 끌기만 일삼으니 이 안건이 끝나는 것은 아득히 기약할 수 없으며, 한갓 헛되이 공문만 일삼으니 또한 좋은 계책이 아니어서 진실로 답답합니다."

라고 한 것을 연달아 접수하였습니다.

이에 따라 조사해 보니, 일본 공사가 회답 조회에서 핑계 대기를, "외국 선교사 중 다수가 허락하지 않는 각 지역에 흩어져 살고 있는 것을 귀 정부는 알고 있습니다. 그런데 울릉도에 머무는 우리나라 사람만 홀로 물러나기를 요구하는 것을 본 공사는 이해할 수 없습니다. ……"라고 하였습니다. 이는 전혀 그렇지 않다는 단서가 있습니다. 선교사는 단지 백성들을 가르치기 위하여 각처에 흩어져 머무는 것이지 애당초 화물을 꾸려 싣고 마음대로 무역하는 것이 아닙니다. 이번에 무뢰한 일본 백성들은 통상하지 않는 항구의 해안을 몰래 넘어서 제멋대로 집을 짓고 화물을 내고 들이며 거주민을 못살게 구는데다가 목재를 마구 잘라 조약의 규정을 크게 위반하니, 어찌 각국 선교사가 각처에 흩어져 머무는 것을 핑계 대는 구실로 삼는단 말입니까? 또 「조약합편(條約合編)」 제6관(款)을 살펴보면, '어느 나라 상인이 만약 화물을 통상항구가 아닌 곳이나 통행을 금지하는 곳으로 몰래 운송하면 이미 실행했는지 아닌지를 따지지 않고 모두 화물은 관아에 몰수하고 위반한 사람에게는 관아에 몰수한 화물의 가치를 살펴서 그 배를 벌금으로 부과하며 금지를 위반하려고 기도한 백성은 모두 조사하고 체포하여 즉시 가까운 영사관(領事官)에게 보낼 수 있다. ……'라는 등의 조항이 있습니다. 그러니 해당 무뢰한 백성을 스스로 붙잡아 영사에게 보낸 것의 경우 직접 시행에 의혹이 없습니다. 다만 두 나라 사이의 돈독한 우의를 생각하여 지난번에 두 나라 관리가 오로지 그 일로 가서 조사한 후 빨리 철수해 돌아가게 하여 우의를 돈독히 하기를 기대했습니다. 그런데 뜻밖에 일본 공사가 떠넘기며 여기에 이르러 조약의 규정을 바로 공허한 글로 만들어 버리고 제쳐 두고 살펴보지 않겠다고 합니다. 생각이 여기에 이르자 어찌 유독 한국만의 근심이겠습니까? 일본에게는 또한 수치입니다. 이에 다시 삼가 알려 드리니 잘 살피신 후 일본 공사에게 전달 조회하여 울릉도에 있는 일본인들을 하루빨리 철수해서 돌아가게 하여 규정을 지키도록 해 주시기를 요청하는 일입니다.

광무 4년(1900) 10월 2일

의정부 찬정 내부 대신 이건하

의정부 찬정 외부 대신 박제순 각하

大臣
局長
參書

照會第十九號

貴部第十五號照復內開欝陵島在留日人定期撤回事로
貴照會를並准이온바日本公使에게已經知照ᄒ얏더니該照
復을接ᄒ온즉我國人果如島監所報而採伐契約以外
規木則其所爲實不穩當也貴政府如差便船則當飭
附近帝國領事發遣喚狀招致烟本等于我法庭審問
後當行相當措置等因이옵고又照會를接ᄒ온즉玆將
帝國政府意見開列如左
一本邦人在留該島之始實係十數年以前事而有該島
取調之責之貴國島監非徒默許乃反慫慂其進故
二盜伐云云事實不確而玆將當時聲言援以今回取調
則樹木伐採出自島監依賴或係合意賣買也明矣又
三在島本邦人與島民間所行商業緊要於需用供給亦
係島民之企望者而島監將其輸出入貨物徵收如輸出入稅者
矣而
四島民之交通大陸要依本邦在留者以得其便則均爲
島民不可欠之要件也
以上事實卽調査後發見者也本邦人在留可謂貴政府允
許下正當行爲乃經十數年而忽於今日卽命退去則互
相不利然貴政府强要退去則支出相當費用一事不得不

協定也尙雖一度退去其在許久習慣難保無再欲渡航
矣莫若徵關稅於出入貨物設方畧於樹木採伐維持
現狀相得便宜等因이기로本大臣이逐條駁卞ᄒ오되
一該島原屬荒山本政府募民開拓今爲十八年日人
來住或五六年或三四年不可謂十數年以前之事且
無論年月久近擅入非通商口岸居住偷運確係違
章該島監屢經飭退伊等抗拒不遵其所稱默許
及慫慂等語殆不近理
二盜伐一事雖謂合意賣買此係前島監輩一時
過失日人之藉此濫伐不計其數觀於兩國官吏取
調之後恣行無忌則從前盜伐莫掩其跡也
二島監之徵收稅款者只將出口貨值百抽二以代罰
款此由日人之自願至進口貨則不在此例倘如輸出入
稅則何可徵之於出貨而不徵於進貨乎寧有值百抽
二之法
四島民困於日人滋事轉成仇隙萬無藉以爲便之理
以上各節按照條約斷難允許貴政府以此爲正當
行爲不惟不徵其罪乃反養成其惡未知置條約於
何地至相當費協定支出一節此係條約所不載貴
政府談何容易倘該日人等一度退去習慣再渡則

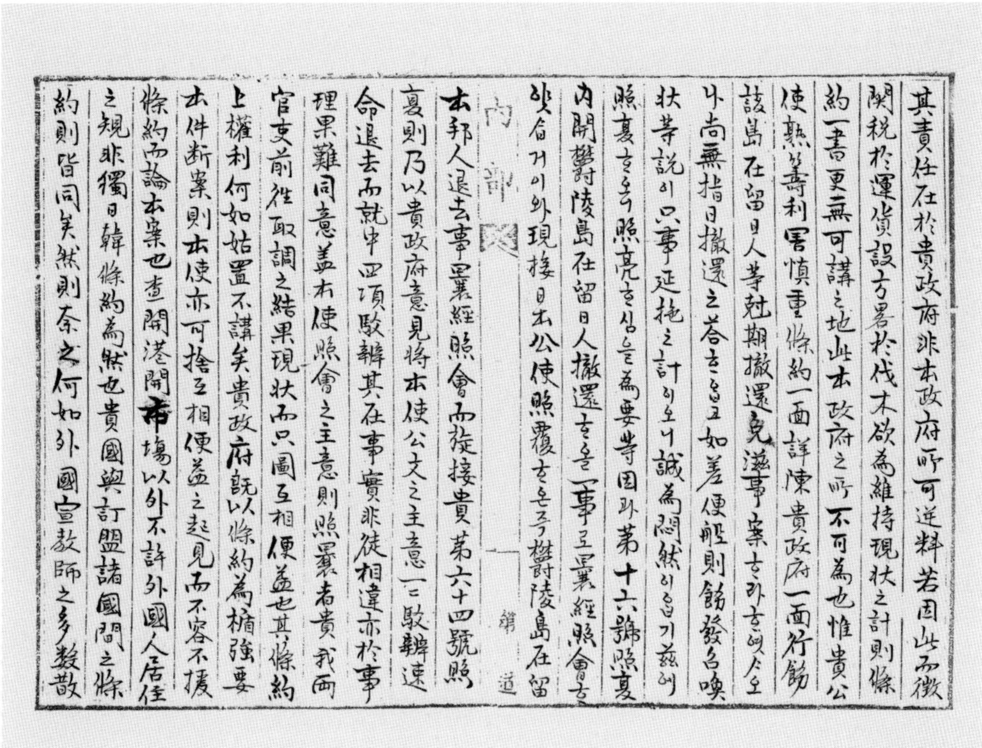
其責任在於貴政府非本政府所可逆料若因此而徵
關稅於運貨設方略於伐木欲爲維持現狀之計則條
約一書更無可講之地此本政府之所不可爲也惟貴公
使熟籌利害愼重條約一面詳陳貴政府一面行飭
該島在留日人等尅期撤還免滋事案ᄒᆞ라ᄒᆞ엿ᄉᆞ오
나尙無指日撤還之荅ᄒᆞ옵고如差便船則飭發召喚
狀等說이只事延拖之計이오니誠爲悶然이옵기玆에
照覆ᄒᆞ오니照亮ᄒᆞ심을爲要等因과第十六號照覆
內開鬱陵島在留日人撤還ᄒᆞᆫ一事로屢經照會ᄒᆞ
얏슴거이와現接日本公使照覆ᄒᆞ온즉鬱陵島在留
內部 第 道
本邦人退去事屢經照會而旋接貴第六十四號照
覆則乃以貴政府意見將本使公文之主意一一駁辨速
命退去而就中四項駁辨其在事實非徒相違亦於事
理果難同意蓋本使照會之主意則照覆者貴我兩
官吏前往取調之結果現狀而只圖互相便益也其條約
上權利何如姑置不講矣貴政府旣以條約爲楯强要
本件斷案則本使亦可捨互相便益之起見而不容不援
條約而論本案也查開港開市場以外不許外國人居住
之規非獨日韓條約爲然也貴國與訂盟諸國間之條
約則皆同矣然則柰之何如外國宣敎師之多數散

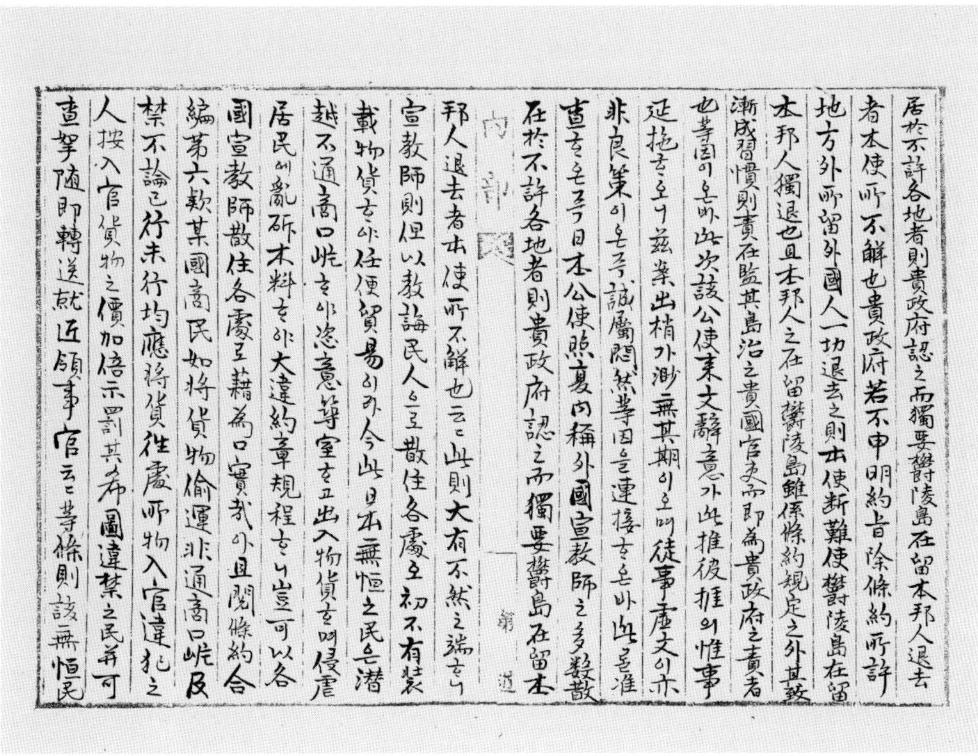
居於不許各地者則貴政府認之而獨要鬱陵島在留本邦人退去
者本使所不解也貴政府若不申明約旨除條約所許
地方外所留外國人一切退去之則本使斷難使鬱陵島在留
本邦人獨退也且本邦人之在留鬱陵島雖係條約規定之外其致
漸成習慣則責在監其島治之貴國官吏而即爲貴政府之責者
也等因이온바此次該公使來文辭意가此推彼挪의惟事
延拖ᄒᆞ오니玆案出梢가渺無其期이오며徒事虛文이亦
非良策이온즉誠屬悶然等因을連接ᄒᆞ온바此를准
查ᄒᆞ온즉日本公使照覆內稱外國宣敎師之多數散
在於不許各地者則貴政府認之而獨要鬱島在留本
內部 第 道
邦人退去者本使所不解也云云此則大有不然之端ᄒᆞ니
宣敎師則但以敎誨民人으로散住各處오初不有裝
載物貨ᄒᆞ야任便貿易이거니와今此日本無恒之民은潛
越不通商口岸ᄒᆞ야恣意築室ᄒᆞ고出入物貨ᄒᆞ며侵虐
居民에亂斫木料ᄒᆞ야大違約章規程ᄒᆞ니豈可以各
國宣敎師散住各處로藉爲口實哉아且閱條約合
編第六款某國商民如將貨物偷運非通商口岸及
禁不論已行未行均應將貨徃處所物入官違犯之
人按入官貨物之價加倍示罰其希圖違禁之民并可
查拏隨即轉送就近領事官云云等條則該無恒民

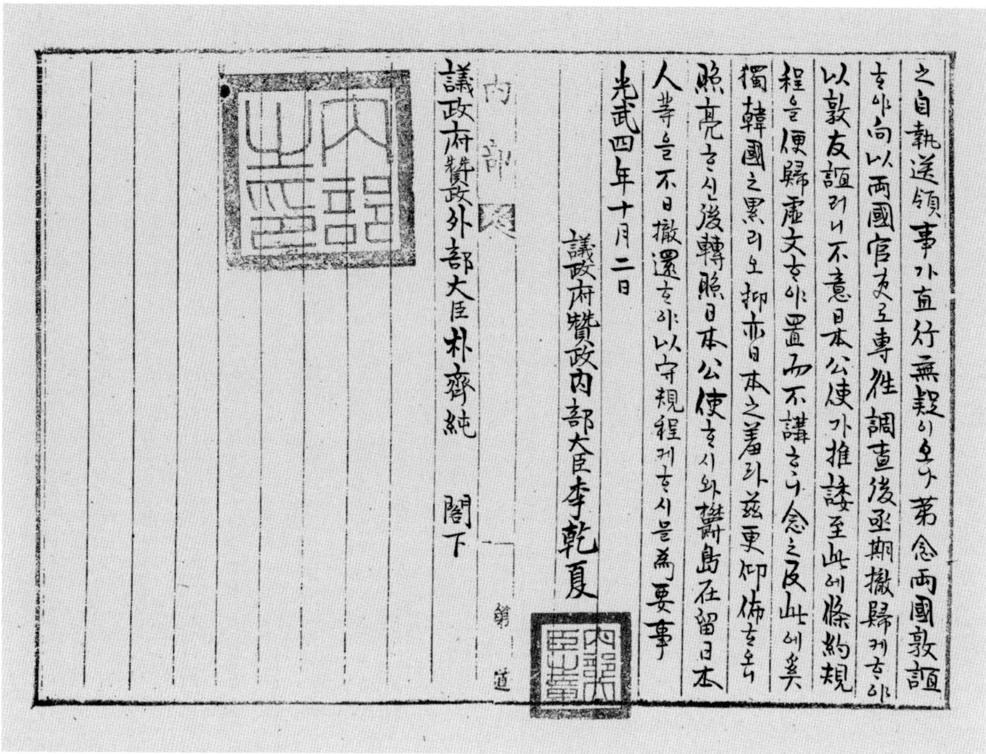

之自執送領事가直行無疑이오나第念兩國敦誼
호야向以兩國官吏로專往調査後亟期撤歸케호야
以敦友誼러니不意日本公使가推諉至此에條約規
程을便歸虛文호야置而不講호니念之及此에奚
獨韓國之羞리오抑亦日本之羞라玆更仰佈호오니
照亮호신後轉照日本公使호시와欝島在留日本
人等을不日撤還호야以守規程케호시믈爲要事

光武四年十月二日

議政府贊政內部大臣李乾夏

議政府贊政外部大臣朴齊純 閣下

內部

第 號

58 울릉도를 울도로 개칭하고 도감을 군수로 개정하는 것에 관해 내부에서 의정부에 청의함

문서 종류 청의서
작성 날짜 1900-10-22
발신 의정부 찬정 내부 대신 이건하
수신 의정부 의정 윤용선
출처 各部請議書存案(奎17715) 17책 35a-37a
관련 자료 奏本(奎17703) 47책 26a-b, 27a-b; 勅令(奎17706) 9책 39a-40a; 奏本存案(奎17704) 6책 32a; 內部來文(奎17761) 15책 108a-b; 起案(奎17746) 3책 161a-b

울릉도를 울도로 개칭하고 도감을 군수로 개정하는 것에 관한 청의서

위의 경우 해당 섬이 동해에 외따로 있어서 대륙이 멀리 떨어져 있습니다. 따라서 개국 504년(1895)에 도감을 설치하여 섬 백성을 보호하고 사무를 관장하게 하였는데, 해당 도감 배계주의 보고 문서와 본 내부 시찰관 우용정, 동래 세무사의 시찰 기록을 참조하여 마디마디 조사해 보니, 해당 지방은 가로로 80리, 세로로 50리가 되고 사방이 깎아지른 절벽으로 둘러싸였으며, 가운데 큰 산이 있는데 북쪽에서 남쪽까지 이르고 그 사이에 큰 하천이 있어서 깊이와 너비가 거의 배가 다닐 수 있을 정도이고, 그 토양은 비옥하고 백성은 소박하여 수십 년 전부터 백성이 번성하여 호수(戶數)가 400여 호가 되고 개간한 밭이 10,000여 두락입니다. 거주민이 1년 농사를 지어 포대 수효는 고구마가 20,000여 포대, 보리가 20,000여 포대, 콩이 10,000여 포대, 밀이 5,000포대가 된다고 합니다. 대체로 호구 수와 밭의 면적과 곡식 수효를 육지에 있는 산간 군과 비교하여 계산하면 수효는 더러 미치지 못하지만 심하게 차이나지는 않습니다. 뿐만 아니라 최근에 외국인이 왕래하며 교역하여 교섭하는 일도 있고 하니 도감이라 호칭하는 것은 행정상 정말로 장애가 있기에 울릉도를 울도라 개칭하고 도감을 군수로 개정하는 것이 타당하기에 이 칙령안을 회의에 제출합니다.
광무 4년(1900) 10월 22일

의정부 찬정 내부 대신 이건하

의정부 의정 윤용선 합하 조사해 주십시오.

칙령 제41호

울릉도를 울도로 개칭하고 도감을 군수로 개정하는 건[鬱陵島를鬱島로改稱ᄒᆞ고島監을郡守로改正ᄒᆞᆫ件]

제1조 울릉도를 울도라 개칭하여 강원도에 소속시키고 도감을 군수로 개정하여 관제 중에 편입하고 군의 등급은 5등으로 한다.

제2조 군청의 위치는 태하동으로 정하고 구역은 울릉도 전부와 죽도(竹島), 석도(石島)를 관할한다.

제3조 개국 504년(1895) 8월 16일 『관보(官報)』 중 관청 사항 칸에 '울릉도' 아래의 19글자를 삭제하고 개국 505년 칙령 제36호 제5조 '강원도 26군(江原道二十六郡)'의 '6(六)'자는 '7(七)'로 개정하고 '안협군(安峽郡)' 아래에 '울도군(鬱島郡)' 3글자를 추가한다.

제4조 경비는 5등급 군으로 마련하되 당분간 아전의 수가 갖추어지지 않았고 여러 가지 일이 초창기이기에 해당 섬에서 거두는 세금 중에서 우선 마련한다.

제5조 미진한 여러 조목은 본 섬을 개척하는 것에 따라 차례로 마련한다.

부칙

제6조 본 칙령은 반포일로부터 시행한다.

ᄒᆞ야塡補ᄒᆞᆫ時에ᄂᆞᆫ卒業生敎官敍任ᄒᆞᆫ人으로特別試
驗을經ᄒᆞ야塡任ᄒᆞᆷ이라
第二條 本令은頒布日로봇터施行ᄒᆞᆷ이라
光武四年十月

鬱陵島를鬱島로改稱ᄒᆞ고島監을郡守로改正에關ᄒᆞᆫ
請議書

右ᄂᆞᆫ該島가東濱에特立ᄒᆞ야大陸이遠隔ᄒᆞ온바開國五百四年에島監을設寘ᄒᆞ야島民을保護ᄒᆞ고事務를管掌케ᄒᆞ시該島監裵季周의報牒과本部視察官禹用鼎과東萊稅務司의視察錄을叅互酌査ᄒᆞ온즉該地方이縱可八十里오橫爲五十里라四圍峭壁에中有巨山ᄒᆞ야自北止南ᄒᆞ고間有大川ᄒᆞ야深廣이幾容舟楫ᄒᆞ고其土가沃腴ᄒᆞ고其民이質野ᄒᆞ야自數十年來로民蓄이蕃殖ᄒᆞ야戶數가爲四百餘家오墾田이爲萬餘斗落이라居民의一年農作擔包數爻가藷爲二萬餘包오大麥이爲二萬餘包오黃豆爲一萬餘包오小麥이爲五千包라ᄒᆞ오니大率戶數와田數와穀數를陸處의山郡에較計ᄒᆞ오면數或不及이오나不甚相左ᄒᆞᆯ더러挽近外國人이往來交易ᄒᆞ야交際上도亦有ᄒᆞ온지라島監이라稱號ᄒᆞ오미行政上에果有妨碍기로鬱陵島를鬱島라改稱ᄒᆞ고島監을郡守로改正ᄒᆞ오미妥當ᄒᆞᆯ

가此段
勅令案을會議에提呈事
光武四年十月二十二日
議政府贊政內部大臣李乾夏
議政府議政尹容善 閣下 査照

勅令第四十一號
鬱陵島를鬱島로改稱ᄒᆞ고島監을郡守로改正ᄒᆞᆫ件
第一條 鬱陵島를鬱島라改稱ᄒᆞ야江原道에附屬ᄒᆞ고島監을郡守로改正ᄒᆞ야官制中에編入ᄒᆞ고郡等은五等으로ᄒᆞᆯ事
第二條 郡廳位寘ᄂᆞᆫ台霞洞으로定ᄒᆞ고區域은鬱陵全島와竹島石島를管轄ᄒᆞᆯ事
第三條 開國五百四年八月十六日官報中官廳事項欄內鬱陵島以下十九字를刪去ᄒᆞ고開國五百五年勅令第三十六號第五條江原道二十六郡의六字ᄂᆞᆫ七字로改正ᄒᆞ고安峽郡下에鬱島郡三字를添入ᄒᆞᆯ事
第四條 經費ᄂᆞᆫ五等郡으로磨鍊호ᄃᆡ現今間인즉吏額이未備ᄒᆞ고庶事草創ᄒᆞ기로該島收稅中으로姑先磨鍊ᄒᆞᆯ事
第五條 未盡ᄒᆞᆫ諸條ᄂᆞᆫ本島開拓을隨ᄒᆞ야次第磨鍊ᄒᆞᆯ事
附則

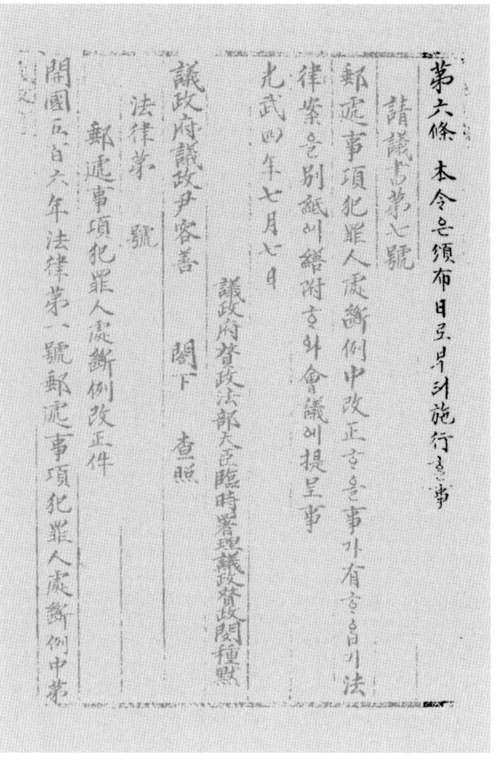
第六條 本令은頒布日로부터施行ᄒᆞᆯ事

請議書第七號

郵遞事項犯罪人處斷例中改正ᄒᆞᆯ事가有ᄒᆞᆷ이法律案을別紙에繕附ᄒᆞ와會議에提呈事

光武四年七月七日

議政府贊政法部大臣臨時署理議政贊政閔種默

議政府議政尹容善 閣下 查照

法律第 號

郵遞事項犯罪人處斷例改正件

開國五百六年法律第一號郵遞事項犯罪人處斷例中第

59 울릉도를 울도로 개칭하고 도감을 군수로 개정하는 것에 관한 의정부 회의 결과를 의정부에서 황제께 아룀

문서 종류 칙령안
작성 날짜 1900-10-24
발신 의정부
수신 황제
출처 奏本(奎17703) 47책 27a-b
관련 자료 各部請議書存案(奎17715) 17책 35a-37a; 勅令(奎17706) 9책 39a-40a; 奏本(奎17703) 47책 26a-b; 奏本存案(奎17704) 6책 32a; 內部來文(奎17761) 15책 108a-b; 起案(奎17746) 3책 161a-b

광무 4년(1900) 10월 24일 의정부 회의

사항 : 내부 대신이 청의한 울릉도를 울도로 개칭하고 도감을 군수로 개정하는 일 칙령안

의정	윤용선(尹容善)	몸조리
참정		미참석
찬정 궁내부 대신 서리	민종묵(閔種默)	불참
찬정 내부 대신 의정 서리	이건하(李乾夏)	청의
찬정 외부 대신	박제순(朴齊純)	개정하는 것이 옳음
찬정 탁지부 대신	민병석(閔丙奭)	칙령을 받지 못함
찬정 군부 대신		공석
찬정 법부 대신		공석. 학부 대신 임시 서리
찬정 학부 대신	김규홍(金奎弘)	개정이 마땅할 듯함
찬정 농상공부 대신	권재형(權在衡)	청의한 대로 개정하는 것이 옳음
찬정 경부 대신	이종건(李鍾健)	실제 병으로 불참
찬정	민응식(閔應植)	실제 병으로 불참
찬정	이용직(李容稙)	논의한 대로 하는 것이 옳음
찬정	이윤용(李允用)	논의한 대로 개정
찬정	윤웅렬(尹雄烈)	청의한 대로 개정하는 것이 옳음

찬정		공석
참정	성기운(成岐運)	고립된 지역이니 정식 관원으로 하는 것이 마땅함
참석 8명	찬성 8	심사 보고서 ○
불참 5명	반대 0	

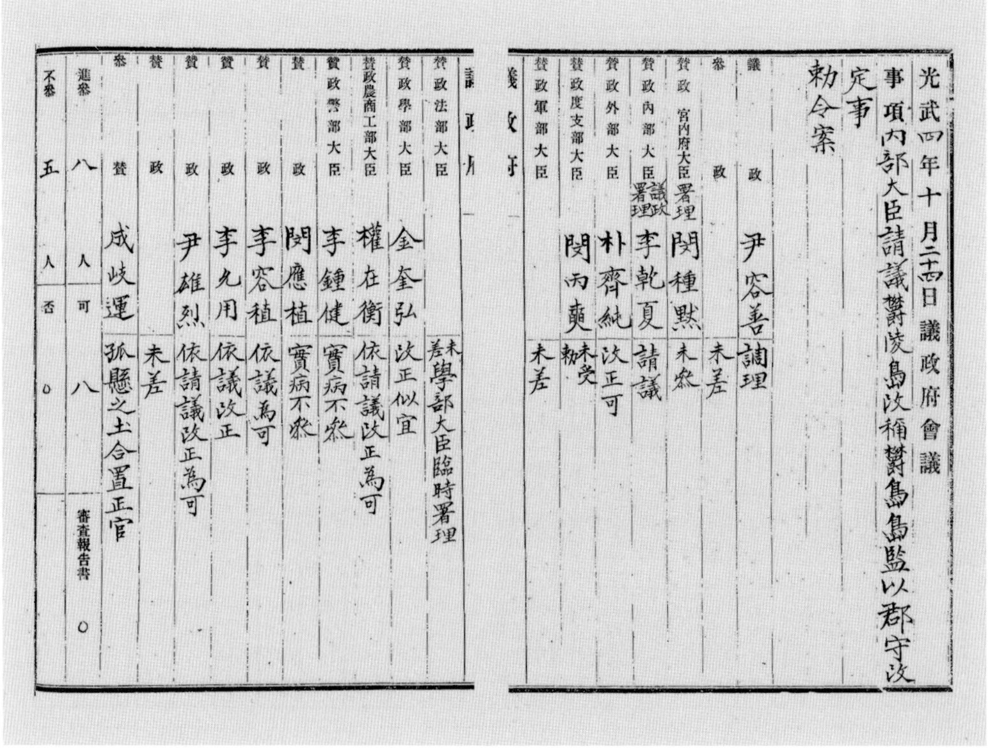
光武四年十月二十四日 議政府會議
事項 內部大臣請議鬱陵島改稱鬱島島監以郡守改定事
勅令案
議政 尹容善 謝理
參政 未差
贊政 宮內府大臣署理 閔種默 未參
贊政 內部大臣署理 議政署理 李乾夏 請議
贊政 外部大臣 朴齊純 改正可
贊政 度支部大臣 閔丙奭 未受勅
贊政 軍部大臣 未差
贊政 法部大臣 未差 學部大臣臨時署理
贊政 學部大臣 金奎弘 改正似宜
贊政 農商工部大臣 權在衡 依請議改正爲可
贊政 警部大臣 李鍾健 實病不參
贊政 閔應植 實病不參
贊政 李容植 依議爲可
贊政 李允用 依議改正
贊政 尹雄烈 依請議改正爲可
贊政 未差
參贊 成岐運 孤懸之土合置正官
進參 八人 可 八 審査報告書 ○
不參 五人 否 ○

60 울릉도를 울도로 개칭하고 도감을 군수로 개정하는 칙령을 황제가 내부에 내림

문서 종류 칙령 제41호
작성 날짜 1900-10-25
발신 황제
수신 내부 대신
출처 勅令(奎17706) 9책 39a-40a
관련 자료 各部請議書存案(奎17715) 17책 35a-37a; 奏本(奎17703) 47책 26a-b, 27a-b; 奏本存案(奎17704) 6책 32a; 內部來文(奎17761) 15책 108a-b; 起案(奎17746) 3책 161a-b

칙령 제41호

울릉도를 울도로 개칭하고 도감을 군수로 개정하는 건[鬱陵島를 鬱島로 改稱ᄒᆞ고 島監을 郡守로 改正ᄒᆞᆫ 件]

제1조 울릉도를 울도라 개칭하여 강원도에 소속시키고 도감을 군수로 개정하여 관제 중에 편입하고 군의 등급은 5등으로 한다.
제2조 군청의 위치는 태하동으로 정하고 구역은 울릉도 전부와 죽도, 석도를 관할한다.
제3조 개국 504년(1895) 8월 16일 『관보』 중 관청 사항 칸에 '울릉도' 아래의 19글자를 삭제하고 개국 505년 칙령 제36호 제5조 '강원도 26군'의 '6'자는 '7'로 개정하고 '안협군' 아래에 '울도군' 3글자를 추가한다.
제4조 경비는 5등급 군으로 마련하되 당분간 아전의 수가 갖추어지지 않았고 여러 가지 일이 초창기이기에 해당 섬에서 거두는 세금 중에서 우선 마련한다.
제5조 미진한 여러 조목은 본 섬의 개척에 따라 차례로 마련한다.
부칙
제6조 본 칙령은 반포일로부터 시행한다.
광무 4년(1900) 10월 25일 칙령을 받듦
의정부 의정 임시서리 의정부 찬정 내부 대신 이건하

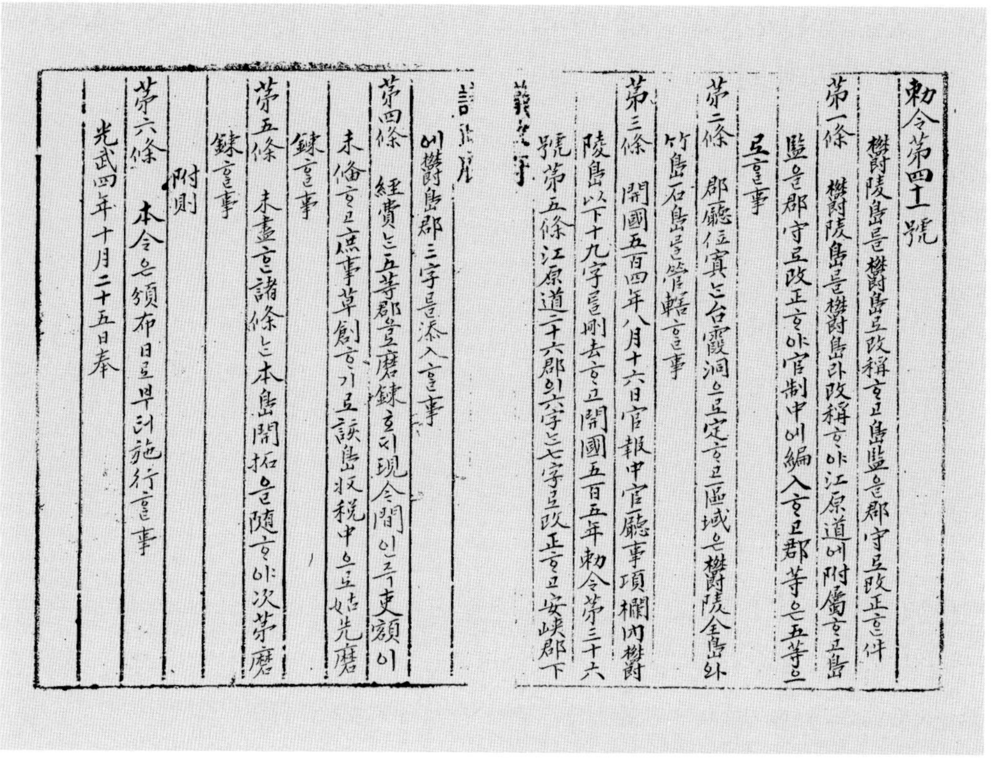

勅令第四十一號

鬱陵島를 鬱島로 改稱하고 島監을 郡守로 改正한 件

第一條 鬱陵島를 鬱島라 改稱하야 江原道에 附屬하고 島監을 郡守로 改正하야 官制中에 編入하고 郡等은 五等으로 할 事

第二條 郡廳 位寘는 台霞洞으로 定하고 區域은 鬱陵全島와 竹島 石島를 管轄할 事

第三條 開國五百四年八月十六日 官報中 官廳事項欄內 鬱陵島以下十九字를 刪去하고 開國五百五年 勅令第三十六號第五條 江原道二十六郡의 六字는 七字로 改正하고 安峽郡下에 鬱島郡 三字를 添入할 事

第四條 經費는 五等郡으로 磨鍊호대 現今間인즉 吏額이 未備하고 庶事草創하기로 該島收稅中으로 姑先磨鍊할 事

第五條 未盡한 諸條는 本島開拓을 隨하야 次第磨鍊할 事

附則

第六條 本令은 頒布日로부터 施行할 事

光武四年十月二十五日奉

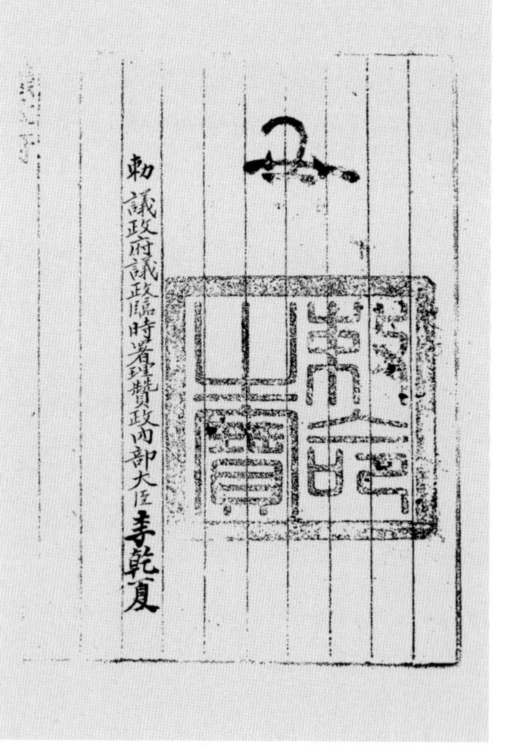

勅

議政府議政臨時署理贊政內部大臣 李乾夏

61 울도군에 파견할 순검 2명을 임명하여 올려 보내며 동래 경무서에서 동래 감리서에 보고함

문서 종류 제20호 보고서
작성 날짜 1901-07-30
발신 경무관 이재인
수신 동래 감리 현명운
출처 東萊監理各面署報告書(奎18147) 2책 73a

第20호 보고서

훈령 제23호를 받들어, 울도군에 파견할 순검 정기태(鄭基台)·허용(許溶)을 선정하여 올려 보냅니다. 이에 보고하니 잘 살펴 주시기 바랍니다.

광무 5년(1901) 7월 30일

경무관 이재인

감리 현명운 각하

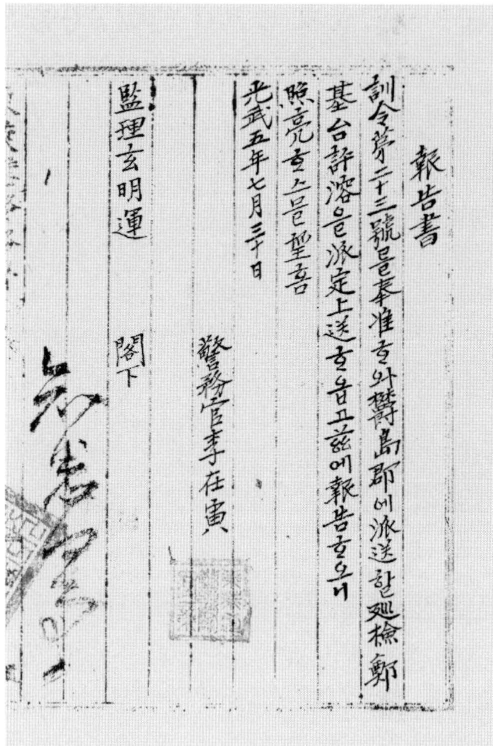

報告書

訓令第二十三號를奉准ᄒᆞ와鬱島郡에派送할巡檢鄭
基台許溶을派定上送ᄒᆞ옵고玆에報告ᄒᆞ오니
照亮ᄒᆞ심을望喜

光武五年七月三十日

警務官李在寅

監理玄明運 閣下

62 울도군을 침범하여 목재를 약탈하고 백성을 침해하는 일본인들을 일본 공관에 조회하여 철수시키도록 울도군에서 외부에 보고함

문서 종류 보고서 제1호
작성 날짜 1901-09-01
발신 울도 군수 배계주
수신 의정부 찬정 외부 대신
출처 江原道來去案(奎17985) 2책 18a-b
관련 자료 內部來去文(奎17794) 13책 25a-26a, 27a-b, 28a-30b, 31a-32b, 33a-37b; 內部來去文(奎17794) 14책 40a-41b

보고서 제1호

본 울도군은 바다 귀퉁이에 위치하여 개척이 완료되지 않아서 호구 수가 500호 미만이고 본래 상인들이 오고 가지 않는 지역입니다. 저 사람들의 교섭에 대해 본래 각국이 모여 처리한 규정에는 없습니다. 그런데 현재 일본인들이 아무 때나 늘 오가며 매우 중요한 출입 금지 산에 거리낌 없이 침범하여 나무를 베기에 내부에 보고하였습니다. 그랬더니 지난 경자년(1900) 5월에 시찰관 우용정이 일본 공사와 더불어 황제의 명령을 받들고 섬으로 들어왔습니다. 일본인들을 불러 모아 재판하는 마당에 일본인들은 다시는 침범하지 않겠다는 뜻으로 자복하였습니다. 그런데 시찰관이 서울로 간 후 일본인 500여 명이 모든 산에 불쑥불쑥 들어가 느티나무와 목재를 마음대로 베어서 실어갔습니다. 올해의 경우 남쪽과 북쪽으로 지역을 나누어 스스로 이르기를 "우리 산이다."라고 하며 섬 백성들은 1명도 함부로 베지 못하게 하고, 게다가 또 섬 백성들에게 돈과 재물을 함부로 빼앗는 등 수없이 괴롭히고 침범하였습니다. 따라서 연유를 보고하니 잘 살펴서 일본 공관에 조회를 보내 섬을 침범한 일본인들을 즉시 철수하여 돌아가게 하고, 백성들이 편안히 생업에 종사함으로써 대한제국의 요충지를 보호하도록 해 주시기를 삼가 바랍니다.
광무 5년(신축, 1901) 9월 일

울도 군수 배계주

의정부 찬정 외부 대신 합하

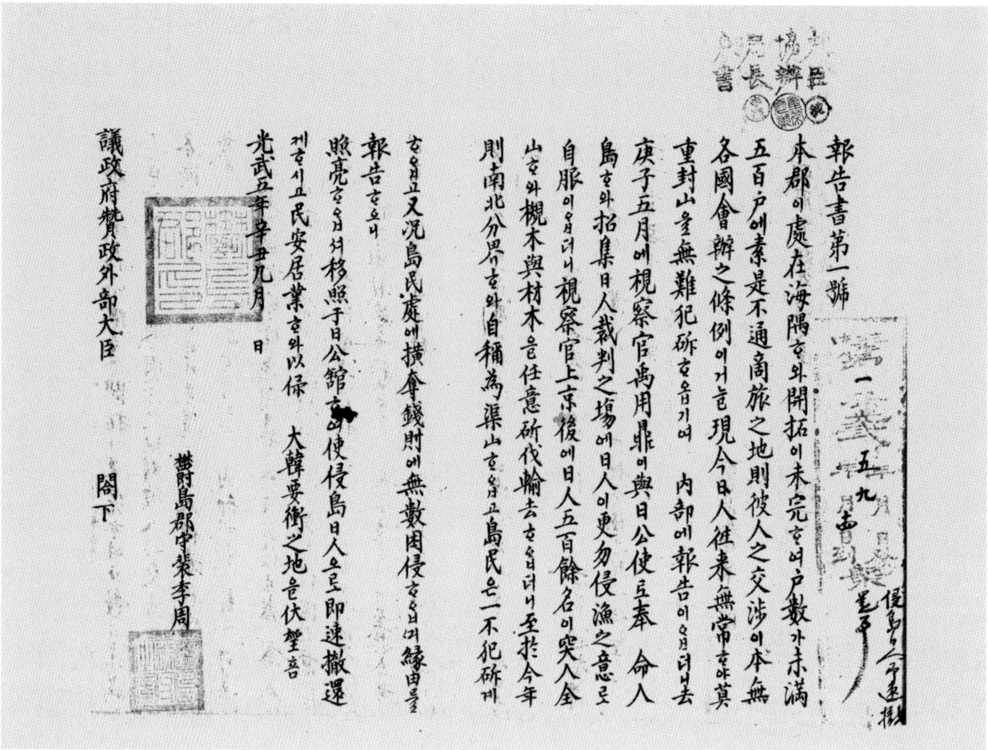

報告書第一號

本郡이處在海隅ᄒᆞ와開拓이未完ᄒᆞ여戶數가未滿五百戶에素是不通商旅之地則彼人之交涉이本無各國會辦之條例이거늘現今日人往來無常ᄒᆞ야莫重封山을無難犯斫ᄒᆞᄋᆞᆸ기여 內部에報告이ᄋᆞᆸ더니去庚子五月에視察官禹用鼎이與日公使로奉 命入島ᄒᆞ와招集日人裁判之場에日人이更勿侵漁之意로自服이ᄋᆞᆸ더니視察官上京後에日人五百餘名이突入全山ᄒᆞ와槻木與材木을任意斫伐輸去ᄒᆞᄋᆞᆸ더니至於今年則南北分界ᄒᆞ와自稱爲渠山ᄒᆞᄋᆞᆸ고島民은一不犯斫케ᄒᆞᄋᆞᆸ고又況島民處에攘奪錢財에無數困侵ᄒᆞᄋᆞᆸ기緣由를

報告ᄒᆞ오니

照亮ᄒᆞᄋᆞᆸ셔移照于日公館ᄒᆞ와使侵島日人으로即速撤還게ᄒᆞ시고民安居業ᄒᆞ와以保 大韓要衝之地을伏望흠

光武五年辛丑九月 日

鬱島郡守裵季周

議政府贊政外部大臣 閣下

63 일본인들이 울릉도 백성들을 괴롭히고 삼림을 황폐화하는 상황 등에 대해 울도군에서 외부에 보고함

문서 종류 부본(副本)
작성 날짜 1901-09-13
발신 울도 군수 배계주
수신 의정부 찬정 외부 대신
출처 江原道來去案(奎17985) 2책 19a
관련 자료 江原道來去案(奎17985) 2책 18a-b; 訓令照會存案(奎19143) 24책 98a-b

부본

현재 일본인들은 온 섬에 가득 차서 제멋대로 불법을 저지르는데, 한낱 백성을 함정에 빠뜨릴 뿐만 아니라 삼림은 이미 풀 한 포기 없을 정도이고 토지는 장차 저들의 손에 들어가게 될 것입니다. 이에 보고합니다.

광무 5년(1901) 9월 13일

울도 군수 배계주

의정부 찬정 외부 대신 각하

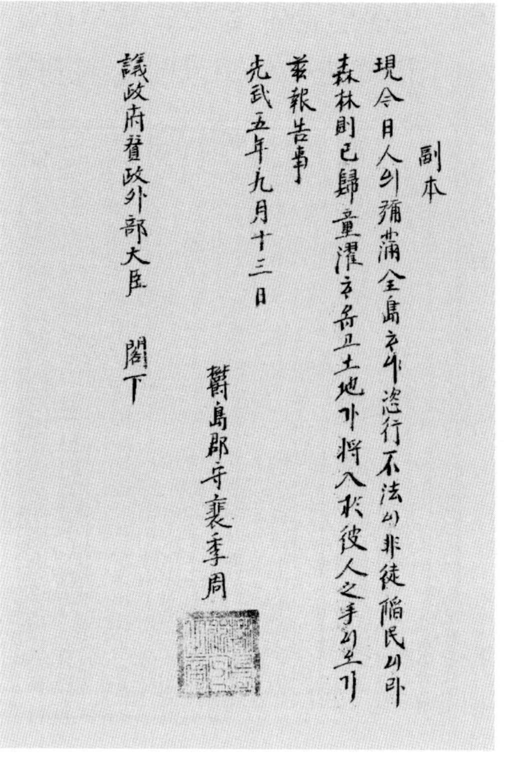

副本

現今日人의彌滿全島ᄒᆞ야恣行不法이非徒陷民이라

森林則已歸童濯ᄒᆞ얏고土地가將入於彼人之手이오기

兹報告事

光武五年九月十三日

鬱島郡守裵季周

議政府贊政外部大臣 閣下

64 일본인들이 울릉도에서 저지르는 폐단에 대해 일본 공사에게 조회하여 일본인들을 빨리 철수시키도록 내부에서 외부에 조회함

문서 종류 조회 제11호
작성 날짜 1901-09-25
발신 의정부 찬정 내부 대신 이건하
수신 의정부 찬정 외부 대신 박제순
출처 內部來去文(奎17794) 14책 40a-41b
관련 자료 內部來去文(奎17794) 13책 25a-26b, 27a-b, 28a-30b, 31a-32b, 33a-37b; 江原道來去案(奎17985) 2책 18a-b

---

조회 제11호

지난해 10월 일, 귀 외부 제15호, 제16호 회답 조회를 연달아 접수하여 저희 내부에서 제19호 조회로 삼가 다시 알려 드렸습니다. 그런데 해를 넘기고 계절이 지나도록 어떠한 회답 조회도 아직 없어서 지금 답답하던 중이었는데 현재 접수한 울도 군수 배계주의 보고서 내용에,
"본 섬은 바다 귀퉁이 후미진 곳에 있는데 섬에 사는 백성들은 단지 농사를 생업으로 삼고 있습니다. 그런데 근년에 일본인들이 자주 오가며 더러는 느티나무를 베고 더러는 거주민들을 침범하는 상황에 대해 작년쯤 시찰관 우용정이 이미 환하게 살폈습니다. 그때 일본인들을 불러 모아 재판하였더니 다시는 침탈하는 폐단을 저지르지 않겠다고 자복하였습니다. 그러나 시찰관이 서울로 간 후 산에는 느티나무가 1그루도 남아 있지 않았습니다. 그리고 올해는 일본인 1,000여 명이 패거리 지어 불쑥 들어와 모든 산을 남쪽과 북쪽으로 경계를 나누고, 70여 호가 섬 안에 살았습니다. 나눈 지역 안에서는 비록 풀 1포기 나무 1그루라도 대한제국의 백성은 함부로 베지 못하게 합니다. 섬 백성 윤은중(尹殷中)이 지붕을 덮는 일로 나무를 베고 판자를 만드는데, '우리 산의 나무이다.'라고 하면서 침범하지 못하게 하였습니다. 대개 자기 나라 자기 산의 나무이더라도 이 지경에 이르지는 않습니다. 게다가 또 대한제국의 토지인 경우이겠습니까? 일본인의 폐단이 갈수록 더욱 심하니 섬에 사는 백성들은 편안

하게 지낼 수 없어 뿔뿔이 흩어질 지경에 이르렀고, 대한제국의 토지는 일본인에게 빼앗기고 있습니다. 그러므로 이에 보고하니 잘 살피신 후 특별히 공정하게 해결해 주시기를 삼가 바랍니다."

라고 하였습니다.

섬에 있는 일본인들의 번지는 폐단은 갈수록 더욱 심하여 목재를 함부로 베는 것이 더욱 거리낌 없을 뿐만 아니라, 섬 전체를 남북으로 지역을 나누어 집을 짓고, 산에 가득한 목재를 자기네 것으로 여겨 섬의 백성이 지붕을 덮으려고 벌목하는 것을 도로 금지한다고 합니다. 생각이 여기에 미치자 저도 모르게 한심합니다. 대개 섬에 있는 몰인정한 일본인들을 만약 철수시켜 돌려보내지 않으면 섬에 있는 500호, 수천 명의 인구는 모두 뿔뿔이 흩어지고야 말 것입니다. 따라서 지금까지 삼가 조회한 것이 한두 번에 그치지 않지만, 아직도 질질 끌어 폐단이 더욱 심해지고 기강이 그지없이 어그러지고 있습니다. 국제법상 해당 일본인들의 행패는 정말로 두 나라의 수치입니다. 이에 다시 삼가 알려드리니 잘 살피신 후 일본 공사에게 조회로 알려 섬에 있는 도리에 어긋난 일본인들의 경우 기한을 정해 철수시켜 돌아가게 하시고 분명히 알려 주시기를 요청합니다.

광무 5년(1901) 9월 25일

의정부 찬정 내부 대신 이건하

의정부 찬정 외부 대신 박제순 각하

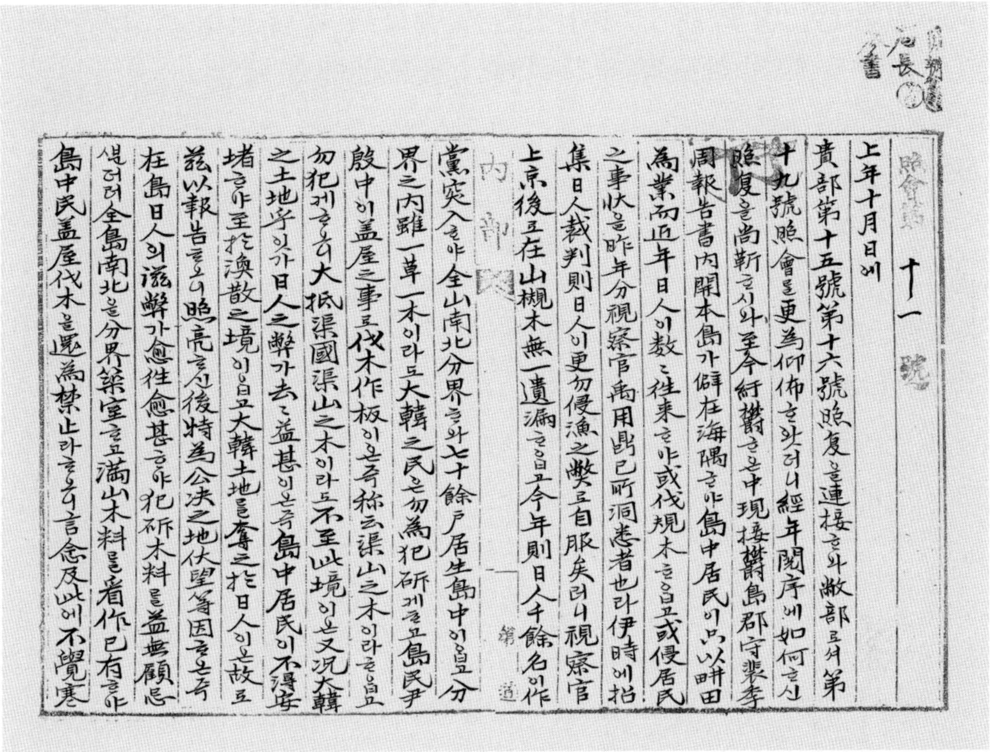

照會第 十一 號

上年十月日에
貴部第十五號第十六號照復을連接ᄒᆞ와敝部로셔第
十九號照會를更為仰佈ᄒᆞ왓더니經年閱序에如何ᄒᆞ신
照復을尚靳ᄒᆞ시와至今紆鬱ᄒᆞ온中現接鬱島郡守裵季
周報告書內開本島가僻在海隅ᄒᆞ야島中居民이只以畊田
為業而近年日人이數數往來ᄒᆞ야或伐規木ᄒᆞ읍고或侵居民
之事狀을昨年分視察官禹用鼎已所洞悉者也라伊時에拈
集日人裁判則日人이更勿侵漁之弊로自服矣러니視察官
上京後로在山槻木無一遺漏ᄒᆞ읍고今年則日人千餘名이作
黨突入ᄒᆞ야全山南北分界ᄒᆞ와七十餘戶居生島中이읍고分
界之內雖一草一木이라도大韓之民은勿為犯斫케ᄒᆞ고島民尹
殷中이盖屋之事로伐木作板이온즉稱云渠山之木이라ᄒᆞ읍고
勿犯케ᄒᆞ오니大抵渠國渠山之木이라도不至此境이온又況大韓
之土地乎잇가日人之弊가去去益甚이온즉島中居民이不得安
堵ᄒᆞ야至於渙散之境이읍고大韓土地를奪之於日人이온故로
玆以報告ᄒᆞ오니照亮ᄒᆞ신後特為公決之地伏望等因ᄒᆞ온즉
在島日人의滋弊가愈往愈甚ᄒᆞ야犯斫木料를益無顧忌
ᄲᅮᆫ더러全島南北을分界築室ᄒᆞ고滿山木料를看作已有ᄒᆞ야
島中民盖屋伐木을還為禁止라ᄒᆞ오니言念及此에不覺寒

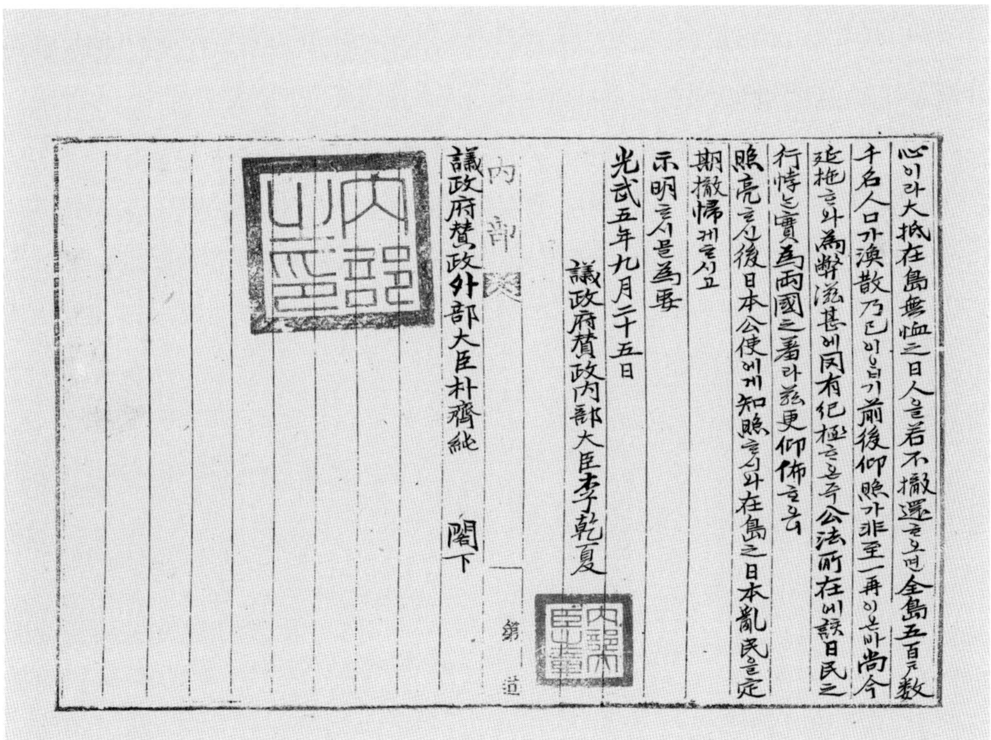

心이라大抵在島無恤之日人을若不撤還ᄒᆞ오면全島五百戶數
千名人口가渙散乃已이읍기前後仰照가非至一再이온바尚今
延拖ᄒᆞ와為弊滋甚에固有紀極ᄒᆞ온즉公法所在에該日民之
行悖는實為兩國之羞라玆更仰佈ᄒᆞ오니
照亮ᄒᆞ신後日本公使에게知照ᄒᆞ시와在島之日本亂民을定
期撤歸케ᄒᆞ시고
示明ᄒᆞ시믈為要
光武五年九月二十五日
議政府贊政內部大臣李乾夏
議政府贊政外部大臣朴齊純 閣下

65 일본인들의 목재 침탈과 관련해 울도의 삼림은 황실 소속이니 함부로 베지 말도록 내장원에서 울도군에 훈령함

문서 종류	훈령 1호
작성 날짜	1901-10-29
발신	내장원 경 임시 서리 탁지부 협판 이용익
수신	울도 군수 강영우
출처	訓令照會存案(奎19143) 24책 98a-b
관련 자료	江原道來去案(奎17985) 2책 19a; 內部來去文(奎17794) 14책 40a-41b

훈령 1호

울도군에 있는 삼림은 현재 황실(皇室) 원림(園林)에 속하여 곧 본 내장원 관할이고, 본 섬 안의 나무는 원래 국유 산의 삼림으로 특별히 소중하여 사사로이 벨 수 없다. 그런데 근래에 떠돌이 무리가 이리저리 핑계 대고 거리낌 없이 함부로 베는 폐단이 종종 발생하였다. 진실로 온 마음으로 제대로 금지하고 지시했다면 어찌 이 지경에 이르렀겠느냐? 법의 취지상 매우 놀랍기 그지없다. 뿐만 아니라 현재 관련된 바가 그지없이 중요하여 관리하는 사항을 갑절로 유념해야 마땅하다. 이에 훈령하니 지금부터 별도로 단단히 지시하여 혹시 1그루의 나무라도 함부로 베는 폐단이 없도록 하라. 만약 도리에 어긋난 무리가 몰래 함부로 베는 폐단이 있으면 각별히 염탐하여 붙잡고 엄하게 붙잡아 보고해 와서 무겁게 징계하도록 하라. 또 회사 사람들이 서울과 지방을 쏘다니며 거짓으로 부탁하여 백성을 못살게 구는 짓거리 또한 모두 금지하기를 요청한다.

광무 5년(1901) 10월 29일

내장원 경 임시 서리 탁지부 협판 이용익

울도 군수 강영우 좌하

추신 : 섬 안 나무의 실제 수와 지역의 길이·폭을 상세히 작성하여 증빙으로 삼도록 또한 요청한다.

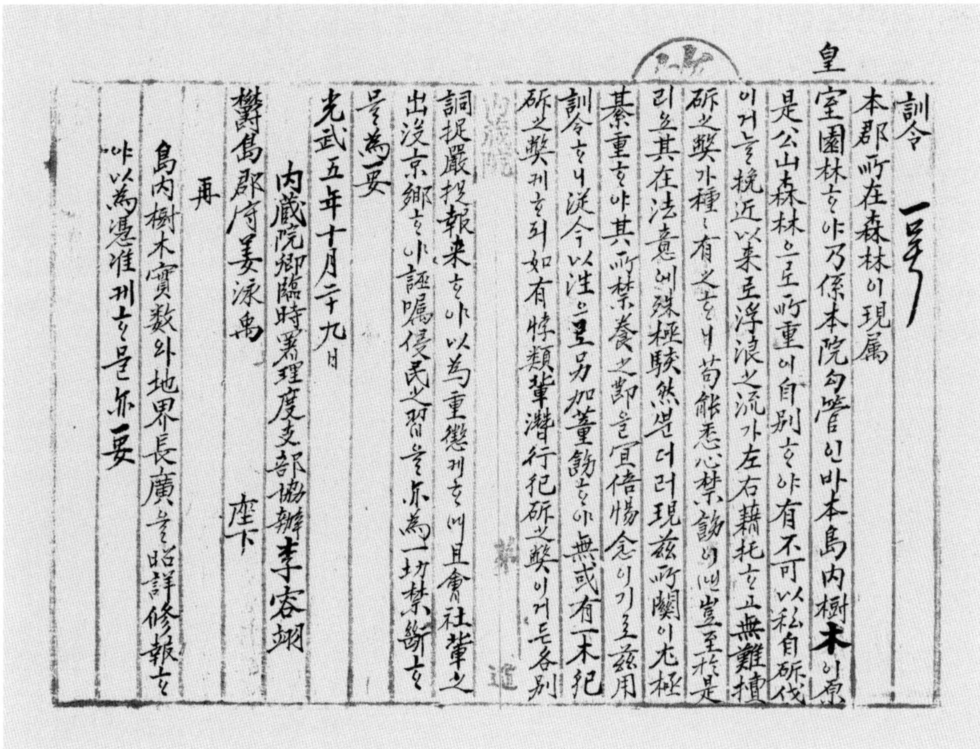
訓令 一號

本郡所在森林이現屬

皇室園林ᄒᆞ야乃係本院句管인바本島內樹木이京

是公山森林으로所重이自別ᄒᆞ야有不可以私自斫伐

이거ᄂᆞᆯ挽近以來로浮浪之流가左右藉托ᄒᆞ고無難擅

斫之弊가種種有之ᄒᆞ니苟能悉心禁飭이면豈至於是

리오其在法意에殊極駭然ᄲᅮᆫ더러現玆所關이尤極

綦重ᄒᆞ야其所禁養之節을宜倍惕念이기로玆用

訓令ᄒᆞ니從今以往으로另加董飭ᄒᆞ야無或有一木犯

斫之弊케ᄒᆞ되如有悖類輩潛行犯斫之弊이거든各別

詗捉嚴捉報來ᄒᆞ야以為重懲케ᄒᆞ며且會社輩之

出沒京鄉ᄒᆞ야誑嚇侵民之習을亦為一切禁斷ᄒᆞ

믈為要

光武五年十月二十九日

內藏院卿臨時署理度支部協辦李容翊

鬱島郡守姜泳禹 座下

再

島內樹木實數와地界長廣을昭詳修報ᄒᆞ

야以為憑准케ᄒᆞᆷ을亦要

66 울릉도에서 외국인의 폐단과 관련된 일을 신속히 처리하도록 외부에서 동래 감리서에 훈령함

문서 종류 훈령 제53호
작성 날짜 1901-10-30
발신 의정부 찬정 외부 대신 박제순
수신 동래 감리 현명운
출처 東萊港報牒(奎17867의2) 5책 78a-b
관련 자료 江原道來去案(奎17985) 2책 23a-b

훈령 제53호

울릉도에 군을 새로 설치하였는데, 모든 것이 처음이어서 처리하기에 곤란한 것이 많다. 게다가 각국 사람이 섬 안에 장사를 핑계 대고 왕래가 빈번할 뿐만 아니라 심지어 집을 짓고 생업 활동을 하여 규정을 뚜렷이 위반하였다. 그로부터 발생하는 폐해가 한둘에 그치지 않는다. 사안이 발생하면 함부로 처리할 수 없어서 외부에 보고하여 처리를 요청하면 길이 험하고 또 멀어서 항상 늦고 미치지 못할까 근심한다. 이에 훈령하니 잘 살펴서 만약 해당 군에서 외국인과 관련되는 일로 귀 감리서에 직접 보고하면 상황에 따라서 신속히 처리하여 멀리 떨어진 섬의 행정이 지체되지 않도록 하는 것이 옳다.

광무 5년(1901) 10월 30일

의정부 찬정 외부 대신 박제순

동래 감리 현명운 좌하

光武五年十月三十日起案

主任通商局課長

大臣 協辦

訓令第五十三号

鬱陵嶋에郡治를新設ᄒᆞ온凡百이草創ᄒᆞ와類多棘手이어ᄂᆞᆯ兼以各國人이藉托內地興販ᄒᆞ고去來頻繁ᄒᆞᆯ但더러至有築室營業ᄒᆞ와顯干違章이고從以滋生弊竇가不一以足ᄒᆞ되遇有事案이不能擅便ᄒᆞ야報部請辦이며路阻且長ᄒᆞ와常患晼晩不及ᄒᆞ기로茲에訓

第 道

外部

令ᄒᆞ니

照諒ᄒᆞ와如由該郡으로事涉外人ᄒᆞ야直報

貴署이어든隨機迅辦ᄒᆞ와俾遠島行政으로免致滯礙케ᄒᆞᆷ이爲可

光武五年十月三十日

議政府贊政外部大臣朴齊純

東萊監理玄明運座下

67 울도군에 외국인과 불법적으로 내통하는 자가 있으면 붙잡아 동래 감리서로 넘기도록 외부에서 울도군에 훈령함

문서 종류 훈령 제1호
작성 날짜 1901-10-30
발신 의정부 찬정 외부 대신 박제순
수신 울도 군수 강영우
출처 江原道來去案(奎17985) 2책 23a-b
관련 자료 東萊港報牒(奎17867의2) 5책 78a-b

훈령 제1호

귀 군이 새로 설치된 지 오래되지 않아 모든 일이 처음이다. 그런데 외국인이 섬 안 여행을 핑계 대고 왕래가 빈번하며, 집을 짓고 생업 활동을 하는 경우도 있어서 폐단이 발생하기에 이르고 있다. 이는 비단 조약의 취지에 위반될 뿐만 아니라 우리 백성들의 이해와 관련이 있어서 그대로 내버려 둘 수 없다. 이에 훈령하니 엄하게 금지하고 지시하여 외국인이 여행하거나 장사하는 것 이외에 집을 짓거나 지역의 생업을 침해하지 못하게 하라. 그리고 처리하기 어려운 일의 단서를 만나면 가까운 동래 감리에게 분명히 보고하여 처리하고, 우리나라 백성이 외국인과 법에 어긋나는 일로 내통하여 법에서 벗어난 자가 있으면 붙잡아 동래 감리서로 넘기는 것이 옳다.
광무 5년(1901) 10월 30일

의정부 찬정 외부 대신 박제순

울도 군수 강영우 좌하

聞致洪喬
改繕以去

光武五年十月三十日起案

主任 課局長

大臣(印) 協辦

訓令第一号

貴郡이新設未久ᄒᆞ야庶事艸刱ᄒᆞᆫᄃᆡ外國人이藉稱
内地游歷ᄒᆞ고往來頻繁ᄒᆞ야至有建屋營業ᄒᆞ
야致滋弊端ᄒᆞ니此非但違越約章이라有關吾民
利害ᄒᆞ야不可因循置之이기로玆에訓令ᄒᆞ니嚴
加禁飭ᄒᆞ야外國人游歷興販以外에勿得營建
房屋ᄒᆞ며侵損土産케ᄒᆞ고遇有難便事端이어든 第 道
外部
附近東萊監理에게報明辦理ᄒᆞ고本國民人이與
外國人으로串通不法者有ᄒᆞ거든拿交東萊監
理署가爲可

光武五年十一月三十日
議政府贊政外部大臣朴齊純

鬱島郡守姜泳禹(裵季周)座下

68 울도군의 삼림을 함부로 베는 일본인과 내통하는 백성들을 보고하여 징계하도록 내장원에서 울도군에 훈령함

문서 종류 훈령 2호
작성 날짜 1901-11-12
발신 내장원 경 임시 서리 탁지부 협판 이용익
수신 울도 군수 강영우
출처 訓令照會存案(奎19143) 25책 60a-b
관련 자료 東萊港報牒(奎17867의2) 5책 78a-b; 江原道來去案(奎17985) 2책 23a-b

훈령 2호

울도군에 있는 나무를 일본인이 거리낌 없이 함부로 베는 것은 오로지 우리 백성들을 연줄로 하여 간사함을 부리는 것이다. 해당 섬은 이미 황실의 땅에 해당하니, 이는 특별히 조처하지 않을 수 없다. 이에 훈령하니 훈령이 도착하는 즉시 섬의 지형에 따라 면(面)과 리(里)를 나누어 정한 후 면에는 풍헌과 집강을 두고, 리에는 존위를 두어 각각 면과 리에서 만약 일본인이 나무를 함부로 베는 폐단이 있으면 면임과 동임이 함께 금지하도록 하라. 만약 혹시라도 사사로운 정에 얽매어 금지하지 않으면 해당 면에서 잃은 목재는 해당 면의 담당자와 여러 백성들이 힘을 합쳐 도로 찾도록 하라. 그리고 제대로 보호하지 못한 동임은 이름을 구체적으로 본 내장원에 긴급 보고하여 법을 적용해 엄히 징계하게 하며, 회사원이 벤 느티나무도 부산항으로 실어낼 때 보관해 둔 그루 수를 상세하게 샅샅이 조사하여 또한 즉시 긴급 보고하되 각별히 준수하여 잘못함이 없기를 요청한다.
광무 5년(1901) 11월 12일

내장원 경 임시 서리 탁지부 협판 이용익

울도 군수 강영우 좌하

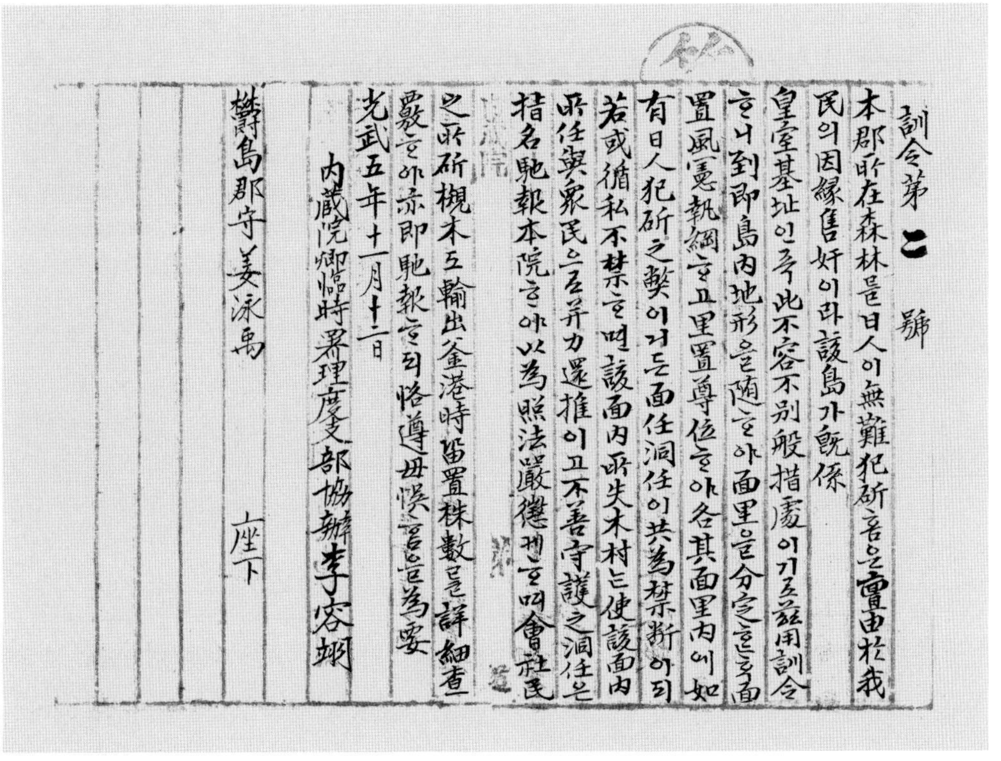
訓令第二號

本郡所在森林을日人이無難犯斫홈은實由於我
民의因緣售奸이라該島가旣係
皇室基址인즉此不容不別般措處이기로玆用訓令
ᄒᆞ니到卽島內地形을隨ᄒᆞ야面里을分定ᄒᆞ고每面
置風憲執綱ᄒᆞ고里置尊位ᄒᆞ야各其面里內에如
有日人犯斫之弊이거든面任洞任이共爲禁斷이되
若或循私不禁ᄒᆞ면該面內所失木村는使該面內
所任與衆民으로幷力還推이고不善守護之洞任은
指名馳報本院ᄒᆞ야以爲照法嚴懲케ᄒᆞ며會社民
之所斫槻木互輸出釜港時留置株數를詳細查
覈ᄒᆞ야亦卽馳報ᄒᆞ되恪遵毋悞ᄒᆞ믈爲要

光武五年十一月十二日

內藏院卿臨時署理度支部協辦李容翊

鬱島郡守姜泳禹 座下

69 부산항에 보관해 둔 울도 느티나무를 즉시 실어 올리라고 동래 부윤에게 지시하도록 내부에서 내장원에 조회함

문서 종류 조회 제4호
작성 날짜 1902-05-14
발신 의정부 찬정 내부 대신 이건하
수신 내장원 경 이용익
출처 各府郡來牒(奎19146) 5책 44a-b
관련 자료 訓令照會存案(奎19143) 31책 39a-b

조회 제4호

지난번 부산항에 보관해 둔 울도 느티나무 75조각을 즉시 배로 운반해 올라오라는 뜻으로 황제의 처분을 받들어 동래에 전보로 지시하였더니, 해당 동래 부윤이 전보로 아뢴 내용에,

"목재는 지난번에 내장원으로 말미암아 쌓아 둔 것이니, 바라건대 해당 내장원에 전달 조회하여 실어 올리는 데 제약에서 벗어나게 해 주십시오."

라고 하였습니다.

이에 삼가 알려 드리니 잘 살피신 후 즉시 실어 올리라는 뜻으로 해당 부윤에게 전보로 지시하고 분명히 알려 주시기를 요청합니다.

광무 6년(1902) 5월 14일

의정부 찬정 내부 대신 겸임 혜민원 총재 이건하

내장원 경 이용익 각하

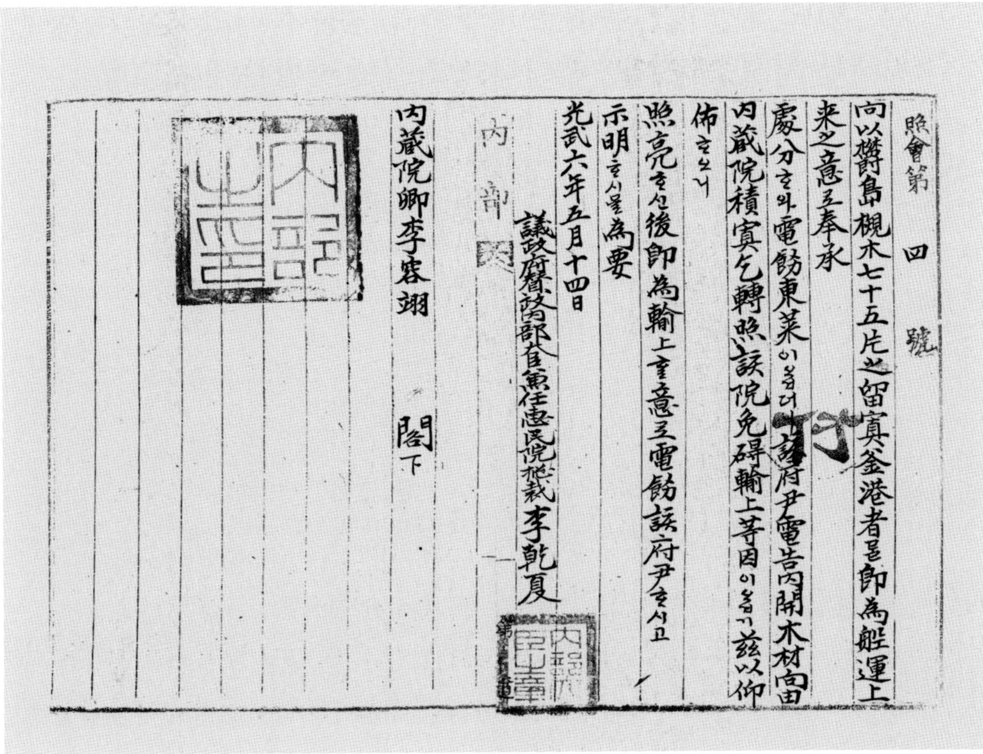

照會第 四 號

向以欝島槻木七十五片之留寘釜港者로 卽爲船運上

來之意로奉承

處分호와電飭東萊이옵더니 該府尹電告內開木材當

內藏院積寘乞轉照該院免碍輸上等因이옵기 玆以仰

佈호오니

照亮호신後卽爲輸上홀意로電飭該府尹호시고

示明호시믈爲要

光武六年五月十四日

議政府贊政內部大臣兼任惠民院總裁 李乾夏

內藏院卿李容翊 閣下

70 일본인에 대한 배상문제로 자살한 김성술 옥사의 검안 작성을 지체한 배계주의 처리에 대해 평리원에서 법부에 보고함

문서 종류 보고서 제72호
작성 날짜 1902-05-17
발신 평리원 재판장 임시 서리 경위원 총관 겸임 헌병사령관 육군참장 이근택
수신 의정부 찬정 법부 대신
출처 司法稟報(乙)(奎17279) 35책 6a-7b

보고서 제72호

피고 배계주의 안건을 검사의 공소로 말미암아 심리하였습니다.
"피고는 이에 앞서 울도 군수로 재임할 때였습니다. 작년 음력 5월쯤 해당 울도군 백성 김성술(金聖術)은 여러 사람이 사서 챙긴 콩 4,000여 말을 일본인의 범선을 빌려 꾸려서 실었습니다. 그 무렵 조사 위원 최병린이 마침 도착하여 여러 사람들에게 선언하기를, '범선은 개인의 배이고 창룡환은 공공의 배인데, 만약 공공을 버리고 개인을 따르는 것이 발각되는 날에는 실은 곡식의 모든 수량을 해관의 공공에 소속시킨다.'라고 하였습니다. 그래서 범선에 실은 콩을 창룡환에 옮겨 실었습니다. 김성술은 이러한 사유를 일본인에게 부추겼고 범선 주인은 이로 인해 감정을 품어서 '손해를 배상하라.'고 말하면서 4,000여 냥에 해당하는 해당 곡식의 모든 수량을 빼앗아갔습니다. 그러자 최병린은 일본인에게 배상한 몫을 김성술에게 추징하려고 그의 서기 박필호(朴弼浩)를 시켜 같은 해 6월쯤 내부에 소장을 바쳐서 훈령을 지니고 김성술을 압송해 올리려고 도로 해당 울도군에 도착하였습니다. 박필호는 김성술을 마주치자 말하기를, '지난날 일본인에게 배상한 몫은 정말로 네가 거짓으로 부탁한 탓에 말미암았으니 해당 곡식값은 네가 모름지기 맡아서 물어내라.'고 하였습니다. 그러자 김 씨는 말하기를, '집으로 돌아간 뒤 조처하겠다.'라고 하고, 박필호와 함께 그의 집으로 가는 길에 해당 동네 앞 수풀 속에 도착하여 쉬며 머물다가 자살하여 사망했습니다.
그때 피고는 밤을 새워 올라오라는 내부의 훈령 지시를 받들어 같은 달 18일에 창룡환을 탔는데, 다음 날인 19일 아침 일찍 최문옥(崔文玉)이 와서 아뢰기를, '김성술이 지난밤에 목을 매어 사망했다.'라고 하였습니다. 그러므로 피고는 작은 배로 육지에 내려 시체가 놓여

있는 곳에 가서 보니, 김성술이 스스로 목을 맨 경위가 명확하고 의혹이 없었습니다. 또 그날 밤 수풀 속에서 같이 머문 김경욱(金敬旭)이 아뢴 내용에, '김성술이 사망한 것은 자살이 확실하다.'라고 하였습니다. 따라서 샅샅이 캐기를 기다릴 것도 없이 판단할 수 있었습니다. 그러나 인명사안을 신중히 살펴야 하는 원칙상 진실로 법대로 검험(檢驗)했어야 마땅합니다. 그런데 해당 탑승한 배편이 '바야흐로 출발한다.'라고 하였으므로 군으로 돌아온 뒤 결론짓겠다는 뜻으로 유족에게 관인을 찍은 문서를 작성해 주었습니다. 그리고 박필호는 묶어서 배에 싣고 부산항에 도착하자마자 최병린이 해당 박필호를 떠맡아서 데리고 갔습니다. 피고는 서울로 올라온 뒤 그대로 교체되었고, 다시 부임하러 내려가는 길에 이로 인해 고소당했습니다." 라고 하였습니다.

그런데 사망자 김성술의 경우, 근거 없는 얘기로 최병린으로 하여금 배상하게 하는 지경에 이르렀고, 박필호가 도착하여 압송해 올리라는 훈령을 건네주기에 이르렀을 때 스스로 목숨을 끊었으니, 정황은 진실로 측은하고 죽음 또한 허망합니다. 박필호의 경우, 압송해 올리라는 훈령을 지니고 배상금을 도로 뜯을 때 위협한 정황은 보지 않아도 알 수 있는 일입니다. 해당 범인은 현재 울산군에 머물고 있으니 압송해 올려 법을 적용하는 것은 단연코 그만둘 수 없습니다. 피고의 경우, 처음에 검험하지 않은 것은 비록 "공무로 서울에 올라가는데 배편이 다급하여 문안을 작성할 겨를이 없었다."라고 하지만 인명사안은 중요하니 온전히 용서하기 어렵습니다. 이러한 사실은 피고가 진술에서 자복하여 명백합니다. 피고 배계주는 『대명률(大明律)』「형률(刑律) 잡범편(雜犯篇)」〈불응위조(不應爲條)〉의 '무릇 마땅히 해서는 안 되는 일을 한 경우[凡不應得爲而爲之者]'라는 율문을 적용하여 태(笞) 40대로 처리하였습니다. 이에 보고하니 조사해 주시기 바랍니다.

광무 6년(1902) 5월 17일

평리원 재판장 임시 서리 경위원 총관 겸임 헌병사령관 육군참장 이근택

의정부 찬정 법부 대신 각하

杳 協辦 七廿

報告書 第七十二

被告裵季周案件由檢事公訴審理則被告前此鬱島郡守在任時上年陰曆五月分該郡民金聖術衆人貿取之大豆四千餘斗日人風帆船賃借裝載之際調査委員崔秉麟適爲來到對衆宣言曰風帆船私船蒼龍丸公船若捨公從私發覺之日所載穀沒數屬公於海關云風帆船所載大豆移載於蒼龍丸矣金聖術以此由嗾囑於日人處則風帆船主因此含憾云云稱以損害賠償該穀四千餘金價值沒數奪去崔秉麟日人處賠償條推徵於金聖術次使渠之書記朴弼浩同年六月分呈訴內部持帶訓令金聖術押上次還到該郡

平理院

朴弼浩逢着金聖術言曰前日日人處賠償條實由汝之誣囑所致則該穀價汝須擔徵云則金曰歸家後措處與朴弼浩偕往渠家之路該洞前林藪中及到歇宿自裁致命其時被告奉承內部因夜上來之訓飭同月十八日搭乘蒼龍丸矣其翌十九日早朝崔文玉來告曰金聖術去夜結項致死云故被告從小船下陸往見停屍處則金聖術自縊形止明確無疑且當夜林藪中同宿之金敬旭所告內金聖術致死確係自裁不待究覈可判然其在命案審愼之道固當如法檢驗而該搭乘之船便方發云故還郡後歸決之意成給印蹟於屍親縛載朴弼浩於船中繞到釜山港則崔秉麟該朴弼浩擔當率去被告上京後仍爲

見遞更爲復任下去之路因此被訴云而死者金聖術以無據之說致使崔秉麟賠償之境及其朴弼浩到付押上訓令之時自裁其命則情固慽也死亦浪矣朴弼浩之持帶押上之訓令還討賠金之時威脅情節不見是圖該犯現住蔚山郡則押上照法斷不可已被告之初不行檢驗曰因公上京急於船便不遑成案云然命案攸重有難全恕之其事實被告陳供自服明白被告裵季周照大明律雜犯編不應爲條凡不應得爲而爲之者律處笞四十玆報告

査照爲望

光武六年五月十七日

平理院

平理院裁判長臨時署理警衛院總管陸軍參將李根澤

議政府贊政法部大臣 閣下

71 울도 군수 배계주가 일본인에게 배상하기 위해 출입금지 산에서 함부로 나무를 벤 일에 대해 평리원에서 법부에 보고함

문서 종류 보고서 제99호
작성 날짜 1902-06-22
발신 평리원 검사 오상규
수신 의정부 찬정 법부 대신 한규설
출처 司法稟報(乙)(奎17279) 34책 223a
관련 자료 司法稟報(乙)(奎17279) 36책 2a-b, 105a-106a; 訓指起案(奎17277의5) 8책 18a-19a, 75a-b, 143a-b

보고서 제99호

도착한 본 평리원 재판장 임시 서리 경무사 이용익의 조회 제27호 내용의 대략에,
"방금 전 울도 군수 강영우의 소장을 접수하고, 현임 군수 배계주를 불러다가 샅샅이 조사하고 진술서를 갖춰 압송해 넘깁니다."
라고 하였습니다. 이에 따라 조사해 보니, 해당 사안은 바로 출입 금지 산 안에서 함부로 나무를 벤 일인데 확실히 형사사건에 해당합니다. 그러므로 해당 배계주를 붙잡아 수감하였습니다. 이에 보고하니 조사해 주시기 바랍니다.
광무 6년(1902) 6월 22일

평리원 검사 오상규

의정부 찬정 법부 대신 한규설 각하

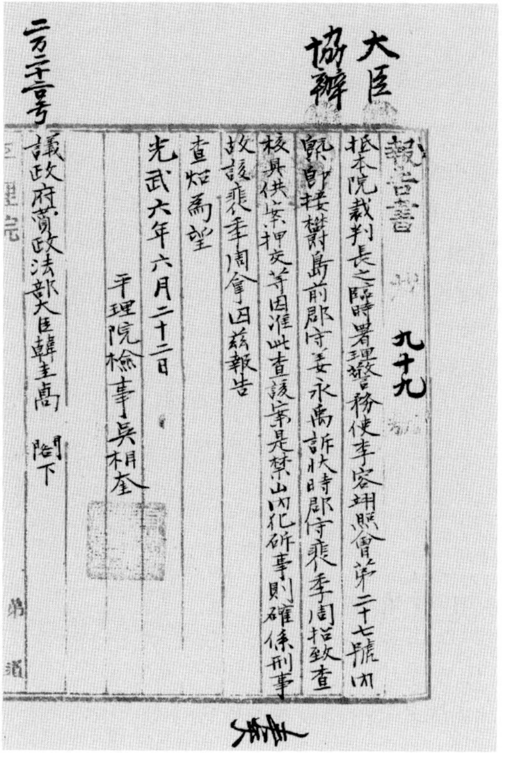

大臣
協辦

二百二十二號

報告書 九十九

抵本院裁判長之臨時署理警務使李容翊照會第二十七號內開卽接鬱島前郡守姜永禹訴狀時郡守裵季周招致查核具供案押交等因准此查該案是禁山內犯斫事則確係刑事故該裵季周拿囚玆報告
查照爲望

光武六年六月二十二日
平理院檢事吳相奎

議政府贊政法部大臣韓圭卨 閣下

72 전 울도 군수 배계주의 세금 징수 건의 처리에 대해 평리원에서 법부에 보고함

문서 종류	보고서 제105호
작성 날짜	1902-07-07
발신	평리원 검사 김사묵
수신	의정부 찬정 법부 대신 한규설
출처	司法稟報(乙)(奎17279) 36책 2a-b
관련 자료	司法稟報(乙)(奎17279) 34책 223a; 司法稟報(乙)(奎17279) 36책 105a-106a; 訓指起案(奎17277의5) 8책 18a-19a, 75a-b, 143a-b

보고서 제105호

피고 배계주의 안건을 심사하였습니다.

피고는 전 울도 군수일 때, "해당 섬의 백성 황종해(黃鍾海)가 느티나무를 베어 일본인에게 팔았다."라고 하였기 때문에 나중에 들어서 알고 시찰(視察) 우용정에게 말하고 벌금을 징수해 냈습니다. 그 후 황종해 및 박군중(朴君中)이 또 사사로이 나무를 베어 몰래 일본인에게 파는 일이 발생하였기 때문에 피고는 일본으로 가서 도착하여 이것으로 재판하고 나왔습니다. 나중에 일본인이 사람들을 데리고 섬으로 들어와 피고를 묶고 때리며 말하기를, "나를 징역으로 처리한 것은 네가 재판했기 때문이다."라고 하면서 억지로 손해비용을 거뒀습니다. 그러므로 피고는 위협을 이기지 못하여 콩 500여 말을 거둬서 주었습니다. 또 전사능이 "배를 만든다."고 하면서 서울 관아에 청원하여 훈령을 얻었기 때문에 나무 베는 것을 금지하지 못하고 허락해 주었습니다. 또 여러 백성들이 일제히 하소연하여 10분의 2로 세금액수를 정하고 베는 것을 허락한 한 가지 사항의 경우, 피고가 진술에서 이르기를 "미처 경험하지 못한 일인 탓에 이렇게 소홀하였다."라고 하였습니다. 그러나 해당 울도군을 설치한 이후 봉급과 필요비용 항목을 마련하지 않았으니 오로지 공용에 보태기 위해 이런 일을 하기에 이른 것입니다. 정황과 자취를 참고하면 심하게 책임 지울 수 없습니다. 그러므로 피고 배계주를 석방하였습니다. 이에 보고하니 조사해 주시기 바랍니다.

광무 6년(1902) 7월 7일

평리원 검사 김사묵

의정부 찬정 법부 대신 한규설 각하

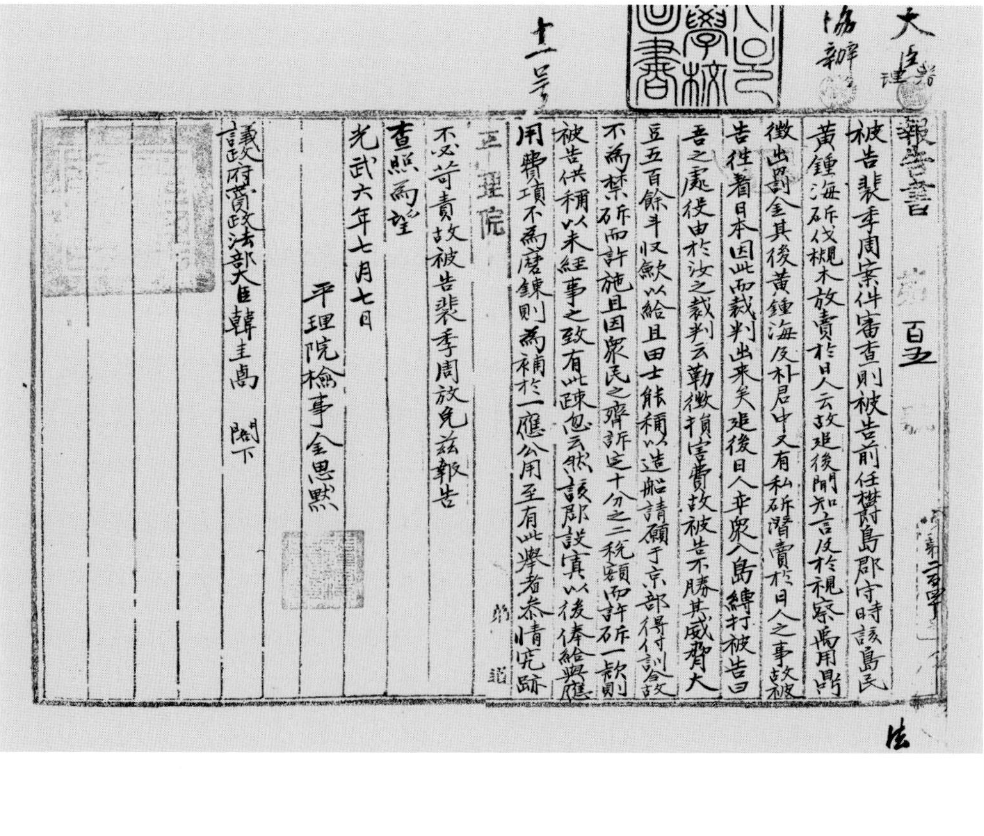

十一号

大臣 協辦

報告書 第百五號

被告裵季周案件審查則被告前任欝島郡守時該島民
黃鍾海斫伐槻木放賣於日人云故退後聞知言及於視察禹用鼎
徵出罰金其後黃鍾海及朴君中又有私斫潛賣於日人之事故被
告往着日本因此而裁判出來矣退後日人率衆入島縛打被告曰
吾之處從由於汝之裁判云勒徵損害費故被告不勝其威脅大
豆五百餘斗收斂以給且田士能稱以造船請願于京部得付訓令故
不爲禁斫而許施且因衆民之齊訴定十分之二稅額而許斫一款則
被告供稱以未經事之致有此踈忽云然該郡設寘以後俸給與應
用費項不爲磨鍊則爲補於一應公用至有此擧者恭情究跡
平理院
不必苛責故被告裵季周放免玆報告
査照爲望
光武六年七月七日
平理院檢事金思默
議政府贊政法部大臣韓圭卨 閣下

73 전 울도 군수 배계주가 쓴 경비와 벤 나무 숫자 등을 조사하도록 법부에서 평리원에 훈령함

문서 종류 훈령안 제84호
작성 날짜 1902-07-14
발신 의정부 찬정 법부 대신 임시 서리 원수부 기록국총장 육군참장 이지용
수신 평리원 검사 김사묵
출처 訓指起案(奎17277의5) 8책 18a-19a
관련 자료 司法稟報(乙)(奎17279) 34책 223a; 司法稟報(乙)(奎17279) 36책 2a-b, 105a-106a; 訓指起案(奎17277의5) 8책 75a-b, 143a-b

평리원에 훈령하는 건

아래 문안을 베껴 보내는 것이 어떨지 결재해 주시기를 삼가 바랍니다.

안 제84호

귀 보고서 제105호를 접수해 보니 내용에,

"피고 배계주의 안건을 심사하였습니다. 피고는 전 울도 군수일 때, '해당 섬의 백성 황종해가 느티나무를 베어 일본인에게 팔았다.'라고 하였기 때문에 나중에 들어서 알고 시찰 우용정에게 말하고 벌금을 징수해 냈습니다. 그 후 황종해 및 박군중이 또 사사로이 나무를 베어 몰래 일본인에게 파는 일이 발생하였기 때문에 피고는 일본으로 가서 도착하여 이것으로 재판하고 나왔습니다. 나중에 일본인이 사람들을 데리고 섬으로 들어와 피고를 묶고 때리며 말하기를, '나를 징역으로 처리한 것은 네가 재판했기 때문이다.'라고 하면서 억지로 손해비용을 거뒀습니다. 그러므로 피고는 위협을 이기지 못하여 콩 500여 말을 거둬서 주었습니다. 또 전사능이 '배를 만든다.'고 하면서 서울 내부에 청원하여 훈령을 얻었기 때문에 나무 베는 것을 금지하지 못하고 허락해 주었습니다. 또 여러 백성들이 일제히 하소연함으로 인해 10분의 2로 세금액수를 정하고 베는 것을 허락한 한 가지 사항의 경우, 피고가 진술에서 이르기를 '미처 경험하지 못한 일인 탓에 이렇게 소홀하였다.'라고 하였습니다. 그러나 해당 울도군을 설치한 이후 봉급과 필요비용 항목을 마련하지 않았으니 오로지 공용에 보태기 위해 이런 일을 하기에 이른 것입니다. 정황과 자취를 참고하면 심하게 책임 지울 수 없습니

다. 그러므로 피고 배계주를 석방하였습니다."
라고 하였다.
이를 조사해 보니, 해당 울도군을 설치한 이후 봉급과 필요비용 마련의 경우 비록 잠시 겨를이 없었으나 머지않아 반드시 내부에서 배정할 텐데 출입 금지 산에서 사사로이 나무를 베어 경비로 삼은 것은 일처리 원칙에 크게 관계되어 매우 놀랍고 한탄스럽다. 이미 "고을의 경비로 썼다."라고 하였으면 지출 금액에 대해 반드시 결산이 있어야 하고 10의 2 세금액수의 경우 나무의 그루 수와 돈의 액수 또한 반드시 계산하였을 것이다. 그런데 어찌 소홀한 것으로 결론짓고 "군이 가혹하게 책임 지울 수 없다."라고 하여 선불리 석방할 수 있단 말인가? 훈령이 도착하는 즉시 군을 설치한 이후 몇 개월 간의 경비 결산과 벤 나무의 그루 수와 거둔 돈의 액수를 다시 분명히 조사하여 이치대로 처리한 후 보고해 올 일이다. 이에 훈령하니 이대로 시행하라.
광무 6년(1902) 7월 14일
의정부 찬정 법부 대신 임시 서리 원수부 기록국총장 육군참장 이지용
평리원 검사 김사묵 각하

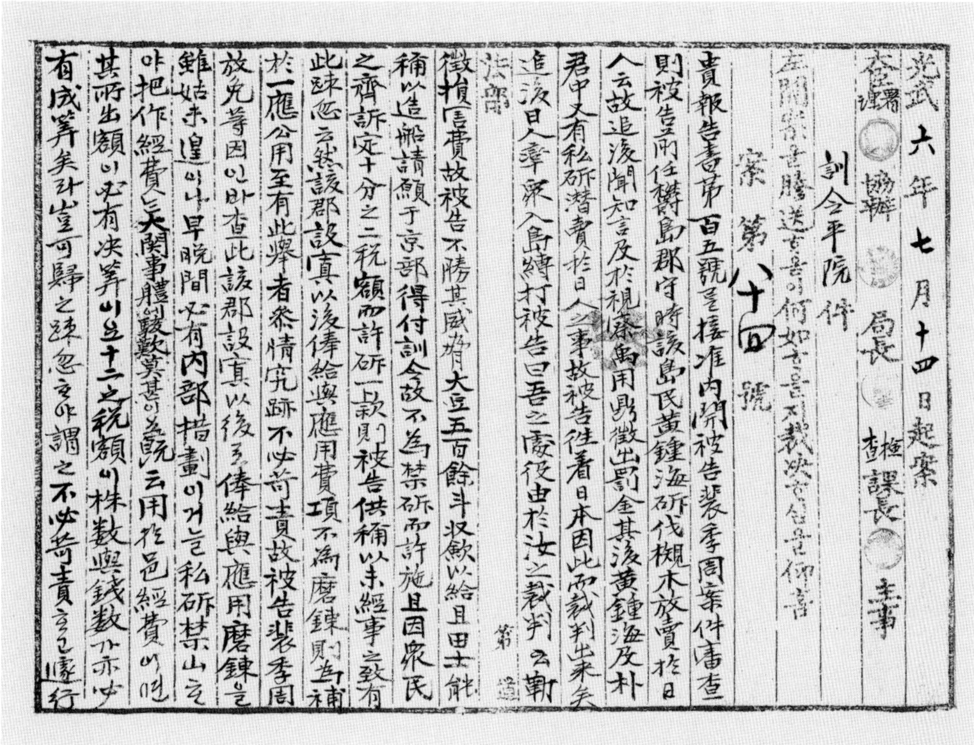
光武六年七月十四日起案
參書官 協辦 局長 檢查課長 主事
訓令平院件
左開案을查騰送호옵이何如호올지裁決호심을仰喜
案第八十四號
貴報告書第百五號를接准한즉被告裴季周案件을審查
則被告가前任鬱島郡守時에該島民黃鍾海가斫伐槻木放賣於日
人云故로追後聞知言及於視察員用職徵出罰金其後黃鍾海及朴
君中이又有私斫潛賣於日人之事故로被告가往着日本因此而裁判出來矣
追後日人이率衆入島縛打被告曰吾之處役由於汝之裁判云호며勒
徵損害費故로被告不勝其威脅하야大豆五百餘斗收斂以給且田土能
法部
稱以造船請願于京部得付訓令故로不爲禁斫而許施且因衆民
之齊訴定十分之二稅額而許斫一款則被告供稱以未經事之致有
此跡으로然該郡設寘以後俸給與應用費項不爲磨鍊則爲補
於一應公用至有此擧者叅情究跡不必苛責故로被告裴季周
放免等因인바查此該郡設寘以後로俸給與應用磨鍊을
雖姑未遑이나早晩間必有內部措劃이거늘私斫禁山호
야把作經費는大關事體요數莫甚이어늘旣云用在邑經費이면
其所出額이必有決算이오十二之稅額이株數與錢數가亦必
有成算矣라豈可歸之於跡으로謂之不必苛責호야遽行

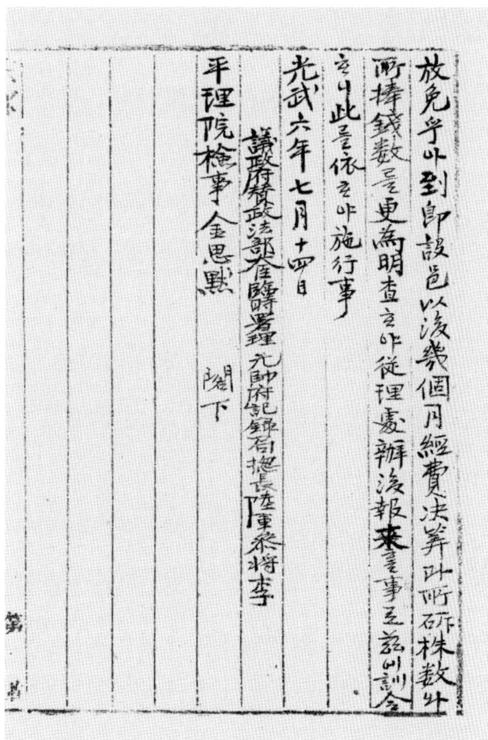
放免乎아到卽該邑以後幾個月經費決算과所斫株數와
所捧錢數를更爲明查호야從理處辨後報來홀事로玆에訓令
호니此를依호야施行事
光武六年七月十四日
議政府贊政法部大臣臨時署理 元帥府記錄局總長陸軍參將李
平理院檢事金思默 閣下

74 전 울도 군수 배계주의 공금 횡령 혐의에 대해 이전 보고대로 처리하는 것이 타당하다고 평리원에서 법부에 보고함

문서 종류 보고서 제137호
작성 날짜 1902-08-25
발신 평리원 재판장 임시 서리 의정부 참찬 이용태
수신 의정부 참정 법부 대신 임시 서리 원수부 기록국총장 이지용
출처 司法稟報(乙)(奎17279) 36책 105a-106a
관련 자료 司法稟報(乙)(奎17279) 34책 223a; 司法稟報(乙)(奎17279) 36책 2a-b; 訓指起案(奎17277의5) 8책 18a-19a, 75a-b, 143a-b

보고서 제137호

울도 군수 배계주를 처리한 안건에 대한 법부 훈령 제84호 내용의 대략에,
귀 보고서 제105호를 접수해 보니 내용에,
"해당 울도군을 설치한 이후 봉급과 필요 비용 마련의 경우 비록 잠시 겨를이 없었으나 머지않아 반드시 내부에서 배정할 텐데 출입 금지 산에서 사사로이 나무를 베어 경비로 삼은 것은 일처리 원칙에 크게 관계되어 매우 놀랍고 한탄스럽다. 이미 '고을의 경비로 썼다.'라고 하였으면 지출 금액은 반드시 결산이 있어야 하고, 10분의 2 세금액수는 나무의 그루 수와 돈의 액수 또한 반드시 계산하였을 것이다. 그런데 어찌 소홀한 것으로 결론짓고 '군이 가혹하게 책임 지울 수 없다.'라고 하고 선불리 석방할 수 있단 말인가? 훈령이 도착하는 즉시 군을 설치한 이후 몇 개월 간의 경비 결산과 벤 나무의 그루 수와 받은 돈의 액수를 다시 분명히 조사하여 이치대로 처리한 후 보고해 올 일이다."
라고 하였습니다.
이를 받들어 경비로 사용한 돈의 액수와 벌목한 그루 수, 세금 돈의 액수를 즉시 재조사하기에 겨를이 없어야 합니다. 하지만 배계주는 애당초 이로 인해 올라온 것이 아니고, 새로 임명된 후 칙령을 받으려고 서울로 올라왔다가 강영우 등에게 고소당하여 본 평리원으로 압송해 도착하였으니, 위 항의 여러 조목을 비록 샅샅이 조사하고자 하지만 근거할 만한 문서를 애당초 지니지 않았다고 했으니 그 결산과 계산이 어떠한지는 전혀 파악할 수 없습니다. 또

사관(査官)을 선정해 조사하여 보고해 오게 한 후에 결정해 처리하려고 계획하였지만, 바다 가운데 외딴섬에 군을 설치한 지 얼마 되지 않았을 뿐만 아니라 해당 수령의 이미 지나간 착오는 비록 일처리 원칙상 흠이 되지만 공용에 보태기 위하여 어쩔 수 없이 시행한 것이고, 정말로 사적인 이익을 도모하려던 계획은 아닙니다. 따라서 정황과 자취를 참고하면 더러 용서할 만하기에 전에 보고한 대로 사안을 타결하기 위해 이에 보고하니 조사해 주시기 바랍니다.

광무 6년(1902) 8월 25일

평리원 재판장 임시 서리 의정부 참찬 이용태

의정부 찬정 법부 대신 임시 서리 원수부 기록국총장 이지용 각하

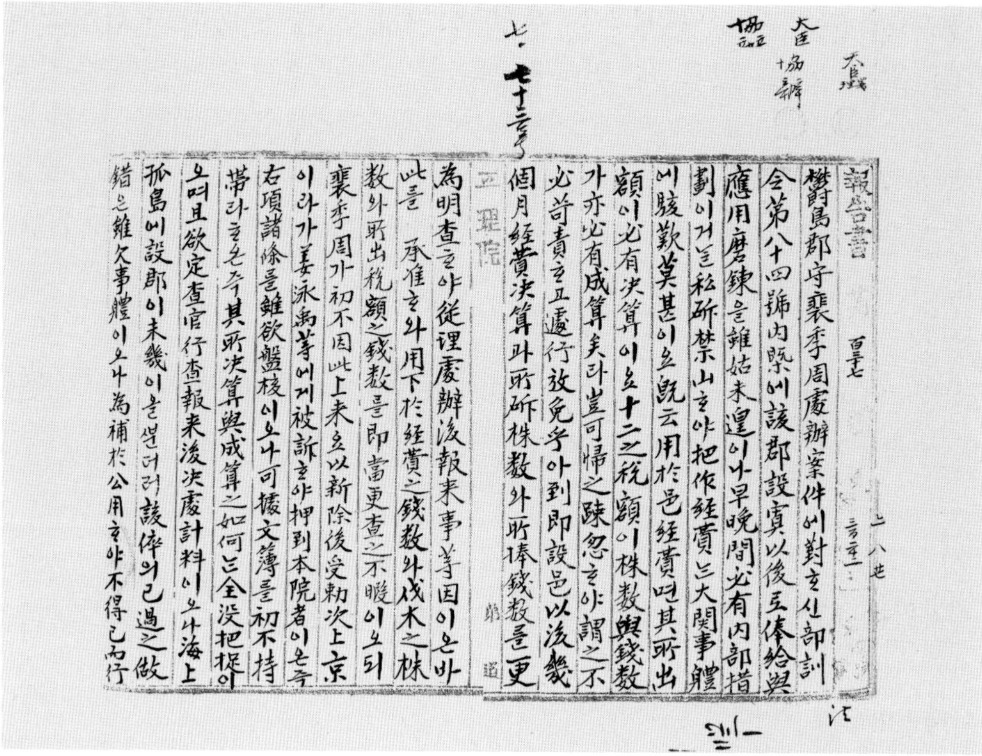

報告書

鬱島郡守裵季周處辦案件에對ᄒᆞ신部訓
令第八十四號內槪에該郡設寘以後로俸給與
應用磨鍊을雖姑未遑이나早晩間必有內部措
劃이거늘私斫禁山ᄒᆞ야把作經費는大關事體
에駭歎莫甚이오旣云用於邑經費면其所出
額이必有決算이오十二之稅額이株數與錢數
가亦必有成算矣라豈可帰之踈忽ᄒᆞ야謂之不
必苟責ᄒᆞ고遽行放免乎아到卽設邑以後幾
個月經費決算과所斫株數外所捧錢數를更
爲明査ᄒᆞ야從理處辦後報來事等因이온바
此를 承准ᄒᆞ와用下於經費之錢數外伐木之株
數外所出稅額之錢數를卽當更查之不暇이오되
裵季周가初不因此上來오以新除後受勅次上京
이라가姜泳禹等에게被訴ᄒᆞ야押到本院者이온주
右項諸條를雖欲盤核이오나可據文簿를初不持
帶라ᄒᆞ온주其所決算與成算之如何는全沒把捉이
오며且欲定查官行查報來後決處計料이오나海上
孤島에設郡이未幾이온뿐더러該倅의已過之做
錯은雖欠事體이오나爲補於公用ᄒᆞ야不得已而行

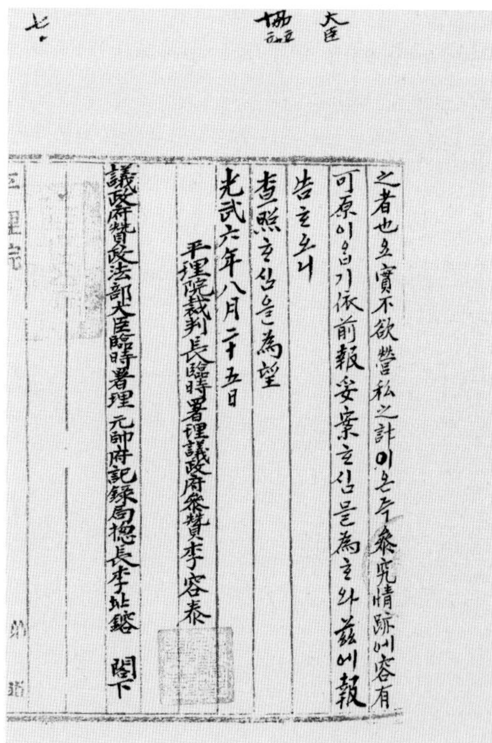

之者也오實不欲營私之計이온주參究情跡에容有
可原이옵기依前報妥案ᄒᆞ심믈爲ᄒᆞ와玆에報
告ᄒᆞ오니
查照ᄒᆞ심을爲望
光武六年八月二十五日
平理院裁判長臨時署理議政府參贊李容泰
議政府贊政法部大臣臨時署理元帥府記錄局摠長李址鎔 閣下

75 전 울도 군수 배계주의 공금 횡령에 대해 상세히 조사하도록 법부에서 평리원에 훈령함

문서 종류 훈령안 제106호
작성 날짜 1902-08-30
발신 의정부 찬정 법부 대신 임시 서리 원수부 기록국총장 이지용
수신 평리원 재판장 임시 서리 의정부 참찬 이용태
출처 訓指起案(奎17277의5) 8책 75a-b
관련 자료 司法稟報(乙)(奎17279) 34책 223a; 司法稟報(乙)(奎17279) 36책 2a-b, 105a-106a; 訓指起案(奎17277의5) 8책 18a-19a, 143a-b

평리원에 훈령하는 건

아래 문안을 베껴 보내는 것이 어떨지 결재해 주시기를 삼가 바랍니다.

안 제106호

울도 군수 배계주 안건에 대해 귀 보고서 제137호를 접수하여 보았다. 이를 조사해 보니, 해당 수령은 지금 이미 수감 중이니 근거할 수 있는 문서를 진실로 지니지 않았으면 사람을 보내 뒤져서 오는데 방법이 없을까 걱정할 것이 없다. 그런데 이로 인해 전혀 파악할 수 없어 재조사할 수 없다니 매우 이치에 닿지 않는다. 그리고 해당 수령의 유죄, 무죄는 조사가 완전히 끝난 후에야 알 수 있는 것인데, 이미 지나간 착오이고 부득이 시행한 것으로 결론 내리면서 두루뭉술하게 사안을 타결한 것은 일처리 원칙상 크게 흠이 된다. 훈령이 도착하는 즉시 해당 수령에게 조사할 문서를 지니고 대령하게 하여 상세히 심사해 문안을 갖춰 긴급 보고할 일이다. 이에 훈령하니 이대로 시행하라.

광무 6년(1902) 8월 30일

의정부 찬정 법부 대신 임시 서리 원수부 기록국총장 육군참장 이지용

평리원 재판장 임시 서리 의정부 참찬 이용태 각하

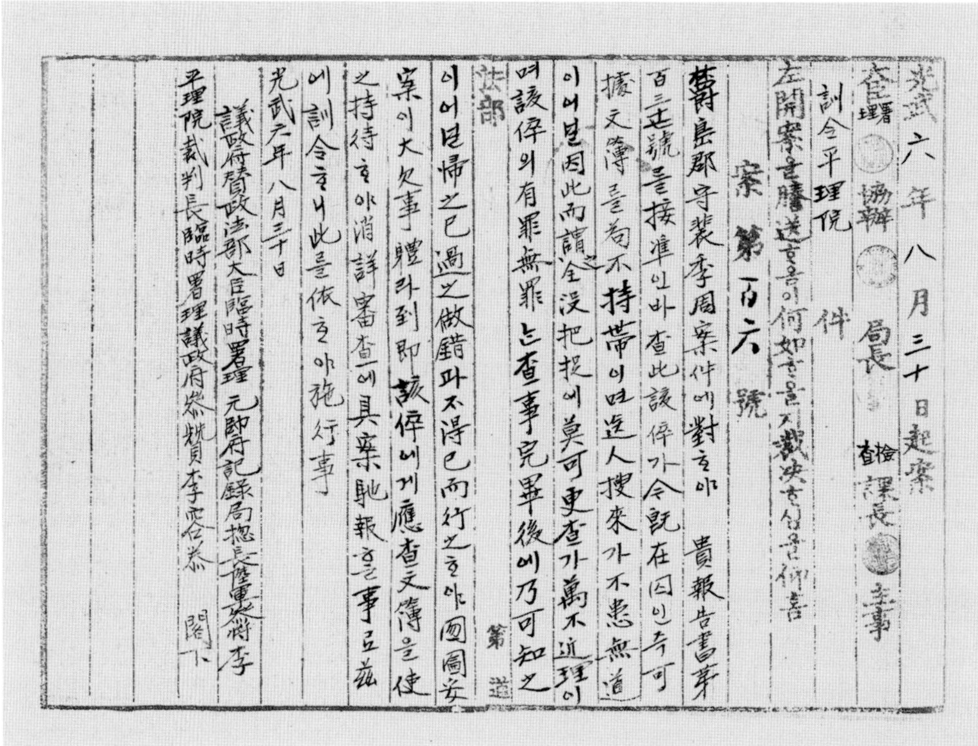
光武六年八月三十日起案

大臣署理 協辦 局長 檢查課長 主事

訓令平理院 件

左開案을 騰送ᄒᆞᆷ이 何如ᄒᆞᆯ지 裁決ᄒᆞ심을 仰喜

案 第百六 號

蔚島郡守裴季周案件에 對ᄒᆞ야 貴報告書第百三十七號를 接準인바 查此該倅가 今旣在囚인즉 可據文簿를 爲不持帶이며 逃人搜來가 不患無道이어ᄂᆞᆯ 因此而諉之全沒把捉에 莫可更查가 萬不近理이며 該倅의 有罪無罪ᄂᆞᆫ 查事完畢後에 乃可知之이어ᄂᆞᆯ 歸之已過之做錯파 不得已而行之ᄒᆞ야 回圖妥案이 大欠事體라 到即該倅에게 應查文簿을 使之持待ᄒᆞ야 消詳審查에 具案馳報ᄒᆞᆯ 事로 玆에 訓令ᄒᆞᄂᆞ니 此를 依ᄒᆞ야 施行事

法部 第 道

光武六年八月三十日

議政府贊政法部大臣臨時署理 元帥府記錄局摠長陸軍參將 李

平理院裁判長臨時署理議政府參贊 李允用 閣下

76 울릉도에 설치한 일본 경무서를 일본 공관에 조회하여 철수시키도록 강원도에서 외부에 보고함

문서 종류 보고서 제2호
작성 날짜 1902-09-15
발신 강원도 관찰사 김정근
수신 의정부 찬정 외부 대신 임시 서리 외부 협판 최영하
출처 江原道來去案(奎17985) 2책 31a-32a

보고서 제2호

본 강원도 관할 울도군은 동해 요충지에 있어서 개혁 이전에는 해마다 수색하는 관원을 파견하였습니다. 해당 지역의 형편은 나무가 중요하고 백성들이 모여들었으므로 조정에서 특별히 군수를 설치하였는데, 이는 제도를 정돈하고 백성을 어루만지고 다독여 섬이 살아나기를 바랄 수 있었습니다. 그런데 "임명해 보낸 군수는 현재 부임하지 않고 무뢰배들의 모함이 계속되어 섬 백성들은 지탱하기 어려워 뿔뿔이 흩어지지 않을 수 없습니다."라는 이처럼 떠도는 소문이 이르렀습니다. 바야흐로 한번 조사할 생각이었는데, 지난 4월에 궁내부에서 사검관 이능해(李能海)를 해관세를 조사하려고 파견하여 나아가게 했습니다. 그러므로 검사하는 원칙상 해당 섬의 형편과 풍속, 인물, 토산품 등 모든 것을 탐지하도록 훈령 지시를 보냈습니다. 현재 해당 사검관의 보고를 접수하였는데 내용에,
"해당 섬에 군을 설치한 지 수년인데 아직도 순교·아전·노비·사령 등의 명색은 없고 수령은 부임하지 않아 억울한 백성이 있으면 호소할 곳이 없습니다. 그래서 일본인과 교섭하는 마당에 만약 시비의 단서가 발생하면 새로 설치한 일본 경서(警署)에 호소하며, 우리나라 사람을 거리낌 없이 붙잡아 다스리니 각국조례(各國條例)에 크게 위배되고 또한 백성을 보호하려는 본래의 뜻이 아닙니다."
라고 하였습니다. 이를 조사해 보니, 해당 섬은 이미 통상하는 항구가 아닌데 일본인이 경서를 설치한 것은 정부에서 허가했는지 여부를 알 수 없지만, 우리 백성을 붙잡아 다스리는 것은 이 어찌 법의 취지란 말입니까? 섬 백성들은 위압에 핍박당하자 형세상 견디기 어려워 이로 말미암아 한갓 뿔뿔이 흩어질 생각만 품었습니다. 이어서 또 재앙을 즐기는 부류가 순을

접붙이듯이 일어나고 있습니다. 이로 인해 백성들에게 미치는 피해는 한 가지 단서만이 아닙니다. 관할하는 직책상 진실로 매우 근심스럽고 답답합니다. 이에 보고하니 잘 살펴서 일본 공관에 조회하여 해당 섬에 새로 설치한 경서를 철수해 돌아가도록 하여 멀리 떨어진 섬의 백성들이 마음 놓고 편안히 지낼 수 있도록 해 주시기 바랍니다.

광무 6년(1902) 9월 15일

강원도 관찰사 김정근

의정부 찬정 외부 대신 임시 서리 외부 협판 최영하 각하

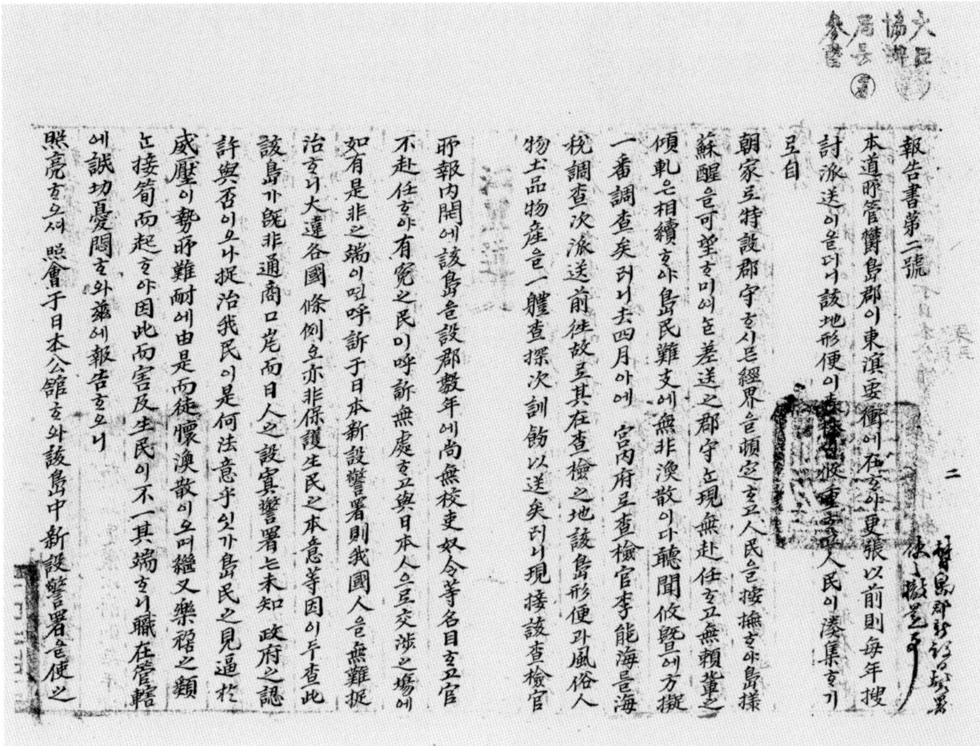
報告書第二號

本道所管鬱島郡이 東濵要衝에 在ᄒᆞ야 更張以前則每年搜
討派送이옵더니 該地形便이 [illegible]ᄒᆞ고 人民이 湊集ᄒᆞ기
로 自
朝家로 特設郡守ᄒᆞ시믄 經界를 頓定ᄒᆞ고 人民을 接撫ᄒᆞ야 島樣
蘇醒을 可望ᄒᆞ미어ᄂᆞᆯ 差送之郡守ᄂᆞᆫ 現無赴任ᄒᆞ고 無賴輩之
傾軋은 相續ᄒᆞ야 島民難支에 無非渙散이다 聽聞攸曁에 方擬
一番調査矣러니 去四月分에 宮內府로 査檢官李能海를 海
稅調査次派送前往故로 其在査檢之地 該島形便과 風俗人
物土品物産을 一體査探次 訓飭以送矣러니 現接該査檢官
所報內開에 該島를 設郡數年에 尙無校吏奴令等名目ᄒᆞ고 官
不赴任ᄒᆞ야 有寃之民이 呼訴無處ᄒᆞ고 與日本人으로 交涉之場에
如有是非之端이면 呼訴于日本新設警署 則我國人을 無難捉
治ᄒᆞ니 大違各國條例오 亦非保護生民之本意 等因이ᄋᆞᆸ기 査此
該島가 既非通商口岸而日人之設寘警署ᄂᆞᆫ 未知 政府之認
許與否이오나 捉治我民이 是何法意乎잇가 島民之見逼於
威壓이 勢所難耐에 由是而徒懷渙散이오며 繼又樂禍之類
ᄂᆞᆫ 接簡而起ᄒᆞ야 因此而害及生民이 不一其端ᄒᆞ니 職在管轄
에 誠切憂悶ᄒᆞ와 茲에 報告ᄒᆞ오니
照亮ᄒᆞ오셔 照會于日本公舘ᄒᆞ와 該島中新設警署를 使之

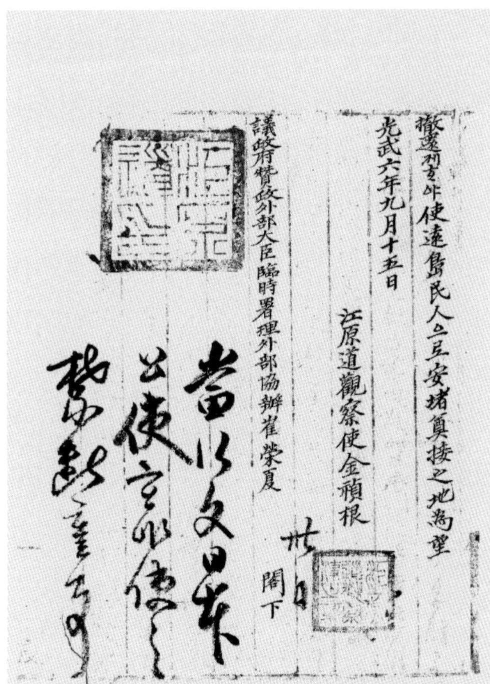
撤還케ᄒᆞ야 使遠島民人으로 安堵奠接之地爲望

光武六年九月十五日

江原道觀察使金禎根

議政府贊政外部大臣臨時署理外部協辦崔榮夏 閣下

77 전 울도 군수 배계주의 처리에 대해 조사하도록 법부에서 평리원에 훈령함

문서 종류 훈령안 제133호
작성 날짜 1902-10-31
발신 의정부 찬정 법부 대신 겸임 홍문관 학사 이지용
수신 평리원 재판장 임시 서리 의정부 참찬 이용태
출처 訓指起案(奎17277의5) 8책 143a-b
관련 자료 司法稟報(乙)(奎17279) 34책 223a; 司法稟報(乙)(奎17279) 36책 2a-b, 105a-106a; 訓指起案(奎17277의5) 8책 18a-19a, 75a-b

평리원에 훈령하는 건

아래 문안을 베껴 보내는 것이 어떨지 결재해 주시기를 삼가 바랍니다.

안 제133호

울도 군수 배계주에 대한 안건을 지난번 귀 보고로 인해 근거할 수 있는 문서를 지니고 대령하게 하여 상세히 심사해 문안을 갖춰 긴급 보고하라는 뜻으로 이미 훈령 지시하였다. 그런데 3달이나 되도록 오래 끌며 아직도 어떻다는 보고를 지체하여 정말로 타당하게 결론짓지 못하는 것이 어찌 "일처리 원칙이다."라고 할 수 있겠는가? 훈령이 도착하는 즉시 이전 훈령대로 시일을 정해 조사 보고하여 사안이 지체되지 않도록 할 일이다. 이에 훈령하니 이대로 시행하라.

광무 6년(1902) 10월 31일

의정부 찬정 법부 대신 겸임 홍문관 학사 이지용

평리원 재판장 임시 서리 의정부 참찬 이용태 각하

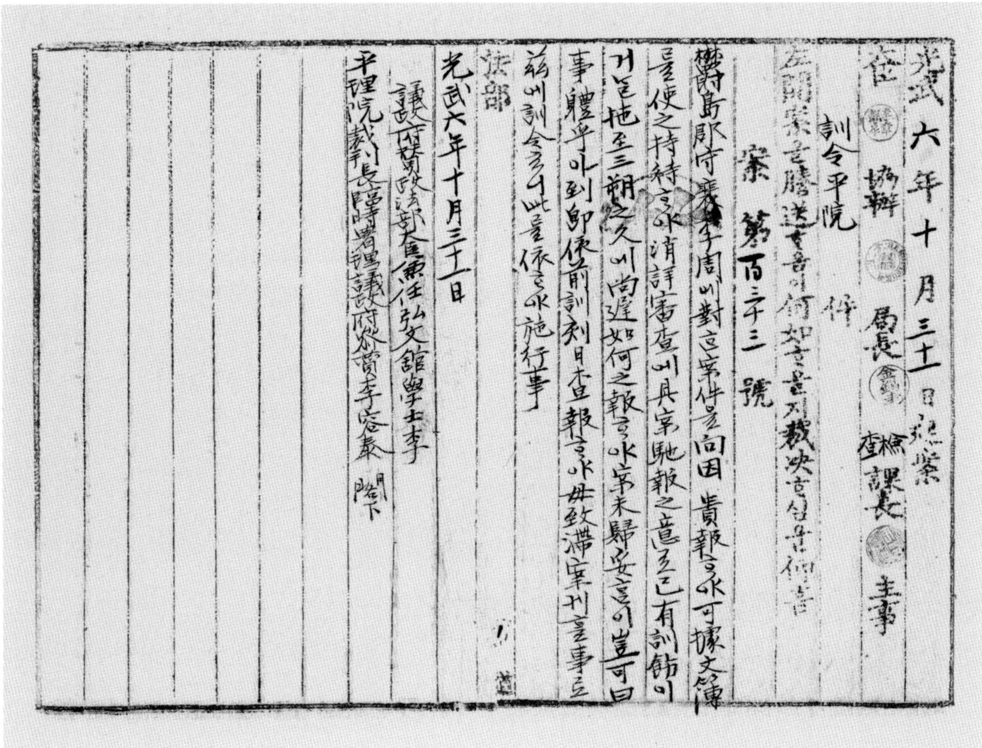
光武六年十月三十日起案

大臣 協辦 局長 檢查課長 主事

訓令平院 件

左開案을謄送ᄒᆞ오니何如ᄒᆞ올지裁決ᄒᆞ심을仰喜

案 第百三十三號

欝陵島郡守裵季周에對ᄒᆞᆫ案件을向因 貴報ᄒᆞ와可據文簿
를使之持待ᄒᆞ와消詳審査에具案馳報之意로已有訓飭이
거늘抵至三朔之久에尚遲如何之報ᄒᆞ와案未歸妥ᄒᆞ오니豈可曰
事體乎아到卽依前訓刻日査報ᄒᆞ와毋致滯案케ᄒᆞᆯ事로
玆에訓令ᄒᆞ니此를依ᄒᆞ와施行事

法部

光武六年十月三十日

議政府贊政法部大臣兼任弘文館學士李

平理院裁判長臨時署理議政府參贊李容泰 閣下

78 일본인이 벌목하는 일에 대해 일본 공사에게 조회하여 금지하도록 강원도에서 외부에 보고함

문서 종류 보고서 제4호
작성 날짜 1902-10-15
발신 강원도 관찰사 김정근
수신 의정부 찬정 외부 대신 서리 궁내부 특진관 이하영
출처 江原道來去案(奎17985) 2책 43a-44a

보고서 제4호

방금 울도 군수 심흥택(沈興澤)의 보고서를 접수하였더니 내용에,
"현재 본 울도군에 머무는 일본인은 63호가 되는데 날마다 나무 베기를 일삼아 거의 제한이 없으니 이를 금지하지 않으면 목재는 쓸 만한 게 남아 있지 않고 산은 모두 풀 한 포기 없게 될 것은 불을 보듯 분명합니다. 지금 이미 군을 설치하였으니 지방관직의 직책상 금지해야 하는 일입니다. 그러므로 바로 올해 4월 27일에 본 군수가 몸소 일본 경부 아리마 다카요시(有馬高孝)가 머물러 지내는 곳으로 가서 처음으로 만나 보았는데, 내가 말하기를, '이치로 따지자면 다른 나라 사람으로 우리나라 목재를 취하는 것은 애당초 타당하지 않습니다. 전에는 비록 '도(島, 울도)'였으나 지금은 '군(郡, 울도군)'이 되었으니, 산천초목은 본 군수의 관할 아닌 것이 없습니다. 그러니 지나간 것은 따지지 않을 테니 앞으로는 잘 하십시오. 이후로 다시 이전처럼 나무를 베는 것은 부당하니 또한 귀 경부는 이를 잘 살펴 금지하도록 하시오.'라고 하였습니다. 그러자 그가 말하기를, '이 섬에서 나무를 벤 지는 지금 이미 수십여 년인데 애당초 귀 정부와 우리 공사 사이에 조회 처리가 없었습니다. 그러니 감히 아랫사람이 함부로 금지할 수 없습니다.'라고 대답하였습니다. 따라서 문답한 연유를 낱낱이 보고하니 이를 서울 외부에 전달 보고하여 금지하도록 해 주십시오."
라고 하였습니다. 이를 조사해 보니, 해당 섬은 지금 이미 군이 되었으니 섬 지역 내의 나무는 우리나라 군 관할이 아닌 것이 없습니다. 이번에 일본인이 이전처럼 벌목하는 것은 법에서 벗어납니다. 그러므로 이에 보고하니 잘 살피신 후 일본 공사에게 조회하여 울도에서 나무를 베는 폐단을 영원히 금지하고 다시는 이전처럼 함부로 베지 못하게 해 주시기를 바랍니다.

광무 6년(1902) 10월 15일

강원도 관찰사 김정근

의정부 찬정 외부 대신 서리 궁내부 특진관 이하영 각하

報告書第四號

即接鬱島郡守沈興澤報告書則內開에現今本郡居留日人이爲六十三戶而日事伐木에殆無限節ᄒᆞ니此而不禁이면材無餘用ᄒᆞ고山皆童濯은明若觀火이올고今旣設郡則其在地方官職에事係當禁故로乃於本年四月二十七日에本郡守가躬往于日警部有馬高孝居留所ᄒᆞ야始爲交接而我曰以理論之ᄒᆞ면以他國人으로取我國材가初非妥當이오前雖曰島나今焉爲郡이라山川草木이無非本職之管領則徃旣勿論ᄒᆞ고來猶可追라從玆以徃으로更不當如前所伐이니亦自貴警部로諒此禁斷云爾則彼曰此島伐木이今旣數十餘年而初無 貴政府我公使照會處辨則有不敢自下擅禁이라爲答ᄒᆞ읍기로問答緣由를枚報ᄒᆞ오니以此轉報京部ᄒᆞ와俾爲禁斷之地等因인바査此該島가今旣爲郡則島界內森林이無非本郡句管而今此日人之如前伐木이係是法外故로玆에報告ᄒᆞ오니

照亮ᄒᆞ신後照會于日公使ᄒᆞ시와鬱島伐木之弊를永爲禁斷ᄒᆞ야無復如前犯斫케ᄒᆞ시믈爲望

光武七年十月十五日

江原道觀察使金禎根

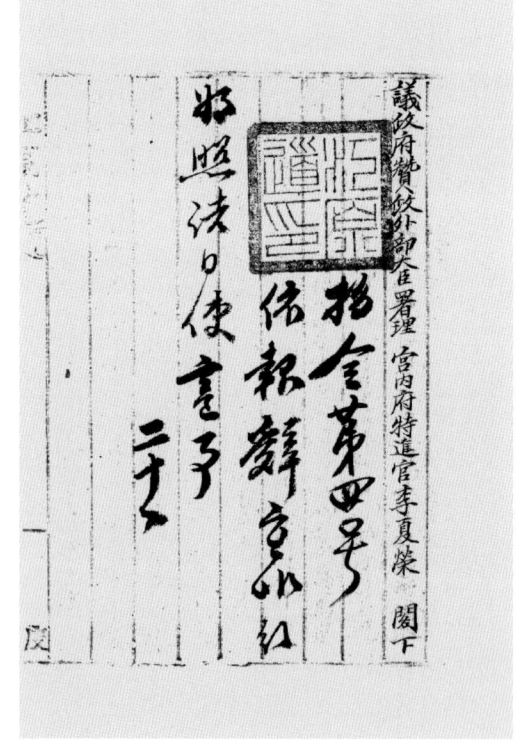

議政府贊政外部大臣署理 宮內府特進官李夏榮 閣下

指令第四号

[illegible]

二十八

79 울도군 백성에게 사사로이 벌목을 허용하고 세금을 받은 울도 군수 배계주의 처리에 대해 평리원에서 법부에 보고함

문서 종류 보고서 제2호
작성 날짜 1903-01-05
발신 평리원 재판장 정기택
수신 의정부 찬정 법부 대신 이재극
출처 司法稟報(乙)(奎17279) 38책 3a-4a

보고서 제2호

울도 군수 배계주의 안건에 대해 이미 두 차례 작성하여 보고하였습니다. 그리고 법부 훈령 제106호·제133호를 차례로 받들어 보니 내용의 대략에,

"배계주에게 조사 대상 문서를 지니고 대령하게 하고 상세히 심사하고 문안을 갖추어 긴급 보고하도록 하라."

라고 하였습니다. 이를 받들어 해당 수령을 다시 붙잡아 수감하였습니다. 읍(邑)을 설치한 이후 몇 개월의 경비 결산과 벤 나무의 그루 수와 바친 돈의 액수에 대해 별도로 샅샅이 조사하였습니다. 그랬더니 진술하기를,

"작년 음력 4월쯤에 울도군이 설치되었으나 이른바 봉급과 경비는 내부에서 애당초 마련하지 않았습니다. 그러므로 다만 군수의 명칭만 있고 달리 결산할 것이 없었습니다. 그래서 장차 규정을 의논해 정하려고 서울에 올라갔다가 이로 인해 수감되어 지금까지 미처 겨를이 없었습니다. '사사로이 나무를 베는 것은 금지한다[私斫禁木].'는 것에 대해 본 울릉도 백성이 모두 말하기를, '이미 군이 설치되었으니 관아 건물을 새로 짓지 않을 수 없으며, 배를 산 후에야 뱃길이 통할 수 있다. 각 백성이 밭을 개간할 때에 베어버린 나무를 굳이 모두 버릴 필요는 없으니 10분의 2를 세금으로 관아에 납부하여 관아에서 쓰도록 하는 것이 좋겠다.'라고 하였습니다. 그래서 백성의 바람대로 허락했습니다. 하지만 베어 다듬은 나무는 30그루에 불과합니다. 세금을 정하고 결산하는 것을 마련하지 못했는데 어찌 받을 돈이 있었겠습니까? 조사 대상 문서의 경우는 대략 본 울도군에 있지만 애당초 법대로 작성한 문안이 아니니 근거할 만한 공적인 증거로는 충분하지 않습니다. 그리고 안개 자욱하고 파도치는 천

리 물길로 형세상 지니고 대령하기 어려웠습니다."

라고 하였습니다. 해당 수령의 직위는 임금님이 임명한 관리인데 섬 백성들이 사사로이 베는 것을 금지하지 않고 세금을 허용한 것은 비록 '공용에 보충한다.'라고 하지만 사리를 살펴보면 경솔했다는 책임이 없지 않습니다. 그런데 세금 액수를 정하지 않아서 애당초 돈을 바치지 못했고 울도군 설치 이후에 관아 아전의 정원과 경비 결산은 마련할 겨를이 없었으니 문서 작성을 규정대로 할 수 없었음은 형세상 더러 그럴 수 있습니다. 정황과 자취를 참고하면 더러 용서할 만하니 죄가 있다고 생각하는 것은 아마도 타당하지 않은 듯합니다. 이에 보고하니 조사해 주시기를 바랍니다.

광무 7년(1903) 1월 5일

평리원 재판장 정기택

의정부 찬정 법부 대신 이재극 각하

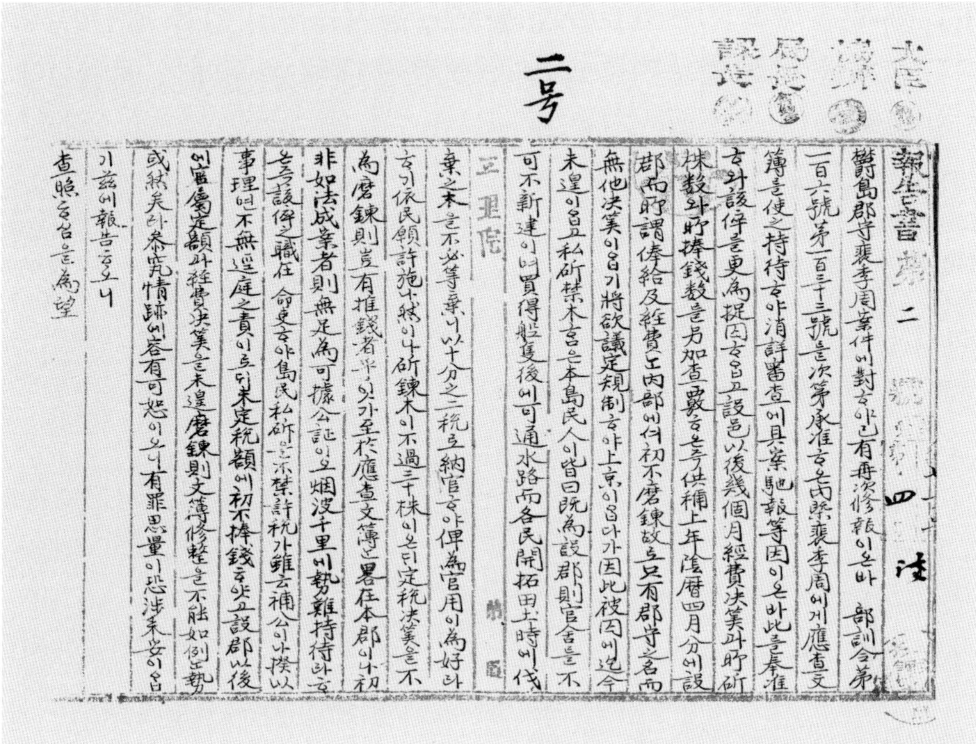

二号

報告書 第二 四 法

鬱島郡守裵李周案件에對ᄒᆞ야已有再次修報이온바 部訓令第
一百六號第一百三十三號ᄂᆞᆫ次第承准ᄒᆞ온ᄃᆡ察裵李周에게應查文
簿ᄅᆞᆯ使之持待ᄒᆞ야消詳審查에具案馳報等因이온바此ᄅᆞᆯ奉准
ᄒᆞ와該倅ᄅᆞᆯ更爲捉囚ᄒᆞ옵고設邑以後幾個月經費決筭과貯斫
株數와貯捧錢數ᄅᆞᆯ另加查覈ᄒᆞ온즉供稱上年陰曆四月分에設
郡而所謂俸給及經費ᄂᆞᆫ內部에付初不磨鍊故로只有郡守之名而
無他決筭이옵기將欲議定規制ᄒᆞ야上京이옵다가因此被囚에迄今
未遑이오且私斫禁木ᄒᆞᆷ은本島民人이皆曰旣爲設郡則官舍ᄅᆞᆯ不
可不新建이며買得船隻後에可通水路而各民開拓田土時에伐
棄之木ᄋᆞᆫ不必等棄니以十分之二稅로納官ᄒᆞ야俾爲官用이爲好라
ᄒᆞ기依民願許施ᄒᆞ얏사오나所斫木이不過三十株이온ᄃᆡ定稅決筭을不
爲磨鍊則豈有推錢者乎잇가至於應查文簿ᄂᆞᆫ留在本郡이나初
非如法成案者則無足爲可據公証이오烟波千里에勢難持待라ᄒᆞ
온즉該倅之職任이命吏ᄒᆞ야島民私斫ᄋᆞᆫ不禁許稅가雖云補公이나揆以
事理면不無違庭之責이오되未定稅額에初不捧錢ᄒᆞ얏고設郡以後
에官廳定額과經費決筭을未遑磨鍊則文簿修整을不能如例ᄒᆞᆫ勢
或然矣라參究情跡에容有可恕이오니有罪思量이恐涉未妥이옵
기玆에報告ᄒᆞ오니
查照ᄒᆞ심을爲望

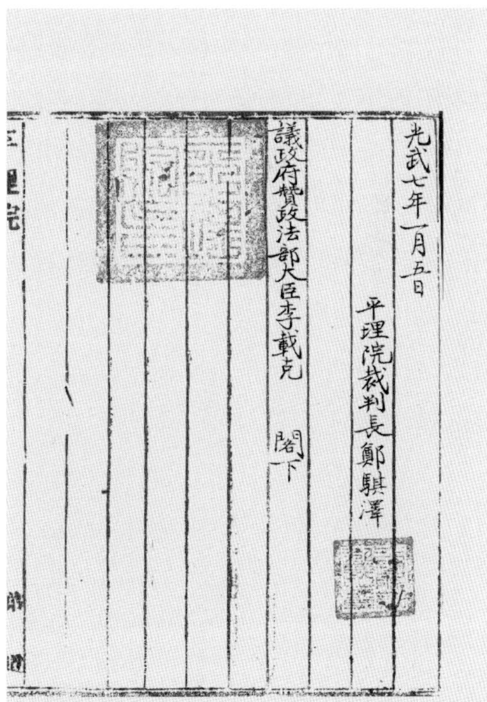

光武七年一月五日

平理院裁判長鄭騏澤

議政府贊政法部大臣李載克 閣下

80 러시아 남작 긴츠브르크가 울릉도 등지에서의 벌목 관련 일로 황제를 직접 만나기를 요청하는 건에 대해 외부에서 예식원에 조회함

문서 종류 조회 제23호
작성 날짜 1903-04-21
발신 의정부 찬정 외부 대신 이도재
수신 겸임 예식원장 민영환
출처 禮式院來去案(奎17808) 2책 32a-b

조회 제23호

서울 주재 러시아 공사의 조회를 접수했는데,
"1896년 두만강, 압록강 강변 및 울릉도에서 벌목하는 일로 귀 정부와 계약을 체결한 한국 주재 삼림회사가 현재 해당 계약에 따라 일 시작을 결정하고 남작(男爵) 긴츠브르크(Гинцбург) 씨를 대판 사무원(代辦事務員)으로 삼고 서울에 주재하도록 했습니다. 이를 근거로 문안을 갖추어 조회합니다. 해당 사람은 지금 바야흐로 사무를 시작하는데, 해당 회사의 공사 시작과 관련한 일로 장차 귀국의 대황제 폐하를 뵙고 직접 아뢰고자 합니다. 청컨대 번거로우시겠지만 전달해 아뢰어 이 남작 긴츠브르크가 바로 만나 뵐 수 있도록 해 주시기를 바랍니다."
라고 하였습니다. 이에 조회하니 잘 살펴 전달해 황제께 아뢰주시기를 요청합니다.
광무 7년(1903) 4월 21일

의정부 찬정 외부 대신 이도재

겸임 예식원장 민영환 각하

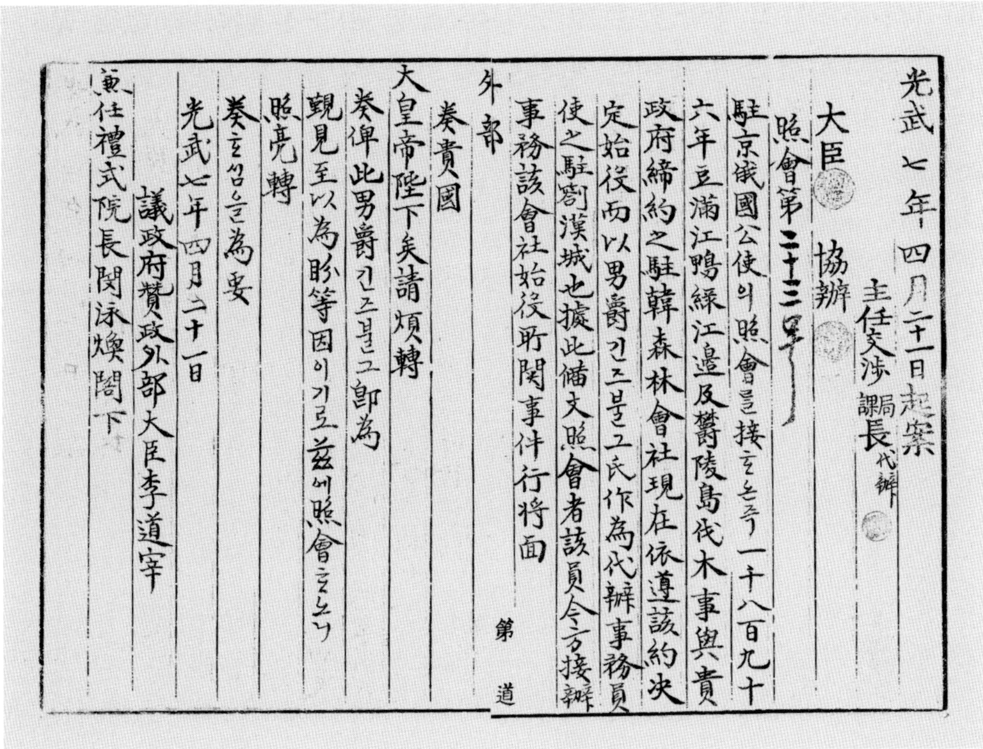

光武七年四月二十一日起案

主任交涉局課長 代辦

大臣 協辦

照會第二十三號

駐京俄國公使의照會를接ᄒᆞᆫ즉一千八百九十
六年豆滿江鴨綠江邊及鬱陵島伐木事與貴
政府締約之駐韓森林會社現在依遵該約決
定始役而以男爵긴즈불그氏作爲代辦事務員
使之駐劄漢城也據此備文照會者該員今方接辦
事務該會社始役所關事件行將面

第 道

外部

奏貴國
大皇帝陛下矣請煩轉
奏俾此男爵긴즈불그郎爲
覲見至以爲盼等因이기로玆에照會ᄒᆞ오니
照亮轉
奏ᄒᆞ심을爲要

光武七年四月二十一日

議政府贊政外部大臣李道宰

兼任禮式院長閔泳煥閣下

81 러시아인의 용암포 토지 구입은 울릉도 등지 벌목 관련 조항 위반 사항임을 들어 조치하도록 의정부에서 외부에 조회함

문서 종류 조회 제58호
작성 날짜 1903-06-11
발신 의정부 참정 김규홍
수신 의정부 찬정 외부 대신 이도재
출처 議政府來去文(奎17793) 10책 5a-9a
관련 자료 起案(奎17746) 6책 111a-115b

조회 제58호

외교 한 가지 사항은 귀 외부 관할이니 일마다 적절히 처리하는 것은 귀 외부에 달려 있습니다. 하지만 현재 용천 군수(龍川郡守) 서상훈(徐相薰)이 저희 의정부에 베껴 보고한 것을 접수했는데 내용의 대략에,

"러시아 사람의 여행증명서에 '대한국의 각 도 각 군을 통행한다[通行於大韓國各道各郡].'라는 구절이 있는데, 1884년 러시아와 한국 간에 정한 조약[俄韓定約] 제4관 6조를 따라 적용하였다." 라고 하였습니다.

해당 조약을 가져다 살펴보니, 본래 '각 도 각 군을 통행한다.'는 명확한 문구가 없습니다. 그런데 귀 외부에서 정말로 해당 여행증명서에 관인을 찍었는지 모르겠지만, 대개 '통상하지 않는 항구에 외국인이 오가는 것을 허용하지 않는다.'라는 것은 조약에 실려 있습니다.

이번 용암포(龍巖浦)에 러시아 사람이 밭과 가옥을 사고 와서 머무는 것은 목상회사를 핑계댔지만, 여러 가지 행위는 본 조약을 위반한 것이 아님이 없습니다. 그런데도 귀 외부에서는 어찌 하나하나 처리하여 앞으로 폐단이 번지는 것을 막지 않았는지 모르겠습니다. 러시아 사람이 위반한 조건에 대해 아래에 나열하니 조사하신 후 러시아 공사와 함께 조목마다 따지고 바르게 결론지어 구매한 토지와 가옥을 곧바로 도로 물려서 백성들이 편안히 살도록 해 주십시오. 회사 사무를 본 계약대로 참작하고 조치해 러시아 사람이 제멋대로 하지 않도록 하여 우리 정부의 권리가 손상되지 않게 해 주시기를 요청합니다.

광무 7년(1903) 6월 11일

의정부 참정 김규홍

의정부 찬정 외부 대신 이도재

아래

해당 계약 조항 제2조에, '무산과 울릉도는 정한 곳에서 정당하게 일을 시작한 후 관원을 파견해 압록강 국경지역의 산림을 검사하고 해당 지방에 나무를 가꾸는 데 합당한 곳을 선택한다[茂山과鬱陵島에所定處에正當히始役훈後人員을派送ᄒᆞ야鴨綠江朝鮮邊界山林을檢閱ᄒᆞ고該地方에養林ᄒᆞ기合當훈處를選擇].'라고 하였습니다. 따라서 회사 사무는 먼저 무산에서 정당하게 일을 시작한 연후에 다음으로 압록강 지역으로 하는 것이 옳은데 지금 바로 압록강 하류 용천 지역에 시작하였으니 첫 번째 계약 위반입니다[광무 5년(1901) 4월 삼림 기한을 연장하는 청의서에 이르기를, "광무 1년(1898) 나무를 벤 몫 377원을 보내 왔으니 공사 시작의 기한을 위반했다고 할 수 없습니다."라고 하였습니다. 하지만 계약의 조항 중에는 본래 '나무를 벤 몫으로 보내 왔다.'라는 문구가 없습니다. 또 우리 정부에서 임명한 관리가 감독했다거나 회사를 합동으로 세운 사실이 없으니 정당하게 일을 시작했다고 할 수 없습니다. 회사 출자금의 100분의 25를 아직 와서 바치지 않았고, 이익금 중 100분의 25를 또 해마다 와서 바치지 않았으니, 정당하게 일을 시작하지 않은 것뿐만이 아니라 애당초 일을 시작하지 않은 것이 분명합니다].

제13조 제1관에, '대군주께서 관원을 임명하여 조선 정부에 관계되는 사무를 감독한다[大君主계옵셔官員을命ᄒᆞ옵셔朝鮮政府에關係훈事務를監督].'라고 하였습니다. 그런데 우리 정부에서 임명한 관리의 감독을 기다리지 않았고 또한 우리 정부에서 일 시작을 알린 증명서도 지니지 않았습니다. 다만 '각 도 각 군을 통행한다.'는 여행증명서만 가지고 여행하는 규정인 것처럼 밖에서부터 바로 용천 지역에 시작하여 지레 먼저 일을 일으키기를 전적으로 행동할 독자적인 권리가 있는 것처럼 그러니 두 번째 계약 위반입니다.

제1조에, '조선 목상회사를 합동으로 세운다[朝鮮木商會社라合成].'라고 하였고, 제12조 제1관에, '사무실은 우선 블라디보스토크에 설치하고 또 서울이나 인천항에 나눠 설치한다[先設事務室於海蔘葳ᄒᆞ고또分設ᄒᆞ되京城이나或仁港이라].'라고 하였습니다. 따라서 만일 정당하게 일을 시작하고자 하면 회사를 합동으로 만들고 사무실을 먼저 설치한 연후에 회사 사무에 대해 협의하여 타협하는 것이 옳습니다. 그런데 지금 애당초 회사에 대한 계약도 없고 또한 먼저 사무실을 설치하지도 않고 도리어 먼저 사무를 시행하려고 하였으니 세 번째 계약 위반입니다.

제8조에, '작업자는 조선인을 많이 쓰되 만일 폐단을 부리는 일이 있을 때에는 러시아인이나

청나라 사람을 대신 쓴다[役人은朝鮮人을多用ᄒᆞ되만일作弊가닛는時에는俄國人이나淸國人을代用].'라고 하였습니다. 따라서 일을 시작할 때에 우리나라 사람을 먼저 고용하여 폐단을 일으키는 일이 있은 연후에 러시아인이나 청나라 사람을 바로 대신 쓸 수 있습니다. 그런데 우리나라 사람은 전혀 쓰지 않고 러시아 사람과 청나라 사람을 데리고 들어왔으니 네 번째 계약 위반입니다.

제7조에, '외국인을 고용할 때에도 조선 정부에서 여행증명서를 발급한다[外國人雇入ᄒᆞ는時에도朝鮮政府에셔護照紙를撥給].'라고 하였습니다. 따라서 우리 정부의 여행증명서가 있은 연후에 바로 외국인을 우리 지역에서 고용할 수 있습니다. 그런데 지금 청나라 사람 100여 명을 우리의 여행증명서 없이 우리 지역으로 데리고 들어왔으니 다섯 번째 계약 위반입니다.

제2조에, '압록강 조선 국경 지역에 있는 산림을 자세히 검사하고 해당 지방에서 나무를 가꾸기에 적합한 곳을 선택하고 잘 헤아려 넓게 작업한다[鴨綠江朝鮮邊界所在ᄒᆞᆫ山林을檢閱ᄒᆞ고該地方에養林ᄒᆞ기合當ᄒᆞᆫ處를選擇ᄒᆞ야量宜廣役].'라고 하였습니다. 뿐만 아니라 이번 회사는 본래 서양의 나무 가꾸는 법을 본받는 것을 오로지 위주로 하여 합동으로 세웠습니다. 따라서 압록강 국경지역에 먼저 사업을 시작하는 것은 나무 관리의 원칙입니다. 그런데 지금 백마성(白馬城)의 삼림을 먼저 함부로 베었고, 위화도(威化島)의 버드나무를 많이 베어 왔습니다. 이는 러시아 사람의 의도가 나무를 베는 데 있고 나무를 가꾸는 데 있지 않으니 여섯 번째 계약 위반입니다.

제11조에, '대군주의 정부에 문서로 바치되, 자본을 내지 않고 회사 출자금 100분의 25를 바친다[大君主政府에文書를ᄒᆞ야밧치되資本을닋지아니ᄒᆞ시고會社基業百分二十五分을納].'라고 하였습니다. 만일 일을 시작하고자 하면 정부에 문서를 바치고 회사 출자금 중 납부할 몫을 바친 연후에 일을 시작하는 것이 옳습니다. 그런데 문서도 바치지 않고 출자금 몫도 바치지 않았으면서 먼저 일을 시작하려고 했으니 일곱 번째 계약 위반입니다.

대개 외교 상 중요한 것은 조약을 지키는 것입니다. 그런데 지금 러시아 사람이 정한 규정을 돌아보지 않고 제멋대로 자기 뜻을 실행했으니 우리가 어찌 한 마디 말도 없이 묵묵히 있을 수 있겠습니까? 대개 저들이 용암포에 와서 머무는 것은 오로지 '방해 없이 통행한다[無碍通行]'라는 4글자를 핑계 대지만 이는 바로 오가는 증명서이고 계속 머물라는 공문은 아닙니다. 따라서 이를 핑계로 물러나지 않고 또 다시 토지와 가옥을 구매하는 것은 본 조약을 크게 위반하는 것입니다. 저들 또한 스스로 꿀리는 줄 알고 '매달 세를 얻는다.'라고 핑계 대는데, '매달 세를 얻는다.'는 내용이 또한 본 계약에 실려 있습니다. 또 말하기를, "총알 등의 물건은 돈과 곡식이 있는 곳에서 호신용 사냥총이다.”라고 하는데 사냥총도 바로 군대 무기입니다. 본래 상인이 반드시 지녀야 할 물건도 아닐 뿐만 아니라 또한 본 계약에 실려 있지 않습니다. 그런데 저들이 거리낌 없이 들이는 것은 놀랍기 그지없습니다. 더욱 통행을 막지 않을 수 없습니다.

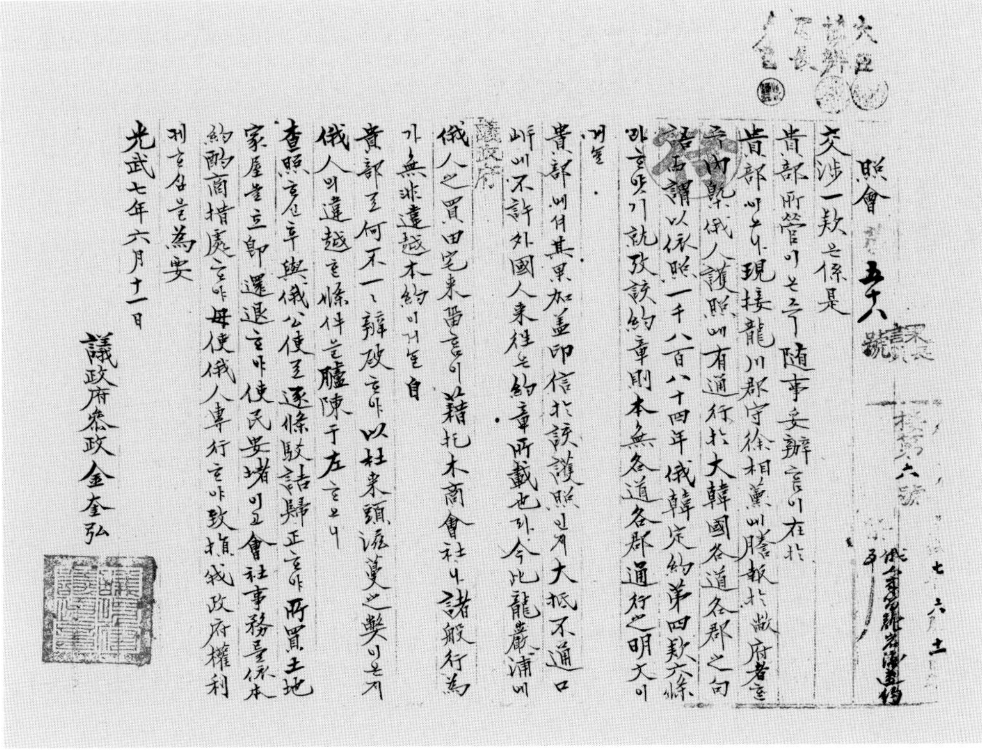

照會 第五十八號

交涉一款은 係是
貴部所管이온즉 隨事妥辦ᄒᆞ심이 在於
貴部이온바 現接龍川郡守徐相薰의 牒報於敝府者ᄒᆞ온
즉 內開俄人護照에 有通行於大韓國各道各郡之句
語ᄒᆞ온 謂以依照一千八百八十四年俄韓定約第四款六條
라 ᄒᆞ얏기 就攷該約章則本無各道各郡通行之明文이
거ᄂᆞᆯ
貴部에셔 何其果加盖印信於該護照인지 大抵不通口
岸에 不許外國人來往은 約章所載也라 今此龍巖浦에
俄人之買田宅來留ᄒᆞᆷ이 藉托木商會社나 諸般行爲
가 無非違越本約이거ᄂᆞᆯ 自
貴部로 何不一一辨破ᄒᆞ야 以杜來頭流蔓之弊이온지
俄人의 違越ᄒᆞᆫ 條件을 臚陳于左ᄒᆞ오니
査照ᄒᆞ신 후 與俄公使로 逐條駁詰歸正ᄒᆞ야 所買土地
家屋을 立卽還退ᄒᆞ야 使民安堵이고 會社事務를 依本
約酌商措處ᄒᆞ야 毋使俄人專行ᄒᆞ야 致損我政府權利
케 ᄒᆞ심을 爲要

光武七年六月十一日

議政府參政 金奎弘

議政府贊政外部大臣李道宰 閣下

左開

該約條第二條에茂山과鬱陵島에所定處에正當히始役
ᄒᆞᆫ後人員을派送ᄒᆞ야鴨綠江朝鮮邊界山林을檢閱ᄒᆞ
고該地方에養林ᄒᆞ기合當ᄒᆞᆫ處를選擇云云ᄒᆞ얏ᄉᆞ니會
社事務를先自茂山을正當히始役然後에次及鴨綠江
邊이可也어ᄂᆞᆯ今直着于鴨綠江下流龍川地ᄒᆞ니其違
約이一也 [光武五年四月森林展限請議中有曰光武元年伐木條三百七十七元送来則其始役之限不可謂之違越云然約條中本無伐木條送来之文且無我政府命官監督及會社合成之實事則不可謂之正當始役而會社基業百分二十五分尚不来納利條中百股金二十五股金又不年年来納非但非正當始役初非始役也明矣]

第十三條第一款

大君主게옵셔官員을命ᄒᆞ옵셔朝鮮政府에關係ᄒᆞᆫ事
務를監督云云이어ᄂᆞᆯ不待我政府命官監督ᄒᆞ고亦不帶

我政府知委始役之文憑ᄒᆞ고只以通行於各道各郡之護
照로如遊歷例ᄒᆞ야自外直着于龍川地ᄒᆞ야徑先擧事ᄒᆞᆯ
有若專行獨權者然ᄒᆞ니其違約이二也

第一條에朝鮮木商會社라合成ᄒᆞ고第十二條第一
款에先設事務室於海蔘葳ᄒᆞ고仍分設ᄒᆞ되京城이ᄂᆞᆫ或
仁港이라ᄒᆞ얏ᄉᆞ니如欲正當始役이면會社를合成ᄒᆞ고事
務室을先設然後에會社事務를協議妥商ᄒᆞ미可
也어ᄂᆞᆯ今初無會社之合成ᄒᆞ고亦不先設事務室而反欲
先行事務ᄒᆞ니其違約이三也

第八條에役人은朝鮮人을多用ᄒᆞ되만일作獘가잇ᄂᆞᆫ
시에ᄂᆞᆫ俄國人이나清國人을代用云云ᄒᆞ얏ᄉᆞ니始役時
에我人을先為雇用ᄒᆞ야有作獘然後에俄人清人을乃
可代用이어ᄂᆞᆯ今에我人은一切不用ᄒᆞ고俄人清人을帶
入ᄒᆞ얏ᄉᆞ니其違約이四也

第七條에外國人雇入ᄒᆞᄂᆞᆫ者에ᄂᆞᆫ朝鮮政府에셔護照
紙를撥給云云ᄒᆞ얏ᄉᆞ니有我政府護照然後에야外國人
을乃可雇入我境이어ᄂᆞᆯ今에清人百餘名을無我護照而
帶入我境ᄒᆞ니其違約이五也

第二條에鴨綠江朝鮮邊界所在ᄒᆞᆫ山林을檢閱ᄒᆞ고該
地方에養林ᄒᆞ기合當ᄒᆞᆫ處를選擇ᄒᆞ야量宜廣役ᄒᆞ고

뿐더러 今此會社가 本是西洋養木法을 摹製ᄒᆞ기를
專主ᄒᆞ야 合成ᄒᆞᆫ인즉 鴨綠邊界에 先着事業이 在
於養林이어ᄂᆞᆯ 今에 白馬城森林을 爲先犯斫ᄒᆞ고 威化
島柳木을 多數伐束ᄒᆞ니 此ᄂᆞᆫ 俄人이 志在伐木이오
不在養木ᄒᆞ니 其違約이 六也

第十一條에
大君主政府에 文書를 ᄒᆞ야 밧치되 資本을 넌지 아니ᄒᆞ시
고 會社基業百分二十五分을 納云云ᄒᆞ얏스니 如欲始役
이면 政府에 文書를 ᄒᆞ야 밧치고 會社基業中所納條를 納
ᄒᆞᆫ然後에 始役이 可也어ᄂᆞᆯ 文書도 아니 밧치고 基業條도
不納ᄒᆞ고 擅先始役ᄒᆞ니 其違約이 七也

大抵交涉所重이 在於踐約이어ᄂᆞᆯ 今俄人이 不顧定
章ᄒᆞ고 恣行已志ᄒᆞ니 我豈可默無一言乎아 盖彼
來住龍巖은 專藉無碍通行四個字나 此是來往
之憑標오 非留連之公文則藉此不退ᄒᆞ고 又復購買
土地家屋ᄒᆞ미 大違本約矣라 彼亦自知其屈ᄒᆞ야
諉之以按月貰得이라ᄒᆞ니 按月貰得이 亦是本約
所載乎아 又云銃丸等物은 錢糧所在護身防禦ᄒᆞᄂᆞᆫ
攜銃이라ᄒᆞ니 攜銃도 是軍物也라 本非商民所帶之
物뿐더러 亦非本約所載則彼之無難輸入이 極涉可

駭ᄒᆞ니 尤不得不痛行防杜也

82 러시아인의 용암포 토지 구입은 울릉도 등지 벌목 관련 조항 위반사항임을 들어 조치하도록 외부에서 의정부에 회답 조회함

문서 종류 조복 제1호
작성 날짜 1903-06-14
발신 의정부 찬정 외부 대신 이도재
수신 의정부 참정 김규홍
출처 議政府來去文(奎17793) 10책 10a-16a

회답 조회 제1호

귀 제58호 조회를 접수했는데,
"외교 한 가지 사항은 귀 외부 관할이니 일마다 적절히 처리하는 것은 귀 외부에 달려 있습니다. 하지만 현재 용천 군수 서상훈이 저희 의정부에 베껴 보고한 것을 접수했는데 내용의 대략에, '러시아 사람의 여행증명서에 『대한국의 각 도 각 군을 통행한다[通行於大韓國各道各郡].』라는 구절이 있는데, 『1884년 러시아와 한국 간에 정한 조약[俄韓定約] 제4관 6조를 따라 적용하였다.』라고 하였습니다. 해당 조약을 가져다 살펴보니, 본래 『각 도 각 군을 통행한다.』는 명확한 문구가 없습니다. 그런데 귀 외부에서 정말로 해당 여행증명서에 관인을 찍었는지 모르겠지만, 대개 『통상하지 않는 항구에 외국인이 오가는 것을 허용하지 않는다.』라는 것은 조약에 실려 있습니다.
이번 용암포에 러시아 사람이 밭과 가옥을 사고 와서 머무는 것은 목상회사를 핑계 댔지만, 여러 가지 행위는 본 조약을 위반한 것이 아님이 없습니다. 그런데도 귀 외부에서는 어찌 하나하나 처리하여 앞으로 폐단이 번지는 것을 막지 않았는지 모르겠습니다. 러시아 사람이 위반한 조건에 대해 아래에 나열하니 조사하신 후 러시아 공사와 함께 조목마다 따지고 바르게 결론지어 구매한 토지와 가옥을 곧바로 도로 물려서 백성들이 편안히 살도록 해 주십시오. 회사 사무를 본 계약대로 참작하고 조치해 러시아 사람이 제멋대로 하지 않도록 하여 우리 정부의 권리가 손상되지 않게 해 주시기를 요청합니다.'
라고 하였습니다."
이를 조사해 보니 한러 통상 조약[韓俄通商條約] 제4관 제6절에 분명히 실려 있기를, '러시아 사람이 또한 여행증명서를 지니고 조선 각 곳을 여행하고 통상한다.'는 등의 말이 있고, 또 한러 육로 통상 장정[韓俄陸路通商章程] 제2관 제2조에 분명히 실려 있기를, '러시아 사람이 지니는 여행증명서는 러시아 관리가 작성하여 발급하고 조선 지방관이 관인을 찍는다[俄國民人准持照前往朝鮮各處遊歷通商 所持執照應由俄國官繕發朝鮮地方官加蓋印信].'라고 하였습니다. 이미 '각 곳'이라고 하였으니 구역을 지정하지 않은 것이 분명합니다. 각 곳과 각 도와 각 군은 글자 모양은 비록 다르지만 글의 뜻은 정말로 같습니다.

보내온 문서에 이르기를, '본래 통행이라는 명확한 문구는 없습니다.'라고 하셨고, 또 본 외부에서 관인을 찍은 것을 가지고 조약의 취지를 잘 알지 못해 그러한 것으로 여기셨으니 이해할 수 없는 첫 번째입니다. 통상하는 장소를 지정하는 것은 이미 각 나라 사람이 머무르는 곳입니다. 조약 제4관 제6절에 분명히 실려 있기를, '통상하는 각 곳에서 100리 이내의 경우는 모두 마음대로 여행할 수 있고 여행증명서를 지니라고 요청할 수 없다[離通商各處百里之內者는均可任便遊歷勿庸請領執照].'라고 하였습니다. 따라서 여행증명서의 경우 통상하는 항구의 100리 밖을 오가는 것을 시행하는 것입니다.

보내온 문서에 이르기를, '통상하지 않는 항구에 외국인이 오가는 것을 허용하지 않는다.'라고 하였는데 통상하는 항구에는 이미 여행증명서를 지니고 다니라고 요청할 수 없고 통상하지 않는 항구에는 또한 오가는 것을 금지하였습니다. 이른바 여행증명서라는 것을 어느 곳에서 시행하겠습니까? 이해할 수 없는 두 번째입니다.

보내온 문서의 아래 각 사항은 함께 돕는다는 원칙에서 나온 것으로 이해하지만, 다 밝히지 못한 것이 있는 듯합니다. 그러므로 대략 다음과 같이 말씀드립니다.

하나, 삼림 계약 제2조에, '무산과 울릉도는 정한 곳에서 정당하게 일을 시작한 후 관원을 파견해 압록강 국경지역의 산림을 검사하고 해당 지방에 나무를 기르기에 합당한 곳을 선택한다[茂山과鬱陵島에所定處에正當히始役ᄒᆞᆫ後人員을派送ᄒᆞ야鴨綠江邊界山林을檢閱ᄒᆞ고該地方에養林ᄒᆞ기合當ᄒᆞᆫ處를選擇].'라고 하였습니다. 따라서 회사 사무는 먼저 무산에서부터 정당하게 일을 시작한 연후에 다음으로 압록강 지역으로 하는 것이 옳습니다.

이를 조사해 보니 강변의 삼림은 이미 무산에 정한 곳이 있고 압록강 지역의 삼림은 다만 '선택한다.'라는 문구만 있습니다. 그래서 '서로 관원을 파견하여 해당 지역으로 가서 한 곳을 선택하자.'는 뜻으로 여러 번 러시아 공사에게 공문을 보냈는데 아직도 답장을 받지 못했지만, '선택(選擇)' 2글자가 바로 핵심입니다. 일을 시작하는 선후는 진실로 두 번째에 속하는 사건입니다.

하나, 회사 출자금 100분의 25를 아직 와서 납부하지 않았고, 이자 중 100분의 25 금액을 또 해마다 와서 납부하지 않았다.
이를 조사해 보니 '회사 출자금 100분의 25이다.'라고 한 것은 자본(資本)의 4분의 1을 황실에 귀속하는 것을 말합니다. 우리 황실에서 자본을 주지 않고 자본을 얻게 된 것이니 또 어찌 와서 납부할 금액이 있겠습니까? 계약 중 '납부한다.'라는 글자는 바로 존경(尊敬)의 말이고 더이상 다른 뜻은 없습니다. '이익금 중 100분의 25'라는 것은 나무를 벤 이익금을 말합니다. 광무 1년(1897)쯤 러시아 상인 브리너가 1차로 무산에서 시작하여 377원을 와서 바친 후 즉시 기한을 연장하고 일을 중지했습니다. 그리고 다시 나무를 벴다는 것을 듣지 못했는데 무슨 이익이 있어서 해마다 와서 납부하겠습니까?
하나, 제13조에, '대군주께서 관원을 임명하여 조선 정부에 관계되는 사무를 감독한다[大君主게옵셔官員을命ᄒᆞ옵셔朝鮮政府에關係ᄒᆞᆫ事務을監督].'라고 하였습니다. 그런데 우리 정부에서 임명한 관리의 감독을 기다리지 않았고 또한 우리 정부에서 일 시작을 알린 증명서도 지니지 않았습니다. 다만 '각 도 각 군을 통행한다.'는 여행증명서만 가지고 여행하는 규정대로 바로 용천 지역에서 시작하였습니다.
이를 조사해 보니, 올해 3월쯤에 러시아 공사가 조회하기를, "삼림회사의 사원이 장차 일을 시작할 것입니다."라고 하였습니다. 그래서 내장원과 농상공부에 공문을 보내 "빨리 적당한 관원을 파견하여 나무를 기르고 나무를 베는 사안을 모두 처리하게 해 주십시오."라고 하였습니다. 그런데 주무 관청에서 아직 관원을 파견하지 않았다니 무슨 까닭인지 모르겠습니다. 저들이 바로 용천에서 시작하였다니 매우 놀랍고 통탄스럽습니다. 그래서 본 외부에서 여러 번 따져서 철수하게 하였지만 저들은 아직도 기꺼이 따르지 않습니다.
하나, 제1조에, '조선 목상회사를 합동으로 세운다[朝鮮木商會社라合成].'라고 하였고, 제12조에, '먼저 블라디보스토크에 사무실을 설치하고 또 서울이나 인천항에 나누어 설치한다[先設事務室於海蔘葳ᄒᆞ고또分設ᄒᆞ되京城이나或仁港이라].'라고 하였습니다. 따라서 만일 정당하게 일을 시작하고자 하면 회사를 합동으로 만들고 사무실을 먼저 설치한 연후에 회사 사무에 대해 협의하여 타협하는 것이 옳습니다.
이를 조사해 보니, 조선 목상회사의 경우 바로 회사의 명칭이고 한국과 러시아와 합동으로 만든 회사를 말하는 것이 아닙니다. 마치 일본인 스스로 신문을 발행하고 이르기를 '조선신보(朝鮮新報)'라고 하는 것과 같습니다. 해당 회사를 합동으로 세운 여부에 대해 우리가 간여할 수 없는데 사무실을 설치한 여부에 대해 우리가 간여하지 않았는데 무슨 협의하고 타협해 따질 것이 있겠습니까?

하나, 제8조에, '작업자는 조선인을 많이 쓰되 만일 폐단을 부리는 일이 있을 때에는 러시아인이나 청나라 사람을 대신 쓴다[役人은朝鮮人을多用ᄒᆞ되만일作弊가잇ᄂᆞᆫ時에ᄂᆞᆫ俄國人이ᄂᆞ淸國人을代用].'라고 하였습니다. 따라서 이번에 우리 사람을 전혀 쓰지 않고 러시아인이나 청나라 사람을 데리고 들어왔습니다.

이를 조사해 보니, '일꾼은 우리 사람을 대부분 쓴다.'는 것은 바로 삼림 일을 시작한 후 쓰는 일꾼입니다. 일을 시작하기 전에는 일단 이를 가지고 다투어 따질 수 없었습니다.

하나, 제7조에, '외국인을 고용할 때에도 조선 정부에서 여행증명서를 발급해 준다[外國人雇入ᄒᆞᄂᆞᆫ時에ᄂᆞᆫ朝鮮政府에셔護照紙를撥給].'라고 하였습니다. 따라서 우리의 여행증명서가 있은 연후에 외국인을 바로 우리 지역에서 고용할 수 있습니다.

이를 조사해 보니 이는 정당한 논의이니 장차 적용해 처리하겠습니다.

하나, 압록강 국경에서 먼저 시작해야 하는 사업은 나무를 가꾸는 데에 있었습니다. 그런데 이번에 백마성의 삼림을 먼저 함부로 베었고, 위화도의 버드나무를 많이 베어 왔습니다. 이는 의도가 나무를 베는 데 있고 나무를 가꾸는 데 있지 않았습니다.

이를 조사해 보니, 러시아 사람의 의도가 나무를 베는 데 있고 나무를 가꾸는 데 두지 않는 것은 진실로 많이 따진 것과 같습니다. 본 대신 또한 일찍이 여러 번 따졌습니다. 백마성의 삼림을 함부로 벴다는 것은 다만 먼저 공개적으로 한 것이고, 위화도의 버드나무를 많이 벤 것은 비록 신문에 실려 있지만 본 외부에는 애당초 해당 지방관이 보고한 바가 없습니다.

하나, 제11조에, '대군주의 정부에 문서로 바치되, 자본을 내지 않고 회사 출자금 100분의 25를 바친다[大君主政府에文書를ᄒᆞ야밧치되資本을ᄂᆡ지안니ᄒᆞ시고會社基業百分二十五分을納].'라고 하였습니다. 만일 일을 시작하고자 하면 정부에 문서를 바치고 출자금 중 납부할 몫을 납부한 연후에 일을 시작해야 옳습니다.

이를 조사해보니, '100분의 25를 바친다.'라는 것은 이미 두 번째 사항에서 이를 따졌으니 모름지기 군더더기로 쓸 필요가 없습니다. 하지만 출자금 문서는 진실로 납부를 요구해야 마땅하니 적용하여 처리하겠습니다.

하나, 저들이 용암포에 와서 사는 것은 오로지 '방해 없이 통행한다[無碍通行]'라는 4글자를 핑계 대지만 이는 바로 오가는 것에 대한 증명서이지 계속 머물라는 공문은 아닙니다. 따라서 이를 핑계로 물러나지 않고 또 다시 토지와 가옥을 구매하는 것은 본 조약을 크게 위반하는 것입니다.

이를 조사해 보니, 여행증명서의 경우 오고갈 즈음에 증거로 삼을 수 있을 뿐입니다. 만약 이를 핑계로 토지와 가옥을 구매한다면 조약의 취지를 크게 위반하는 것입니다. 그리고 이미 조회로 따진 것이 한두 번에 그치지 않았습니다.

하나, "총알 등의 물건은 호신용 사냥총이다."라고 하는데 사냥총도 무기입니다. 본래 상인이 반드시 지녀야 할 물건도 아닐 뿐만 아니라 또한 본 조약에 실려 있지 않습니다. 그런데 거리낌 없이 실어 들이는 것은 놀랍기 그지없습니다.

이를 조사해 보니, 한러 육로 통상 장정[韓俄陸路通商章程] 제5관 제2절에 분명히 실려 있기를, '러시아 사람이 조선을 여행하는 경우 사람마다 조총 또는 권총 1자루를 호신용으로 지닐 수 있다. 당연히 여행증명서에 분명히 기재한다[俄國人在朝鮮遊歷者每人准帶鳥槍或手槍一桿護身惟應在所帶執照載明].'라고 하였습니다. 저들은 이미 우리의 여행증명서를 지니지 않았으니 다만 여행증명서에 기재하지 않은 것에 대해 꾸짖을 수 있을 뿐입니다. 어찌 상인이 결코 지녀서는 안 될 물건이 아니라고 할 수 있겠습니까? 또 어찌 본 조약에 실려 있지 않다고 할 수 있겠습니까?

총괄하자면 본 대신의 경우 재주는 적고 힘은 약하여 권리를 보호하고 지키지 못해 '외국인이 함부로 내지(內地)로 들어와 토지와 가옥을 구매합니다.'는 보고가 날마다 잇따릅니다. 이번 여러 항목으로 따진 것 또한 낯 두꺼울 따름입니다. 다시 무슨 말을 하겠습니까? 이에 회답 조회하니 잘 살펴 주시기를 요청합니다.

광무 7년(1903) 6월 13일

의정부 찬정 외부 대신 이도재

의정부 참정 김규홍 각하

光武七年六月十四日起案 政
主任交涉課局長 代辦
大臣 協辦
照復第一號
貴第五十八號照會를接ᄒᆞ온즉交涉一欵은係是貴部所管
이온즉隨事妥辦ᄒᆞᆷ이在於貴部이오나現接龍川郡守徐相
薰씨謄報於敝部者ᄒᆞᆫ즉內槩俄人護照에有通行於大韓
國各道各郡之句語而謂以依照一千八百八十四年俄韓定約
第四欵六條라ᄒᆞ엿기就考該約章則本無各道各郡通行
之明文이거ᄂᆞᆯ貴部에付其果加盖印信於該護照인지大抵
外部 第 道
不通口岸에不許外國人來往은約章所載也라今此龍巖
浦에俄人之買田宅來留ᄒᆞᆷ이藉托木商會社나諸般行爲
가無非違越本約이거ᄂᆞᆯ自貴部로何不一一辨破ᄒᆞ야以杜來
頭滋蔓之弊이온지俄人의違越ᄒᆞᆫ條件을臚陳于左ᄒᆞ오니
査照ᄒᆞ신후與俄公使로逐條駁詰歸正ᄒᆞ야所買土地家屋
을立卽還退ᄒᆞ야使民安堵이고會社事務를依本約酌商
措處ᄒᆞ야毋使俄人專行ᄒᆞ야致損我政府權利케ᄒᆞ심을
爲要等因이온바此를査ᄒᆞ오니韓俄通商條約第四欵第
六節에載明俄國人民亦准持照前往朝鮮各處遊歷通
商等語又韓俄陸路通商章程第二欵第二條載明俄國

民人准持照前往朝鮮各處遊歷通商所特執照應由
俄官繕發朝鮮地方官加盖印信이라ᄒᆞ엿ᄉᆞ오니既云各
處則非指定區域也明矣라各處外各道外各郡이字樣
은雖異나文義ᄂᆞᆫ寔同이온ᄃᆡ
來文에謂本無通行之明文이라ᄒᆞ시고又以本部之盖印으
로視若不請約旨者然ᄒᆞ오니未可解者一也오通商指定
處所ᄂᆞᆫ既准各國人居留矣라條約第四欵第六節에載
明離通商各處百里內者ᄂᆞᆫ均可任便遊歷勿庸請領執照
等語ᄒᆞ엿ᄉᆞ오니護照者ᄂᆞᆫ施之於離通商口岸百里以外
往來者也라
外部 第 道
來文에謂不通口岸에不許外國人來往이라ᄒᆞ시니通商
口岸에既不請領執照ᄒᆞ고不通口岸에又禁其來往則所
謂護照ᄂᆞᆫ施之於何處乎아未可解者二也오
來文左開各節이認由共濟之義而似有未盡燭者故로略
陳于左
一森林合同第二條에茂山과鬱陵島所定ᄒᆞᆫ處에正當
히始役ᄒᆞᆫ後人員을派送ᄒᆞ야鴨綠江邊界山林을檢閱
ᄒᆞ고該地方에養林ᄒᆞ기合當ᄒᆞᆫ處를選擇云云ᄒᆞ엿스
니會社事務를先自茂山으로正當始役然後에次及鴨
綠江邊可也

査江邊森林은既有茂山定處ᄒ고鴨綠江邊森林은
只有選擇之文이기以彼此派員前往該地選擇一處之
意로屢經行文俄使ᄒ야尙未見覆이오나選擇二字가
乃是要旨也라始役之先後ᄂ固屬第二件事이오며
一會社基業百分二十五分尙不來納利条中百股金二十
五股金又不年年來納
査會社基業百分二十五分云者ᄂ謂資本四分一을屬
之
皇室也라由我
皇室로不給資本而得其資本이니又有何來納之款乎아 第 道
外部
合同中納字ᄂ即尊敬之辭也라更無他義오利条
中百股金二十五股金云者ᄂ謂伐木利益也니光武元
年間俄商셔리너一次着手於茂山ᄒ야以三百七十七元
來納後即展限停役ᄒ고更未聞伐木則有何利益ᄒ야
年年來納乎아
一第十三條
大君主께삼付官員을命ᄒ옵셔朝鮮政府에關係ᄒᆫ事務
을監督云云이어늘不待我政府命官監督ᄒ고亦不帶知
委始役之文憑ᄒ고只以通行於各道各郡之護照로如遂
歷例直着于龍川地

査本年三月間에俄使照稱森林會社社員將設始工
役等因이기內藏院과農商工部에行文ᄒ야亟派妥
員ᄒ야養木伐木에關ᄒᆫ事件을一切辦理케ᄒ야合
더니由主務官廳으로尙不派員ᄒ니未知何故이옵고
彼之直着龍川은事甚駭惋ᄒ기本部에付屢經詰
駁ᄒ야使之撤退이오나彼尙不肯從이오며
一第一條에朝鮮木商會社라合成云云ᄒ고第十二條에
先設事務室於海蔘葳ᄒ고伍分設ᄒ되京城이나或仁
港이라ᄒ엿스니如欲正當始役이면會社를合成ᄒ고事
務室을先設然後에會社事務를協議妥商可也 第 道
外部
査朝鮮木商會社者ᄂ即會社之名稱이오非謂韓
俄合成之會社也니如日本人이自刊新報而謂朝鮮新
報之謂也라該會社之是否合成을我無關涉이오事務
室之是否設置를我不干預則有何協議妥商之可論乎
아
一第八條에役人은朝鮮人을多用ᄒ되만일作弊가있
ᄂ時에ᄂ俄人이나淸人을代用云云今에我人을一切不
用ᄒ고俄人淸人을帶入
査役人之多用我人云者ᄂ即森林始役後所用役夫
也라始役之前에ᄂ姑不可以此爭辨也

大

一第七條에外國人雇入ᄒᆞᄂᆞᆫ時에ᄂᆞᆫ朝鮮政府에셔護照紙ᄅᆞᆯ擬給ᄒᆞ기ᄒᆞ엿ᄉᆞ니有我護照然後에야外國人을乃可雇入我境

查此係正當之論이오니行將照辦이오며

一鴨綠邊界에先着事業이在於養林이어놀今에白馬城森林을爲先犯斫ᄒᆞ고威化島柳木을多數伐來ᄒᆞ니此ᄂᆞᆫ志在伐木이오不在養木

查俄人之志在伐木而不在養木은誠如

威論이온지라本大臣이亦嘗辨之屢矣이오되白馬森林之犯斫이只有先聲이오威化柳木之多伐은雖

外部

載新聞이오나本部에ᄂᆞᆫ初無該地方官所報이오며

第 道

一第十二條에

大君主政府에文書ᄅᆞᆯᄒᆞ야밧치되資本을너치아니ᄒᆞ시고會社基業百分二十五分을納ᄒᆞ기ᄒᆞ엿ᄉᆞ니如欲始役이면政府에文書ᄅᆞᆯ바치고基業中所納條ᄅᆞᆯ納훈然後에始役可也

查基業百分二十五分納ᄒᆞ기은已於第二節에辨之ᄒᆞ오니無須贅述이오나基業文書ᄂᆞᆫ固宜責納이오니行將照辦이오며

一彼來往龍巖은專藉無礙通行四個字나此是來往之憑票오非留連之公文則藉此不退ᄒᆞ고又復購買土地家屋ᄒᆞᆷ이大違本約

查護照者ᄂᆞᆫ來往之際에作爲憑據而已라若藉此而購買土地家屋은大違約旨이기己經照駁者非止一再이오며

一銃丸等物은護身獵銃이라ᄒᆞ니獵銃도是軍物也라本非商民必帶之物뿐더러亦非本約所載則無難輸入이極涉可駭

查韓俄陸路通商章程第五款第二節에載明俄國人在朝鮮遊歷者每人准帶鳥槍或手槍一桿護

第 道

外部

身惟應在所帶執照載明等語이오니彼旣不帶我護照則只可責其不載護照而已라豈可謂非商民必帶之物이며又豈可謂非本約所載乎아總之本大臣이才薄力弱ᄒᆞ야不能保守權利ᄒᆞ야外國人이擅入內地購買土地家屋之報가式日踵至ᄒᆞ오니今此諸條辨論이亦强顔耳라復何置辭리오玆에照覆ᄒᆞ오니

照諒ᄒᆞ심을爲要

光武七年六月十三日

議政府贊政外部大臣李道宰

議政府參政金奎弘閣下

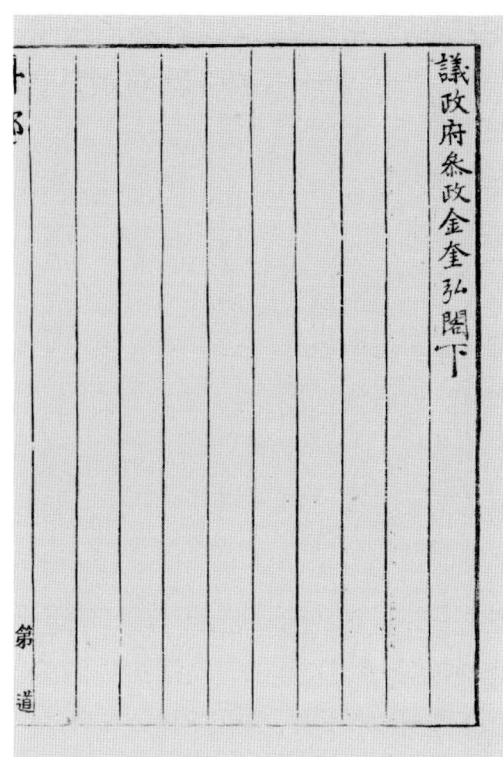

第 道

83 울릉도 삼림 감리의 훈령으로 용암포의 토지 등을 외국인에게 몰래 매매하는 폐단을 금지하겠다고 평안북도에서 외부에 보고함

문서 종류 보고서 제32호
작성 날짜 1903-07-17
발신 평안북도 관찰사 민형식
수신 의정부 찬정 외부 대신 육군 부장 이도재
출처 平安南北道來去案(奎17988) 6책 113a-b

보고서 제32호

관할 용천 군수 서상훈의 제152호 보고서를 접수해 보니 내용에,
"본 용천군 용암포에 와서 머무는 서북(西北) 국경 울릉도 삼림감리(森林監理) 조성협(趙性協)의 훈령을 접수해 보니 내용에, '『내지의 가옥과 토지는 외국인이 구매하지 못한다.』는 것은 조약에 실려 있다. 이번에 러시아 사람이 용암포의 가옥과 논밭을 사들여 삼림회사의 작업소와 기계실을 건축하려고 하지만 정부의 허가를 받지 않고 먼저 구매하는 것은 사리에 맞지 않다. 현재 궁내부 훈령 지시를 받들어 『삼림회사에서 먼저 구매한 토지를 모두 도로 물리고 영원히 내장원 관유지로 삼고, 삼림회사에서 작업실과 기계실을 건축하려던 곳은 적당히 빌려주었다가 해당 공사 기간 만료 후에 도로 내장원으로 귀속한다는 뜻으로 장차 계약할 것이다. 그러니 귀 용천 군수는 잘 살펴 지역 내 백성들에게 모두 널리 타일러 이후로는 가옥과 토지를 외국인에게 몰래 파는 폐단을 엄히 금지하도록 하라. 어리석은 백성 무리가 이익으로 유혹하는 것을 달갑게 듣고 만일 혹시라도 법률 조목을 어기면 율문을 살펴 징계 처리하여 잠시라도 용서하지 않겠다. 잘못 지시한 책임은 자연 돌아갈 것이니 엄히 준수하여 어기지 않는 것이 옳을 것이다.'라고 하였습니다. 경위를 보고합니다."
라고 하였습니다. 이에 베껴 보고하니 조사해 주시기를 삼가 바랍니다.
광무 7년(1903) 7월 17일

평안북도 관찰사 민형식

의정부 찬정 외부 대신 육군 부장 이도재 각하

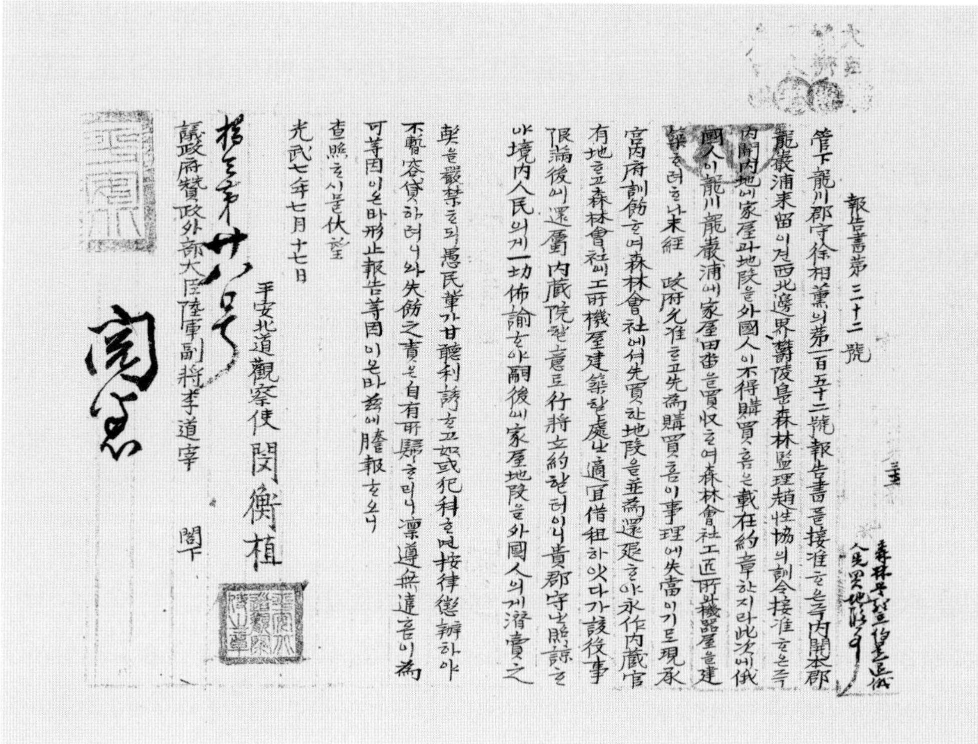
報告書第三十二號
管下龍川郡守徐相薰의第一百五十二號報告書를接准ᄒᆞ온즉內開本郡
龍巖浦來留ᄒᆞᆫ西北邊界森林監理趙性協의訓令接准ᄒᆞᆫ즉
內開內地에家屋과地段을外國人이不得購買ᄒᆞᆷ은載在約章ᄒᆞᆫ지라此次에俄
國人이龍川龍巖浦에家屋田畓을買收ᄒᆞ여森林會社工匠所住機器屋을建
築ᄒᆞ려ᄒᆞᆫ다未經 政府允准ᄒᆞ고先爲購買ᄒᆞᆷ이事理에失當ᄒᆞ기로現承
宮內府訓飭ᄒᆞ여森林會社에서先買ᄒᆞᆫ地段을並爲還退ᄒᆞ야永作內藏院官
有地ᄒᆞ고森林會社에工所機屋建築ᄒᆞᆯ處ᄂᆞᆫ適宜借租ᄒᆞ얏다가該役事
限滿後에還屬內藏院ᄒᆞᆯ意로行將立約ᄒᆞᆯ터이니貴郡守ᄂᆞᆫ照諒ᄒᆞ
야境內人民의게一切佈諭ᄒᆞ야嗣後에家屋地段을外國人의게潛賣之
弊를嚴禁ᄒᆞ되愚民輩가甘聽利誘ᄒᆞ고如或犯科ᄒᆞ면按律懲辦ᄒᆞ야
不暫容貸ᄒᆞ려니와失飭之責은自有所歸ᄒᆞ리니凜遵無違ᄒᆞᆷ이爲
可等因이온바形止報告等因이온바玆에謄報ᄒᆞ오니
查照ᄒᆞ시믈伏望
光武七年七月十七日
平安北道觀察使閔衡植
議政府贊政外部大臣陸軍副將李道宰 閣下

84 울도군에서 벌목하는 일본인들을 철수시키도록 내부에서 외부에 조회함

문서 종류	조회 제8호
작성 날짜	1903-08-12
발신	의정부 찬정 내부 대신 임시 서리 의정부 참정 김규홍
수신	의정부 찬정 외부 대신 이도재
출처	內部來去文(奎17794) 15책 26a-27a

조회 제8호

강원도 관할 울도 군수 심흥택의 제3호 보고서 내용의 대략에,

"현재 본 울도군 각 포구에 머물러 지내는 일본인은 63호입니다. 날마다 나무 베기를 일삼고 있는데 거의 한정이 없습니다. 이를 금지하지 않으면 몇 년 되지 않아 쓸 만한 재목은 쓸 것이 남지 않을 것이고 산은 모두 벌거숭이가 될 것임은 불 보듯 뻔합니다. 지금 이미 군을 설치하여 이전과는 차이가 있으니 줄곧 내버려 둘 수 없습니다. 지방 관직자의 도리상 마땅히 금지해야 할 일입니다. 그러므로 바로 27일에 본 울도 군수인 저는 일본 경부 아리마 다카요시(有馬高孝)가 머물러 지내는 곳에 직접 가서 교섭을 시작하였습니다. 제가 말하기를, '이치로 따져보면 다른 나라 사람이 우리나라의 목재를 가지는 것은 애당초 타당하지 않습니다. 전에는 비록 '도(울도)'라고 하였으나 지금은 '군(울도군)'이 되었습니다. 따라서 지역의 풀과 나무조차 본 군수의 관할 아닌 것이 없으니 지나간 일은 따질 것 없지만 앞으로는 오히려 바로 내쫓을 것입니다. 이후로 다시 이전처럼 나무를 베는 것은 부당하니 또한 귀 경부에서도 헤아려 이를 금지해 주십시오.'라고 하였습니다. 그러자 그가 말하기를, '이 섬에서 벌목한 지는 지금 이미 수십여 년이 되었지만 애당초 귀 정부와 우리 공사가 조회하여 처리한 것이 없었습니다. 따라서 감히 제가 함부로 금지할 수 없습니다.'라고 대답하였습니다. 묻고 대답한 연유를 이에 보고하니 일본 공사에게 조회하여 엄히 분명하게 처분해 주시기를 삼가 바랍니다."

라고 하였습니다. 이를 근거로 조사해 보니, 해당 섬에 몰래 건너와 거주하는 일본인을 어서 빨리 철수시켜 돌아가게 하는 일로 이전에 공문이 오간 것은 몇 차례입니다. 뿐만 아니라 몇

해 전에 저희 내부 시찰과 부산항에 머무는 일본 영사가 섬에 방문하여 가서 합동으로 심리 처리하였습니다. 그때 출입 금지한 산에서 나무를 베는 것에 대해 해당 영사도 당장 금지를 지시하였고, 머물러 지내는 일본인은 서울 내부에서 일본 공사와 회동하여 상의해 타결 지어 기한을 정하고 철수하여 돌아가게 하였습니다. 그 후 귀 외부에서 회동해 처리한 것과 저희 내부에서 조회로 독촉한 것에 대해 오로지 떠넘기기만 일삼았습니다. 이번에 부임하고서도 의아하기 그지없는데 해당 몰래 건너온 일본인은 줄곧 벌목하는 것을 조금도 꺼려하지 않았습니다. 심지어 해당 섬에 '일본 경서와 관원을 두었다.'라고 하였습니다. 통상하지 않는 내지에 외국의 경서라니 어떤 조약에 근거한단 말입니까? 이번 해당 관원이 이야기한 내용에,

"이 섬에서 벌목한 지는 지금 이미 수십 년이 되었지만 애당초 귀 정부 및 우리 공사가 조회하여 처리한 것이 없으니 감히 제가 함부로 금지할 수 없습니다."

라고 하니 전에 우리나라 정부에서 일본 공사에게 해당 섬의 삼림을 찍어 베는 것을 허가한 줄로 아는지 모르지만 해당 경관(警官)이 핑계 대는 것은 이치에 맞지 않음이 더욱 그지없습니다. 대개 해당 섬에 '일본 경서를 설치해 둔다.'라고 하는 것은 모든 나라의 조약 규정에 없는 일이니 우방이 사귀는 의리상 크게 흠이 됩니다. 뿐만 아니라 법에서 벗어나 침범하고 깔보는 것은 일본 정치나 공식적인 관점에서도 옳고 그름이 분명합니다. 문명 개화한 나라로서 어찌 한탄스럽고 애석하지 않겠습니까? 매우 개탄스러운 일이므로 이에 삼가 알리니 조사하신 후 일본 공사에게 전달 조회하여 먼저 해당 경서 관원을 즉각 불러들이고 몰래 건너와 머물러 지내는 일본인도 모두 즉시 기한을 정해 철수하여 돌아가게 하신 후 어서 빨리 분명히 알려 주시기를 요청합니다.

광무 7년(1903) 8월 12일

의정부 찬정 내부 대신 임시 서리 의정부 참정 김규홍

의정부 찬정 외부 대신 이도재 각하

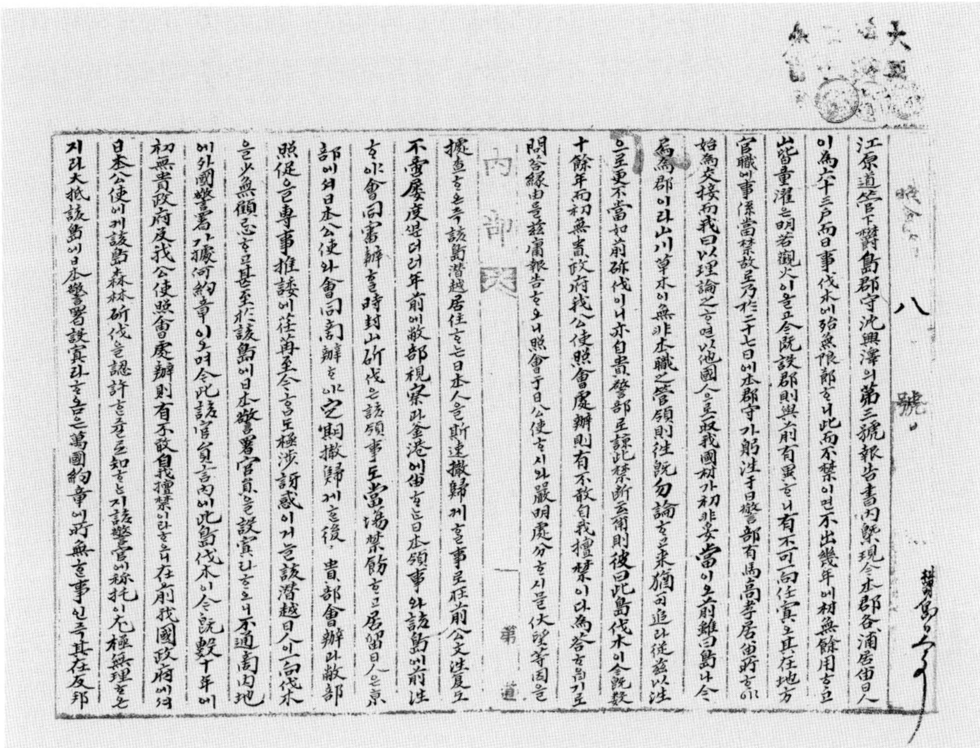
第八號

江原道管下鬱島郡守沈興澤의第三號報告書內槪現今本郡各浦居留日人
이爲六十三戶而日事伐木에殆無限節ᄒᆞ니此而不禁이면不出幾年에材無餘用ᄒᆞ고
山皆童濯은明若觀火이올고今旣設郡則與前有異ᄒᆞ니有不可一向任寘오其在地方
官職에事係當禁故로乃於二十七日에本郡守가躬往于日警部有馬高孝居留所ᄒᆞ야
始爲交接而我曰以理論之ᄒᆞ면以他國人으로敢我國材가初非妥當이오前雖曰島나今
爲郡이라山川草木이無非本職之管領則往旣勿論ᄒᆞ고來猶可追라從茲以往
으로更不當如前斫伐이니亦自貴警部로諒此禁斷云爾則彼曰此島伐木이今旣數
十餘年而初無貴政府我公使照會處辦則有不敢自我擅禁이라爲答ᄒᆞ옵기로
問答緣由를玆庸報告ᄒᆞ오니照會于日公使ᄒᆞ시와嚴明處分ᄒᆞ시믈伏望等因을
據準ᄒᆞ온즉該島潛越居住ᄒᆞᄂᆞᆫ日本人을斯速撤歸케ᄒᆞᆯ事로在前公文往復ᄒᆞ
不啻屢度ᄲᅮᆫ더러年前에敝部視察과釜港에留ᄒᆞᄂᆞᆫ日本領事와該島에前往
ᄒᆞ야會同審辦ᄒᆞᆯ時封山斫伐은該領事도當場禁飭ᄒᆞ고居留日人은京
部에셔日本公使와會同商辦ᄒᆞ야定期撤歸케ᄒᆞᆫ後貴部會辦과敝部
照促은專事推諉에荏苒至今ᄒᆞ야도極涉訝惑이거ᄂᆞᆯ該潛越日人이一向伐木
을少無顧忌ᄒᆞ고甚至於該島에日本警署官員을設寘라ᄒᆞ오니不道禹內地
에外國警署가據何約章이오며今此該官員言內에此島伐木이今旣數十年에
初無貴政府及我公使照會處辦則有不敢自我擅禁이라ᄒᆞ오니在前我國政府에셔
日本公使에게該島森林斫伐을認許ᄒᆞᆫ者로知ᄒᆞᄂᆞᆫ지該警官에稱托이尤極無理ᄒᆞ온
지라大抵該島에日本警署設寘라ᄒᆞ옵은萬國約章에所無ᄒᆞᆫ事인즉其在友邦

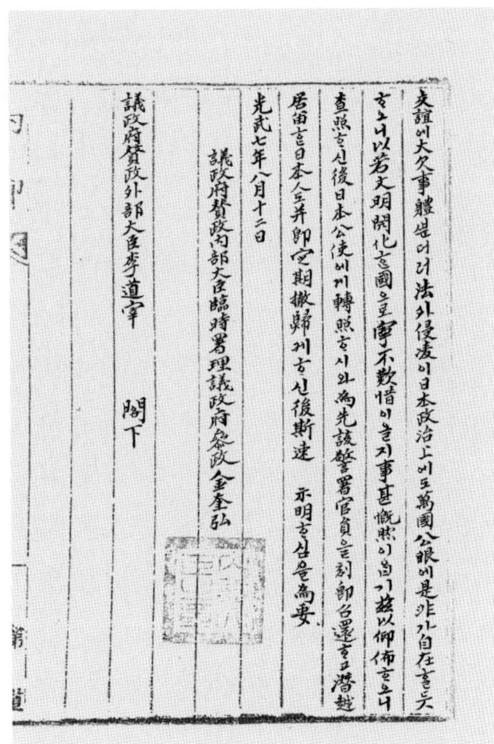
交誼에大欠事體ᄲᅮᆫ더러法外侵凌이日本政治上에도萬國公眼에是非가自在ᄒᆞᆯ듯
ᄒᆞ오니以若文明開化ᄒᆞᆫ國으로寧不歉惜이ᄒᆞᆯ지事甚慨然이옵기玆以仰佈ᄒᆞ오니
査照ᄒᆞ신後日本公使에게轉照ᄒᆞ시와爲先該警署官員을刻卽召還ᄒᆞ고潛越
居留ᄒᆞᆫ日本人도幷卽定期撤歸케ᄒᆞ신後斯速示明ᄒᆞ심을爲要

光武七年八月十二日

議政府贊政內部大臣臨時署理議政府參政金奎弘

議政府贊政外部大臣李道宰 閣下

85 울릉도에서 일본인에게 소금을 도둑맞은 일로 하소연하다가 일본 공사를 쓰러뜨린 소금장사 김두원의 처리에 대해 한성부 재판소에서 법부에 보고함

문서 종류 보고서 제41호
작성 날짜 1903-08-19
발신 한성부 재판소 수반 판사 민경식
수신 의정부 찬정 법부 대신 이재극
출처 司法稟報(乙)(奎17279) 40책 89a-91b

보고서 제41호

지난번에 일본 공사에게 손을 댄 덕원(德源) 백성 김두원(金斗源)을 징계 처리하라는 일로 법부 훈령 제30호를 받들어 해당 김두원을 심사하였습니다.

피고는 본래 원산항에 사는 백성으로 기해년(1899) 여름쯤에 장사하려고 빚으로 엽전 4,000여 냥을 얻어 소금 1,808섬을 사서 일본 홋카이도(北海島) 시마네현(島根縣) 오키구니(隱岐國)에 사는 기무라의 범선에 싣고 울릉도 앞바다에 도착하였습니다. 날이 저물어 짐을 풀지 못하고 배멀미를 견디지 못하자 해당 주인 일본인이 말하기를,

"잠시 육지에 내리고 내일 짐을 푸는 것이 좋겠습니다."

라고 하고 종선(從船) 1척을 내주었기에 그대로 육지에 내렸습니다. 밤을 지낸 후 소금 짐을 풀기 위해 가서 보니 해당 일본인은 소금 배를 타고 이미 도망쳤습니다. 피고가 혼자 몸으로 외딴섬에 있으며 한 푼도 없이 낭패당한 정황은 이루 다 이야기할 수 없습니다. 해당 섬에 머문 지는 어느덧 2년이 되어 전해 들으니, '해당 일본인은 소금 배를 타고 자신의 고향으로 돌아갔다가 며칠 밖에 쌓아 둔 후 팔았다.'고 합니다. 피고는 간신히 살아서 고향으로 돌아갔다가 즉시 서울로 올라와 3년 동안 외부에 소장을 바친 것이 몇십 차례인지 모릅니다. 또 일본 공관에 바친 것이 또 30차례에 이르렀고 외부에서 일본 공관에 조회를 보낸 것 또한 10여 차례인데 해당 일본 공관에서 회답 조회한 것은 다만 2차례뿐입니다. 그 내용은 피고가 아뢴 것과 비록 차이나지 않지만 다만 해당 일본인이 재산을 다 써 버려 재산이 없어 받아 줄 수 없다고 핑계 댔습니다. 작년 봄에 구호금 명목으로 지금까지 총 220원의 돈을 외

부에 보내 피고에게 주고는 물러가게 하였습니다.

그래서 외부에서 피고를 불러다 말하기를,

"이는 일본 공사관의 구호금이니 너는 모름지기 지니고 돌아가도록 하라."라고 하였습니다.

그러자 피고가 아뢰기를,

"해당 일본인에게 소금값을 받아서 주신 것이면 마땅히 즉시 지니고 가겠습니다. 하지만 구호금의 경우 피고가 비록 매우 보잘 것 없는 외톨이지만 도리상 받을 수 없습니다."

라고 하고 그대로 물리쳤습니다. 그러므로 해당 돈은 아직 외부에 있습니다.

피고는 소금값과 여러 가지 비용으로 총 13,090냥 5전을 기어이 돌려받고자 여러 해 서울에 머물며 소장을 안고 떠돌아다녔습니다. 그러다가 음력 올해 5월 27일 오후 3시에 마침 황토현(黃土峴)에 갔는데 일본 공사가 외부에서 나왔습니다. 피고가 해당 일을 상대로 말하기를,

"귀국의 상선이 우리나라 바다에서 바위에 부딪쳐 부서진 경우라도 바위에게 받지 못하고 우리 정부에 추징합니다. 그런데 저의 실었던 물건은 귀국의 사람이 빼앗아 간 것이 확실한데도 어찌 징수해 주지 않습니까?"

라고 하였습니다. 그리고 또 말하기를,

"귀국 정부에서 대인(大人)을 특별히 파견하여 우리나라에 주재시킨 것은 그 의도가 공정하게 일을 처리해 이웃 간의 의리를 돈독히 하고 공정하게 일을 처리하려는 데에 있습니다. 그런데 제 사건에 대해서는 어찌 명확하게 결정해 주지 않습니까?"

라고 하였습니다. 그랬더니 일본 공사가 인력거를 타고 지나가다가 피고가 큰 소리로 억울함을 하소연하고 있는 것을 보고 인력거 위에서 놀라 겁을 먹어 스스로 넘어졌습니다. 해당 인력거꾼도 또한 놀라 손을 놓쳤습니다. 그러자 곁에 있던 기수(旗手) 복장을 한 사람이 피고를 붙잡으며 말하기를,

"비록 호소할 일이 있더라도 어찌 이렇게 큰 소리로 하느냐?"

라고 하였습니다. 그리고 일본 공사는 도로 걸어서 외부로 갔습니다. 기수 복장을 한 사람이 피고를 붙잡고 외부로 따라갔습니다. 그랬더니 외부에서 경무청(警務廳)에 압송하여 본 한성부 재판소에 이르렀습니다.

피고의 경우,

"손에 가장자리가 닳은 소장 뭉치를 지니고 앞을 향해 엉금엉금 기어가서 다만 분한 마음이 치솟아 통하지 않는 말소리를 알아차리지 못한 사이 자연 커졌고 길을 막고 원통함을 하소연하였습니다. 그러다가 해당 일본 공사가 놀라 겁을 먹고 절로 쓰러진 것일 뿐입니다."

라고 진술했을 뿐입니다. 그리고 "손을 댄 일은 애당초 없습니다."라고 줄곧 발뺌했지만 해당 율문에서 벗어나기 어렵습니다. 이러한 사실은 외부의 조회를 근거한 법부 훈령에서 증명되어 명백합니다. 따라서 피고 김두원을 『대명률(大明律)』「형률(刑律) 투구편(鬪毆編)」〈구제사급본관장관조(毆制使及本管長官條)〉의 '무릇 황제의 명령을 받든 파견 관리인데 관리를 때린 경우[凡奉制命出使而官吏毆之者]'라는 율문을 인용 적용하여 태(笞) 100대, 징역 3년으로 처리하겠습니다. 하지만 피고가 소금값을 받을 일로 여러 번 외부에 하소연하였고 여러 번 일본 공관에 바쳐 지금까지의 소장이 쌓여서 뭉치가 되었습니다. 그런데도 항상 몸에 지니고 다니며 일본인을 길가에서 마주치면 번번이 억울함을 하소연한 것이 한두 번이 아니었는데 결국 이번에 법률을 어기게 되었습니다. 하지만 기어이 소금값을 받겠다고 죽기를 맹세하고 돌아보지 않으며 옷은 해지고 갓은 부서진 채로 서울에서 빌어먹은 지 3년이나 오래되었습니다. 정황을 돌아보면 매우 측은하고 돈을 따져 보면 받아야 마땅합니다. 그래서 해당 모든 서류를 첨부하여 이에 보고하니 조사하신 후 외부에 전달 조회하여 해당 소금값과 각종 비용으로 총 13,090냥 5전을 하루빨리 받아주도록 해 주시기를 바랍니다.

광무 7년(1903) 8월 19일

한성부 재판소 수반 판사 민경식

의정부 찬정 법부 대신 이재극

謄

報告書第 號

頃에日本公使에게把手ᄒᆞᆫ德源民金斗源懲辦事로
部訓令第三十號를承准ᄒᆞ와該金斗源을審查ᄒᆞ온즉
被告가本以元山港居民으로於己亥年夏間에以商業次得
債葉四千餘两ᄒᆞ야貿塩一千八百八石ᄒᆞ야裝載於日本北海
島ㄷ根縣隱岐國우기누군이居기뭍아의風帆船ᄒᆞ고鬱陵
島前洋에及到ᄒᆞ야日晩未得解卜에不耐水害러니該船主
日人曰暫為下陸ᄒᆞ고明日解卜이為好云ᄒᆞ고得給從船一隻
故로仍為下陸ᄒᆞ야過夜後欲解塩卜次로往見ᄒᆞᆫ즉該日人
이乘塩船已為逃走矣라被告가以隻身在絶島ᄒᆞ야無分
漢城府裁判所
錢良貝之情境은不可盡言而滯在該島가於焉兩年인바
轉聞ᄒᆞᆫ즉該日人이來其塩船ᄒᆞ고歸去渠鄉ᄒᆞ야露積幾
日後에放賣云矣라被告ᄂᆞᆫ僅生還鄉ᄒᆞ야卽為上京ᄒᆞ야三年
內呈訴外部가不知幾十次오又呈日館이亦至三十次矣며自外
部로移照日館이亦為十餘次로ᄃᆡ該館照覆則只是兩次而
其辭意則與被告所告로雖無差爽이나只以該日人의蕩産
無財ᄒᆞ야莫可推給으로為托云矣러니及到昨春ᄒᆞ야名以恤
金ᄒᆞ고前後合二百二十元幣를送于外部ᄒᆞ야要給被告ᄒᆞ야
使之退去ᄒᆞᆫ즉自外部로招謂被告曰此是日館恤金이니汝須
帶歸ᄒᆞ라被告가告以若推塩価於該日人處而給之則即當

持去어니와至於恤金ᄒᆞ야ᄂᆞᆫ被告가雖極殘ᄒᆞ나義不可受
라ᄒᆞ고仍為退却ᄒᆞᆷ으로該錢이尚在外部인바被告ᄂᆞᆫ塩價與
各樣浮費合一萬三千九十兩五戔을期要推還ᄒᆞ야積年留
京에抱狀彷徨타가於陰曆本年五月二十七日下午三點鍾에適往
黃土峴ᄒᆞᆫ즉日公使가自外部出來ᄒᆞᄂᆞᆫ지라被告가該公使를對
ᄒᆞ야曰貴國商船은觸破於我國海中岩石者라도不為要推
於岩石ᄒᆞ고推徵於我 政府이되吾之所載物은貴國人의奪
去的確ᄒᆞ되何不徵給也오ᄒᆞ고又言貴國政府에셔特派大人
ᄒᆞ야駐在我邦ᄒᆞᆷ은其意在於敦隣兼公處事이어ᄂᆞᆯ對我
事件ᄒᆞ야何不明決云ᄒᆞᆫ즉日公使가乘人力車過去라가見被
漢城府裁判所
告高聲稱寃之擧ᄒᆞ고人力車上에셔驚㥘自倒ᄒᆞ야ᄉᆞ오니該
車牽夫도亦驚失手ᄒᆞ되在傍ᄒᆞᆫ旗手服色之人이執捉被告
曰雖有呼訴事라도何如是高聲乎아ᄒᆞ며日公使ᄂᆞᆫ還為步
往外部ᄒᆞ며旗手服色人은捉被告隨往外部ᄒᆞᆫ즉自外部
로押送警廳ᄒᆞ야以至本所인바被告가手持散幅訴軸ᄒᆞ고
匍匐向前에只激憤心ᄒᆞ야不通ᄒᆞᆫ語聲을不覺自高ᄒᆞᆫ違
道呼寃이라가致使該公使로驚㥘自倒之境而已라陳供ᄒᆞ온
ᄲᅮᆫ이오犯手ᄒᆞᆫ事ᄂᆞᆫ初無라ᄒᆞ고一直發明ᄒᆞ나難逭當律ᄒᆞᆫ
其事實은外部照會를據ᄒᆞ신 部訓令에証ᄒᆞ야明白ᄒᆞ온
지被告金斗源을大明律鬪毆編毆制使及本官長官條凡

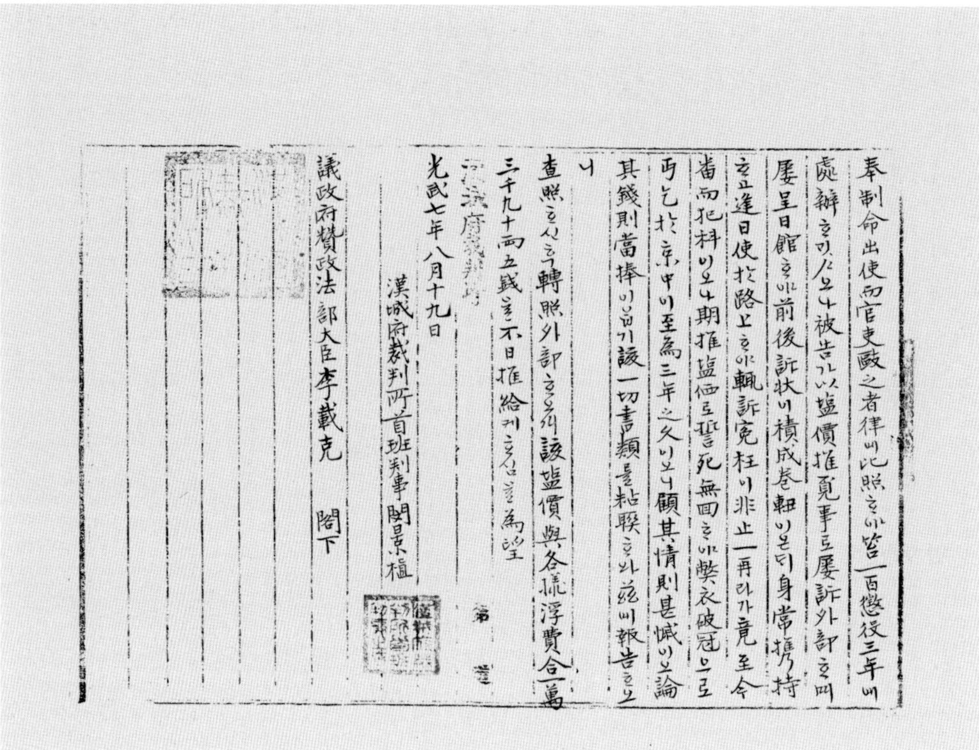

奉制命出使而官吏毆之者律에比照하야皆一百懲役三年에
處辦하미시오나被告가以塩價推覓事로屢訴外部하며
屢呈日館하야前後訴狀이積成巻軸이온되身常携持
하고逢日使於路上하야輒訴寃枉이非止一再라가竟至今
番而犯科이오니期推塩価로誓死無回하야弊衣破冠으로
丐乞於京中이至爲三年之久이오니顧其情則甚憫이오論
其錢則當捧이옵기該一切書類를粘聯하와玆에報告하오
니
査照하신후轉照外部하시와該塩價與各様浮費合一萬
三千九十兩五錢을不日推給케하심을爲望

光武七年八月十九日

漢城府裁判所首班判事閔景植

第 號

議政府贊政法部大臣李載克 閣下

86 소금장사 김두원이 울릉도에서 일본인에게 소금을 도둑맞은 상황을 목격한 증인을 보내줄 것을 법부에서 외부에 조회함

문서 종류 조회 제6호
작성 날짜 1903-08-28
발신 의정부 찬정 법부 대신 이재극
수신 의정부 찬정 외부 대신 이도재
출처 法部來去文(奎17795) 7책 12a-14b
관련 자료 照覆起案(奎17277의16) 2책 36a-39b

조회 제6호

덕원 백성 김두원이 일본 공사에게 손을 댄 사안으로 귀 조회 제5호를 접수하여 해당 범인 김두원을 한성부 재판소에 훈령으로 지시하여 율문을 살펴 엄히 징계하게 하였습니다. 그랬더니 현재 해당 한성부 재판소 보고를 접수했는데 내용에,

"지난번에 일본 공사에게 손을 댄 덕원 백성 김두원을 징계 처리하라는 일로 법부 훈령 제30호를 받들어 해당 김두원을 심사하였습니다.

피고는 본래 원산항에 사는 백성으로 기해년(1899) 여름쯤 장사하려고 빚으로 엽전 4,000여 냥을 얻어 소금 1,808섬을 사서 일본 홋카이도 시마네현 오키구니에 사는 기무라의 범선에 싣고 울릉도 앞바다에 도착하였습니다. 날이 저물어 짐을 풀지 못하고 뱃멀미를 견디지 못하자 해당 배 주인인 일본인이 말하기를, '잠시 육지에 내리고 내일 짐을 푸는 것이 좋겠습니다.'라고 하고 종선 1척을 내주었기에 그대로 육지에 내렸습니다. 밤을 지낸 후 소금 짐을 풀기 위해 가서 보니 해당 일본인은 소금 배를 타고 이미 도망쳤습니다. 피고가 혼자 몸으로 외딴섬에 있으며 한 푼도 없이 낭패당한 정황은 이루 다 이야기할 수도 없습니다. 해당 섬에 머문 지는 어느덧 2년이 되어 전해 들으니, 『해당 일본인은 소금 배를 타고 자신의 고향으로 돌아갔다가 밖에 며칠 쌓아 둔 후 팔았다.』고 합니다. 피고는 간신히 살아서 고향으로 돌아갔다가 즉시 서울로 올라와 3년 동안 외부에 소장을 바친 것이 몇십 차례인지 모릅니다. 또한 일본 공관에 바친 것이 또 30차례에 이르렀고 외부에서 일본 공관에 조회를 보낸 것 또한 10여 차례인데 해당 일본 공관에서 회답 조회한 것은 다만 2차례뿐입니다. 그 내용 피고

가 아뢴 것과 비록 차이나지 않지만 다만 해당 일본인이 재산을 다 써 버려 재산이 없어 받아 줄 수 없다고 핑계 댔습니다. 작년 봄에 명목상 구호금으로 지금까지 총 220원의 지폐를 외부에 보내 피고에게 주고는 물러가게 하라고 요청하였습니다.

그래서 외부에서 피고를 불러다 말하기를, '이는 일본 공관의 구호금이니 너는 모름지기 지니고 돌아가도록 하라.'라고 하였습니다. 그래서 피고가 아뢰기를, '해당 일본인에게 소금값을 받아서 주신 것이면 마땅히 즉시 지니고 가겠습니다. 구호금의 경우 피고가 비록 매우 보잘 것 없는 외톨이지만 도리상 받을 수 없습니다.'라고 하고 그대로 물리쳤습니다. 그러므로 해당 돈은 아직 외부에 있습니다.

피고는 소금값과 여러 가지 비용으로 총 13,090냥 5전을 기어이 돌려받고자 여러 해 서울에 머물며 소장을 안고 떠돌아다녔습니다. 그러다가 음력 올해 5월 27일 오후 3시에 마침 황토현에 가는데 일본 공사가 외부에서 나왔습니다. 피고가 해당 일을 상대로 말하기를, '귀국의 상선은 우리나라 바다에서 바위에 부딪쳐 부서진 경우라도 바위에게 받지 못하고 우리 정부에 추징합니다. 그런데 저의 실었던 물건은 귀국의 사람이 빼앗아 간 것이 확실한데도 어찌 징수해 주지 않습니까?'라고 하였습니다. 그리고 또 말하기를, '귀국 정부에서 대인을 특별히 파견하여 우리나라에 주재시킨 것은 그 의도가 공정하게 일을 처리해 이웃 간의 의리를 돈독히 하고 공정하게 일을 처리하려는 데에 있습니다. 그런데 제 사건에 대해서는 어찌 명확하게 처결하지 않습니까?'라고 하였습니다. 그랬더니 일본 공사가 인력거를 타고 지나가다가 피고가 큰 소리로 억울함을 하소연하고 있는 것을 보고 인력거 위에서 놀라 겁을 먹어 절로 넘어졌습니다. 해당 인력거꾼도 또한 놀라 손을 놓쳤습니다. 그러자 곁에 있던 기수 복장을 한 사람이 피고를 붙잡으며 말하기를, '비록 호소할 일이 있더라도 어찌 이렇게 큰 소리로 하느냐?'라고 하였습니다. 그리고 일본 공사는 도로 걸어서 외부로 갔습니다. 기수 복장을 한 사람이 피고를 붙잡고 외부로 따라갔습니다. 그랬더니 외부에서 경무청에 압송하여 본 한성부 재판소에 이르렀습니다.

피고의 경우, '손에 가장자리가 닳은 소장 문건을 지니고 앞을 향해 엉금엉금 기어가서 다만 분한 마음이 치솟아 통하지 않는 말소리를 알아차리지 못한 사이 자연 커졌고 길을 막고 원통함을 하소연하였습니다. 그러다가 해당 일본 공사가 놀라 겁을 먹고 절로 쓰러진 것일 뿐입니다.'라고 진술했을 뿐입니다. 그리고 '손을 댄 일은 애당초 없습니다.'라고 줄곧 발뺌했지만 해당 율문에서 벗어나기 어렵습니다. 이러한 사실은 외부의 조회를 근거한 법부 훈령에서 증명되어 명백합니다. 따라서 피고 김두원을 『대명률』 「형률 투구편」 〈구제사급본관장관조〉의 '무릇 황제의 명령을 받든 파견 관리인데 관리를 때린 경우[凡奉制命出使而官吏毆之者]'라는 율문을 인용 적용하여 태 100대, 징역 3년으로 처리 판결하겠습니다. 하지만 피고가 소금값을 받을 일로 여러 번 외부에 하소연하였고 여러 번 일본 공관에 바쳐 지금까지의 소장이 쌓여 뭉치가 되었습니다. 그런데도 항상 몸에 지니고 다니며 일본인을 길가에서 마주치면 번번이 억울함을 하소연한 것이 한두 번이 아니었는데 결국 이번에 법률을 어기게 되었습니다. 하지만 기어이 소금값을 받겠다고 죽기를 맹세하고 돌아보지 않으며 옷은 해지고 갓은 부서진 채로 서울에서 빌어먹은 지 3년이나 오래되었습니다. 정황을 돌아보면 매우 처량하고 돈을 따져보면 받아야 마땅합니다. 그래서 해당 모든 서류를 첨부하여 이에 보고하니 조사하신 후 외부에 전달 조회하여 해당 소금값과 갖가지 비용으로 총 13,090냥 5전을 하루빨리 받아서 주게 해 주시기를 바랍니다."

라고 하였습니다. 이를 조사해 보니, 해당 공사에게 제멋대로 손을 댄 일은 귀 조회에 증명되어 확실한데 범인 김가는 줄곧 잡아떼며 온전히 불복(不服)하기만 일삼았습니다. 따라서 해당 재판소에서 적용 검토를 소홀히 했다는 것에서 벗어나지 못하기에 손을 댄 정황에 대해 기어이 자복하는 진술을 받으라는 뜻으로 다시 훈령 지시했습니다. 하지만 이 사안의 경우 목격 증인이 전혀 없는 것으로 인해 해당 범인은 갈수록 스스로 발뺌하고 죄를 자복할 뜻이 없습니다. 이에 조회하니 잘 살피셔서 그때 귀 외부의 하인 중 만약 참여 증인이 있으면 해당 재판소로 보내서 대질하여 자복을 받게 해 주시기를 요청합니다.

광무 7년(1903) 8월 28일

의정부 찬정 법부 대신 이재극

의정부 찬정 외부 대신 이도재 각하

六

德源民金斗源이日本公使에게犯手ᄒᆞᆫ事案으로
貴照會第五号를接准ᄒᆞ야該犯金斗源을訓飭漢城府裁
判ᄒᆞ야使之按律嚴懲ᄒᆞ얏삽더니現接該所報告ᄒᆞᆫ즉內開
頃에日本公使에게犯手ᄒᆞᆫ德源民金斗源懲辦事로部訓令
을承准ᄒᆞ와該金斗源을審查ᄒᆞᆫ즉被告가本以元山港居
民으로己亥年夏間에以商業次得債葉四千餘兩ᄒᆞ야貿鹽一
千八百八石ᄒᆞ야裝載於日本北海島島根懸隱峙國슈기누
子이居기믈아의風帆船ᄒᆞ고欝陵島前洋에及到ᄒᆞ야日晚未
得解卜에不耐水苦러니該船主日人曰暫爲下陸ᄒᆞ고明日解卜
이爲好云ᄒᆞ고得給從船一隻故仍爲下陸ᄒᆞ야過夜後欲解鹽卜
次로往見ᄒᆞᆫ즉該日人이乘鹽船ᄒᆞ고已爲逃走矣라被告以隻身
在絶島ᄒᆞ야無分錢良貝之情境은不可盡言而滯在該島가於
爲兩年인바轉聞ᄒᆞᆫ즉該日人乘其鹽船ᄒᆞ고歸去準鄉ᄒᆞ야露
積幾日後에放賣云矣라被告僅生還鄉ᄒᆞ야卽爲上京ᄒᆞ야三年
內呈訴外部가不知幾十次오又呈日館이亦至三十次矣오自外部로
移照日館이亦爲十餘次로되該館照覆ᄒᆞᆫ즉只是兩次而其辭意
ᄒᆞᆫ즉與被告所告로雖無差爽이나只以該日人의蕩産無財ᄒᆞ야莫
可推給으로爲托云矣러니及到昨春ᄒᆞ야名以恤金ᄒᆞ고前後合
二百二十元幣를送于外部ᄒᆞ야要給被告ᄒᆞ야使之退去則自外

部로招謂被告曰此是日館恤金인즉汝須帶歸ᄒᆞ라被告가告以
若推鹽價於該日人處而給之ᄒᆞᆫ즉卽當持去어니와至於恤金ᄒᆞ야
는被告가雖極殘了나나義不可受라ᄒᆞ고仍爲退却ᄒᆞᆷ으로該錢
이尙在外部인바被告는鹽價與各樣浮費合一萬三千九十兩五
錢을期要推還ᄒᆞ야積年留京에抱狀彷徨타가陰曆本年五
月二十七日下午三点鍾에適往黃土峴ᄒᆞᆫ즉日公使가自外部出來
ᄒᆞᆫ지라被告가該公使를對ᄒᆞ야曰貴國商船은觸破於我國海
中岩石者라도不爲要推於岩石ᄒᆞ고推懲於我政府인되吾之所載
物은貴國人이奪去的確ᄒᆞ되何不懲給也오ᄒᆞ고又言貴國政府
에서特派大人ᄒᆞ야駐在我邦ᄒᆞᆷ은其意在於敦鄰秉公處
事에는對我事件ᄒᆞ야何不明決云ᄒᆞᆫ즉日公使가乘人力車過去
라가見被告高聲稱寃之擧ᄒᆞ고人力車上에서驚惻自倒ᄒᆞ얏
스면該車牽夫도亦驚失手ᄒᆞ미在傍ᄒᆞᆫ旗手服色之人이執捉
被告曰雖有呼訴라도何如是高聲乎아ᄒᆞ며日公使는還爲步
往外部ᄒᆞ며旗手服色人은捉被告隨往外部ᄒᆞᆫ즉自外部로押
送警廳ᄒᆞ야以至本所인바被告가手持散幅訴軸ᄒᆞ고匍匐向
前에只激憤心ᄒᆞ야不通ᄒᆞᆫ語聲을不覺自高ᄒᆞ고遮道呼寃
이라가致使該公使로驚惻自倒之境而已라陳供ᄒᆞᆫ뿐이오犯手
ᄒᆞᆫ事는初無라ᄒᆞ고一直發明ᄒᆞ나難逭當律을其事實은外部
照會를據ᄒᆞ신部訓令에証ᄒᆞ야明白ᄒᆞ옵기被告金斗源을大

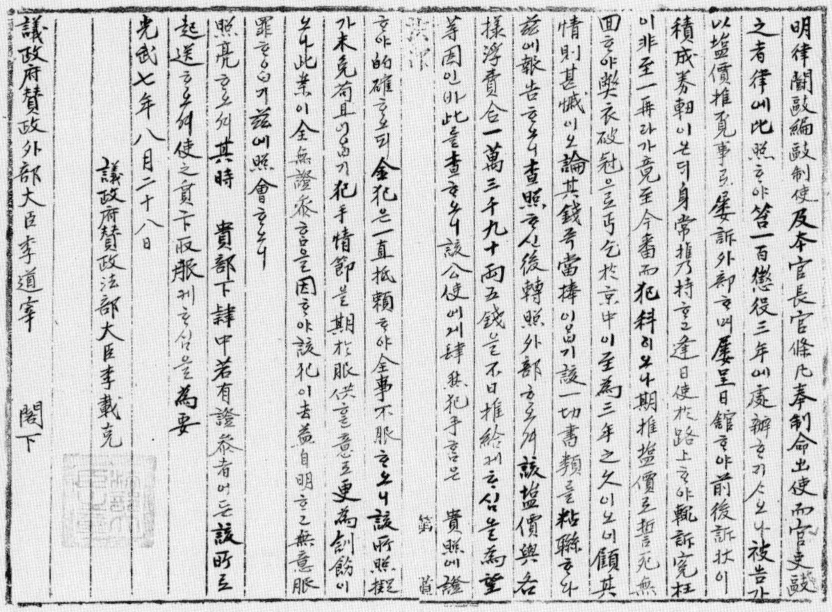

明律闌敺編敺制使及本官長官條凡奉制命出使而官吏敺
之者律에比照ᄒᆞ야笞一百懲役三年에處辦ᄒᆞ기ᄉᆞ오나被告가
以塩價推覓事로屢訴外部ᄒᆞ며屢呈日館ᄒᆞ야前後訴狀이
積成券軸이온ᄃᆡ身常挑乃持ᄒᆞ고逢日使於路上ᄒᆞ야輒訴寃枉
이非至一再라가竟至今番而犯科ᄒᆞ오나期推塩價로誓死無
回ᄒᆞ야弊衣破冠으로丐乞於京中이至爲三年之久이오니顧其
情則甚慽이오論其錢을當捧이옵기該一切書類를粘聯ᄒᆞ와
玆에報告ᄒᆞ오니查照ᄒᆞ신後轉照外部ᄒᆞ오셔該塩價與各
樣浮費合一萬三千九十兩五錢을不日推給케ᄒᆞ심을爲望
等因인바此를查ᄒᆞ오니該公使에게肆毆犯手ᄒᆞᆫ은 貴照에證
ᄒᆞ야的確ᄒᆞ오되金犯은一直抵賴ᄒᆞ야全事不服ᄒᆞ오니該所照擬
가未免苟且이옵기犯手情節을期於服供ᄒᆞᆯ意로更爲劄飭이
오나此案이全無證參ᄒᆞ음을因ᄒᆞ야該犯이去益自明ᄒᆞ고無意服
罪ᄒᆞ오ᄋᆞᆸ기玆에照會ᄒᆞ오니
照亮ᄒᆞ오셔其時 貴部下肆中若有證參者어든該所로
起送ᄒᆞ오셔使之質卞取服케ᄒᆞ심을爲要

光武七年八月二十八日

議政府贊政法部大臣李載克

議政府贊政外部大臣李道宰 閣下

87 울도군에서 일본인이 불법으로 벌목하는 행위에 대해 일본 공사에게 조회하여 금지하도록 강원도에서 외부에 보고함

문서 종류	보고서 제4호
작성 날짜	1903-10-15
발신	강원도 관찰사 김정근
수신	외부 대신 임시 서리 궁내부 특진관 이하영
출처	江原道來去案(奎17985) 2책 43a-44a

보고서 제4호

방금 울도 군수 심흥택의 보고서를 접수했는데 내용에,

"현재 본 울도군에 머물러 지내는 일본인은 63호입니다. 날마다 벌목하기를 일삼고 있는데 한정이 없습니다. 이를 금지하지 않으면 쓸 만한 재목은 남지 않을 것이고 산은 모두 벌거숭이가 될 것임은 불 보듯 뻔합니다. 지금 이미 군을 설치하여 지방 관직자의 도리상 마땅히 금지해야 할 일입니다. 그러므로 바로 올해 4월 27일에 본 울도 군수인 저는 일본 경부 아리마 다카요시(有馬高孝)가 머물러 지내는 곳에 직접 가서 교섭을 시작하였습니다. 제가 말하기를, '이치로 따져 보면 다른 나라 사람이 우리나라의 목재를 가지는 것은 애당초 타당하지 않습니다. 전에는 비록 '도'라고 하였으나 지금은 '군'이 되었습니다. 따라서 지역의 풀과 나무조차 본 군수의 관할 아닌 것이 없으니 지나간 일은 따질 것도 없지만 오히려 바로 내쫓을 것입니다. 이후로 다시 이전처럼 나무를 베는 것은 부당하니 또한 귀 경부에서도 헤아려 금지해 주십시오.'라고 하였습니다. 그러자 그가 말하기를. '이 섬에서 나무를 벤 지는 지금 이미 수십여 년이 되었지만 애당초 귀 정부와 우리 공사가 조회하여 처리한 것이 없습니다. 그런데 감히 제가 스스로 제가 함부로 금지할 수 없습니다.'라고 대답하였습니다. 따라서 묻고 대답한 연유를 낱낱이 보고하니 이로써 서울 외부에 전달 보고하여 금지하게 해 주십시오."

라고 하였습니다.

이를 조사해 보니 해당 섬은 지금 이미 군이 되었으니 섬 지역 내 삼림은 본 울도 군수의 관할 아닌 곳이 없습니다. 이번 일본인이 이전대로 벌목하는 것은 법에서 벗어난 것에 해당합니다. 그러므로 이에 보고하니 잘 살피신 후 일본 공사에게 조회하여 울도에서 벌목하는 폐단을 영원히 금지하여 다시는 이전처럼 함부로 베는 일이 없게 해 주시기를 바랍니다.

광무 7년(1903) 10월 15일

강원도 관찰사 김정근

의정부 찬정 외부 대신 임시 서리 궁내부 특진관 이하영 각하

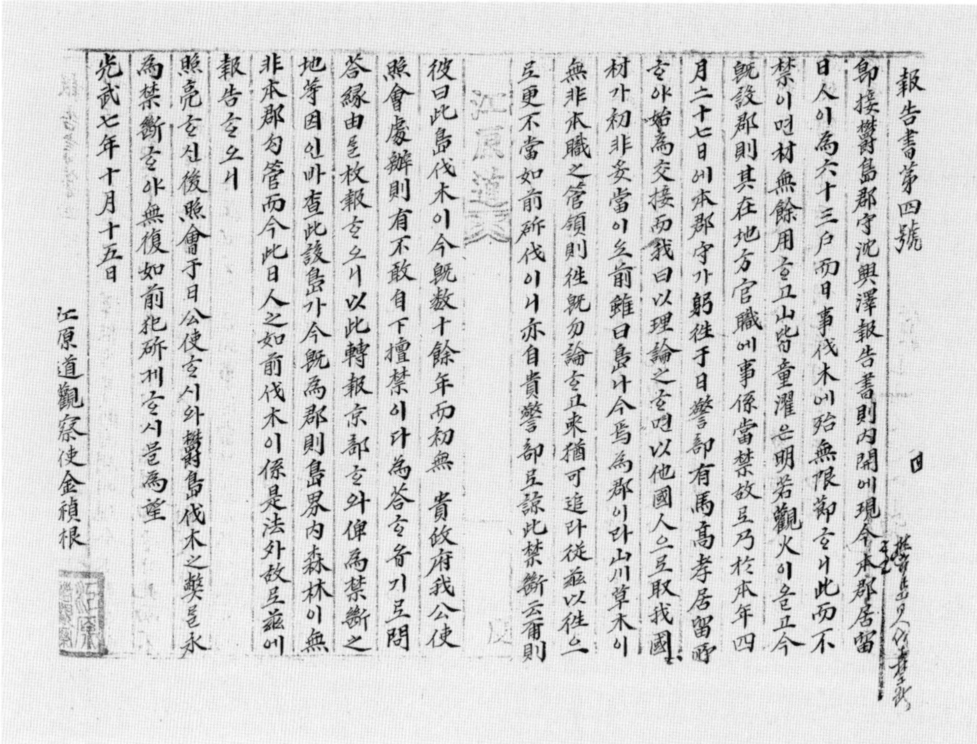
報告書第四號
即接鬱島郡守沈興澤報告書則內開에現今本郡居留
日人이爲六十三戶而日事伐木에殆無限節ᄒᆞ니此而不
禁이면材無餘用ᄒᆞ고山皆童濯은明若觀火이읍고今
旣設郡則其在地方官職에事係當禁故로乃於本年四
月二十七日에本郡守가躬往于日警部有馬高孝居留所
ᄒᆞ야始爲交接而我曰以理論之ᄒᆞ면以他國人으로取我國
材가初非妥當이오前雖曰島나今焉爲郡이라山川草木이
無非本職之管領則往旣勿論ᄒᆞ고來猶可追라從玆以往으
로更不當如前所伐이니亦自貴警部로諒此禁斷云爾則
彼曰此島伐木이今旣數十餘年而初無 貴政府我公使
照會處辦則有不敢自下擅禁이라爲答ᄒᆞ옵기로問
答緣由를枚報ᄒᆞ오니以此轉報京部ᄒᆞ와俾爲禁斷之
地等因인바查此該島가今旣爲郡則島界內森林이無
非本郡勾管而今此日人之如前伐木이係是法外故로玆에
報告ᄒᆞ오니
照亮ᄒᆞ신後照會于日公使ᄒᆞ시와鬱島伐木之弊를永
爲禁斷ᄒᆞ야無復如前犯斫케ᄒᆞ시믈爲望
光武七年十月十五日
江原道觀察使金禎根

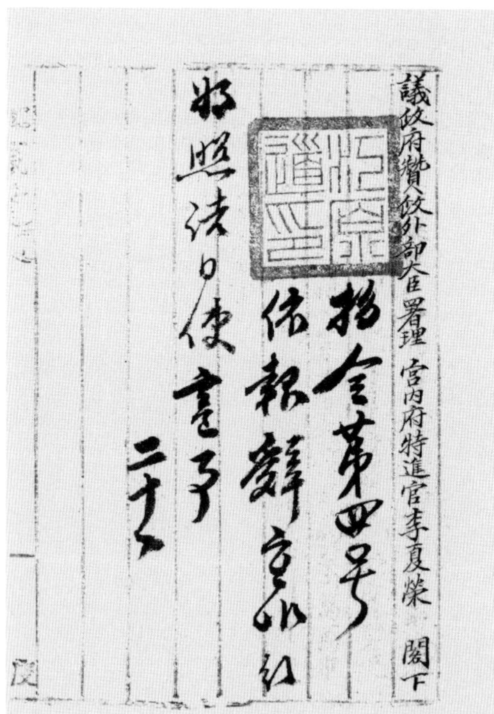
議政府贊政外部大臣署理 宮內府特進官李夏榮 閣下
指令第四号

88 울도군에서 일본인이 불법으로 벌목하는 행위에 대한 강원도 관찰사의 보고

문서 종류 보고(報告)
작성 날짜 1903-10-18
수신 외부 대신
출처 外部日記(奎17841) 6책 21a

18일, 일요일

강원도 관찰사의 보고에,

"울도 군수가 보고하기를, '본 울도군에 머물러 지내는 일본인은 63호입니다. 날마다 벌목하기를 일삼고 있으니 산은 모두 벌거숭이가 될 것입니다. 직접 일본 경부에게 가서 금지할 것을 요청했습니다. 그러자 그가 말하기를, 『애당초 귀 정부에서 우리 공사에게 처리한 것이 없습니다. 그런데 감히 스스로 제가 함부로 금지할 수 없습니다.』라고 하였습니다.' 조사해 보니 해당 섬은 지금 이미 군으로 되었고 일본인이 벌목하는 것은 법에서 벗어난 것에 해당합니다. 일본 공사에게 조회하여 금지할 것을 요청해 주십시오."

라고 하였습니다.

(생략)

交

十八日 日曜

江原察報欝島守報稱本郡居留日人爲六十三戶日事伐

木山皆童濯躬往日警部請其禁斷彼曰初無責政府

我公使處辨有不敢自下擅禁云等因查該島今既爲

郡日人伐木係是法外請照日使禁斷

通

萊監復電兩費分別修報計該費在警署隨撥收納而

巡檢私挪不得已由本署先辨上送會課李能雨原無

過失恕燭

城監報海関船稅单繕上

指令收到

外部

第 道

89 장전포에 일본인이 포경소를 설치한 건에 대해 고성군에서 강원도에 보고함

문서 종류 보고서 제126호
작성 날짜 1903-11-08
발신 고성 군수 이명래
수신 강원도 관찰사
출처 江原道來去案(奎17985) 2책 47a-48b

보고서 제126호

이번 달 5일 오시(午時)에 도착한 호외(号外) 비밀 훈령 내용에,

"방금 듣건대, '귀 군(郡) 경계의 장전포(長箭浦)에 일본인들이 포경소(捕鯨所)를 설치한다.'라고 하였다. 그런데 매번 '외국인은 없다.'라고 규정을 살펴 매달 보고하였다. 지방관의 직책상 이같이 소홀히 하는 것은 진실로 부당하다. 만일 조계(租界) 안이 아니라면 외국인이 방을 빌리거나 가옥을 구매하는 것도 법으로 엄히 금지하고 있다. 하물며 해당 장전포는 본래 조계로 약정한 지역이 아닌데도 이같이 처소(處所)를 설치하는 것은 조약을 살펴보면 대단히 이치에 어긋나는 것이다. 그러므로 이에 순검을 파견하고 훈령을 발송하니 도착하는 즉시 해당 처소를 짓는 것을 엄히 금지하도록 하라. 다만 해당 기지(基址)의 경우 더러 경부(京部)의 허가장이 있어서 그러는 것인지, 군에서 알고도 금지하지 않은 것인지, 제멋대로 지은 것인지 분명 그 사이에 곡절이 있을 것이니 그 속내를 상세하게 긴급 보고하여 조금이라도 지체하는 일이 없도록 하라.
추신: 장전포는 귀 군 및 통천군(通川郡) 두 군의 경계에 있으니 해당 처소를 지은 폐단을 2개 군이 서로 힘을 합쳐 금지하도록 하라."

라고 하였습니다.

장전포는 원래 통천 지역이고 정말로 본 군 지방관의 관할이 아닙니다. 다만 삼가 거듭된 훈령 내용대로 해당 처소를 짓는 폐단을 2개 군이 힘을 합쳐 금지하려고 훈령이 도착하는 즉시 통천군에 조회로 알렸습니다. 그리고 다음 날에 장전포로 급히 갔더니 해당 군수의 회답 조회 내용에,

"제가 며칠 전에 해당 장전포에 직접 가서 일본인이 처소를 짓는 폐단을 모두 금지하도록 엄히 지시하였습니다. 그 후 마침 읍내 업무가 매우 긴급하여 그대로 즉시 돌아오는 길로 바야

흐로 사유를 갖추어 작성해 보고하려고 합니다."
라고 하였습니다. 2개 군이 힘을 합칠 수 없었지만 군수가 해당 동네의 존위(尊位), 우두머리 백성과 일본인들을 불러다가 훈령 내용을 잘 타이르고 지시한 후 형편에 대해 물었습니다. 그랬더니 동네의 존위가 아뢴 내용에,
"고래 잡는 일은 지난 을미년(1895) 가을에 시작하여 러시아인이 포경선 4, 5척을 매년 9, 10월에 와서 앞바다에 정박하고 마음대로 고래를 잡다가 입춘(立春) 후에 귀국하였습니다. 기해년(1899) 가을에는 본 마을 왼쪽 산 구역 내 각 사람의 전답(田畓)과 땔나무 장소에 길이 900자, 너비 205자를 원산항 감리서 주사[元山港監理主事]와 본 고성군 전임 군수 때에 '경부의 허가를 받았다.'고 경계를 정하고 표지를 세워 일단 가옥을 짓는 폐단이 없었습니다. 그리고 일본인은 신축년(1901)에 시작하여 포경 영업을 러시아인과 더불어 지금까지 장애 없이 작업하고 있습니다. 올해의 경우 러시아인은 아직 와서 도착하지 않았고, 일본인은 지난 7월쯤 먼저 앞바다에 도착하여 러시아인이 표지를 세우로 경계를 정한 이외의 좌우 나머지 땅인 각 사람의 밭에 8월 시작으로 세금을 정하고 막사를 설치하였으나 세금은 아직 받은 것이 없습니다. 경부의 허가장이 있는지 없는지는 정말로 전혀 모릅니다."
라고 하였습니다.
일본인 마츠오 리우에몬(松尾利右衛門) 및 삼만 지로(三萬次郎) 등은,
"저희들은 일본 원양어업 주식회사(日本遠洋漁業株式會社)로 포경 한 가지 사항에 대해서는 한국에 세금을 바쳤습니다. 그리고 초막을 짓는 사유는 먼저 본국 회사에서 한국 외부와 조약에 대해 조회하였으니 초막을 설치하라는 허가장은 머지않은 시일 내에 받을 것입니다."
라고 하였습니다. 하지만 조약에 실려 있는데 마음대로 초막을 짓는 것은 정말로 금지를 어긴 것입니다. 그러므로 즉시 철수해 돌아가라는 뜻으로 엄히 지시하고 금지하였습니다. 다만 "경부의 허가장이 도착했다."라고 핑계 대고 철수해 갈 생각이 전혀 없으니 훈령을 받들어 거행하는데 두렵고 민망하기 그지없습니다. 처분을 기다리며 해당 포경 처소와 배를 상세하게 적간하여 성책으로 작성해 보고하니 잘 살펴 주시기를 삼가 바랍니다.
광무 7년(1903) 11월 8일

고성 군수 이명래

관찰사 각하

報告書第一百二十六号

本月五日午時到付号外 秘訓內開에即聞本郡界長箭浦
에日人等이營設捕鯨所云而妄以外國人無守로按例輒報ᄒᆞ
니其在地方職責에固不當若是疎虞라如非租界內則外國
人之賃房購屋도法所痛禁이거던況該浦가本非租界約定
之地而如是營設處所가擬以約章에萬萬不當故玆以派巡
發訓ᄒᆞ니到即該處所營造을嚴行禁斷이되該基址가或有
京部認狀而然인지自郡으로知而不禁而私自營造인지必有
委折於其間이니其裏許을昭詳馳報ᄒᆞ야無或暫滯ᄒᆞ라ᄒᆞ시
읍고再長箭浦在於本郡及通川郡兩界ᄒᆞ니該處所營造之
弊을兩郡이互相幷力禁斷여이시온바長箭浦은元來通川地
界而果非本郡地方職責이오되謹依再 訓辭意ᄒᆞ와該處所營
造之弊을兩郡이幷力禁斷次 訓到即時에知照通川郡이읍고
翌日에馳到長箭浦이온즉該郡守照度內開에弊職이日前에
躬往該浦ᄒᆞ야日人處所營造之弊을一切嚴飭禁斷後適有邑
務緊切ᄒᆞ와仍即復路而方欲具由修報이다이읍기兩郡이不得
幷力이오나郡守가招致該洞尊頭民與日人等ᄒᆞ야曉飭 訓辭
後問其事機則尊洞所告內捕鯨設業은去乙未秋爲始ᄒᆞ야
俄人이捕鯨船四五隻을每年九十月에來泊於前洋ᄒᆞ야自意捕
鯨이다가立春後歸國ᄒᆞᆫ바己亥秋本里左山句內各人田畓與柴場

處에長九百尺廣二百五十尺을京部認許이다元港監理主事
與本郡前等內가定界立票而姑無結屋之弊이읍고日本人
則辛丑爲始ᄒᆞ야捕鯨營業을與俄人으로至于今無碍通
業이온바今年段은俄人則姑未來到ᄒᆞ고日本人則去七月分先
到前洋ᄒᆞ야俄人立票定界外左右餘地各人田庵을八月爲始ᄒᆞ
야定稅設幕이오나稅錢則姑無與受而京部認狀有無은果
是全昧이다이읍고日本人松尾利右衛門及森萬次郎等은以
爲本人等이日本遠洋漁業株式會社로捕鯨一款은稅納韓國
ᄒᆞ고結搆草幕之由은先自本國會社로照約於韓國外部而
設幕認狀은不多日內受到이다이오나約章所載에恣意結
幕이實是犯禁故로即爲還撤之意로嚴飭禁斷이오되但
稱京部認狀來到云이고頓無撤去底意이오니奉 訓擧行
에極涉悚悶ᄒᆞ와以待 處分ᄒᆞ오며該捕鯨處所與船隻을
昭詳摘奸修成冊報告ᄒᆞ오니
鑑亮ᄒᆞ시믈伏望
光武七年十一月八日
高城郡守李明來
觀察使 閣下

90 장전포에 일본인이 포경소를 설치한 건에 대해 통천군에서 강원도에 보고함

문서 종류 보고서 제 호외(號外) 원본
작성 날짜 1903-11-11
발신 통천 군수 이주하
수신 강원도 관찰사
출처 江原道來去案(奎17985) 2책 49a-51b

보고서 제 호외 원본

"방금 관찰부 순검이 받들어 지니고 도착한 호외 비밀 훈령 내용에, '방금 듣건대 『귀 군 장전포에 일본인들이 포경소를 설치한다.』라고 하였다. 그런데 매번 '외국인은 없다.'라고 규정을 살펴 매달 보고하였다. 지방관의 직책상 이같이 소홀히 하는 것은 진실로 부당하다. 만일 조계 안이 아니라면 외국인이 방을 빌리거나 가옥을 구매하는 것도 법으로 엄히 금지하고 있다. 하물며 해당 장전포는 본래 조계로 약정한 지역이 아닌데도 이같이 처소를 설치하는 것은 조약을 살펴보면 대단히 이치에 어긋나는 것이다. 그러므로 이에 순검을 파견하고 훈령을 발송하니 도착하는 즉시 해당 처소를 짓는 것을 엄히 금지하도록 하라. 다만 해당 기지의 경우 더러 경부의 허가장이 있어서 그러는 것인지, 군에서 알고도 금지하지 않은 것인지, 제멋대로 지은 것인지 분명 그 사이에 곡절이 있을 것이니 그 속내를 상세하게 긴급 보고하여 조금이라도 지체하는 일이 없도록 하라.
추신 : 장전포는 귀 통천군 및 고성군의 두 경계에 있으니 해당 처소를 지은 폐단을 2개 군이 서로 힘을 합쳐 금지하도록 할 일이다.'라고 하였습니다."
라고 하였습니다.
본 통천군 임도면(臨道面) 장전리(長箭里) 동쪽 열자원(烈字員) 1곳을, 지난 경자년(1900) 6월쯤 외부 훈령 내용에,
"러시아인 케이제링이 포경 기지를 빌리는 일로 정부에서 논의를 거쳐 황제께 아뢰어 재가를 받아 본 외부 관원을 파견하여 훈령하니 귀 군수는 함께 가서 해당 러시아인과 협상하고 경계를 정하되, 영국 자[英尺]로 길이 700피트, 너비 350피트 구역을 배정하여 표지를 세우

고 터의 도면과 터의 내역을 한글과 러시아어로 나누어 2통을 작성하여 1통은 러시아인에게 주고 1통은 본 외부에 올려 보내도록 하라. 만약 백성의 땅에 관련된 것이 있으면 적당한 값을 해당 러시아인이 마련해 줄 것이다."

라고 하였습니다. 그러므로 올해 12월쯤 덕원 감리서 주사 신형모와 해당 러시아인 케이제링 및 본 통천군 전 군수 김봉선이 해당 지역에 함께 가서 기지를 영국 자로 길이 900피트, 너비 272피트를 배정해 정하고 터의 도면과 터의 표지를 작성하여 외부에 보고하였습니다. 그러므로 러시아인들이 매년 가을 8, 9월에 시작하여 봄 2, 3월까지 고래잡이배를 해당 장전포에 와서 정박하고 처소는 해당 기지에 잠시 설치했다가 곧바로 철거하는데 해마다 관례적으로 똑같이 했습니다. 올해에 이르러서 러시아인은 아직 도착하지 않았습니다. 지난 음력 8월 초에 일본인들이 본 장전포 바닷가에 포경 막소(幕所)를 설치한다고 하였는데, 바로 조약 이외의 일에 해당되기에 서기, 순교를 보내 여러 차례 금지하며 지시하고 타일렀는데도 더러 설치하거나 더러 없애고 날짜를 질질 끌고 있습니다. 그리고 대답하기를, "경부의 허가가 며칠 내로 올 것이다."라고 하였습니다.

그런데 지금 도착한 훈령 내용이 이같이 매우 엄중하였습니다. 그러므로 군수인 저는 황송함을 이기지 못하여 금지하려고 해당 장전포까지 80리를 직접 가서 검사한 후에 훈령 내용 및 조약의 규정을 열거해 타이르고 기어이 금지하고자 하였습니다. 그러자 해당 일본인 마츠오(松尾)라는 자가 와서 말하기를,

"우리들은 본래 일본국 원양어업주식회사(日本國遠洋漁業株式會社) 상무 이사[常務取締役] 모우쥬로우(役罔十郞)의 심부름꾼입니다. 해당 장전포에 이 일을 운영하려고 여름쯤에 이미 대한 외부의 허가를 받들어 회사를 세우고 고래를 잡았습니다. 우리들도 또한 지역에 들어갈 경우 금지하는지를 물어야 하는 것도 알고 있습니다. 하물며 통상 조약상 고기를 잡는 일은 정말로 조금도 가능한 일이 아닌데 어찌 장정(章程)을 어기고 제멋대로 영업하겠습니까? 이번에 설치한 막사는 고래 고기를 보관해 두는 곳에 불과합니다. 마땅히 겨울을 지낸 후 즉시 철거하겠습니다."

라고 하였습니다. 그러므로 여러 곳에 설치한 막사를 철저하게 살펴보니 총 8곳인데 몇 자 되는 나무를 땅에 꽂아 기둥으로 삼아 대나무를 늘어놓아 서까래로 삼고 풀을 베어 지붕을 삼았으니 가운데는 높고 사방은 내려져 겨우 수십 명을 수용할 만한데 고래 고기, 고래 기름을 그 가운데에 많이 쌓아서 비린 냄새가 코를 찌릅니다. 기름을 저장해 둔 양철(洋鐵)과 나무 용기인 통을 몇 채의 막사에 쌓아 두었는데 뒤섞여 들쑥날쑥하니 정말로 사람이 머물러

묵는 곳이 아닙니다. 그 중 일본인 모리망(森萬)이라는 자는 한국의 집 모양을 흉내 내 초가 12칸을 지었습니다. 정말로 장정상 집을 짓는 것은 금지하는 것이기 때문에 막사를 설치하거나 집을 짓는 것을 모두 금지하려고 했습니다. 그러자 일본인 100여 명이 빙 둘러 늘어서서 일제히 아뢰기를,

"고기를 저장하는 막사를 잠시 바닷가 및 모래 위에 설치한 것은 고래를 잡는 몇 달 동안의 계획에 불과합니다. 우리들은 배 안에서 머무르며 배와 노를 집으로 삼았으니 방을 빌리거나 집을 짓는 것과는 확실하게 서로 다릅니다. 그런데도 어찌 이렇게까지 그지없이 금지하는 것입니까?"

라고 하였는데 말투가 매우 도리에 어긋났습니다. 이 지경에 이르렀는데 금지할 방법이 없습니다. 기지에 막사를 설치한 경우 일본인들이 해당 장전포의 어리석은 백성을 위협하여 "막사 1개당 세금으로 돈 10냥씩을 철거할 때 내주겠다."라고 말로 정했습니다. 훈령을 받들어 거행하는 데 살금살금 밟을 여지도 없이 고래잡이배 및 설치한 막사 및 일본인과 서양인의 인원수를 모두 성책으로 작성하여 보고하니 참조해 헤아려 처분해 주시도록 해 주십시오.

광무 7년(1903) 11월 11일

통천 군수 이주하

관찰사 각하

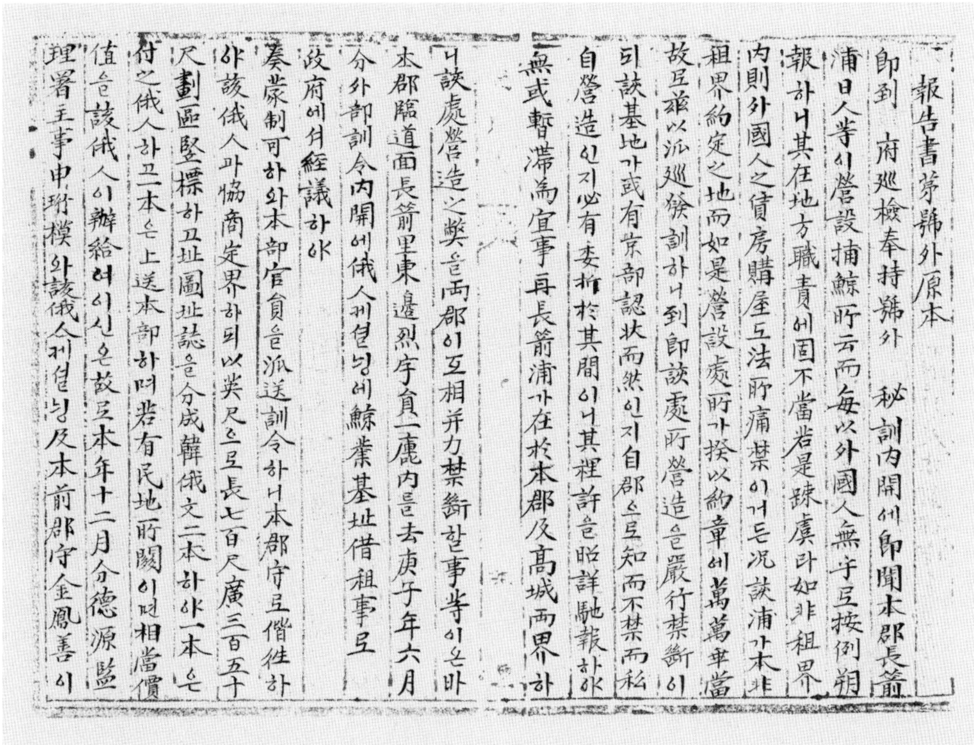

報告書第號外原本
卽到 府廵檢奉持號外 秘訓內開에卽聞本郡長箭
浦日人等이營設捕鯨所云而每以外國人無守로按例刱
報하니其在地方職責에固不當若是踈虞라如非租界
內則外國人之賃房購屋도法所痛禁이거든況該浦가本非
租界約定之地而如是營設處所가揆以約章에萬萬乖當
故로玆以派廵發訓하니到卽該處所營造을嚴行禁斷이
되該基地가或有京部認狀而然인지自郡으로知而不禁而私
自營造인지必有委折於其間이니其裡許을昭詳馳報하야
無或暫滯爲宜事 再長箭浦가在於本郡及高城兩界하
니該處營造之弊을兩郡이互相并力禁斷할事等이온바
本郡臨道面長箭里東邊烈字負一處內를去庚子年六月
分外部訓令內開에俄人케셜닝에鯨業基址借租事로
政府에서經議하야
奏蒙制可하와本部官員을派送訓令하니本郡守로偕往하
야該俄人과協商定界하되以英尺으로長七百尺廣三百五十
尺劃區竪標하고址圖址誌을分成韓俄文二本하야一本은
付之俄人하고一本은上送本部하며若有民地所關이면相當價
値을該俄人이辦給여이신온故로本年十二月分德源監
理署主事中瑚模와該俄人케셜닝及本前郡守金鳳善이

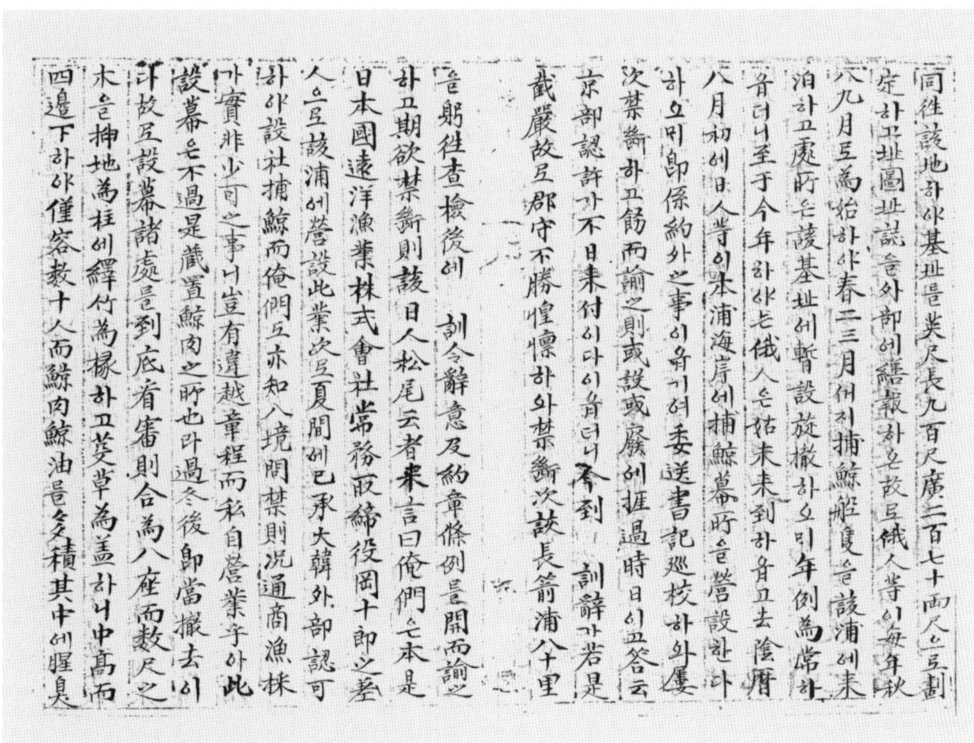

同往該地하야基址를英尺長九百尺廣二百七十兩尺으로劃
定하고址圖址誌을外部에繕報하온故로俄人等이每年秋
八九月로爲始하야春二三月셔지捕鯨船隻을該浦에來
泊하고處所은該基址에暫設旋撤하오며年例爲常하
옵더니至于今年하야는俄人은姑未來到하옵고去陰曆
八月初에日人等이本浦海岸에捕鯨幕所을營設한다
하오며卽係約外之事이옵기여委送書記巡校하와屢
次禁斷하고飭而諭之則或設或廢에捱過時日이고答云
京部認許가不日來付이다이옵더니奇到 訓辭가若是
截嚴故로郡守不勝惶懍하와禁斷次該長箭浦八十里
을躬往査檢後에 訓令辭意及約章條例를開而諭之
하고期欲禁斷則該日人松尾云者來言曰俺們은本是
日本國遠洋漁業株式會社常務取締役岡十郎之差
人으로該浦에營設此業次로夏間에已承大韓外部認可
하야設社捕鯨而俺們도亦知入境間禁則況通商漁採
가實非少可之事니豈有違越章程而私自營業乎아此
設幕은不過是藏置鯨肉之所也라過冬後卽當撤去이
라故로設幕諸處를到底看審則合爲八座而數尺之
木을揷地爲柱에繹竹爲椽하고芟草爲盖하니中高而
四邊下하야僅容數十人而鯨肉鯨油를多積其中에腥臭

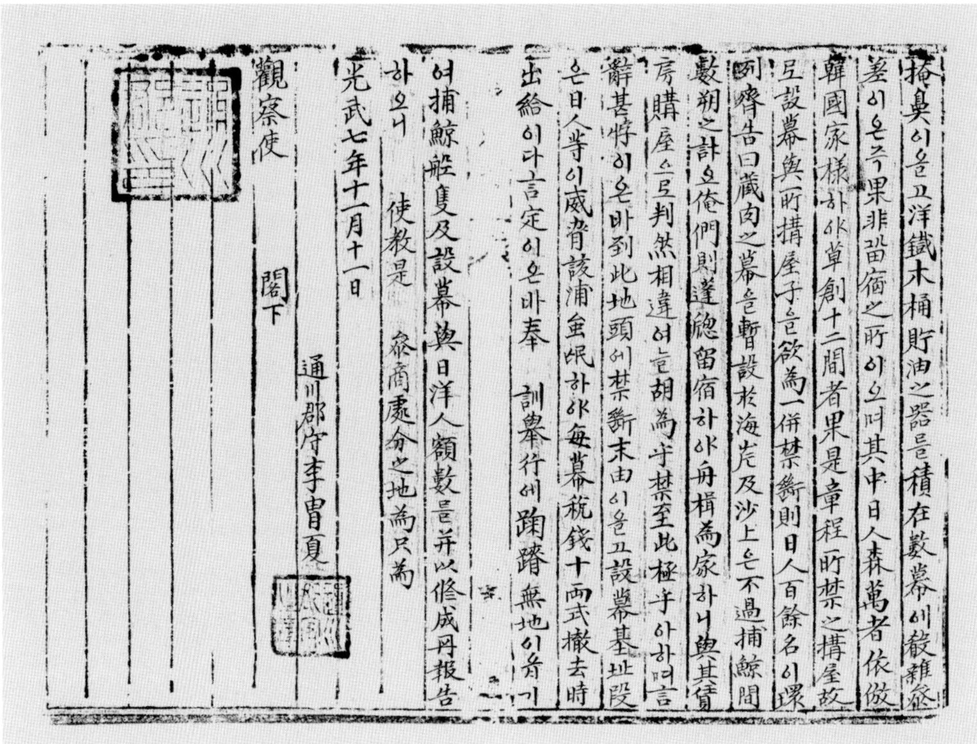
捲臭이옵고洋鐵木桶貯油之器를積在數幕에殺雜叅
差이온즉果非留宿之所이오며其中日人森萬者依倣
韓國家樣하야草創十二間者果是章程所禁之構屋故
로設幕與一所構屋子를欲爲一併禁斷則日人百餘名이環
列齊告曰藏肉之幕을暫設於海岸及沙上은不過捕鯨間
數朔之計오俺們則逢總留宿하야舟楫爲家하니與其賃
房購屋으로判然相違어늘胡爲守禁至此極乎아하며言
辭甚悖이온바到此地頭에禁斷末由이옵고設幕基址段
은日人等이威脅該浦金氓하야每幕稅錢十兩式撤去時
出給이다言定이온바奉 訓擧行에蹢躅無地이옵기
여捕鯨船隻及設幕與日洋人額數를并以修成冊報告
하오니 使教是 叅商處分之地爲只爲
光武七年十一月十一日
觀察使 閣下
通川郡守李冑夏

91 일본인 원양어업회사의 포경 특허 계속 계약에 대해 외부에서 통천군에 훈령함

문서 종류 훈령 제1호
작성 날짜 1903-11-13
발신 외부 대신 임시 서리 이하영
수신 통천 군수 이주하
출처 江原道來去案(奎17985) 2책 54a-b

훈령 제1호

일본인 원양어업회사에게 포경을 특별히 허가한 계약 기한이 이미 지났다. 지난번에 일본 공사가 해당 회사의 신청을 근거로 조회로 계속 계약을 요청하였기에 분부하여 이미 재가를 받았고 계약은 계속 개정하지 못했다. 현재 일본 공사가 보내온 문서를 접수해 보니 내용에, "해당 회사는 이미 귀 정부의 동의를 얻었습니다. 이에 장전만(長箭灣)에 토착 백성이 소유한 땅을 계약해 사서 사용하려고 하였습니다. 그런데 해당 군수가 갑자기 해당 백성을 압송해 수감하였습니다. 청컨대 즉시 전보로 지시하여 방해하지 말도록 해 주십시오."
라고 하였다. 이를 조사해 보니 해당 땅이 정말로 백성 소유에 해당되어 확실히 관아와 관계가 없으며, 해당 백성이 계약을 맺은 것도 또한 진심으로 원해서 나온 것이고 달리 억압이 없었는지 모르겠다. 이에 훈령하니 잘 살핀 후, 해당 땅이 만일 관아 소유가 아니고 확실히 백성 소유이고 해당 백성이 이미 합의해 판 것이면 압송해 수감한 토착 백성은 즉시 석방하도록 하라. 그리고 땅의 매매를 일단 금지하지 말도록 하되, 땅의 면적은 아직 논의하여 타협하지 않았으니 계속 계약을 기다려 별도로 마땅히 훈령으로 알릴 것이다. 모름지기 먼저 해당 회사로 하여금 넓게 차지하지 말도록 하고 이미 산 땅은 측량하고 도면을 그리고 지명과 위치를 상세하고 자세히 기록하여 경위를 긴급 보고하는 것이 옳다.
광무 7년(1903) 11월 13일

의정부 찬정 외부 대신 임시 서리 궁내부 특진관 이하영

통천 군수 이주하 좌하

光武七年十二月十三日起案 通川郡

主任 交涉局課長

大臣臨時署理 協辦

訓令第七号

日本人遠洋漁業會社捕鯨特許契約期限이已過인
바頃由日本公使로據該會社申請ᄒᆞ야照請續約이기囑
旣允准ᄒᆞᆫ約未續訂이러니現接日使來文內稱該會社
旣得貴政府同意迺在長箭灣將土民所有地段約買使
用該郡守遽將該民押囚請卽電飭俾勿妨害等因신바
此를査ᄒᆞ니該地段이果係民有ᄒᆞ야的無公家係關이

外部 第 道

며該民結約이亦出情愿ᄒᆞ야無他壓勒이신지玆에訓令ᄒᆞ니
照亮ᄒᆞ야該地가如非官有요確係民有ᄒᆞ야該民이已爲
和賣이거든押囚土民은卽爲放送ᄒᆞ고地段賣買를姑勿
禁阻이되地段廣狹은尙未議妥ᄒᆞ얏스니待續約ᄒᆞ야另
當訓知ᄒᆞ려니와須先使該會社로勿得廣占케ᄒᆞ고其所
已買地段은丈量繪圖ᄒᆞᆫ地名位置를消詳註明ᄒᆞ야
形止馳報ᄒᆞᆷ이爲可

光武七年十一月十三日

議政府贊政外部大臣臨時署理 宮內府特進官李夏榮

通川郡守李曺夏座下

92 장전포에 일본 공관 설치, 포경막사 설치 문제 및 주문진의 외국인 윤선 왕래 건에 대해 강원도에서 외부에 보고함

문서 종류 보고서 제5호
작성 날짜 1903-11-19
발신 강원도 관찰사 김정근
수신 의정부 찬정 외부 대신 임시 서리 궁내부 특진관 이하영
출처 江原道來去案(奎17985) 2책 45a-46b

보고서 제5호

현재 듣건대, "통천, 고성 두 군의 경계에 있는 장전포에 일본인들이 공관을 설치한다."고 합니다. 우리나라건 다른 나라건 따질 것 없이 만일 조계 지역 안이 아니면 외국인이 방을 빌리거나 집을 짓는 것은 법으로 마땅히 금지하는 것입니다. 하물며 해당 장전포는 본래 조계로 약정한 곳이 아닙니다. 이처럼 처소를 설치하는 것은 조약을 살펴보면 대단히 규정에 어긋나는 것입니다. 그러므로 해당 2개 군에 훈령을 발송하여 해당 기지가 더러 경부의 허가가 있어서 그러한지, 군에서 금지하지 않아 제멋대로 건설하는 것인지 상세히 보고해 오라는 뜻으로 문안을 만들어 단단히 지시하였습니다. 그리고 별도로 순검을 파견하여 상세히 탐지하도록 하였습니다. 또 강릉군 주문진은 본래 통상 항구가 아닌데 "외국인 윤선이 해마다 몇 차례씩 오간다."라고 하는 것은 결코 조약을 함께 지킨다는 법의 취지가 아닙니다. 그러므로 해당 강릉군에 훈령을 발송하여 "해당 윤선이 처음에 언제부터 오갔는지와 해마다 몇 차례 오갔는지와 무슨 일 때문에 오갔는지를 상세히 탐지해 보고해 오라."는 일로 단단히 지시하였습니다.
그래서 통천군, 고성군, 강릉군 등의 보고를 차례로 접수해 살펴보니, "통천군 장전포에 공관을 짓는다."라고 하는 것은 바로 잘못 전해진 것입니다. 그리고 포경막사의 경우 이는 고래 고기를 보관해 두는 곳에 불과하지만 잠시 임시로 설치하였습니다. 하지만 일본인 마쓰오(松尾)가 말한 내용에, "또한 장정에 금지하는 것임을 알고 있으니 겨울을 지낸 후 철거하겠습니다."라고 하였습니다. 일본인 모리망이 새로 지은 12칸 판잣집은 이미 허가받았다고 근거할 만한 것이 없습니다. 막사와 집은 모두 몇 해 전에 러시아인에게 허가한 기지를 제외

하고 금지하는 것을 아마도 그만둘 수 없을 듯 합니다.
강릉군과 주문진의 경우 "오기우라마루(荻浦丸) 윤선이 7월 9일에 멸치를 팔려고 싣고 부산에 나갔다가 같은 7월 13일에 원산으로 되돌아왔는데 달리 할 일이 없었습니다. 그밖에는 다시 외국 배가 오간 일은 없습니다."라고 하였습니다. 그래서 통상하지 않은 항구에 윤선이나 상선의 교역도 또한 규정에 없기 때문에 통상 조약에 따라 금지하도록 지시하라는 뜻으로 별도로 해당 강릉군에 결정문으로 지시하였습니다.
통천, 고성 2개 군에서 보고한 성책 및 보고서를 첨부하여 보고하니 조사하신 후 조처해 주시기를 바랍니다.
광무 7년(1903) 11월 19일

강원도 관찰사 김정근

의정부 찬정 외부 대신 임시 서리 궁내부 특진관 이하영 각하

지령 제6호

진술 내용은 모두 살펴보았다. 이를 통천군에 훈령 지시하였다. 일본 공사와 포경 기지를 계약을 체결하였기에 러시아인과 이미 정한 기지를 제외하고는 금지하지 말도록 하라는 뜻으로 훈령을 또 통천, 고성 2개 군에 발송하니 허가하는 것이 좋을 듯하다.

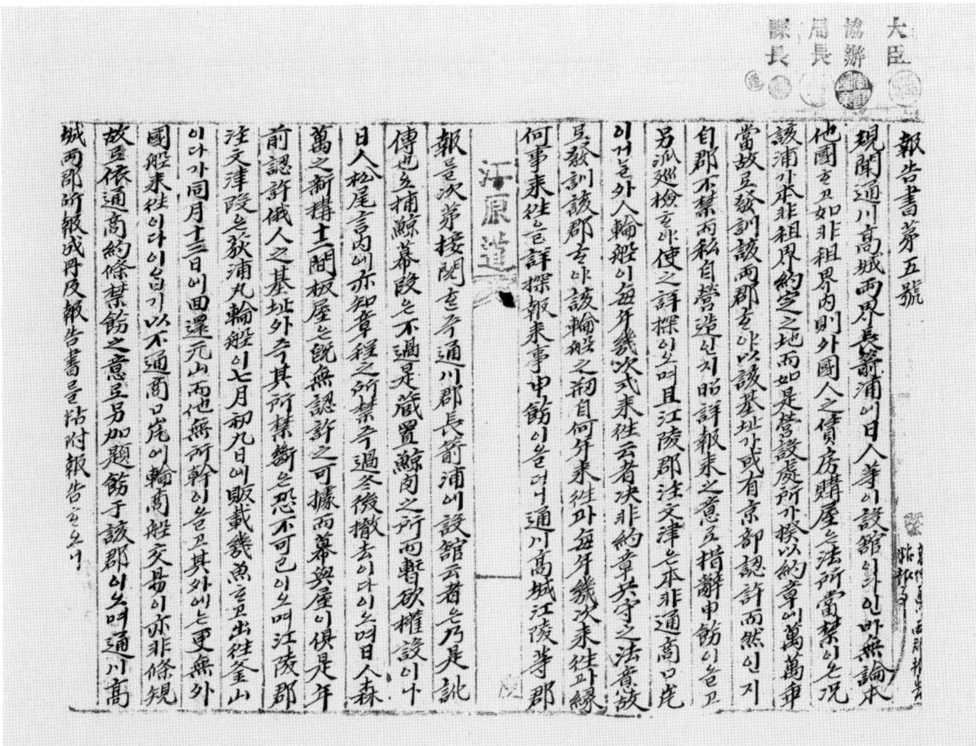

大臣 協辦 局長 課長

報告書第五號

現聞通川高城兩郡界長箭浦에日人等이設舘이라인바無論本
他國ᄒ고如非租界內則外國人之賃房購屋은法所當禁이온况
該浦가本非租界約定之地而如是營設處所가揆以約章에萬萬乖
當故로發訓該兩郡ᄒ야以該基址가或有京部認許而然인지
自郡不禁而私自營造인지昭詳報來之意로措辭申飭이옵고
另派巡檢ᄒ야使之詳探이오며且江陵郡注文津은本非通商口岸
이거ᄂ온外人輪船이每年幾次式來往云者決非約章共守之法意故
로發訓該郡ᄒ야該輪船之初自何年來往과每年幾次來往과緣
何事來往은詳探報來事申飭이옵더니通川高城江陵等郡
報를次第接閱ᄒ온즉通川郡長箭浦에設舘云者ᄂ乃是訛
傳也오捕鯨幕段은不過是藏置鯨肉之所而暫設權設이ᄂ
日人松尾言內에亦知章程之所禁ᄒ야過冬後撤去이다ᄒ오며日人森
萬之新構十二間板屋은旣無認許之可據而幕與屋이俱是年
前認許俄人之基址外ᄒ니其所禁斷은恐不可已이오며江陵郡
注文津段은荻浦丸輪船이七月初九日에販載錢魚ᄒ고出往釜山
이다가同月十三日에回還元山而他無所幹이옵고其外에ᄂ更無外
國船來往이다이옵기以不通商口岸에輪商船交易이亦非條規
故로依通商約條禁飭之意로另加題飭于該郡이오며通川高
城兩郡所報成冊及報告書를粘附報告ᄒ오니

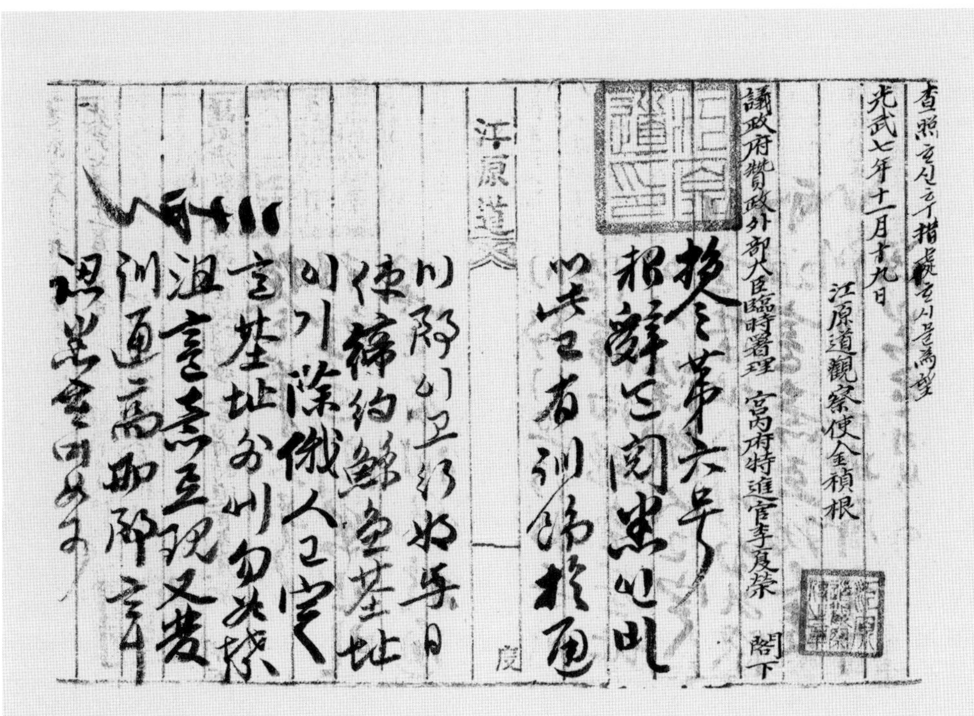

査照ᄒ신후指令ᄒ시믈爲望

光武七年十一月十九日

江原道觀察使金禎根

議政府贊政外部大臣臨時署理 宮内府特進官李夏榮 閣下

93 일본인 포경어업회사가 장전포에 포경 기지를 마련하는 사안에 대해 방해가 없도록 하라고 외부에서 통천군에 훈령함

문서 종류	훈령 제2호
작성 날짜	1903-11-23
발신	의정부 찬정 외부 대신 임시 서리 궁내부 특진관 이하영
수신	통천 군수 이주하
출처	江原道來去案(奎17985) 2책 55a-b

훈령 제2호

일본인 포경어업회사가 귀 통천군 장전포에서 땅을 구매해 사용하는 것을 방해하지 말라는 일로 이미 훈령하였다. 해당 장소를 이미 러시아인의 포경 기지로 허가했는데, 이번에 일본인이 사용을 검토하는 땅이 정말로 러시아인 포경 기지와는 관련이 없는지 모르겠다. 만일 조금이라도 서로 관련되면 분명 사안이 번질 것이다. 이에 훈령하니 잘 살펴 별도로 조사하여 러시아인의 포경 기지를 제외하고는 모름지기 저지하지 않는 것이 옳다.

광무 7년(1903) 11월 23일

의정부 찬정 외부 대신 임시 서리 궁내부 특진관 이하영

통천 군수 이주하 좌하

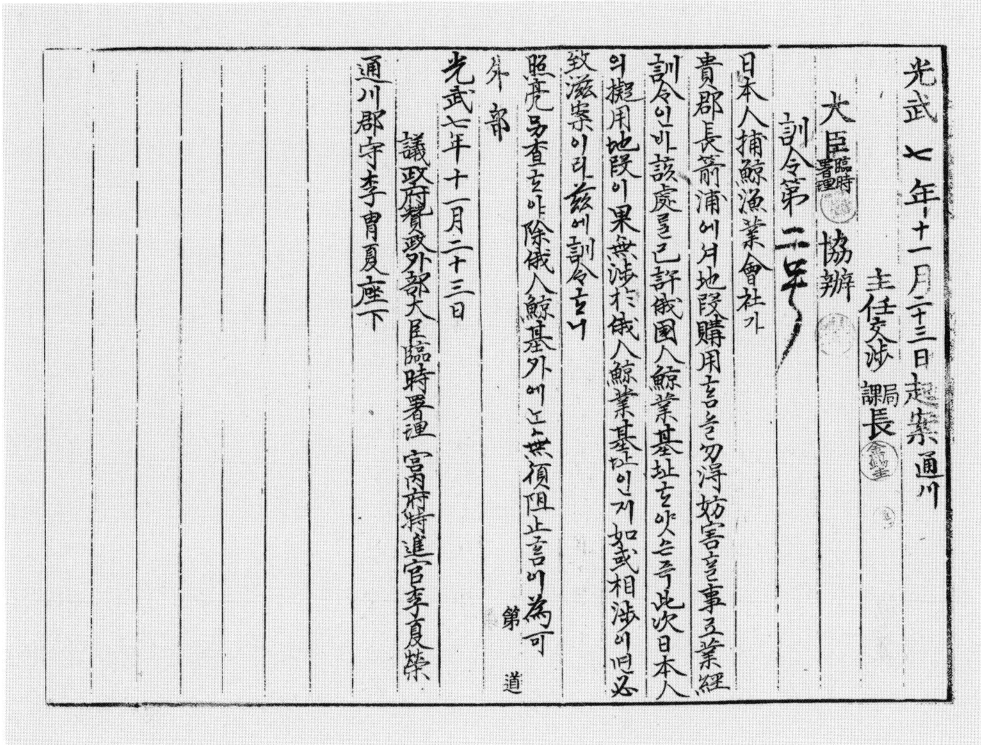
光武七年十一月二十三日起案 通川
主任交涉局課長
大臣臨時署理 協辦
訓令第二号
日本人捕鯨漁業會社가
貴郡長箭浦에서地段購用ᄒᆞᆷ은勿為妨害ᄒᆞᆯ事로業經
訓令인바該處를已許俄國人鯨業基址ᄒᆞ얏ᄂᆞᆫ즉此次日本人
의擬用地段이果無涉於俄人鯨業基址인지如或相涉이면必
致滋案이라玆에訓令ᄒᆞᄂᆞ니
照亮另查ᄒᆞ야除俄人鯨基外에ᄂᆞᆫ無須阻止ᄒᆞᆷ이為可
第 道
外部
光武七年十一月二十三日
議政府贊政外部大臣臨時署理 宮內府特進官李夏榮
通川郡守李胄夏座下

94 일본인 포경어업회사가 장전포에 포경 기지 마련 건에 대해 러시아인이 정한 경계 이외는 금지하도록 외부에서 고성군에 훈령함

문서 종류 훈령 제1호
작성 날짜 1903-11-24
발신 의정부 찬정 외부 대신 임시 서리 궁내부 특진관 이하영
수신 고성 군수 이명래
출처 江原道來去案(奎17985) 2책 56a-b

훈령 제1호

귀 고성군 부근 장전포에 포경 기지를 러시아인에게 이미 허가하여 사용하고 있다. 이번에 일본인이 구매를 검토하는 땅이 정말로 러시아인의 기지와는 관련이 없는 것인지 모르겠다. 만일 서로 관련되면 분명 사안이 번질 것이다. 이에 훈령하니 잘 살펴 별도로 조사하여 러시아인에게 정한 지역 이외에는 모름지기 금지하지 않는 것이 옳다.

광무 7년(1903) 11월 24일

의정부 찬정 외부 대신 임시 서리 궁내부 특진관 이하영

고성 군수 이명래 좌하

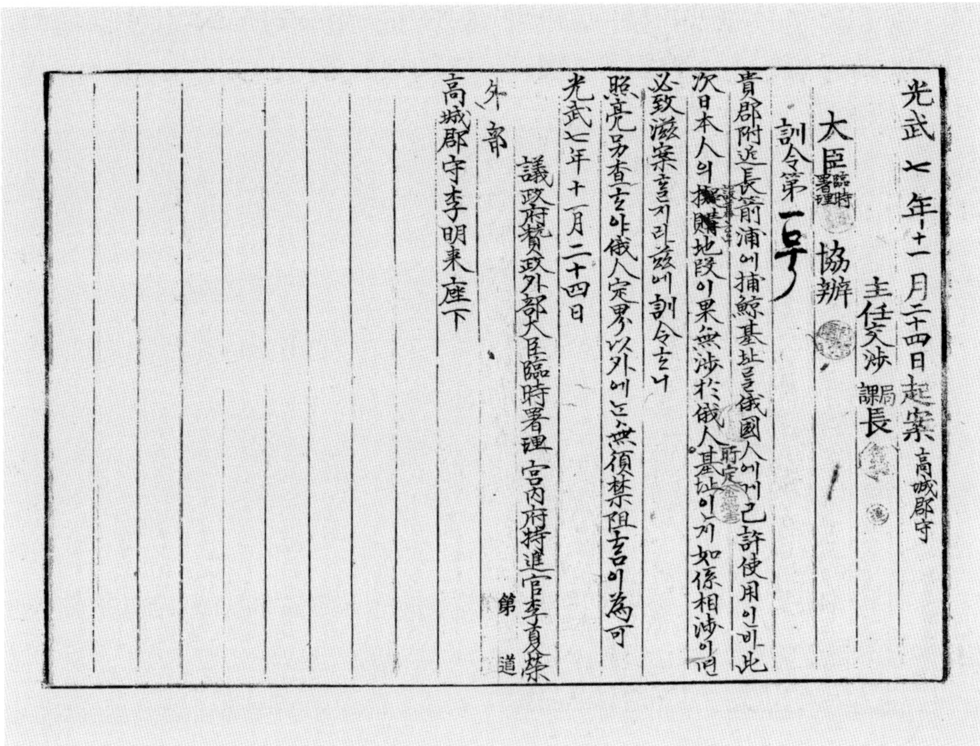

光武七年十一月二十四日起案 高城郡守

主任交涉局課長

大臣臨時署理 協辦

訓令第一号

貴郡附近長箭浦에捕鯨基址를俄國人에게已許使用인바此

次日本人의擬購地段이果無涉於俄人所定基址인지如係相涉이면

必致滋案홀지라玆에訓令ᄒᆞᄂᆞ니

照亮另查ᄒᆞ야俄人定界以外에는無須禁阻홈이爲可

光武七年十一月二十四日

議政府贊政外部大臣臨時署理 宮內府特進官李夏榮

外部 第 道

高城郡守李明来座下

95 울릉도에 머무는 일본 경관과 일본인을 철수하도록 일본 공관에 조회해 달라는 내부의 조회

문서 종류 조회
작성 날짜 1903-11-26
수신 외부 대신
출처 外部日記(奎17841) 7책 12a-b

(생략)

내부 조회에,

"울도 군수가 보고하기를, '본 울도군의 느티나무는 모조리 일본인이 베고 그밖에 잡목 또한 베었습니다. 그러므로 일본 경부에게 가서 금지해 줄 것을 타일렀지만 따르지 않은 한 가지 일로 일단 지령을 기다립니다. 도동(道洞) 포구에 사는 일본인들에게 이르기를, 『우리 가옥을 근처 백성 밭으로 옮겨 짓기 위해 해당 밭을 사고자 한다.』라고 관아에 와서 이야기했습니다. 그러므로 『통상하지 않는 항구는 본래 한 치의 땅도 매매할 수 없다.』는 규정이어서 타일렀습니다.'라고 하였습니다. 청컨대 일본 공관에 조회하여 일본 경관(警官)과 몰래 건너온 여러 사람을 모두 즉시 철수하여 돌아가게 해 주십시오."

라고 하였습니다.

(생략)

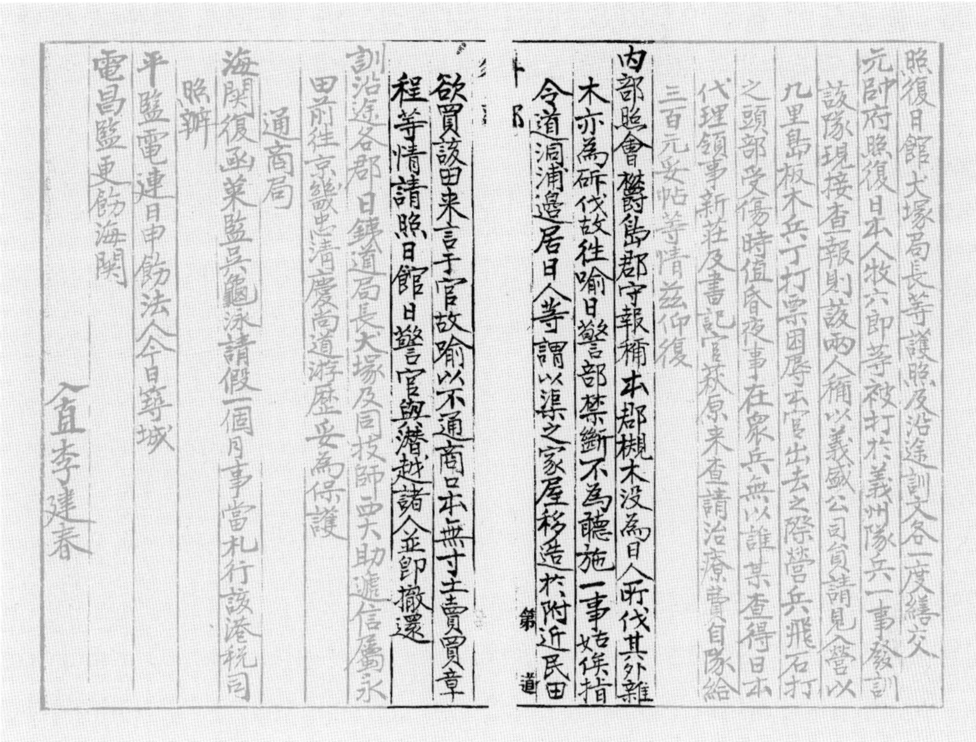

照復日館大塚局長等護照及沿途訓文各一度繕交
元帥府照復日本人牧六郎等被打於義州隊兵一事發訓
該隊現接查報則該兩人稱以義盛公司員請見營以
九里島板木兵丁打票困辱本官出去之際營兵飛石打
之頭部受傷時値昏夜事在衆兵無以誰某查得日本
代理領事新莊及書記官萩原來查請治療費自隊給
三百元妥帖等情茲仰復
內部照會欝陵島郡守報稱本郡槻木没爲日人所伐其外雜
木亦爲斫伐故往喩日警部禁斷不爲聽施一事姑俟措
令道洞浦邊居日人等謂以渠之家屋移造於附近民田
第 道
欲買該田來言于官故喩以不通商口本無寸土賣買章
程等情請照日館日警官與潛越諸人並卽撤還
訓沿途各郡日鐵道局長大塚及同技師西大助遞信屬永
田前往京畿忠清慶尙道游歷妥爲保護
通商局
海關復函萊監吳龜泳請假一個月事當札行該港稅司
照辦
平監電連日申飭法人今日竣城
電昌監更飭海關
直李建春

96 울릉도에 몰래 건너와 머무는 일본인들을 철수해 돌아갈 것을 일본 공관에 조회하도록 내부에서 외부에 조회함

문서 종류 조회 第16호
작성 날짜 1903-11-26
발신 의정부 찬정 내부 대신 임시 서리 의정부 참정 김규홍
수신 의정부 찬정 외부 대신 임시 서리 궁내부 특진관 이하영
출처 內部來去文(奎17794) 15책 54a-55a

조회 第16호

울도 군수 심흥택의 제5호 보고서를 접수해 보니 내용에,
"본 울도군의 이전의 숱한 느티나무는 모두 일본인들이 베어 지금은 1그루도 남아 있지 않고, 그 밖의 잡목과 향나무 또한 느티나무처럼 베어 냈습니다. 그러므로 일본 경부 아리마 다카요시(有馬高孝)에게 가서 타일러 금지하려고 하였는데 들어주지 않았습니다. 그렇기 때문에 폐단을 이미 제2호 보고에 사실을 거론하였고, 일단 지령이 어떠한지를 기다리고 있습니다.
더욱 심한 경우는 도동항에 사는 일본인들이 근처 백성의 밭 5두락에, 그들의 상점과 가옥을 '옮겨 짓겠다.'고 하며 밭 주인에게 사려고 하였습니다. 그런데 밭 주인이 들어주지 않자 관아에 와서 모여 온갖 간사한 계책의 말로 누에가 뽕잎 먹듯이 차츰 빼앗고자 하는 계책이 었습니다. 그래서 좋은 말로 '『통상하지 않는 항구에서는 본래 한 치의 땅도 매매 할 수 없다.』는 규정이어서 허락할 수 없다. ……'라고 타일렀습니다. 그러자 저들이 비록 제멋대로 하지 못했지만 속으로는 화낼 뜻이 있어 장차 발악할 염려가 있습니다. 이에 보고하니 잘 살피신 후, 일본 공관에서 본 울도군에 주재하는 일본 경부에게 지시하여 나무를 베거나 땅을 침탈하는 것을 금지하게 해 주시기를 삼가 바랍니다."
라고 하였습니다.
이에 따라 조사해 보니 "해당 지역에 몰래 건너와 거주하는 일본인을 즉시 철수하여 돌아가게 해야 한다."라는 뜻으로 일본 공사에게 오가며 상의해 처리한 것이 한두 번에 그치지 않았습니다. 그런데도 아직까지 질질 끄니 조약상 이미 통탄스럽기 그지없습니다. 통상하지

않는 내지에 경관을 설치해 두는 것은 도대체 어떤 조약이란 말입니까? 해당 몰래 건너온 사람이 해당 울릉도에서 토지를 사들여 가옥을 짓고자 하는 것은 더욱 매우 이치에 맞지 않습니다. 이에 삼가 알리니 잘 살피신 후 일본 공관에 조회를 보내 해당 경관과 몰래 건너온 여러 사람들 모두 즉시 철수시켜 돌아가도록 하여 갈등에서 벗어나게 해 주시고 분명히 알려 주시기를 요청합니다.

광무 7년(1903) 11월 26일

의정부 찬정 내부 대신 임시 서리 의정부 참정 김규홍

의정부 찬정 외부 대신 임시 서리 궁내부 특진관 이하영 각하

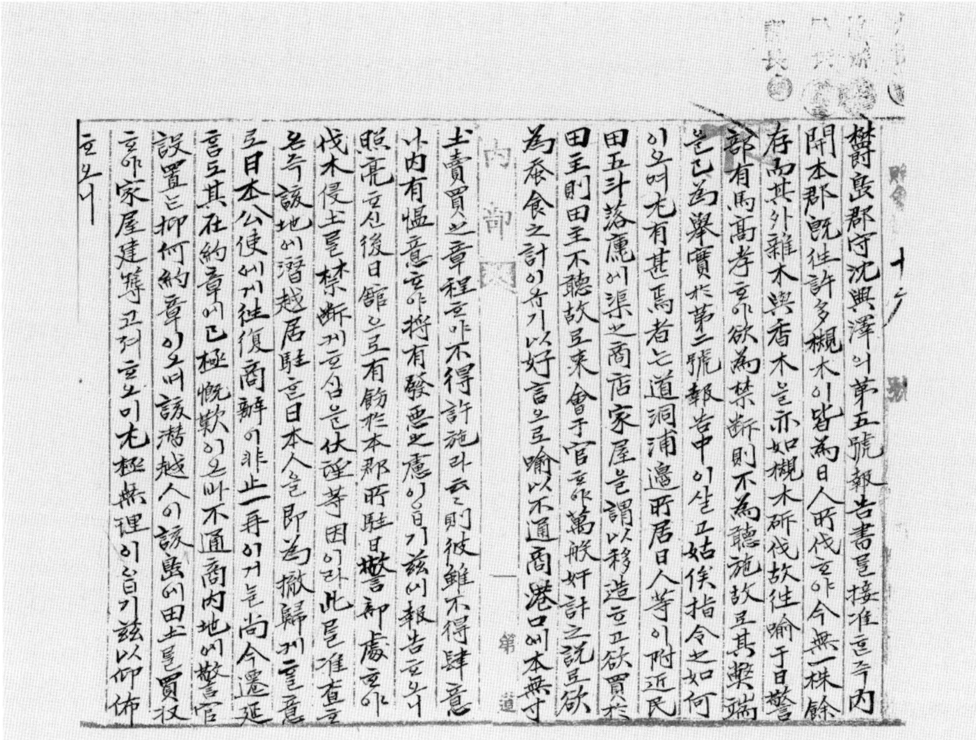

鬱島郡守沈興澤의第五號報告書를接准ᄒ온즉內開本郡旣往許多槻木이皆爲日人所伐ᄒ야今無一株餘存而其外雜木與香木을亦如槻木斫伐故往喩于日警部有馬高孝ᄒ야欲爲禁斷則不爲聽施故로其弊端을已爲擧實於第二號報告中이옵고姑俟指令之如何이오며尤有甚焉者ᄂᆞᆫ道洞浦邊所居日人等이附近民田五斗落庫에渠之商店家屋을謂以移造ᄒ고欲買於田主則田主不聽故로來會于官ᄒ야萬般奸計之說로欲爲呑食之計이옵기以好言으로喩以不通商港口에本無寸土賣買之章程ᄒ야不得許施라云ᄒᆞᆫ則彼雖不得肆意나內有慍意ᄒ야將有發惡之慮이옵기茲에報告ᄒ오니照亮ᄒ신後日館으로有飭於本郡所駐日警部處ᄒ야伐木侵土를禁斷케ᄒ심을伏望等因이라此를准査ᄒ온즉該地에潛越居駐ᄒᆞᄂᆞᆫ日本人을卽爲撤歸케ᄒᆞᆯ意로日本公使에게往復商辦이非止一再이거늘尙今遷延ᄒ오니其在約章에已極慨歎이오며不通商內地에警官設置ᄂᆞᆫ抑何約章이오며該潛越人이該島에田土를買收ᄒ야家屋建築ᄒ고져ᄒ오니尤極無理이옵기茲以仰佈ᄒ오니

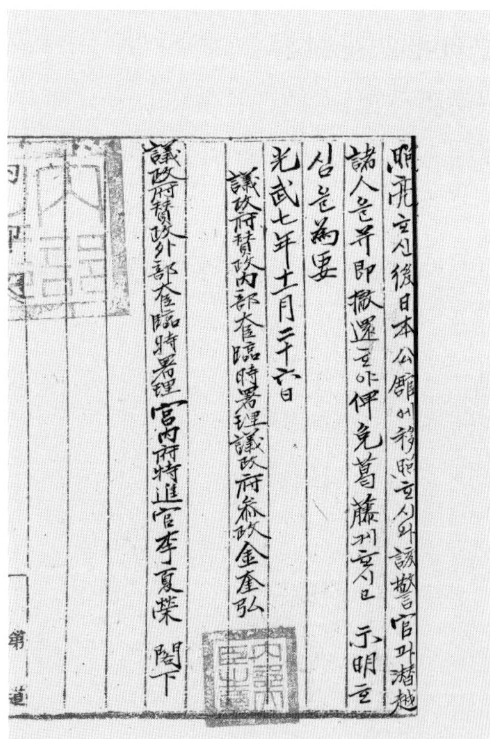

照亮ᄒ신後日本公館에移照ᄒ시와該警官과潛越諸人을幷卽撤還ᄒ야俾免葛藤케ᄒ시믈 示明ᄒ심을爲要

光武七年十一月二十六日

議政府贊政內部大臣臨時署理議政府參政金奎弘

議政府贊政外部大臣臨時署理宮內府特進官李夏榮 閣下

97 울릉도에 머무는 일본인들의 벌목 등의 폐단을 금지해 줄 것을 일본 공사관에 조회하도록 강원도에서 외부에 보고함

문서 종류 보고서 제7호
작성 날짜 1903-11-27
발신 강원도 관찰사 김정근
수신 의정부 찬정 외부 대신 임시 서리 궁내부 특진관 이하영
출처 江原道來去案(奎17985) 2책 59a-b

보고서 제7호

울도의 목재를 일본인이 베어 내는 것과 일본 경서를 금지한 사유에 대해서는 이전에 해당 울도 군수 심흥택의 보고에 따라 이미 작성하여 보고하였습니다. 방금 해당 울도군에서 거듭 보고한 것을 접수해 보니 내용에,

"도동항에 사는 일본인들이 근처 백성의 밭 5두락 곳에 그들의 상점과 가옥을 '옮겨 짓겠다.'고 하며 밭 주인에게 사려고 하였습니다. 그런데 밭 주인이 들어주지 않자 관아에 와서 모여 온갖 간사한 계책의 말로 누에가 뽕잎 먹듯이 차츰 빼앗고자 하는 계책이었습니다. 그래서 좋은 말로 '『통상하지 않는 항구에서는 본래 한 치의 땅도 매매 할 수 없다.』는 것이 규정이어서 허락할 수 없다. ……'라고 하였습니다. 그러자 저들이 비록 제멋대로 하지 못했지만 속으로는 화낼 뜻이 있어 장차 발악할 염려가 있습니다. 이에 보고합니다."

라고 하였습니다. 이를 사실을 근거로 전달 보고하니 잘 살피신 후 일본 공관에 조회를 보내 해당 울릉도에 주재하는 일본 경서 및 벌목하고 토지를 침탈하는 폐단을 별도로 금지하도록 해 주시기를 바랍니다.

광무 7년(1903) 11월 27일

강원도 관찰사 김정근

의정부 찬정 외부 대신 임시 서리 의정부 찬정 궁내부 특진관 이하영 각하

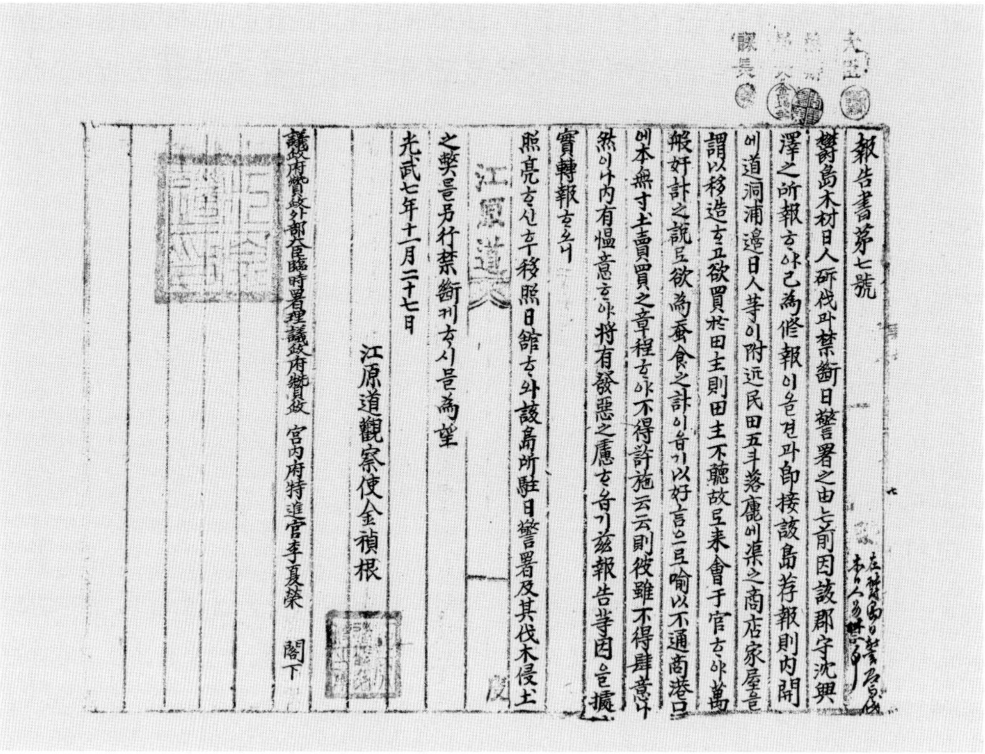

報告書第七號

鬱島木材日人斫伐과 禁斷日警署之由ᄂᆞᆫ 前因該郡守沈興澤之所報ᄒᆞ야 已爲修報이옵건바 卽接該島荐報則 內開에 道洞浦邊日人等이 附近民田五斗落庬에 渠之商店家屋을 謂以移造ᄒᆞ고 欲買於田主則 田主不聽故로 來會于官ᄒᆞ야 萬般奸詐之說로 欲爲蚕食之計이옵기 以好言으로 喩以不通商港口에 本無寸土賣買之章程ᄒᆞ야 不得許施云云則 彼雖不得肆意나 然이나 內有慍意ᄒᆞ야 將有發惡之慮ᄒᆞ옵기 玆報告等因을 據實轉報ᄒᆞ오니 照亮ᄒᆞ신 후 移照日舘ᄒᆞ와 該島所駐日警署及其伐木侵土之弊를 另行禁斷케 ᄒᆞ시믈 爲望

光武七年十一月二十七日

江原道觀察使 金禎根

議政府贊政外部大臣臨時署理議政府贊政 宮內府特進官 李夏榮 閣下

98 울릉도에서 일본인과 러시아인의 삼림 벌채 금지와 일본인 철수 건 등을 일본과 러시아 공사에게 조회하도록 강원도에서 외부에 보고함

문서 종류 보고서 제6호
작성 날짜 1903-11-28
발신 강원도 관찰사 김정근
수신 의정부 찬정 외부 대신 임시 서리 궁내부 특진관 이하영
출처 江原道來去案(奎17985) 2책 57a-58b

보고서 제6호

울도 군수 심흥택의 보고서 내용에,

"올해 7월 12일에 러시아 군함 1척이 본 울도군 남양포(南陽浦) 동네 어귀에 와서 정박하였습니다. 대관(隊官) 1인과 부관(副官) 2인이 병정(兵丁) 23명을 거느리고 육지에 내려 그대로 산에 올라가 더러는 토지를 측량하거나 더러는 나무의 수를 세기도 하고 산천의 지형과 각 포구를 살피며 사진을 찍었습니다. 7월 19일 오시(午時)에 병정 27명을 거느리고 본 군수인 제 사무실을 에워싸고 대장(隊長)이 묻기를, '이 섬의 목재는 5년 전 우리나라 회사에서 귀 정부와 계약하고 요청하여 얻은 것이니 이 섬의 삼림은 우리나라의 물건입니다. 다른 나라 사람은 베어낼 수 없는데 어찌하여 일본인이 벌목하는 것이 매우 많단 말입니까? 나무를 베는 경우 귀 정부에서 허가한 문서가 있습니까? 일본 정부의 문서가 있습니까? 우리나라 회사의 문서가 있습니까?'라고 하였습니다. 이에 본 군수인 제가 말하기를, '모두 없습니다.'라고 대답하였습니다. 그랬더니 그가 말하기를, '벌목하는 것을 어찌하여 금지하지 않았단 말입니까? 또 일본 경서가 여기에 주재하고 있으니 귀 정부의 조약에 있습니까?'라고 하였습니다. 그래서 본 군수인 제가 말하기를, '조약에 있는지는 알지 못합니다. 본 울도 군수가 부임한 뒤에야 여기에 주재하고 있는 것을 들어 알게 되었습니다.'라고 대답하였습니다. 그랬더니 그가 말하기를, '그렇다면 벌목하는 것을 금지하지 않는 이유와 일본 경서가 여기에 주재하는 것을 귀 정부의 조약 유무를 분명하게 적어서 저에게 주십시오.'라고 하였습니다. 그래서 본 군수인 제가 생각해도 방법이 없어 대답하기를, '1, 2일 후에 써 주겠습니다.'라고 하였습

니다. 그랬더니 그가 말하기를, '윤선이 곧 출발하니 오래 머무르지 못합니다.'라고 하며 독촉하여 가볍게 할 수 없었으므로 곧 사실대로 써 주기를, '계묘년(1903) 3월 23일 부임한 뒤 『일본 경서가 본 울도군 도동포(道洞浦)에 와서 주재한다.』라는 것을 들었습니다. 우리 정부의 조약 유무는 알지 못합니다. 하지만, 이미 본 울도군에 주재하니 1차례 서로 만나지 않을 수 없었습니다. 그러므로 일본 경서에 가서 아리마 다카요시(有馬高孝)를 만난 뒤에 『삼림을 금지해 주십시오.』라는 뜻으로 말했습니다. 그랬더니 대답하기를, 『저들은 우리 일본 정부의 문서에 없으므로 금지하기 어렵습니다.』라고 하였습니다. 그러므로 이러한 뜻을 우리나라 내부에 보고했을 뿐입니다.'라고 이렇게 써 주었습니다. 그러자 그는 이어 포위를 풀고 병사들을 거느리고 그대로 도동항으로 내려가 지형의 사진을 찍고 남양동으로 돌아가 배를 타고 갔습니다. 이번 조치는 정말로 편치 않기에 즉시 보고를 작성하여 어부 박양홍(朴陽弘)의 배편에 부쳐서 보냈습니다. 그랬더니 이번 8월 22일에 배편으로 얻어 들으니, '해당 배는 뒤집혀 바다에서 가라앉아 위 보고는 모두 잃어버렸다.'라고 하였습니다. 그러므로 이에 다시 보고합니다."

라고 하였습니다. 이를 근거로 이에 보고하니 잘 살피신 후 일본과 러시아 두 공사관에 조회를 보내 금지하도록 해 주시기를 바랍니다.

광무 7년(1903) 11월 28일

강원도 관찰사 김정근

의정부 찬정 외부 대신 임시 서리 의정부 찬정 궁내부 특진관 이하영 각하

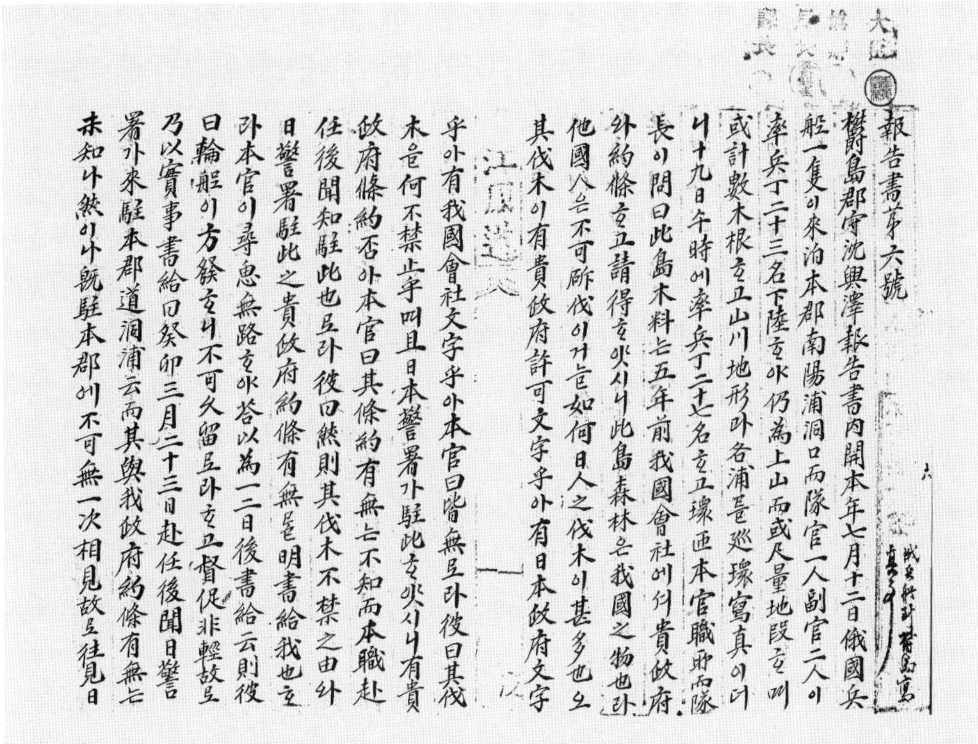

報告書第六號
鬱島郡守沈興澤報告書內開本年七月十二日俄國兵
船一隻이來泊本郡南陽浦洞口而隊官一人副官二人이
率兵丁二十三名下陸ᄒᆞ야仍爲上山而或尺量地段ᄒᆞ며
或計數木根ᄒᆞ고山川地形과各浦를巡環寫真이더
니十九日午時에率兵丁二十七名ᄒᆞ고環匝本官職所而隊
長이問曰此島木料ᄂᆞᆫ五年前我國會社에付貴政府
外約條ᄒᆞ고請得ᄒᆞ얏시니此島森林은我國之物也라
他國人은不可斫伐이거ᄂᆞᆯ如何日人之伐木이甚多也오
其伐木이有貴政府許可文字乎아有日本政府文字
乎아有我國會社文字乎아本官曰皆無로라彼曰其伐
木을何不禁止乎며且日本警署가駐此ᄒᆞ얏시니有貴
政府條約否아本官曰其條約有無ᄂᆞᆫ不知而本職赴
任後聞知駐此也로라彼曰然則其伐木不禁之由와
日警署駐此之貴政府約條有無를明書給我也ᄒᆞ
라本官이辱思無路ᄒᆞ야答以爲一二日後書給云則彼
曰輪船이方發ᄒᆞ니不可久留로라ᄒᆞ고督促非輕故로
乃以實事書給曰癸卯三月二十三日赴任後聞日警
署가來駐本郡道洞浦云而其與我政府約條有無ᄂᆞᆫ
未知나然이나既駐本郡에不可無一次相見故로往見日

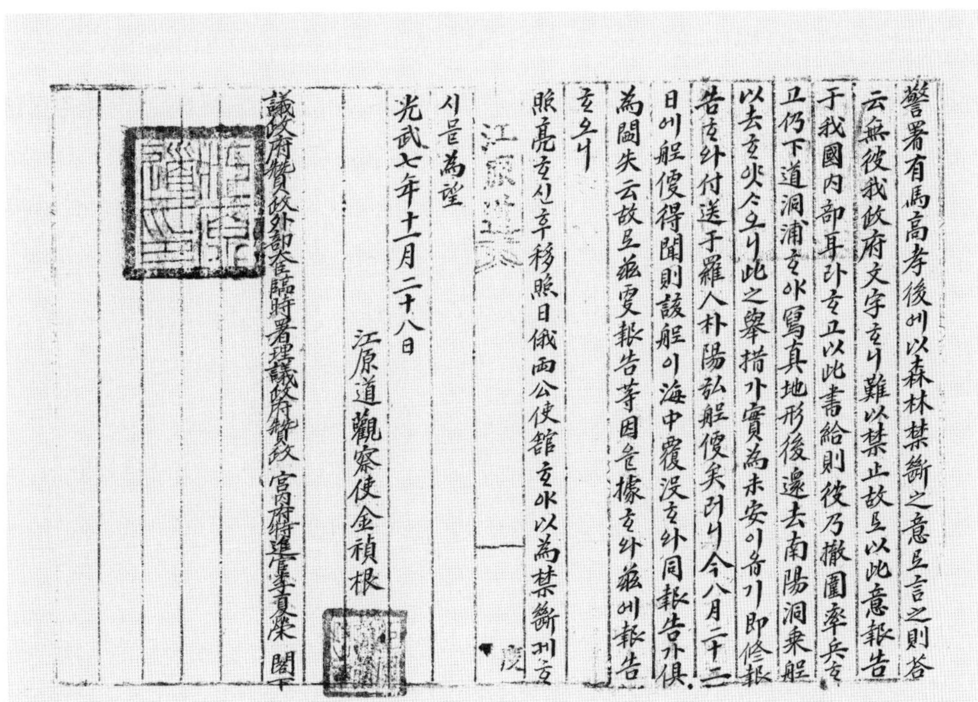

警署有馬高孝後에以森林禁斷之意로言之則答
云無彼我政府文字ᄒᆞ니難以禁止故로以此意報告
于我國內部耳라ᄒᆞ고以此書給則彼乃撤圍率兵ᄒᆞ
고仍下道洞浦ᄒᆞ야寫真地形後還去南陽洞乘船
以去ᄒᆞ얏ᄉᆞ오니此之擧措가實爲未安이옵기即修報
告ᄒᆞ와付送于羅人朴陽弘船便矣러니今八月二十二
日에船便得聞則該船이海中覆沒ᄒᆞ와同報告가俱
爲闕失云故로玆更報告等因을據ᄒᆞ와玆에報告
ᄒᆞ오니
照亮ᄒᆞ신후移照日俄兩公使館ᄒᆞ야以爲禁斷케ᄒᆞ
시믈爲望
光武七年十一月二十八日
江原道觀察使金禎根
議政府贊政外部大臣臨時署理議政府贊政 宮內府特進官李夏榮 閣下

99 울릉도 등지에 러시아 군함이 정박해 토지를 측량하는데 정부에서 울릉도 삼림을 러시아에 허가했는지에 대해 내부에서 외부에 조회함

문서 종류 조회 제18호
작성 날짜 1903-12-05
발신 의정부 찬정 내부 대신 임시 서리 의정부 참정 김규홍
수신 의정부 찬정 외부 대신 임시 서리 궁내부 특진관 이하영
출처 內部來去文(奎17794) 15책 59a-61a

조회 제18호

(생략)

연달아 제66호 보고서를 접수했는데 내용에,

“방금 울도 군수 심흥택의 보고서를 접수해 보니, ‘러시아 군함 1척이 7월 12일에 본 울도군 남양포 동네 어귀에 와서 정박하였습니다. 대관 1인과 부관 2인이 병정 23명을 거느리고 육지에 내려 더러는 토지를 측량하거나 더러는 나무의 수를 세기도 하였습니다. 그러다가 7월 19일에 병정 27명을 거느리고 본 군수인 제 사무실을 에워싸고 묻기를, 『이 섬의 목재는 5년 전 우리나라 회사에서 귀 정부와 계약하고 요청하여 얻은 것이니 이 섬의 삼림은 우리나라의 물건입니다.』라고 하였습니다. 그리고 『일본인이 벌목하는 것과 일본 경서가 여기에 주재하고 있는 것이 혹 정부와의 조약 여부 때문인지에 대해 분명하고 자세하게 저에게 주십시오.』라고 묻고 대답하였습니다. 그러다가 그가 바로 포위를 풀고 병사들을 거느리고 그대로 도동항으로 내려가 지형의 사진을 찍고 남양동으로 돌아가 배를 타고 돌아갔습니다. 하지만 이번 조치는 정말로 편치 않기에 외부에 조회를 보내 외부에서 러시아와 일본 공사관에 조회하여 훈령을 발송해 금지하도록 해 주시기를 바랍니다.”

라고 하였습니다.

이를 근거로 조사해 보니 고성군과 통천군 2개 군이 맞닿은 지역에 일본인이 ‘고래 고기를 보관해 둔다.’라고 하며 막사를 세우고 집을 지은 일로 해당 관찰부에서 먼저 귀 외부에 이미 분명히 보고하였습니다. 따라서 귀 외부에서 문안을 만들어 지시할 것이 분명 있을 것입

니다. 그리고 울도군에 러시아인이 와서 정박하여 '본 울릉도의 목재는 해당 러시아 삼림회사가 귀 정부와 계약한 것이 있다.'고 하였으니 해당 울릉도의 삼림도 정부의 허가가 정말로 있었는지 모르겠습니다. 이에 삼가 알려드리니 잘 살피신 후 모두 분명히 알려 주시기를 요청합니다.

광무 7년(1903) 12월 5일

의정부 찬정 내부 대신 임시 서리 의정부 참정 김규홍

의정부 찬정 외부 대신 임시 서리 궁내부 특진관 이하영 각하

往釜山이라가同月十三日에回還元山而他無所幹이온고
其外ᄂᆞᆫ更無外國船來往이다이을기以不通商口岸에輪
商船交易이亦是條規故로依通商約條禁飭之意로另
加題飭于該郡이오며通川高城兩郡所報成冊은纔已轉
報于外部故로該成冊을謄本ᄒᆞ와玆에報告ᄒᆞ오니查照
後移照外部ᄒᆞ와俾爲措處爲望等因과連接第六十六
号報告書內開에接鬱島郡守沈興澤報告書則俄國
兵船一隻이七月十二日來泊本島南陽浦洞口而隊官一人
副官二人率兵丁二十三名下陸或尺量地段或計數木根
이다가十九日率兵丁二十七名圜環本官直所問曰此島木料

內部 第 道

ᄂᆞᆫ五年前我國會社에서貴政府와約條을請得ᄒᆞ야人
ᄉᆞ니此島森林은我國之物也라ᄒᆞ오며以日人伐木과日警
署駐此가或緣政府約條有無與否를明細給我ᄒᆞ라고問
答ᄒᆞ다가彼乃撤圍率兵ᄒᆞ고仍下道洞浦寫真地形而
還去南陽洞乘船以去ᄒᆞ얏ᄉᆞ나今此擧措가實爲未安
이오니移照外部ᄒᆞ와使之知照於俄日兩館ᄒᆞ야以爲發
訓禁斷케ᄒᆞ심을爲望等因을據查ᄒᆞ온즉高城通川兩
郡交界에日本人이稱以藏置鯨肉ᄒᆞ고設幕搆屋ᄒᆞᆫ事
로該府로서先已報明于 貴部이다이온즉 貴部措飭
이必有ᄒᆞ시려니와鬱島郡에俄人이來泊ᄒᆞ야本島木料

를該國森林會社에我政府約條가有ᄒᆞ다ᄒᆞ오니該島
森林도政府認許가果有ᄒᆞ온지玆以仰佈ᄒᆞ오니
照亮後一切示明ᄒᆞ심을爲要

光武七年十二月五日

議政府贊政內部大臣臨時署理議政府參政金奎弘

議政府贊政外部大臣臨時署理 宮內府特進官李夏榮 閣下

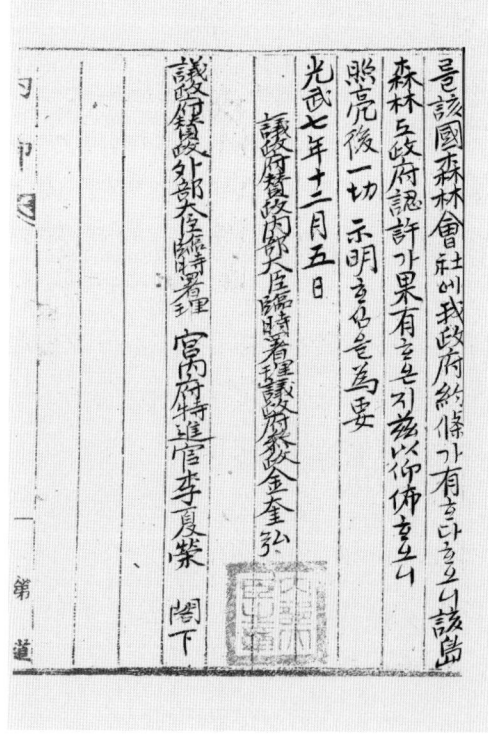

內部 第 道

100 통상 항구가 아닌 주문진에서 일본 상선이 몰래 어물을 매매한 것에 대해 외부에서 강릉군에 훈령함

문서 종류 훈령 제1호
작성 날짜 1903-12-14
발신 의정부 찬정 외부 대신 임시 서리 궁내부 특진관 이하영
수신 강릉 군수 박기현
출처 江原道來去案(奎17985) 2책 62a-b

훈령 제1호

한일통상장정(韓日通商章程) 제33관에 실려 있기를, '만일 일본 상선이 조선국의 통상하지 않는 항구에서 몰래 매매하거나 더러 몰래 매매하려고 도모하는 경우 조선 정부는 해당 상품 및 실려 있는 각 상품은 관아에 압수하고 선장은 벌금 50만 냥이다.'라고 하였다. 조사해 보니 약장합편(約章合編)을 광무 2년(1898) 10월에 새로 간행하여 각 군에 나눠 발송하였으니 해당 군에서는 삼가 준수해야 마땅하다. 그런데 "올 가을 이후로 일본 상선이 거리낌 없이 본 강릉군 주문진에 와서 정박하고 몰래 어물(魚物)을 산다."라는 보고가 파다하니 놀랍고 통탄스러움을 이기지 못하겠다. 분명 해당 주문진 근처에 이익을 꾀하는 가라지 같이 하찮은 백성 무리들이 감히 자기를 살찌울 욕심을 내어 몰래 서로 내통하여 통상하지 않는 항구에서 이처럼 몰래 매매하는 일이 생겼다. 귀 강릉군에서 여전히 이를 덮어서 감추고 분명히 보고하지 않았으니 또한 놀랍기 그지없다. 이에 훈령으로 지시하니 잘 살펴 몰래 매매한 정황을 하나하나 엄히 조사하고 긴급 보고하여 가라지 같이 하찮은 백성 무리들이 자기를 살찌우려고 몰래 내통하는 자를 또한 조사하여 보고하는 데 지체하지 말도록 하는 것이 옳다.
광무 7년(1903) 12월 14일

의정부 찬정 외부 대신 임시 서리 궁내부 특진관 이하영

강릉 군수 박기현 좌하

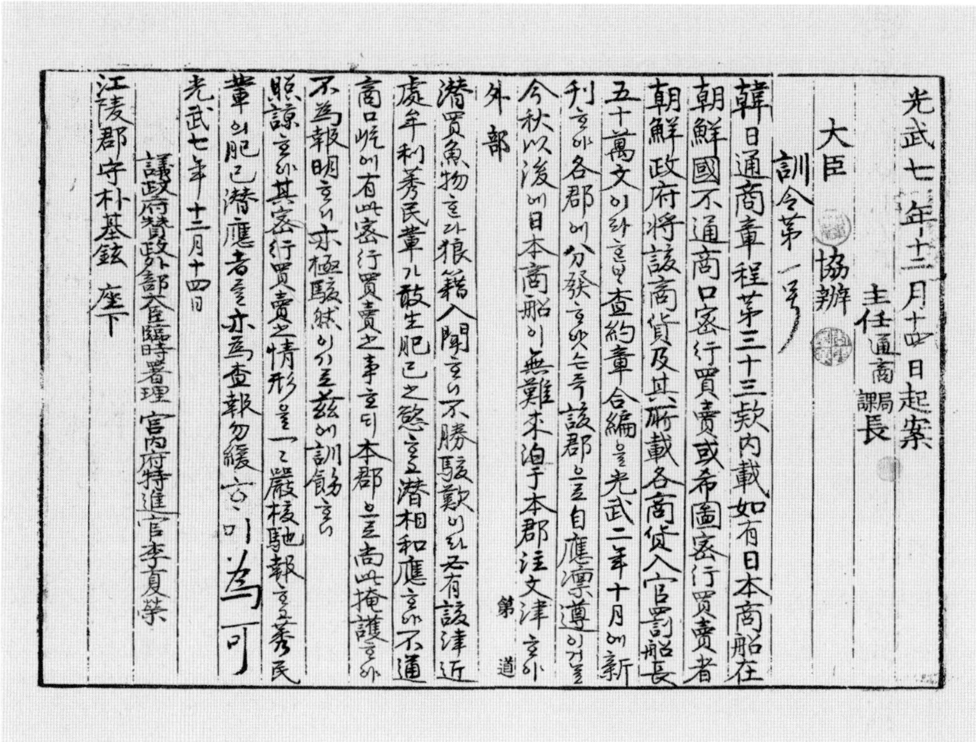
光武七年十二月十四日起案
主任通商局課長
大臣　協辦
訓令第一号
韓日通商章程第三十三款內載如有日本商船在
朝鮮國不通商口岸密行買賣或希圖密行買賣者
朝鮮政府將該商貨及其所載各商貨入官罰船長
五十萬文이라ᄒᆞ온바查約章合編을光武二年十月에新
刊ᄒᆞ야各郡에分發ᄒᆞ얏ᄂᆞᆫ즉該郡으로自應遵照이거ᄂᆞᆯ
今秋以後에日本商船이無難來泊于本郡注文津ᄒᆞ야
第　道
外部
潛買魚物ᄒᆞ다가狼藉入聞ᄒᆞ니不勝駭歎이오且有該津近
處牟利莠民輩가敢生肥己之慾ᄒᆞ고潛相和應ᄒᆞ야不通
商口岸에有此密行買賣之事ᄒᆞ되本郡으로尙此掩護ᄒᆞ야
不爲報明ᄒᆞ니亦極駭然이기로玆에訓飭ᄒᆞ니
照諒ᄒᆞ야其密行買賣之情形을一一嚴核馳報ᄒᆞ고莠民
輩의肥己潛應者을亦爲查報勿緩ᄒᆞ미爲可
光武七年十二月十四日
議政府贊政外部大臣臨時署理宮內府特進官李夏榮
江陵郡守朴基鉉　座下

101 러시아와 체결한 울릉도 삼림 벌채 허가 등 이전의 모든 계약 폐기건에 대해 외부에서 의정부에 청의함

문서 종류 청의서
작성 날짜 1904-05-17
발신 외부 대신 이하영
수신 의정부 참정 조병식
출처 奏本(奎17703) 73책 60a-61b
관련 자료 各部請議書存案(奎17891) 26책 22b-23b

청의서

대한 정부는 일본이 러시아를 상대로 전쟁을 선포한 것이 오직 대한의 독립을 유지하여 동양 전체의 평화를 확고히 하는 데 있음을 헤아려 이미 의정서(議定書)를 체결하고 협력함으로써 일본이 싸우는 목적을 달성하는 데 편리하게 하였습니다. 이번에 또 러시아에 있는 공관을 철수해 물러나게 했으니 이로써 대한과 러시아 사이의 외교 관계는 사실상 단절되었습니다. 하지만 또 앞으로 우리 대한의 방향을 명백히 하고, 러시아가 이전처럼 똑같이 죽조약과 특별 승인한 계약 등을 핑계 삼아 침략적 행위를 다시 못하도록 하기 위해 이에 황제가 선포한 글의 안건을 회의에 제출하는 일입니다.

광무 8년(1904) 5월 17일

외부 대신 이하영

의정부 참정 조병식 각하

황제가 선포한 글

1. 이전에 한국과 러시아 두 나라 사이에 체결된 조약과 협정은 모두 폐기하고 전혀 시행하지 말 일이다.
1. 러시아의 관리와 백성들이나 회사에 승인하여 특별히 허가한 계약 가운데 지금까지 여전히 기한이 남아 있는 경우는 지금 이후로 대한 정부가 문제없다고 하는 것이면 이전대로 승인해 준 것을 계속 누리게 한다. 하지만 두만강, 압록강, 울릉도의 삼림을 베거나 심는

것을 특별히 허가한 경우는 본래 한 개인에게 허락한 것인데, 사실은 러시아 정부가 자연 경영할 뿐 아니라 해당 특별히 승인한 규정을 따르지 않고 제멋대로 침략해 차지하는 행위를 하였으니, 해당 특별 승인은 폐지하고 전혀 시행하지 말 일이다.

請議書

大韓政府ᄂᆞᆫ日本이俄國을對ᄒᆞ야宣戰ᄒᆞ미ᄒᆞᆫ갓
大韓獨立을維持ᄒᆞ야東洋全局에平和를確定ᄒᆞ기에在ᄒᆞᆷ을
商量ᄒᆞ미旣往에議定書를成約ᄒᆞ고協力ᄒᆞ야셔日本이交
戰ᄒᆞᄂᆞᆫ目的을達ᄒᆞ기便케ᄒᆞ고今又在俄公館을撤退ᄒᆞ얏ᄉ
ᄂᆞ니是以로韓俄間外交干係가實狀인즉斷絶ᄒᆞ얏ᄉᆞ나
그러나ᄯᅩ來頭我
大韓의方向을明白케ᄒᆞ고俄國이如前一例로條約과特准
合同等節에藉口ᄒᆞ야侵畧的行爲를다시못ᄒᆞ도록ᄒᆞ기
爲ᄒᆞ야玆에

議政府

勅宣書案을會議에提呈事

光武八年五月十七日

外部大臣李夏榮

議政府叅政趙秉式 閤下

勅宣書

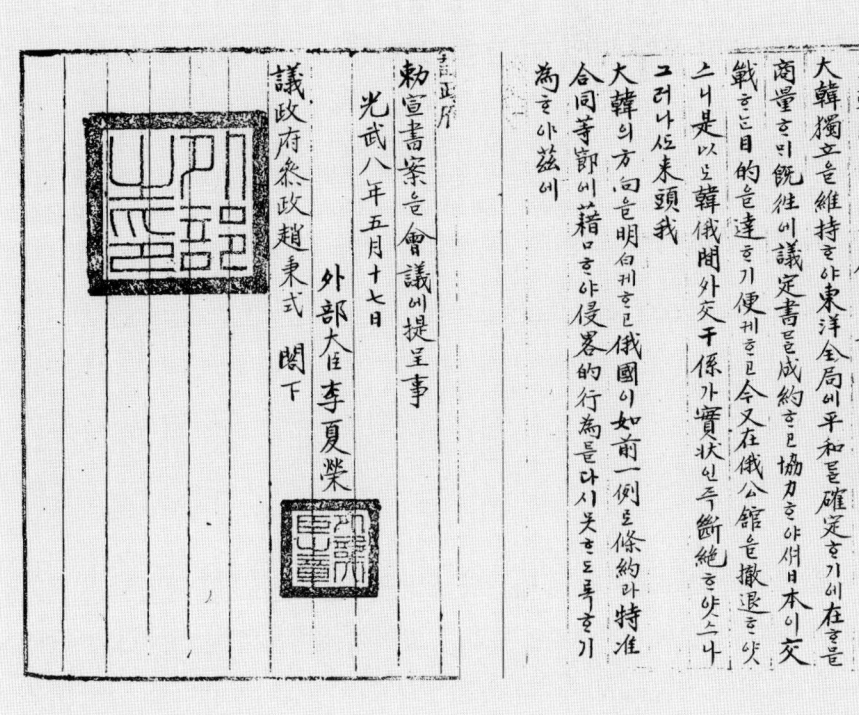

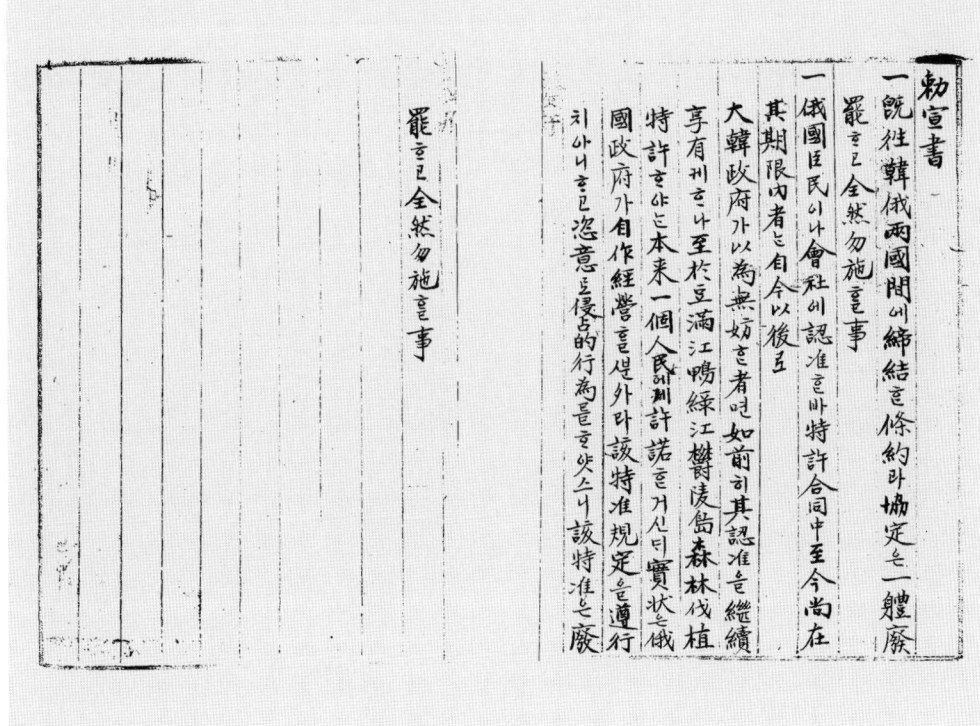

一旣往韓俄兩國間에締結ᄒᆞᆫ條約과協定은一體廢
罷ᄒᆞ고全然勿施ᄒᆞᆯ事
一俄國臣民이나會社에認准ᄒᆞᆫ바特許合同中至今尙在
其期限內者ᄂᆞᆫ自今以後로
大韓政府가以爲無妨ᄒᆞᆫ者면如前히其認准을繼續
享有케ᄒᆞ나至於豆滿江鴨綠江欝陵島森林伐植
特許ᄒᆞ야ᄂᆞᆫ本來一個人民에게許諾ᄒᆞᆫ거신ᄃᆡ實狀은俄
國政府가自作經營ᄒᆞᆯ뿐外라該特准規定을遵行
치아니ᄒᆞ고恣意로侵占的行爲를ᄒᆞ얏ᄉᆞ니該特准은廢
罷ᄒᆞ고全然勿施ᄒᆞᆯ事

102 러시아인에게 허가했던 울릉도 등의 삼림을 어공원으로 이속시키도록 농상공부에서 외부에 조회함

문서 종류 조회 제 호
작성 날짜 1904-06-15
발신 농상공부 대신 김가진
수신 외부 대신 이하영
출처 農商工部來去文(奎17802) 11책 55a-b

조회 제 호

현재 접수한 겸임 어공원 경(御供院卿) 궁내부 대신 민병석의 조회를 접수해 보니,
"'이전에 러시아인에게 특별히 허가하였던 두만강, 압록강, 울릉도의 삼림을 본 어공원으로 옮겨 소속시키도록 하라.'는 황제의 지시를 받들어 이에 삼가 알려 드리니 잘 살피신 후 해당 삼림 관련 계약 및 문서를 하나하나 조사하고 보내 주셔서 삼가 보관할 수 있도록 해 주시기를 요청합니다."
라고 하였습니다. 해당 사건을 상세히 조사해 보니 이 삼림 특별 허가 문서가 귀 외부에 보존되어 있습니다. 이에 조회하니 잘 살펴 하나하나 조사하고 보내 주셔서 즉시 전달하여 보낼 수 있게 해 주시기를 요청합니다.
광무 8년(1904) 6월 15일

농상공부 대신 김가진

외부 대신 이하영 각하

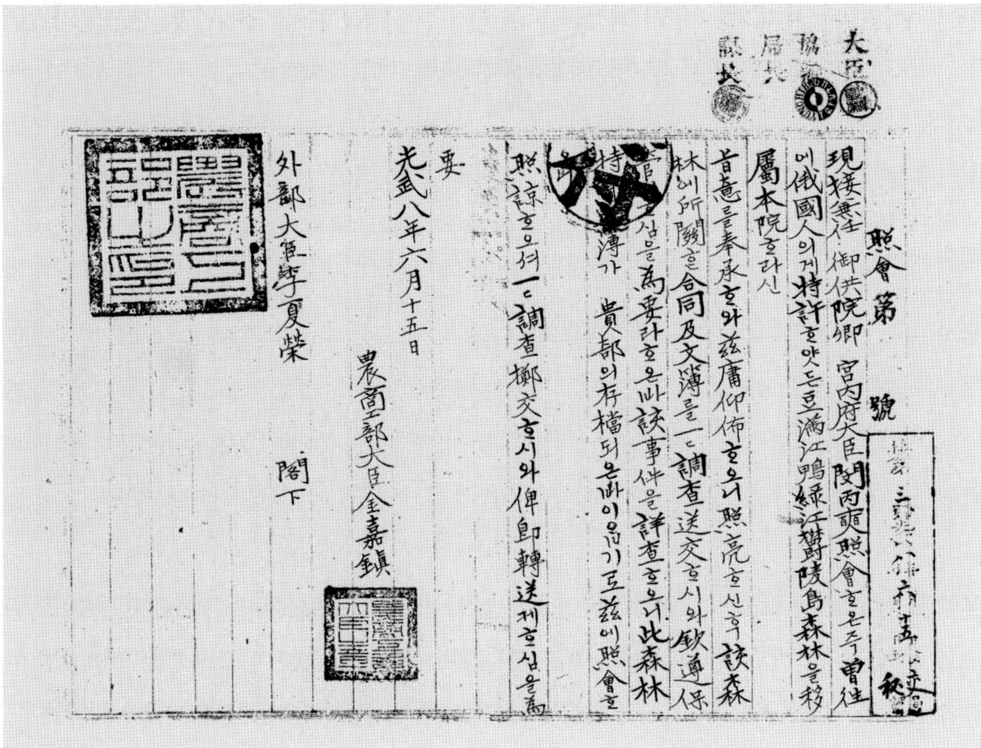
大臣
協辦
局長
課長

照會第　號

現接兼任御供院卿宮內府大臣閔丙奭照會ᄒᆞ온즉曾往
에俄國人의게特許ᄒᆞ얏ᄃᆞᆫ豆滿江鴨綠江欝陵島森林을移
屬本院ᄒᆞ라신
旨意를奉承ᄒᆞ와玆庸仰佈ᄒᆞ오니照亮ᄒᆞ신후該森
林에所關ᄒᆞᆫ合同及文簿를一一調查送交ᄒᆞ시와欽遵保
持ᄒᆞ심을爲要라ᄒᆞ온바該事件을詳查ᄒᆞ오니此森林
文簿가貴部의存檔되온바이옵기로玆에照會ᄒᆞ
照諒ᄒᆞ오셔一一調查擲交ᄒᆞ시와俾卽轉送케ᄒᆞ심을爲
要

光武八年六月十五日

農商工部大臣金嘉鎭

外部大臣李夏榮閣下

103 러시아인에게 허가하였던 울릉도 삼림 계약 문서를 보낸다고 외부에서 농상공부에 회답 조회함

문서 종류 조복 제5호
작성 날짜 1904-06-17
발신 외부 대신 이하영
수신 농상공부 대신 김가진
출처 農商工部來去文(奎17802) 11책 52a-b

회답 조회 제5호

이번 달 15일에 귀 제무호 조회에 따라 일찍이 러시아인에게 특별히 허가하였던 두만강, 압록강, 울릉도의 삼림 관련 계약 한문 1건, 러시아어 2건, 서명서(署名書) 1건을 모두 첨부하여 보냅니다. 이에 회답 조회하니 잘 살펴 조사하여 거둬 주시기를 요청합니다.
광무 8년(1904) 6월 17일

외부 대신 이하영

농상공부 대신 김가진 각하

光武八年六月十七日起案

主任 交涉課局長

大臣 協辦

照覆第五号

本月十五日에
貴第無號照會를准호온즉曾往俄國人에게特許호얏든豆滿鴨綠欝陵森林所関合同漢文一件俄文二件署名書一件을并附送호오며玆에照復호오니
照亮査収호심을爲要

外部 第 道

光武八年六月十七日

外部大臣李夏榮

農商工部大臣金嘉鎮閣下

104 영덕군의 어민 어선에 접근해 난동을 부리고 우두머리 백성을 찔러 죽이는 등 일본 어부의 행패에 대해 일본 공사관에 알리도록 내부에서 외부에 조회함

문서 종류	조회 제43호
작성 날짜	1904-07-21
발신	내부 대신 조병필
수신	외부 대신 이하영
출처	內部來去文(奎17794) 16책 145a-147a

조회 第43호

현재 접수한 경상북도 관찰사 윤헌(尹瓛)의 제92호 보고서 내용에,

"방금 관할 영덕 군수 이병찬(李丙瓚)의 보고를 접수해 보니 내용의 대략에, '음력 올해 4월 21일 본 영덕군 남면(南面) 원척리(元尺里) 동네 백성의 보고에, 『본 동네의 어민 김갑중(金甲仲)이 어젯밤에 바다에 나가 그물로 고기를 잡을 즈음에 일본 어선 2척이 노를 저으며 다가와 배에 접근하여 물고기를 빼앗고 난동을 부리고 무기로 서너 사람에게 상처를 입혔습니다. 오늘 오시(午時)쯤에 일본 어선 3척이 와서 나루에 정박하고 해당 일본 어부 3명이 주점에 들어왔습니다. 그러므로 해당 동네의 우두머리 백성 최경칠(崔敬七), 박성근(朴成根), 우명구(禹明九) 등이 사람을 다치게 하고 물고기를 빼앗은 일에 대해 이야기해 따졌습니다. 그러자 일본인들이 각각 지닌 긴 칼로 최경칠을 바로 찔러 그 자리에서 사망하였습니다. 우명구도 또한 뒤통수를 칼에 찔려 바야흐로 죽을 지경입니다. 그런데 흉악한 짓을 한 일본인들은 배를 돌려 달아났습니다. 특별히 조사하고 붙잡아다 원통함을 씻어 주실 일입니다.』라고 하였습니다. 이를 근거로 군수인 제가 심문 대상자를 데리고 해당 시체를 검험해 보니, 정수리 왼쪽에 칼에 찔린 상처 자국 1곳이 있는데 비스듬히 길이는 1치 5푼입니다. 왼쪽 사타구니에 칼에 찔린 곳이 1곳 있는데 둥글고 둘레의 길이 1치 3푼이고 깊이는 1치 5푼이며 비스듬히 음낭 부위를 비스듬히 찔렀습니다. 실제 사망 원인은 '칼에 찔렸다[被刺].'는 것이 『증수무원록(增修無冤錄)』의 조문에 딱 들어맞습니다. 직접 본 증인과 여러 진술에 근거가 확실하고 의혹이 없습니다. 그런데 범인은 외국인에 해당되는데 감히 법망에서 빠져나가 다시 붙잡을 길이 없으니 더욱

몹시 밉살스럽기 그지없습니다.'라고 하였습니다. 이에 따라 조사해 보니 요즈음 외국인이 우리 지역에 두루 꽉 차 있는데 무릇 외교에 관계되는 것은 자연 조약이 있으니 사람을 죽인 경우 목숨으로 갚는 것은 마땅히 서로 차이가 없어야 합니다.
그런데도 해당 범인인 일본인은 매우 막돼먹은 종자로 무기 사용을 예사로운 일처럼 하였고 사람 목숨을 마치 지푸라기처럼 하찮게 여기고 죽였습니다. 뿐만 아니라 사망자는 참혹합니다. 또한 백성이 관련되어 매우 걱정입니다. 그런데 그대로 어선을 돌려 감히 법망에서 빠져 나가다니 더욱 통탄스럽기 그지없습니다. 별도로 해당 영덕군에 지시하여 기찰 순교를 많이 출동시켜 해당 범인을 염탐하여 붙잡도록 하였습니다. 한편으로는 동래 감리에게 조회를 보냈습니다. 이에 보고하니 조사하여 외부에 조회로 알려 일본 공관에 통첩을 보내 흉악한 짓을 한 일본인을 신속하게 염탐하고 붙잡아 목숨으로 갚는 법전을 바르게 하도록 요구해 주시기를 삼가 바랍니다."
라고 하였습니다. 이에 따라 조사해 보니 영덕군 어민 김갑중이 바다로 나가 그물로 고기를 잡을 즈음에 일본 어선 2척이 노를 저어 배에 접근하여 물고기를 침탈하고 서너 명에게 상처를 입혔다니 이미 놀랍고 한탄스럽기 그지없습니다. 그런데도 연달아 정박한 일본 어선 3척의 일본 어부 3명이 옳고 그른지 계산하지 않고 동료를 편들어 보호하여 각각 지닌 긴 칼로 최경칠을 바로 찔러 그 자리에서 사망했습니다. 우명구는 뒤통수를 칼에 찔려 바야흐로 죽을 지경입니다. 그런데 해당 흉악한 짓을 한 일본인들은 배를 돌려 달아났다고 하니 해당 일본 어부들이 규정을 어기고 행패를 부려 사람 목숨을 함부로 죽였다니 듣기에 눈이 휘둥그래질 정도로 매우 놀랍습니다. 뿐만 아니라 요즈음 양국의 어업조약은 겨우 문안만 작성하였는데 해당 일본 어부가 말썽을 부린 악독한 행동은 이같이 거리낌이 없었으니, 백성 최경칠의 원통한 죽음을 갚지 않을 수 없고 닥쳐올 폐단의 근원을 또한 엄히 막는 것이 옳습니다. 이에 삼가 알려 드리니 잘 살피신 후 일본 공관에 조회로 알려 동래항 영사에게 전달 지시하여 영덕군에서 해당 흉악한 짓을 한 일본 어부들은 신속히 염탐하여 붙잡아 빨리 목숨으로 갚도록 시행하여 뒷날의 폐단을 막도록 해 주시고 분명히 알려주시기를 요청합니다.
광무 8년(1904) 7월 21일

내부 대신 조병필

외부 대신 이하영 각하

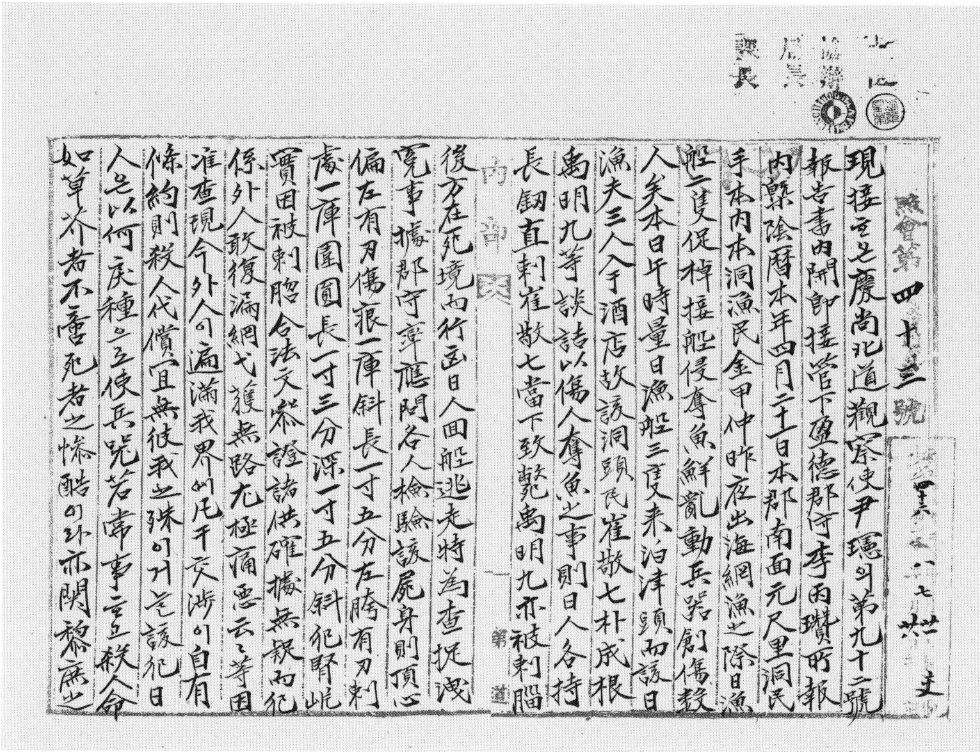

照會第四十三號

現接호온즉慶尚北道觀察使尹瓆의第九十二號
報告書內開에接管下盈德郡守李丙瓚所報
內槩陰曆本年四月二十日本郡南面元尺里洞民
手本內本洞漁民金甲仲昨夜出海網漁之際日漁
船二隻促棹接船侵奪魚鮮亂動兵器創傷數
人矣本日午時量日漁船三隻又來泊津頭而該日
漁夫三人入于酒店故該洞頭民崔敬七朴成根
禹明九等談話以傷人奪魚之事則日人各持
長釼直刺崔敬七當下致斃禹明九亦被刺腦
後方在死境而行凶日人回船逃走特爲查捉澂
寃事據郡守牒報閱各人檢驗該屍身則頂心
偏左有刃傷痕一處斜長一寸五分左膀有刃刺
處一處圍圓長一寸三分深一寸五分斜紀骨岏
實因被刺胸合法文參證諸供確據無疑而犯
係外人敢復濫網弋獲無路尤極痛惡云云等因
准查現今外人이遍滿我界에凡干交涉이自有
條約則殺人代償이宜無彼我之殊이거늘該犯日
人은以何庚種으로使兵器若常事하고殺人命
如草芥者不啻死者之惨酷이라亦閔黎庶之

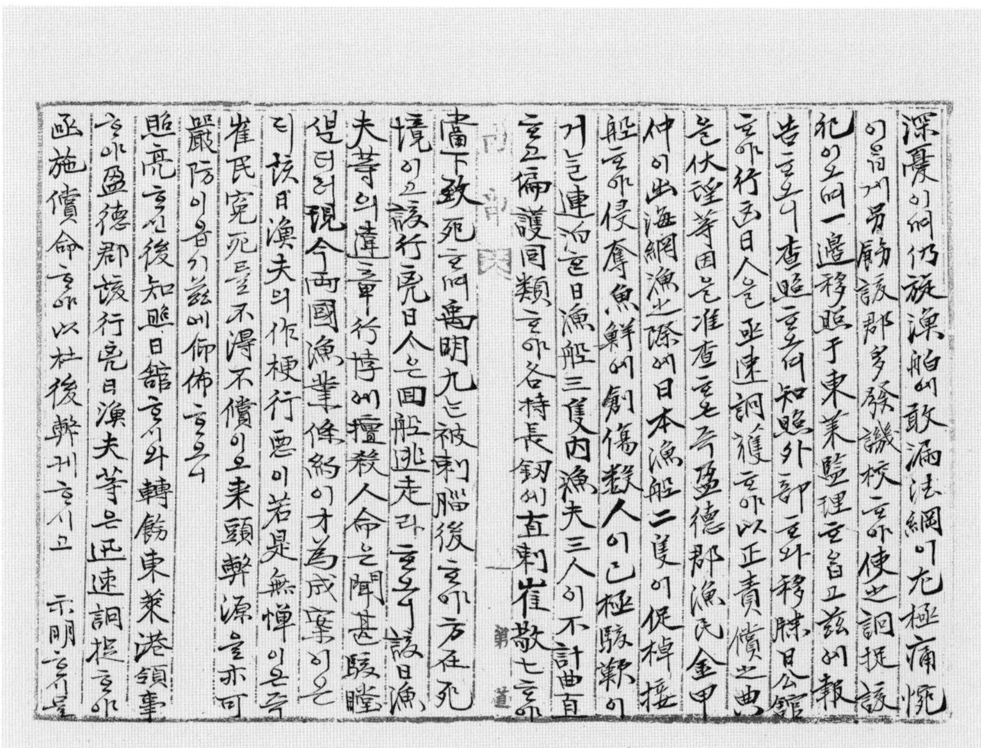

深憂이예仍旋漁船에敢濫法網이尤極痛惋
이옵기另飭該郡多發譏校하야使之詗捉該
犯이오며一邊移照于東萊監理하옵고玆에報
告하오니查照하옵고知照外部하와移牒日公館
하야行凶日人을亟速詗獲하야以正責償之典
을伏望等因을准查하온즉盈德郡漁民金甲
仲이出海網漁之際에日本漁船二隻이促棹接
船하야侵奪魚鮮에創傷數人이已極駭歎이
거늘連泊호日漁船三隻內漁夫三人이不計曲直
하고偏護同類하야各持長釼에直刺崔敬七하야
當下致死하며禹明九는被刺腦後하야方在死
境이오該行兇日人은回船逃走라하오니該日漁
夫等의違章行悖에擅殺人命은聞甚駭瞠
일뿐더러現今兩國漁業條約이才爲成案이온
되該日漁夫의作梗行惡이若是無憚이온즉
崔民寃死를不得不償이오未頭弊源을亦可
嚴防이옵기玆에仰佈하오니
照亮하신後知照日館하시와轉飭東萊港領事
하야盈德郡該行兇日漁夫等을迅速詗捉하야
亟施償命하야以杜後弊케하시고 示明하심을

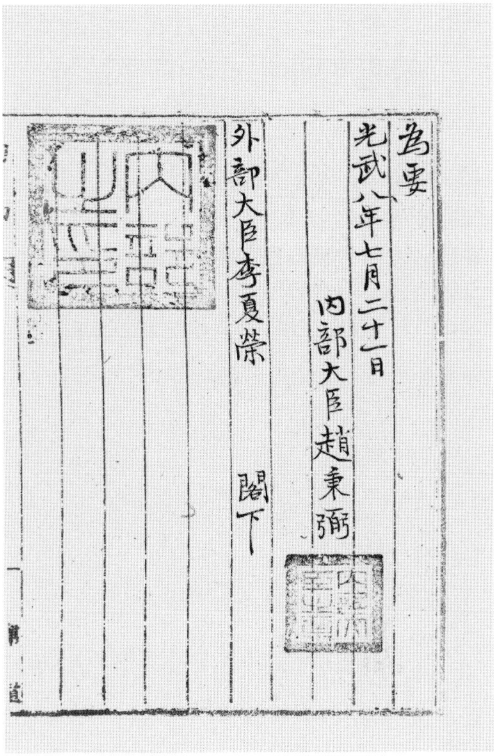

爲要

光武八年七月二十一日

內部大臣趙秉弼

外部大臣李夏榮 閣下

105 조계가 아닌 울진군 죽변포에 일본인이 건물을 지은 것에 대해 강원도에서 외부에 보고함

문서 종류 보고서 제8호
작성 날짜 1904-07-23
발신 강원도 관찰사 주석면
수신 외부 대신 이하영
출처 江原道來去案(奎17985) 2책 98a-99a
관련 자료 江原道來去案(奎17985) 2책 100a-b

보고서 제8호

방금 울진군 향장(鄕長) 윤상설(尹相卨)의 보고서를 접수해 보니 내용에,

"본 울진 군수는 연명(延命) 차 길을 떠났습니다. 음력 5월 18일 본 울진군 죽변포(竹邊浦) 동임(洞任)이 아뢰어 보고한 내용에, '이번 7월 17일에 일본인이 윤선을 타고 와서 본 죽변포에 정박하고 목재와 기와를 내리고 즉시 본 죽변포 산머리에 창고[棧屋]를 세웠습니다.'라고 하였습니다. 그래서 순교를 내보내 조사하고 탐지하도록 하였습니다. 그랬더니 위 순교가 돌아와 아뢴 내용에, '공문이 있는지 없는지는 탐지하지 못했습니다. 다만 세운 창고를 보니 먼저 지은 것이 7칸입니다. 그 중 3칸은 4칸짜리 집 몇 보 위쪽에 있는데 구름 위로 치솟은 듯한 높은 기둥은 생각건대 아마도 전신국 및 망대(望坮) 모양이었습니다. 나중에 짓는 것이 정말로 몇 칸일지 여부는 알지 못합니다.'라고 하였습니다. 애당초 공적인 일로 도착한 것이 아니니 그 꿍꿍이가 무엇인지는 아직 알지 못합니다. 그런데 일본인의 숫자가 6, 70명 정도이고, 그 중 우두머리 되는 사람은 순사(巡査) 2명입니다. 우선 보고하니 조사하신 후 외부에 전달 보고하여 상세하게 훈령 지시해 어리석음을 깨우쳐 주실 일입니다."라고 하였습니다.

"'항구의 조계 이외에서 각 나라 사람이 방을 빌리거나 집을 짓는 일, 방을 짓는 일, 창고를 세우는 일은 금지한다.'라는 본 외부의 훈령을 거듭하였을 뿐만이 아닙니다. 이번 해당 울진군 해당 죽변포는 이미 개항장의 조차 지역도 아닌데 일본인이 함부로 기와와 목재를 실어다가 창고를 세우는 것은 조약에 있는 것이 아닙니다. 그러므로 이에 보고합니다."

라고 하였습니다. 이러한 사항은 늦출 수 없으니 잘 살피신 후 빨리 신속히 지령을 내려 주

시기 바랍니다.

광무 8년(1904) 7월 23일

강원도 관찰사 주석면

외부 대신 이하영 각하

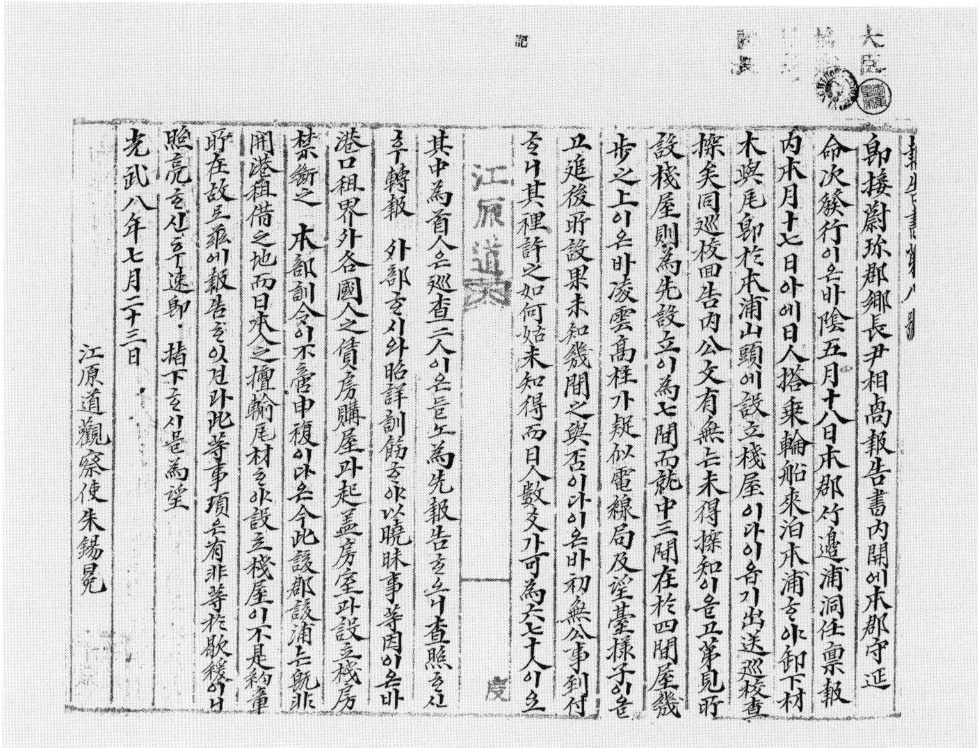

即接蔚珍郡鄉長尹相卨報告書內開에本郡守延
命次發行이온바陰五月十八日本郡竹邊浦洞住稟報
內本月十七日아에日人搭乘輪船來泊本浦ᄒᆞ야卸下材
木與尾即於本浦山頭에設立棧屋이다이옵기出送巡校查
探矣同巡校回告內公文有無ᄂᆞᆫ未得探知이옵고第見所
設棧屋則爲先設立이爲七間而就中三間在於四間屋幾
步之上이온바凌雲高柱가疑似電線局及望臺樣子이옵
고追後所設果未知幾間之與否이다이온바初無公事到付
ᄒᆞ나其裡許之如何姑未知得而日人數爻가可爲六七十人이오
其中爲首人은巡查二人이온듯ᄒᆞ오爲先報告ᄒᆞ오니查照ᄒᆞ신
후轉報 外部ᄒᆞ시와昭詳訓飭ᄒᆞ야以曉昧事等因이온바
港口租界外各國人之僦房購屋과起蓋房室과設立棧房
禁斷之 本部訓令이不啻申複이다온今此該郡該浦ᄂᆞᆫ旣非
開港租借之地而日本人之擅輸尾材ᄒᆞ야設立棧屋이不是約章
所在故로玆에報告ᄒᆞ오니此等事項은有非等於歇後이니
照亮ᄒᆞ신후速即 指下ᄒᆞ시믈爲望
光武八年七月二十三日
江原道觀察使朱錫冕

106 울진군 죽변에서 해저로부터 울릉도 등의 지역까지 전선을 설치하려는 사항에 대해 강원도에서 외부에 보고함

문서 종류 보고서 제12호
작성 날짜 1904-10-17
발신 강원도 관찰사 주석면
수신 외부 대신 이하영
출처 江原道來去案(奎17985) 2책 107a-108b

보고서 제12호

(생략)

연달아 김화 군수의 보고를 접수해 보니,

"9월 27일에 일본 대관 11명, 병정 500명이 와서 김화군 읍내, 생창(生昌), 장암(莊巖) 3곳에 머물러 묵고 다음 날 출발하였습니다. 28일에 대관 9명, 병정 500명이 또 와서 본 김화군 읍내와 생창면(生昌面) 2곳에서 머물러 묵고 다음 날 출발하였습니다. 29일, 30일에 일본 병정 900명이 서울로부터 내려오다가 그대로 북쪽으로 향하였습니다. 다음 달 15일에 일본 병선(兵船) 2척이 또 와서 정박하였는데, 실려 있는 기계와 사람의 수는 아직 알지 못합니다. 정황을 탐문해 보니, 해저 전선을 설치하려고 온 것이었습니다. 전선은 죽변 바다 밑으로부터 시작하는데 한 선은 울릉도를 통해 일본으로 연결되고, 한 선은 동래를 통해 인천으로 연결됩니다."

라고 하였습니다.

(생략)

이에 보고하니 잘 살펴 주시기를 바랍니다.

광무 8년(1904) 10월 17일

강원도 관찰사 주석면

외부 대신 이하영 각하

大臣 協辦 局長 課長

日本軍兵過去形止은前已連續馳報이옵더니即接金化
郡守李源根報告書內槩에日本隊長五員兵丁二百六十名
이去八月二十九日本郡邑下止宿ᄒᆞ고翌日離發上京이옵고三十日
隊長五員兵丁二百二十名及副領一員副尉一員正校一員從卒四
名이來到邑下止宿ᄒᆞ고翌日發行이다이오며鐵原郡守高運河
報告書內開同月三十日日軍二百五十名卜馬五十匹이自金化境
으로來到本郡紀末面池炭里止宿ᄒᆞ고翌日發行上京이옵고三十
一日日兵二百五十名卜馬七十匹이自金化界로轉歷本郡即向京
鐵永平界이다이오며金城郡守金有濟報告書內開元山港으로來
日軍七百名이八月二十七日八日에分日過境이옵고九月九日에日
兵二十名이自金化界轉歷本郡이옵고二十七日日兵四百名이
來到紀末面軍餉炭ᄒᆞ야二百名은直向金化境ᄒᆞ고二百名은止
宿該炭ᄒᆞ고翌日發行이옵고二十八日日兵六百名과騎馬三十
匹이自京鐵永平界로轉歷本郡即向金化境이다이오며 連
接金化郡守所報則九月二十七日日本隊官十一員兵丁五百
名이來到本郡邑生昌莊巖三處止宿ᄒᆞ고翌日發行이옵고二十
八日隊官九員兵丁五百名이又爲來到本郡邑生昌兩處止宿
ᄒᆞ고翌日發行이다이옵고二十九日三十日에日兵九百名이自京下

이다가仍爲向北이옵고其翌十五日日本兵船二隻이又爲來泊이
온바所載機械人數은姑未知得而探問其情形則以水電線
設置次로來到인바電線段은始自竹邊海底로一線은通于欝
陵島ᄒᆞ야延及日本ᄒᆞ고一線은通于東萊ᄒᆞ야仍通仁川이다이오
며淮陽郡守李在淵報告書內開十月一日日本兵隊四百八十
名과騎馬二十匹과卜駄三十九駄가自平康界下來本郡邑站止
宿ᄒᆞ고翌日發行元山이오며兵隊二百七十名과騎馬十匹과卜駄
四十六駄가二日下來ᄒᆞ야邑站止宿ᄒᆞ고亦爲發向元山이오며卜駄
段은使附近西里牛隻으로輸給而駄價은依定數ᄒᆞ야隊長이
先受領証ᄒᆞ고出給各該民ᄒᆞ엿고前日留駐兵隊은今三日遞隊
ᄒᆞ고自京下來兵丁二十名이留駐故緣由報告等因이옵기
玆에報告ᄒᆞ오니
照亮ᄒᆞ시믈爲望
光武八年十月十七日
江原道觀察使朱錫冕
外部大臣李夏榮 閣下

107 일본인이 대진포에 와서 어업 이외에 얼음 채취를 요청한 것에 대해 강원도에서 외부에 보고함

문서 종류 보고서 제16호
작성 날짜 1904-11-24
발신 강원도 관찰사 주석면
수신 외부 대신 이하영
출처 江原道來去案(奎17985) 2책 112a-b

보고서 제16호

방금 도착한 간성 군수(杆城郡守) 이준구(李埈九)의 보고서 제48호 내용에,

"음력 9월 2일에 일본인들이 본 간성군 대진포(大津浦) 어귀에서 어업하려고 부산항의 공문을 지니고 도착하여 어업하기를 요청하였습니다. 그러므로 이미 사유를 갖추어 보고하였습니다. 음력 9월 14일에 선장 카도와키 시타로(門脇捨太郞)가 본 간성군 오현면(梧峴面) 장평리(長坪里) 화진포(華津浦)에 겨울 동안 얼음 채취하기를 바라는 청원서를 와서 바쳤습니다. 이는 아래 부서에서 허가해 줄 수 없습니다. 그러므로 이에 보고합니다."

라고 하였습니다. 이를 근거로 조사해 보니 물고기를 잡는 일 이외에 얼음을 채취하는 것은 무엇을 근거로 할 것인지 모르겠습니다. 함부로 처리할 수 없기에 이에 보고하니 잘 살펴 지령을 내려 주시기를 바랍니다.

광무 8년(1904) 11월 24일

강원도 관찰사 주석면

외부 대신 이하영 각하

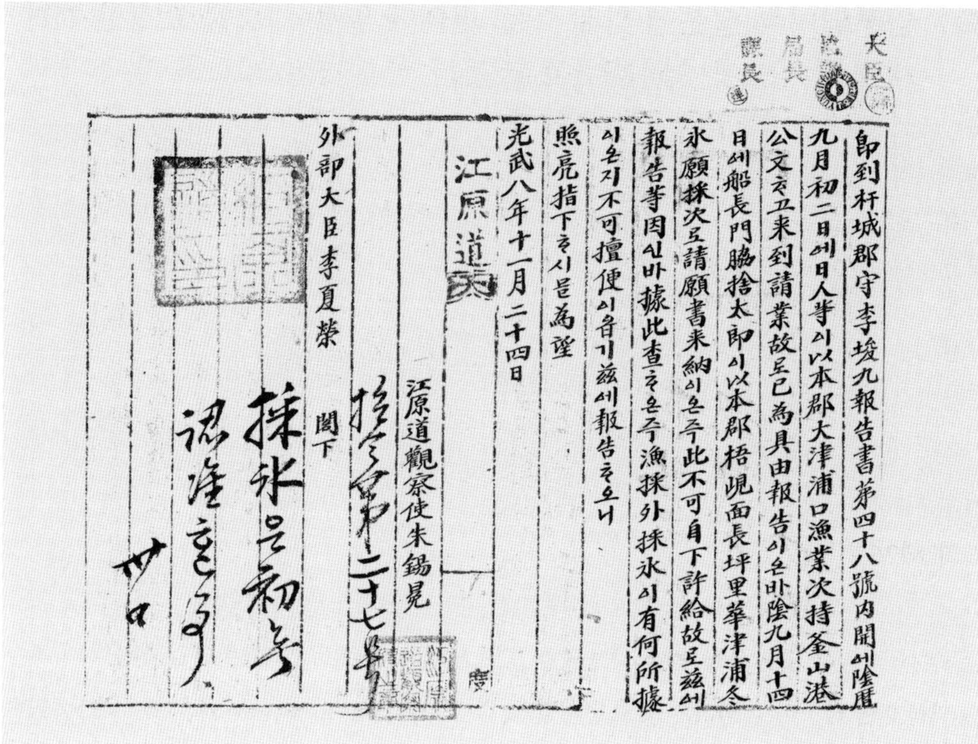

大臣
協辦
局長
課長

郎到杆城郡守李墇九報告書第四十八號内開에陰曆
九月初二日에日人等이以本郡大津浦口漁業次持釜山港
公文ㅎ고来到請業故로已為具由報告이온바陰九月十四
日에船長門脇捨太郎이以本郡梧峴面長坪里華津浦冬
氷願採次로請願書来納이온주此不可自下許給故로玆에
報告等因이온바據此查ㅎ온주漁採外採氷이有何所據
이온지不可擅便이읍기玆에報告ㅎ오니
照亮指下ㅎ시믈為望

光武八年十一月二十四日

江原道
江原道觀察使朱錫見

度

指令第二十七号

外部大臣李夏榮 閣下

採氷은初無
認准ㅎ고

卅日

108 울릉도에서 일본인에게 소금 배를 도둑맞은 소금장사 김두원에게 소금값을 돌려줄 것을 일본 공관에 알리도록 법부에서 외부에 조회함

문서 종류 조회 제26호
작성 날짜 1904-12-30
발신 법부 대신 김가진
수신 외부 대신 이하영
출처 法部來去文(奎17795) 7책 92a-95a

조회 第26호

함경남도 덕원군(德源郡) 원산항에 사는 상인 김두원의 청원서를 접수했는데 내용에,

"삼가 원통함이 있으면 반드시 하소연하고 하소연을 하면 반드시 풀어 주는 것이 세상의 보편적인 원리입니다. 만물이 존재하면 법이 있고 법이 있으면 반드시 시행하는 것은 예나 지금이나 일반적인 도리입니다. 이런 까닭에 백성이 믿고 사는 것도 법이고 나라에서 의지해 백성을 다스리는 것도 또한 법입니다. 하물며 이처럼 정책 시행이 개선되는 날을 맞이하였는데 저만 홀로 그 교화를 입지 못하고 도리어 생업을 잃는데 이르러 쌓인 원통함을 풀지 못했으니 한갓 사사로운 마음으로 억울할 뿐만 아니라 어찌 정치상 흠결이 되지 않겠습니까? 저는 지난 기해년(1899) 3월 25일쯤에 장사하려고 경상도 울산(蔚山) 마평리(馬坪里)로 가서 소금을 샀습니다. 같은 원산항에 사는 김치순(金致順)네 소금 막사 9개 가마솥에서 날마다 되로 재 보니 1,088통인데 1되에 보통 쓰는 큰 말로 4말씩 채워 넣으면 소금 가마솥에서 보통 1통으로 1섬을 만듭니다. 지역 배를 빌려 싣고 가서 장기군(長鬐郡) 모포(毛浦)의 김쌍동(金雙童) 집에 정박하고 육지에 내려 높이 쌓아두었습니다. 같은 해 6월쯤에 일본 홋카이도 시마네현 오키구니 기무라 형제의 회사 범선에 소금을 콩으로 바꾸려고 약정(約定)할 때 울릉도의 시가를 탐문해 보니, '현재 실려 있는 소금을 콩으로 바꾸면 콩으로 4,000말이 된다.'라고 하였습니다. 그런데 주저하면서 미리 결정하지 못할 즈음에 위 기무라 형제가 달콤한 말로 유혹하기를, '저희 배 위에 짐을 꾸려 실으십시오.'라고 하였습니다. 그러므로 믿어 의심치 않고 그 말대로 소금을 싣고 바로 울릉도에 도착해 정박했는데 날은 이미 저물었습

니다. 그래서 날이 밝기를 기다려서 짐을 풀기로 약속하고 저는 즉시 뭍에 내렸습니다. 그때 도장 배계주 집과 이웃한 심기수(沈基洙) 집에 머물러 묵었습니다. 그리고 다음 날 새벽에 가서 보니 기무라 형제가 그 배를 가지고 밤을 틈타 달아났습니다. 한없이 크고 넓은 바다에서 어느 곳에 물어보겠습니까? 하늘에 울부짖어도 하늘은 응답하지 않고 땅을 쳐도 땅도 또한 아무 말 없으니 정황을 되돌아보면 거의 울타리만 바라보는 개와 같았습니다. 떠돌이 모습으로 간신히 되돌아와 다시 서울에 도착하였습니다. 하루아침에 남에게 유혹당해 빼앗겨서 집은 이미 기울어 망했고, 저는 또 구걸한 지 여러 해가 되었습니다. 세상에 어찌 이처럼 매우 억울하고 뼈에 사무치는 원통함이 있단 말입니까? 외부에 원통함을 하소연한 것이 이미 몇 차례인데도 아직 바르게 결론짓지 못했습니다. 작년 2월 이후로 반년이 되도록 소장을 바쳤지만 이루지 못했습니다. 그러다가 같은 해 5월 27일 오후 2시에 소장을 바치려고 소장을 안고 황토현을 지나다가 바라보니 일본 공사가 외부 문에서 나왔습니다. 매우 급하게 달려가 '공사'라고 큰 소리로 부르고 아뢰기를, '홍주군(洪州郡) 장고도(長古島)에서 바위에 부딪쳐 부서진 귀국의 범선값을 바위에게 징수해 내지 못하고 우리 한국 정부에 배상금 3,000원을 징수해 가는 것은 장정에만 있고, 오직 한국 상인 김두원은 물건을 잃어버렸는데 추심하는 규정은 없습니까?'라고 하였습니다. 그리고 원망스런 소리로 크게 소리칠 즈음에 인력거꾼이 놀라 넘어져 기울어져 공사가 인력거에서 내리게 되었습니다. 저도 또한 황송하여 손 안의 소장을 가리켜 보이며 말하기를, '기해년(1899) 이후로 이제 5년이 되었는데 이로 인해 생업을 잃은 것은 오히려 따지지 않겠습니다. 손해금이 엽전으로 총 2만여 냥이 됩니다. 삼가 바라건대 대인(大人)께서는 즉시 신속히 받아서 주십시오.'라고 하였습니다. 그랬더니 공사가 대답하기를, '예예.'라고 하였지만 말을 알아듣기 어렵기에 길가에서 머뭇거리는 즈음에 해당 뒤따르던 자가 앞으로 불쑥 나와 말하기를, '어떤 소장인데 이같이 크게 소리질러 인력거꾼이 놀라 넘어지는 경우에 이르게 하였느냐?'라고 하였습니다. 원통함이 있으면 반드시 소송하는 것은 이치상 자연 당연합니다. 다만 외국 일을 두려워하여 해야 할 말을 하지 못하며 해야 할 소송을 소송하지 못한단 말입니까? 가령 일본 상인이 대한의 배에 물건을 실었는데 배 주인이 물건 주인을 통하지 않고 도망쳐 돌아간다면 처지를 바꾸어 생각해보건대 마땅히 우리 한국 정부에 달려가 하소연해야 합니다. 만약 구호금 명목으로 결정 처리하시면 일본인이라면 실은 물건의 많고 적음을 계산하지 않고 구호금만 받고 그치겠습니까? 마땅히 받아야 할 빚을 받는 것이 옳습니다. 구호금 한 가지 사항은 전혀 타당하지 않습니다. 그러므로 몇 년 전에 외부에서 내주신 지폐인 1차 20원, 2차 100원, 3차 50원, 4차

50원 등 총 220원을 죽도록 받지 않았습니다. 어리석고 얕은 식견으로 따지더라도 일본에서는 바위에 부딪혀 부서진 뱃값을 어찌 대한 정부에 배상을 징수해 가며, 대한 상인이 일본 뱃사람에게 물건을 잃어버렸는데 일본 정부에서는 넉넉지 못한 피고에게 떠넘기다니 이 무슨 공정한 법이란 말입니까?

또 미국 지방의 굴산(窟山)으로 가는 배편이 있어서 배를 타고 가다가 갑자기 산이 무너져 굴을 막아 배가 눌려 가라앉아 배의 손님은 빠져 죽었는데 그 중 상인의 부인이 미국 정부에 소장을 바쳐 가라앉은 물건값과 배상금을 몇 만원 징수해 갔습니다.

대개 바위나 산천으로 말미암아 물건 손해는 정부의 탓은 아니지만 이미 배상을 징수해 간 이전의 경험이 있습니다. 따라서 제가 일본에 물건값 받기를 요청하는 것이 어찌 당연한 일이 아니겠습니까? 바야흐로 하소연하는데 분노와 원망이 하늘을 뚫을 듯하여 눈으로 보지 않고도 입으로 말하는 바가 있습니다. 갑작스럽게 엎어져 넘어졌는데 잘잘못을 분명히 하는 것이 한시가 급해 소리 높여 지르고 크게 울부짖은 것은 인정상 예사로운 일 뿐만이 아닌데 도리어 죄로 얽어매어 징역으로 처리된 지 몇 년 지나 지금 겨우 석방되었습니다. 과거와 현재를 죽 살펴보아도 어찌 이처럼 매우 원통하고 매우 통탄스런 일이 있겠습니까? 이에 감히 피눈물을 흘리며 삼가 하소연하니 환히 살피신 후 특별히 다친 사람을 염려하는 은택을 내려 위의 잃어버린 물건 몫인 엽전 25,995냥 5전을 청산하고 빚을 갚도록 특별히 황제께 아뢰어 일본 공관에 전달 조회하여 하나하나 받아줄 수 있도록 하여 거의 죽을 지경인 이 목숨으로 하여금 기어이 교화가 미치는 곳에서 다시 회복되기를 도모할 수 있도록 천만번 피맺히게 바랍니다."

라고 하였습니다. 이에 따라 조사해 보니 해당 백성은 받아야 할 물건값을 받기 위해 이처럼 원통함을 호소하는 것이니 백성의 정황을 생각해 보면 이미 가엽고 안타깝기 그지없습니다. 귀 외부에서 일본 공관에 전달 조회하여 모쪼록 조치하는 방법을 도모하도록 하는 것이 사리상 타당합니다. 이에 삼가 조회하니 잘 살펴 주시기를 요청합니다.

광무 8년(1904) 12월 30일

법부 대신 김가진

외부 대신 이하영 각하

大臣 協辦 局長 課長

照會第二十六號

咸鏡南道德源郡元山港居商民金斗源請願書接준內開伏以有冤必訴ᄒ고有訴必伸은天地之常經이오有物有法ᄒ고有法必施는古今之通義也라是故로民所恃以爲生者法也오國所恃以治民者도亦法也而況當此施政改善之日ᄒ야身則獨不被其化而反致失所ᄒ야積冤未伸者非徒私心抑鬱이라政治上有欠乎잇가矣身去己亥三月二十五日分에商販次로往于慶尚道蔚山馬坪里貿塩이온同港居金致順塩幕九釜에서連日斗量이爲一千八十八桶斗인ᄃᆡ每桶에以恒用大斗로四斗式入盛則塩釜에셔例以一桶으로作爲一石이온바借載土地船ᄒ고往泊于長鬐郡毛浦金蘖童家ᄒ야下陸積峙러니同年六月分에日本北海道島根縣隱岐國옥키ᄂ곤이거무라兄弟會社風船에換太次로約定時에鬱陵島時直으로探問ᄒ즉以現載塩으로換太ᄒ면太爲四千斗라ᄒᄂᆡ猶豫未決之際에同거무라兄弟가甘言誘之에請以渠船更上裝載故信之無疑ᄒ고從其言載塩直到泊於鬱陵島則日已暮矣라待天明鮮卜爲約ᄒ고矣身則即爲上陸ᄒ야其時島長裵季周接隣ᄒ온沈基洙家에留宿ᄒ고翌曉往見則同거무라兄弟가將其船隻ᄒ고乘夜逃走ᄒ엿ᄉ오니茫茫大海에憑問何處오籲天而天不應ᄒ고叩地而地亦無言ᄒ니回顧情狀에殆若喪家之狗라飄零行色이艱辛回程ᄒ야轉到皇城而一旦에被人誘奪ᄒ야家既傾蕩ᄒ고身且丐乞이積有年所이온즉世豈有如許至冤切骨之痛乎잇가鳴冤於外部者既爲累次而未及歸正이읍고

昨年二月以後로半年되도록呈訴不得이라가至於同年十二月二十七日午後二時에呈訴次로抱狀過黃土峴이라가望見日本公使가自外部門으로出來ᄒ고急急馳往ᄒ야大呼公使而告曰洪州郡長古島에서觸破於岩石ᄒ貴國風船價는不得徵出於岩石而我韓政府의賠償金三千圓을徵去ᄒᄂ章程이有ᄒ고惟獨韓國商民金斗源의物貨을見失ᄒ게되ᄂ推尋ᄒᄂ章程은無ᄒ잇가ᄒ고冤聲大呼ᄒ올際에分軍이驚倒致傾ᄒ야公使가至於下車則矣身도亦爲惶悚ᄒ야手中訴狀을持示曰己亥以後五年于茲에寅緣失業은尚矣勿論ᄒ고損害金이合爲葉錢貳萬餘兩則伏願大人은即速推給ᄒ소서ᄒ오니公使之荅稱唯ᄂ이오되語音을難辨ᄒ기로路上躑躅之際에該跟隨者從前突出曰有何訴狀이온而如是高聲ᄒ야人軍이驚倒ᄒᄂ境遇에至케ᄒ나뇨ᄒ오니有冤必訴ᄂ理自當然이라且懼外國公使ᄒ야當言不言ᄒ며當訴不訴乎잇가假令日本商民이大韓船의裝於物貨라가船主不由貨主而逃還이면易地處之라도亦宜有奔訴於我韓政府할터이니若以恤金名色으로決處ᄒ시면日本人이不計其所載物之多小ᄒ고受其恤金而止乎잇가所當捧債推은可也오恤金一款은萬不穩當故로年前에自外部로出給ᄒ신紙幣初次二千圓再次一百圓三次五十圓四次五十圓合貳百貳拾圓을抵死不受로소이다以愚蠢淺識으로論之라도日本에서ᄂ岩石觸破ᄒ船價를胡爲徵去賠償於大韓政府ᄒ며大韓商民

則見失物貨於日本船人而自日本政府로推委於被告反
不聽者是何公法이며且美國地方에有窟山行船處ᄒᆞ와
行船이라가忽然頹山塡窟ᄒᆞ야船隻이壓沒ᄒᆞ고船客이
溺死ᄒᆞᆫ쓰에其中商民의婦人이美國政府에呈訴ᄒᆞ와
沉沒ᄒᆞᆫ物價와賠償을幾萬圓徵去ᄒᆞ야ᄉᆞ오니大抵由
於岩石山川而物貨損害ᄂᆞᆫ非政府之所使언마ᄂᆞᆫ旣有徵去
賠償之前鑑則矣身之請推物價於日本이豈非當然底
事乎잇가方其呼訴也에憤恨이撤天ᄒᆞ야眼無所見ᄒᆞ고
口有所言이라蒼黃顚倒에黑白分明이時刻爲急ᄒᆞ와
高聲大呼가不是人情之例事而反搆以罪ᄒᆞ야屢役經
年에今纔蒙宥이오니溯考今古에寧有如此至寃極
痛乎잇가玆敢泣血仰訴爲白去乎洞燭이신後特軫如
傷之澤ᄒᆞ시와同物貨見失ᄒᆞᆫ條葉錢貳萬伍千玖佰玖
拾伍兩伍戔을淸賬債報次特奏

天

陛ᄒᆞ시와轉照於日公館ᄒᆞᄋᆞᆸ신使之一一推給則使此濱死
之命을期圖再甦於化國之地를千萬血祝等因이온바
准此査ᄒᆞ오니該民이欲推其當推之物價ᄒᆞ야有此呼寃
이오니言念民情에已極矜憫이온바自 貴部로轉照日
公館ᄒᆞ시와務圖措處之方이事理妥合이ᄋᆞᆸ기玆에仰
照ᄒᆞ오니

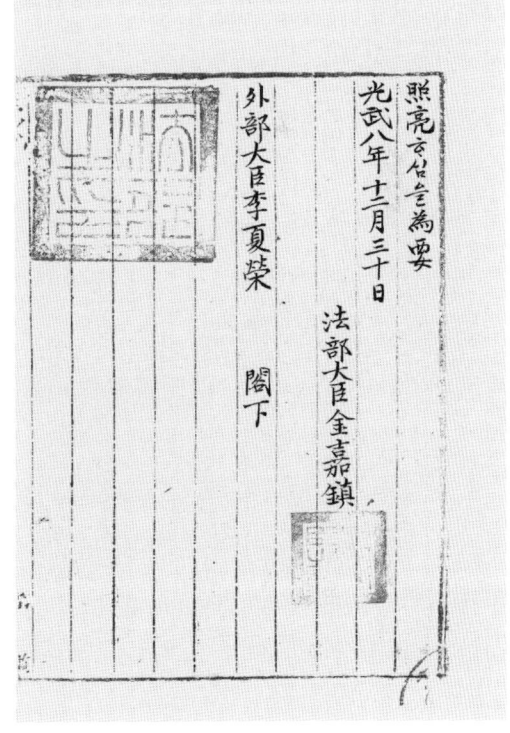

照亮ᄒᆞ심을爲要
光武八年十二月三十日
法部大臣金嘉鎭
外部大臣李夏榮 閣下

109 러시아와 일본이 바다에서 대포를 쏘며 서로 충돌한 사건에 대해 울진군에서 외부에 보고함

문서 종류 보고서 호외
작성 날짜 1905-06-01
발신 강원도 울진 군수 윤우영
수신 외부 대신
출처 江原道來去案(奎17985) 2책 189a-190b

보고서 제 호외

음력 올 4월 25일에 본 울진군 앞바다에서 대포 소리가 멀고 가까운 데까지 흔들어 울려서 마치 전쟁이 일어난 듯했습니다. 그러므로 사람을 시켜 높이 올라가 바라보게 하였더니,
"먼 바다에 물결이 뒤집히고 연기와 불꽃이 하늘에 퍼져 가득하여 다만 대포 소리만 들리고 배 모양은 판별되지 않았습니다. 그러더니 미시(未時), 신시(申時)에 이를 즈음에 대포 소리는 그치고 연기가 걷히고 비로소 보였는데 거북선 1척과 윤선 2척이 본 울진군 고포(姑浦) 및 경계가 맞닿은 삼척(三陟) 월천(月川) 2개 나루 사이의 바다에서 마치 고리짝을 치듯이 배가 둥글게 돌더니 충돌하였습니다. 그러다가 거북선이 윤선에 쫓겨서 2개 나루 사이로 신속히 들어왔습니다."
라고 하였습니다. 이로 인해 지나가는 나그네가 전하는 이야기를 들어보니,
"고포의 동네 백성들이 저 일본과 러시아 배가 서로 싸우는 데 재앙을 당하여 사람들이 죽고 동네는 텅 비기에 이르렀다."
라고 하였습니다. 그러므로 듣기에 놀랍고 참혹함을 이기지 못하여 즉시 순교, 서기를 파견하여 적간하도록 하였습니다. 돌아와 아뢴 내용에,
"윤선 2척은 바로 일본 군함이고 거북선 1척은 러시아 군함입니다. 러시아 배가 일본 배에 부서졌고, 러시아인 80여 명이 일본인에게 붙잡혔습니다. 회산포(回山砲) 1궤짝이 바람이 밀고 들어와 흔들리며 고포진 가로 굴러들어 왔습니다. 그러자 무지하고 어리석은 백성이 '이상한 물건이다.'라고 하며 서로 다투어 가지고 놀았습니다. 그러다가 화약 화살[藥箭]이 부딪쳐 터졌는데 불길이 세차게 뒤덮어 사람 목숨이 사망에 이른 자가 35명입니다. 몸이 조각나

날아가고 혼령이 흩어져 보기에 참혹하기 그지없습니다. 본 울진군 백성이 6명이고 삼척 백성이 29명입니다."

라고 하였습니다.

연달아 죽변의 동임의 긴급 보고를 접수하였더니,

"25일 오시(午時)쯤에 대포 소리가 앞바다에서 크게 일어났습니다. 그러므로 산에 올라가 보니 일본 배 2척이 러시아 배 1척을 몰아서 뒤쫓아서 고포, 월천 두 지역 사이로 들어가더니 러시아 배는 물에 가라앉았고 일본 배는 바다로 떠나갔습니다."

라고 하였습니다.

본 진(津)의 경우 머물러 지내는 일본 병사가 고포의 러시아인이 육지에 내린 곳에 가서 러시아인 84명을 압송해 와 머물러 지냅니다. 그런데 "대장은 5명이고 병정은 79명이다."라고 하지만 말소리가 통하지 않아 경위를 제대로 상세히 묻지 못했습니다. 본 울진군의 사망한 백성 6명은 모두 거두어들여 보살피도록 하였습니다. 성명을 이에 성책으로 작성하여 보고하니 조사해 주시기를 삼가 바랍니다.

광무 9년(1905) 6월 1일

강원도 울진 군수 윤우영

외부 대신 각하

記

大臣 協辦 局長

報告書第一號外 一九六 十二

陰曆今四月二十五日本郡前洋에大砲響이震動遠近而
有若戰爭之擧故로使人登高望見ᄒᆞ니遠海翻波에烟
焰이漲天ᄒᆞ야但聞砲響이오不辨船形이더니至于未申
時之際ᄒᆞ야砲止烟開矣始乃見之ᄒᆞ니龜船一隻과輪船
二隻이若栲栳船環旋衝撞於本郡姑浦及接境三陟月
川兩津中洋이다가龜船이爲輪船之所逐ᄒᆞ야駛入於兩津
之間이다이各더니因聞過去行客之傳說則姑浦洞民爲
被日俄船相戰之禍ᄒᆞ야以至人死洞虛云故聞不勝驚慘ᄒᆞ
야卽送巡校書記而摘奸이온바回告內輪船二隻은乃是日
本軍艦이오龜船一隻은俄國軍艦也俄船이致破於日船ᄒᆞ
고俄人八十餘名이被捉於日人인바回山砲一樻가爲風飄
所渴ᄒᆞ야轉入於姑浦津邊ᄒᆞ니無知愚氓이謂之異物
ᄒᆞ고互相爭玩타가藥筒이闖發ᄒᆞ야火烈所曉에人命之
致死者三十五人而體飛魂散이所見極慘이던다에本郡之民
爲六名이오三陟之民이爲二十九名이다을고連接邊洞住
馳報ᄒᆞ온七五日午時量에砲聲이大作於前洋故로登山見之
ᄒᆞ니日船二隻이驅逐俄船一隻ᄒᆞ야入于姑浦月川兩境之
間矣러니俄船은沉水ᄒᆞ고日船은放海이온바本津留住
日兵往于姑浦俄人下陸處ᄒᆞ야俄人八十四名을押來留住

所而稱云大將者五人이오兵丁者七十九人然이나語音莫
通에顚末을未能詳聞이오며本郡民致斃六名은一倂收
斂存恤케ᄒᆞ옵고姓名을茲에修成冊報告ᄒᆞ오니
查照ᄒᆞ시믈伏望

光武九年六月一日

江原道蔚珍郡守尹宇榮

外部大臣 閣下

指令第十號
而知危險物品이오錯
認玩物하야致死衆多
偶命이니情極矜惻
이라另加賑恤하야
俾有安接障케
宜事
十日

110 일본인 10여 명이 도내 곳곳에 일본 국기를 세운 일에 대해 강원도에서 외부에 보고함

문서 종류 보고서 제3호
작성 날짜 1905-06-12
발신 강원도 관찰사 조종필
수신 외부 대신 이하영
출처 江原道來去案(奎17985) 2책 192a-194b

보고서 제3호

강원도 내 울진 군수 윤우영의 보고서 내용에,
"음력 4월 12일부터 19일까지 근북면(近北面), 원북면(遠北面), 근남면(近南面), 원남면(遠南面), 하군면(下郡面) 여러 동네의 동임의 보고를 연달아 접수해 보니, '일본인 10여 명이 산과 바다로 쏘다니며 냇가나 나루, 높은 바위 표면에 회를 바르고 먼 고개나 가파른 봉우리 꼭대기에 깃발을 세웠는데, 깃발 1개에, 『만일 뽑아가는 자가 있으면 일본 형벌로 다스리겠다.』라고 써 놓았습니다.'라고 하였습니다. 사건의 단서를 따져 보니 '이는 우리 땅이니 네가 관여할 것이 아니다.'라는 것이었습니다. 그러므로 즉시 순교를 정해 내보내 적간해 오게 하였습니다. 그랬더니 깃발 모양이 어떠한 지와 지명이 어디인지를 상세하게 기록해 왔습니다. 이에 아래와 같이 보고합니다."
라고 하였습니다. 이에 원본을 베껴 아래와 같이 보고하니 잘 살펴 주시기를 바랍니다.
광무 9년(1905) 6월 12일

강원도 관찰사 조종필

외부 대신 이하영 각하

아래

근북면

- 골장진(骨長津) 동대산(銅坮山) 머리에 4월 12일에 흰 바탕에 가운데 붉은색인 일본 국기 깃발 1개를 대나무 가지에 세웠는데 길이는 3발 정도이고 산 아래 바위 면에 석회를 바르

고 표지를 기록함.

- 초평진(草坪津), 골장진 2개 나루의 경계인 곳에 흰 바탕에 가운데 붉은색인 일본 국기 깃발 1개를 대나무 가지에 세웠는데, '일본해군기표(日本海軍旗標)'라고 크게 써 놓았다. 그리고 초평동 앞에 또 1장(丈) 남짓의 위는 붉고 아래는 흰색인 깃발 1개를 세우고, 그 앞에 또 흰색 천의 깃발 3개와 붉은색 천의 깃발 2개를 세웠는데 길이는 1장(丈) 남짓이고, '뽑아가는 자는 법으로 다스린다.'라고 한글로 써 놓음.
- 같은 4월 12일 죽변진(竹邊津) 흑암(黑巖) 모래밭에 위아래는 희고 가운데는 붉은색인 깃발 1개를 세웠고, 전작곡(田作谷) 모래밭에 같은 색의 깃발 1개를 세웠는데 대나무 장대의 길이는 3발 정도이다. 향목동(香木洞) 모래밭에 2층으로 흰색 깃발 3면과 붉은색 깃발 2면을 세웠고, 산위에는 2층으로 흰색 깃발 4개와 붉은색 깃발 2개를 세웠고, 동네 앞에 위아래는 희고 가운데는 붉은색인 깃발 1개를 세웠는데 길이는 3발여 남짓이다. 용추산(龍湫山) 위에 2층으로 3발 길이의 흰색 깃발 3개와 붉은색 깃발 2개를 세우고 '대일본해군기(大日本海軍旗)'라고 썼다. 용추암(龍湫巖) 위에 석회를 발랐고, 위아래의 암석에도 모두 석회를 바르고 하얗게 표시함.
- 같은 4월 12일 봉수진동(烽峀津洞) 뒷산에 위아래는 희고 가운데는 붉은색인 2발 반짜리 깃발 3개를 세웠고, 정산(亭山) 아래에 같은 색의 깃발 1개를 세웠는데 '대일본해군기'라고 크게 썼으며 좌우 암석에 모두 석회로 표시함.
- 같은 4월 12일 매정동(每亭洞) 뒤 동산(銅山) 위에 가운데는 붉고 위아래는 흰색인 3장 길이의 깃발 1개를 세웠는데, '대일본해군'이라고 써 놓음. 근북, 원북 2개 나루 경계 지역에 같은 색의 깃발 1개를 세웠는데 '대일본해군'이라고 써 놓음.

원북면

- 마분진(馬墳津) 모래밭 위에 4월 13일에 가운데는 붉고 위아래는 흰색인 깃발 1개를 세웠는데, 한글로 '이 깃발을 뽑아가는 사람은 법으로 다스린다.'라고 써 놓음.
- 같은 4월 13일 상덕구(上德邱) 응봉(鷹峰) 위에 3층으로 5장짜리 흰색 깃발 6개와 붉은색 깃발 3개를 세웠는데, '대일본해군', '이 깃발을 훔쳐 가면 형법으로 다스린다.'라고 크게 써 놓음.
- 같은 4월 13일 염구동(塩邱洞) 염전(塩田) 모래밭 위에 위아래는 희고 가운데는 붉은색인 깃발 1개를 세웠는데, '대일본해군'이라고 크게 써 놓음.
- 4월 14일 나곡동(羅谷洞) 백호산(白虎山) 위에 2층으로 흰색 깃발 3면과 붉은색 깃발 2개

를 세웠는데, '대일본해군'이라고 크게 써 놓았다. 산 아래의 바위 위에다 백회로 표시하고, 오근동(杇斤洞) 뒤 바위에도 백회로 표시함.

하군면

• 같은 4월 14일 공세진(貢稅津) 구암(鳩巖) 위에 백회를 바름.

• 4월 15일 현내진(縣內津) 수전대(水殿垈) 위에 2층으로 4발짜리 장대로 위아래는 희고 가운데는 붉은색인 깃발 1개를 세웠는데, '훔쳐 가면 형벌로 묻는다. 일본 정부[盜之則問刑日本政治].'라고 써 놓았다. 또 바위 위에 석회로 표시함.

• 같은 4월 15일 죽양진(竹洋津) 아래 포구 바위 위에 석회로 표시함.

• 같은 날 상양진(上洋津) 독미산(獨美山) 바위 위에 석회로 표시함.

근남면

• 4월 15일 둔산진(屯山津) 간포암(間浦巖) 위에 석회를 칠함.

• 같은 4월 15일 흑포진(黑浦津) 노치암(魯治巖) 위에 석회를 발랐다. 삼암(三巖) 고개에 위아래는 희고 가운데는 붉은색인 깃발 1개를 세웠는데, 장대의 길이는 5발쯤 되었고, 써 놓기를, '훔쳐 가면 형벌로 묻는다. 일본 정부.'라고 하였다. 외암(外巖)에 석회로 표시함.

• 같은 4월 15일 동전동(冬前洞) 자리말지암(自里末只巖)에 석회를 발랐고, 대단암(大端巖) 위에도 석회로 표시함.

원남면

• 초산진(草山津)의 경우 4월 15일 호암(虎巖)에 석회를 발랐고, 동네 뒤에 두 폭의 깃발을 매단 장대 하나를 세웠는데 위에는 붉은색이고 아래는 흰색이었으며 써 놓기를, '훔쳐 가면 형벌로 묻는다. 일본 정부.'라고 함.

• 같은 4월 15일 덕신동(德神洞) 뒤 현종산(懸鍾山) 위 중봉(中峰)에 두 폭의 깃발을 매단 장대 하나를 세웠고, 그 아래에 또 두 폭의 작은 깃발을 세웠다. 산 아래 관암(關巖)에 석회를 발라 표시함.

• 같은 4월 15일 망양진(望洋津) 굴인암(窟釼巖)에 석회로 표시함.

• 같은 4월 15일 두기동(斗基洞) 대영산(大英山)에 두 폭의 깃발을 매단 장대 하나를 세웠는데, 색·모양·글씨·뜻이 모두 위와 같았음.

大臣 協辦 局長 課長

記

報告書號外第三號

道內蔚珍郡守尹宇榮報告書內開에陰曆四月十二日至

十九日至近遠北近遠南下郡面諸洞洞任手本을連次接

準ᄒᆞ온즉日本人十餘名이出沒山海之間ᄒᆞ야捺灰於沿津

高巖之面ᄒᆞ고立幟於遠巒危峰之頭而書面識之曰如有拔

去者면日本刑罰로治之라ᄒᆞ야旨問其事端則此是我土니非汝

所関云이다故로即爲定巡校出送ᄒᆞ야使之摘奸以來이온더니

旗標如何와地名從某을昭詳錄來이옵기玆에左開報告等

因이옵기玆에謄本左開報告ᄒᆞ오니

照亮ᄒᆞ시믈爲望

光武九年六月十二日

江原道觀察使趙鍾弼

外部大臣李夏榮 閣下

左開

近北面

骨長津銅培山頭四月十二日에立紅心白沿竹幹幟一面ᄒᆞ니長

可三把오山下巖面捺石灰識標

草坪骨長兩津地境處에立紅心白沿竹幹幟一面而大書日本

海軍旗標ᄒᆞ고草坪洞前에又立一丈餘上紅下白旗一面ᄒᆞ고其

前에又立白幟三面紅幟旗二面長이一丈餘요諺書拔去者는

法治之同日

竹邊津黑巖沙場에立上下白中紅幟一面ᄒᆞ고田作谷沙場에立

同色幟一面ᄒᆞ니竹竿長可三把오香木洞沙場에立二層白旗三

面紅旗二面ᄒᆞ고山上立二層白幟四面紅旗二面ᄒᆞ고洞前에立上

下白中紅旗一面長可三把餘요龍湫山上立二層三把白旗三面

紅旗二面書大日本海軍旗ᄒᆞ고龍湫巖上塗石灰ᄒᆞ고上下巖石

에俱塗灰而標白同日

烽峀津洞後山에立二把半上下白中紅旗三面亭山下에立同色

旗一面大書大日本海軍旗左右巖石에俱標白灰同日

每亭洞後銅山上에立中紅上下白三丈旗一面書大日本海軍

ᄒᆞ고立近遠北兩津接境에立同色旗一面大書大日本海軍同日

遠北面

馬墳津沙場上四月十三日立中紅上下白旗一面ᄒᆞ고諺書此旗

拔去之人은以法治之同日

上德卯鷹峰上立三層五丈白旗六面紅旗三面大書大日本海

軍此旗盜去則刑法治之同日

塩卯洞塩田沙場上에上下白中紅旗一面大書大日本海軍十四日

羅谷洞白虎山上에立二層白旗三面紅旗二面大書大日本海軍

山下巖上標白灰ᄒᆞ고朽斤洞後巖에標白灰同日

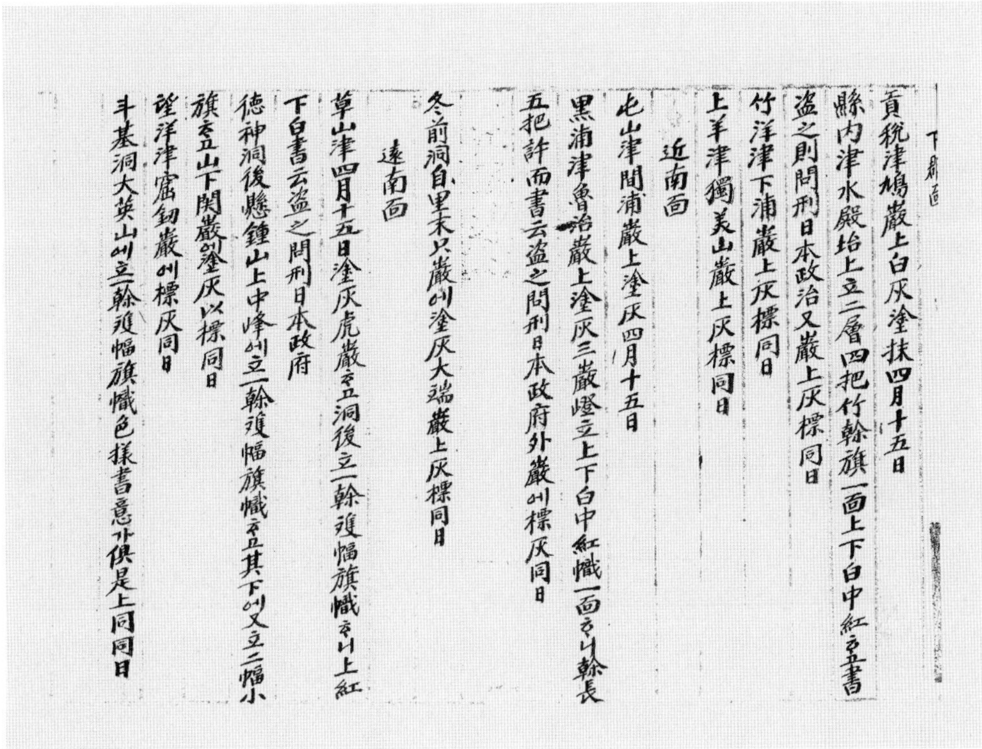
下鼎面
貢稅津鳩巖上白灰塗抹四月十五日
縣內津水殿始上立三層四把竹幹旗一面上下白中紅ᄒᆞ고書
盜之則問刑日本政治又巖上灰標同日
竹洋津下浦巖上灰標同日
上羊津獨美山巖上灰標同日
近南面
屯山津間浦巖上塗灰四月十五日
黑浦津魯治巖上塗灰三巖墱立上下白中紅幟一面ᄒᆞ니幹長
五把許而書云盜之問刑日本政府外巖에標灰同日
冬前洞自里末只巖에塗灰大端巖上灰標同日
遠南面
草山津四月十五日塗灰虎巖ᄒᆞ고洞後立一幹隻幅旗幟ᄒᆞ니上紅
下白書云盜之問刑日本政府
德神洞後懸鍾山上中峰에立一幹隻幅旗幟ᄒᆞ고其下에又立二幅小
旗ᄒᆞ고山下閑巖에塗灰以標同日
望洋津窟釖巖에標灰同日
斗基洞大英山에立一幹隻幅旗幟色樣書意가俱是上同同日

111 러시아와 일본이 울진군 앞바다에서 대포를 쏘며 서로 충돌한 사건에 대해 강원도에서 외부에 보고함

문서 종류	보고서 제2호
작성 날짜	1905-06-12
발신	강원도 관찰사 조종필
수신	외부 대신 이하영
출처	江原道來去案(奎17985) 2책 195a-196b

보고서 제2호

방금 도착한 울진 군수 윤우영의 보고서 내용에,

"음력 4월 25일 본 울진군 앞바다에서 대포 소리가 멀고 가까운 데까지 흔들어 울려서 마치 전쟁이 일어난 듯 했습니다. 그러므로 사람을 시켜 높이 올라가 바라보게 하였더니, '먼 바다에 물결이 뒤집히고 연기와 불꽃이 하늘에 펴져 가득하여 다만 대포 소리만 들리고 배 모양은 판별되지 않았습니다. 그러더니 미시(未時), 신시(申時)에 이를 즈음에 대포 소리는 그치고 연기가 걷히고 비로소 보였는데 거북선 1척과 윤선 2척이 본 울진군 고포 및 경계가 맞닿은 삼척 월천 2개 나루 사이의 바다에서 마치 고리짝을 치듯이 배를 둥글게 돌더니 충돌하였습니다. 그러다가 거북선이 윤선에 쫓겨서 2개 나루 사이로 신속히 들어왔습니다.'라고 하였습니다. 이로 인해 지나가는 나그네가 전하는 이야기를 들어 보니, '고포의 동네 백성들이 저 일본과 러시아 배가 서로 싸우는데 재앙을 당하여 사람들이 죽고 동네는 텅 비기에 이르렀다.'라고 하였습니다. 그러므로 듣기에 놀라 참혹함을 이기지 못하여 즉시 순교, 서기를 파견하여 적간하도록 하였습니다. 돌아와 아뢴 내용에, '윤선 2척은 바로 일본 군함이고 거북선 1척은 러시아 군함입니다. 러시아 배가 일본 배에 부서졌고, 러시아인 80여 명이 일본인에게 붙잡혔습니다. 회산포 1궤짝이 바람에 밀려 들어와 흔들리며 고포진 가로 굴러들어 왔습니다. 그러자 무지하고 어리석은 백성이 '이상한 물건이다.'라고 하며 서로 다투어 가지고 놀았습니다. 그러다가 화약 화살이 부딪쳐 터졌는데 불길이 세차게 뒤덮어 사람 목숨이 사망에 이른 자가 35명입니다. 몸이 조각나 날아가고 혼령이 흩어져서 보기에 참혹하기 그지없습니다. 본 울진군 백성이 6명이고 삼척 백성이 29명입니다.'라고 하였습니다.

연달아 죽변 동임의 긴급 보고를 접수해 보니, '25일 오시(午時)쯤에 대포 소리가 앞바다에서 크게 일어났습니다. 그러므로 산에 올라가 보니 일본 배 2척이 러시아 배 1척을 몰아서 뒤쫓아서 고포, 월천 두 지역 사이로 들어가더니 러시아 배는 물에 가라앉았고 일본 배는 바다로 떠나갔습니다.'라고 하였습니다. 본 진의 경우 머물러 지내는 일본 병사가 고포의 러시아인이 육지에 내린 곳에 가서 러시아인 84명을 압송해 와 머물러 지냅니다. 그런데 '대장은 5명이고 병정은 79명이다.'라고 하지만 말소리가 통하지 않아 경위를 제대로 상세히 묻지 못했습니다. 본 울진군의 사망한 백성 6명은 모두 거두어들여 보살피도록 하였습니다. 성명을 이에 성책으로 작성하여 보고합니다."

라고 하였습니다.

연달아 삼척군 향장 김병탁(金秉鐸)의 보고서를 접수해 보니 내용의 대략에,

"본 삼척군의 수령은 말미를 받아 서울에 올라갔고, 서리 수령은 연명하려고 길을 떠났습니다. 그런데 전해 듣건대, '본 삼척군 원덕면(遠德面) 월천진(月川津) 앞바다에 외국의 배가 와서 싸웠습니다. 이런 연유로 동네 백성이 제명대로 살지 못하고 사망한 자가 매우 많습니다.'라고 하였습니다. 그러므로 듣기에 매우 놀라워 수순교(首巡校), 수서기(首書記)를 대동하고 즉시 해당 동네에 가서 상세히 적간하였습니다. 그랬더니 동네 백성이 아뢴 내용에, '음력 4월 25일 사시(巳時)쯤에 일본과 러시아 두 나라의 군함이 본 월천진 앞바다에서 맞부딪쳐 싸웠는데 러시아 배가 일본 대포에 맞아 물에 가라앉았습니다. 러시아인은 육지에 내린 자가 61명이고 물에 빠져 죽은 사람은 얼마인지 알지 못하는데, 울진 죽변포에 머물러 주둔한 일본인이 와서 붙잡아 갔습니다. 같은 날 미시쯤 처음 보는 물건 하나가 고포에 와서 정박하였는데 길이는 3발 남짓이고 형태는 장군 같았으니 모인 사람들이 다투어 가지고 놀았습니다. 그러다가 포 소리가 크게 나자 산이 치솟는 듯 바다가 일렁거렸는데 울진, 삼척 두 지역에서 사람 목숨이 사망에 이른 자가 35명인데, 울진 사람은 6명이고 삼척 사람은 29명입니다. 뼈와 살이 조각조각 부서졌으니 참혹하여 차마 볼 수 없었습니다.'라고 하였습니다. 해당 사망한 사람의 성명을 성책으로 작성하여 올려 보냅니다."

라고 하였습니다. 사람 목숨이 이같이 피해를 당했다니 듣기에 놀랍고 참혹하기 그지없습니다. 그러므로 각각 즉시 후하게 매장하라는 뜻으로 우선 지령으로 지시하였습니다. 이에 보고하니 잘 살펴 주시기를 바랍니다.

광무 9년(1905) 6월 12일

강원도 관찰사 조종필

외부 대신 이하영 각하

報告書第二號

即到蔚珍郡守尹宇榮報告書內開陰曆四月二十五日本郡
前洋에大砲響이震動遠近而有若戰爭之擧故로使人登高望
見ᄒᆞ니遠海翻波에烟焰이漲天ᄒᆞ야但聞砲響이오不辨船形이
더니至于未申時之際ᄒᆞ야砲止烟開矣라始乃見之ᄒᆞ니龜船一
隻과輪船二隻이若栲栳般環旋衝撞於本郡姑浦及接境三
陟月川兩津中洋이다가龜船이爲輪船之所逐ᄒᆞ야駛入於兩津
之間이다이옵더니因聞過去行客之傳說則姑浦洞民이爲被日俄
船相戰之禍ᄒᆞ야以至人死洞虛云故로不勝驚慘ᄒᆞ야卽送書記
巡校而摘奸이온주回告內輪船二隻은乃是日本軍艦이오龜船
一隻은俄國軍艦也라俄船이被破於日船ᄒᆞ고俄人八十餘名이
被捉於日人이온바回山砲一櫃가爲風廉所湯ᄒᆞ야轉入於姑浦津邊
ᄒᆞ니無知愚氓이謂之異物ᄒᆞ고互相爭玩타가藥箭이鬪發ᄒᆞ야火
烈所蹴에人命之致死者三十五人而體飛魂散이所見極慘이던
다에本郡之民이爲六名이오三陟之民이爲二十九名이다ᄒᆞ고連接竹
邊津洞任馳報즉二十五日午時量에砲聲이大作於前洋故로登山
見之ᄒᆞ니日船二隻이驅逐俄船一隻ᄒᆞ야入于姑浦月川兩境之間矣
러니俄船은沉水ᄒᆞ고日船은放海이온바本津留駐日兵이往于姑浦
俄人下陸處俄人八十四名을押來留駐所而稱云大將者五人이오兵
丁者七十九人이나語音을莫通이비顚末을未能詳問이오며本郡民

致斃六名은一依枚報ᄒᆞ옵고姓名을修成冊報告等因이옵連
接三陟郡鄕長金秉鐸報告書內槩에本郡官司主受由上京이옵고
署理官司主는延 命次發行이온바傳聞本郡遠德面月川津前洋
에有外國船來戰而緣此洞民之非命致死가夥多云故로聞甚驚駭ᄒᆞ
外眼同首巡校首書記ᄒᆞ야卽往該洞詳細摘奸이온주洞民所告內
陰四月二十五日巳時量에日俄兩國戰艇이接戰於本津前洋而俄船이
爲日大砲之所中沉水ᄒᆞ야俄人下陸者六十一人이오溺死는不知幾人이
온바蔚珍竹邊浦留駐日人이來擒以去이옵고同日未時量에有一柳
見之物이來泊于姑浦ᄒᆞ니長爲三把餘오形如圭樣則會集之人이爭
翫摧拏이다가砲聲이大拆에山撤海蕩ᄒᆞ야蔚三兩界人命致死가至爲
三十五名이온데蔚人이六名이오陟人이二十九名而骨肉片碎
에慘慘不忍見이다이옵기該致死人姓名을修成冊上送等因이
온다人命之如是傷害가聞極驚慘故로各卽厚埋之意로
爲先指飭ᄒᆞ옵고玆에報告ᄒᆞ오니
照亮ᄒᆞ시믈爲望

光武九年六月十二日

江原道觀察使趙鍾弼

外部大臣李夏榮 閣下

112 일본 군함이 죽변진에서 러시아인 84명을 실어갔다고 울진군에서 외부에 보고함

문서 종류 보고서 제 호 호외 원본
작성 날짜 1905-07-01
발신 강원도 울진 군수 윤우영
수신 외부 대신
출처 江原道來去案(奎17985) 2책 209a-b

보고서 제 호외 원본

본 울진군 고포 가운데 바다에 러시아 배가 침범당해 부서진 일과 죽변진에 주둔하는 일본 병사가 러시아인 84명을 주둔하는 곳으로 압송해 온 연유는 전에 이미 긴급 보고하였습니다. 올 음력 4월 27일에 일본 군함이 채항(菜港)에서 와서 죽변진에 정박하고 주둔하는 곳으로 압송해 온 러시아인 84명을 배에 싣고 갔습니다. 이에 보고하니 조사해 주시기를 삼가 바랍니다.

광무 9년(1905) 7월 1일

강원도 울진 군수 윤우영

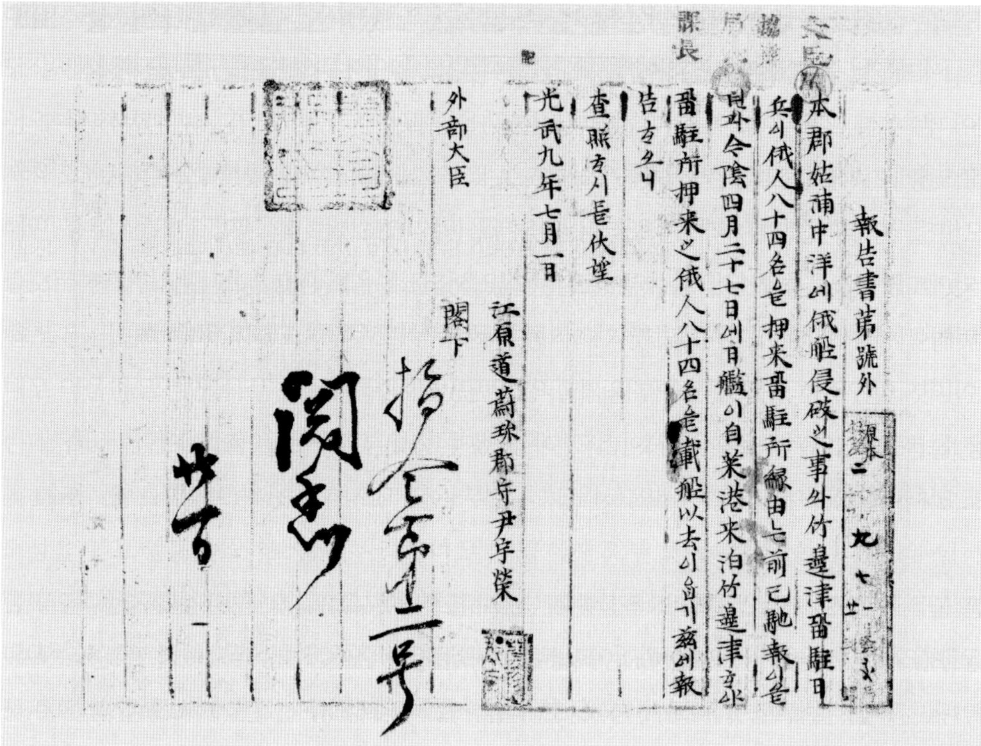

大臣 協辦 局長 課長

報告書第　號外

本郡姑浦中洋에俄船侵破之事와竹邊津番駐日
兵이俄人八十四名을押來番駐所緣由는前已馳報이온
바今陰四月二十七日에日艦이自萊港來泊竹邊津ᄒᆞ야
番駐所押來之俄人八十四名을載船以去이옵기玆에報
告ᄒᆞ오니
査照ᄒᆞ시믈伏望
光武九年七月一日
江原道蔚珍郡守尹宇榮
外部大臣　閣下

113 죽변진에 침몰한 러시아 배를 건져 올리는 일에 대해 울진군에서 외부에 보고함

문서 종류 보고서 제 호 호외 원본
작성 날짜 1905-07-13
발신 강원도 울진 군수 윤우영
수신 외부 대신 이하영
출처 江原道來去案(奎17985) 2책 214a-b

보고서 제 호외 원본

본 울진군 앞바다 바닷가에 러시아 군함이 일본인의 공격으로 부서진 사유는 전에 이미 긴급 보고하였습니다. 음력 6월 8일 일본 병사 60명과 선장(船長) 노구치 테츠히코(野口鐵彦)가 에치고마루(越後丸)를 타고 삼척 월천에서 와서 죽변포에 정박하고 부서져 침몰한 러시아의 배를 장차 건져 내려고 하는데 작업을 마치는 데 며칠이 걸릴지 모릅니다. 이에 보고하니 조사해 주시기를 삼가 바랍니다.
광무 9년(1905) 7월 13일

강원도 울진 군수 윤우영

외부 대신 각하

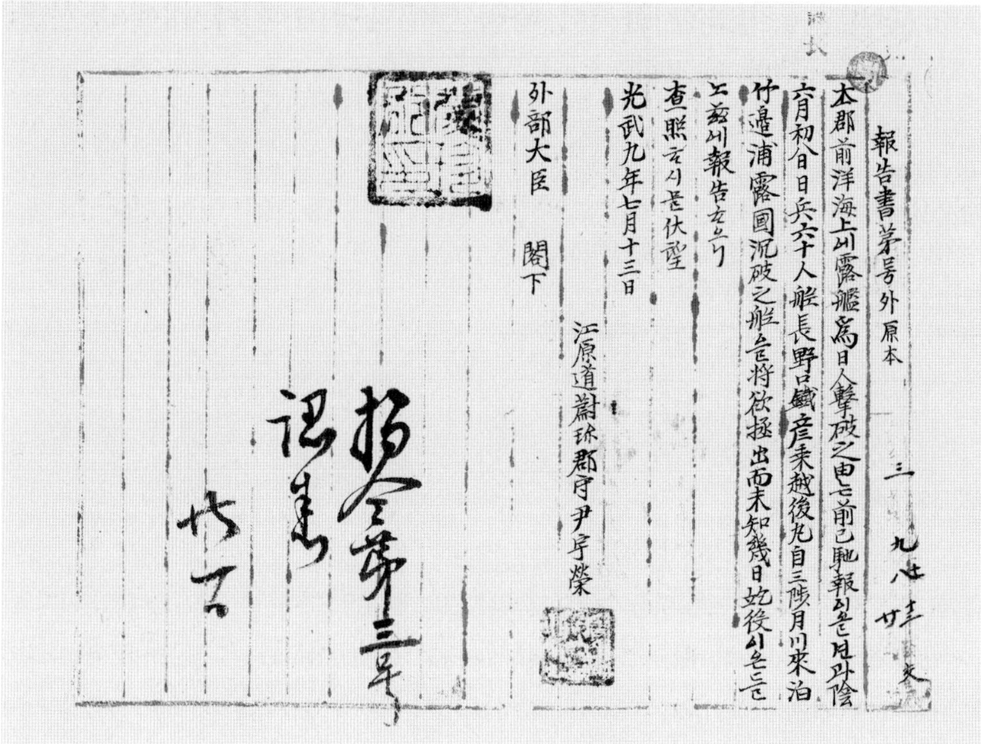

報告書第号 外 原本

本郡前洋海上에露艦이爲日人擊破之由로前已馳報이온바과陰

六月初六日兵六十人船長野口鐵彦乘越後丸自三陟月川來泊

竹邊浦露國沉破之船을將欲拯出而未知幾日始後이온든

上玆에報告하오니

查照하시믈伏望

光武九年七月十三日

江原道蔚珍郡守 尹宇榮

外部大臣 閣下

指令第三号

114 장전진 포경 기지를 확장하라는 훈령에 따라 처리했다고 강원도에서 외부에 보고함

문서 종류	보고서 제12호
작성 날짜	1905-08-15
발신	강원도 관찰사 조종필
수신	외부 대신 이하영
출처	江原道來去案(奎17985) 2책 213a-b

보고서 제12호

방금 통천 군수 심재승(沈在昇)의 보고서를 접수해 보니 내용에,

"지난 5월 13일에 원산항 주사 김익영(金益英)과 임시 고용인 이은준(李殷俊), 일본인 이노하라 시요우이치(篠原揔一)가 '일본인 오카쥬로(岡十郎)에게 허가한 본 통천군 장전진 포경 기지 2곳의 면적을 각각 3분의 1을 더 늘리도록 하라.'라는 외부의 전보 훈령을 받들어 도착했습니다. 군수인 저는 마침 몸이 병든 때를 만나 수서기 김계준(金啓駿)을 시켜 장전진에 함께 가서 본 기지 외에 동, 서, 북 3곳을 1,977평을 더 늘리고 경계를 정한 후에 나무표지를 단단히 세웠습니다. 표지 내에 있는 백성의 밭 5일 3식경(息耕)과 논 6마지기를 값 2,894냥으로 정하고 액수대로 내주었습니다. 새 문건 2장과 일문과 한문 지리서와 지도 각 1장을 작성해 보냅니다."

라고 하였습니다.

연달아 평창 군수(平昌郡守) 장홍식(張泓植)의 보고서를 접수해 보니 내용에,

"농상무 기사(農商務技師) 고바야시 후사지로(小林房次郎)가 '기수(技手) 이토 겐조우(伊藤源藏) 및 고용인 하라다 초오타로(原田長太郎)를 데리고 지질(地質)을 조사하기 위해 장차 경기도, 충청도, 강원도 3개 도를 여행할 생각입니다.'라고 하였습니다. 그리고 외부의 훈령을 지니고 음력 5월 30일 오시(午時)쯤 본 평창군 지역을 지나서 강릉 지역으로 향해 갔습니다."

라고 하였습니다. 이에 보고하니 잘 살펴 주시기를 바랍니다.

광무 9년(1905) 8월 15일

강원도 관찰사 조종필

외부 대신 이하영 각하

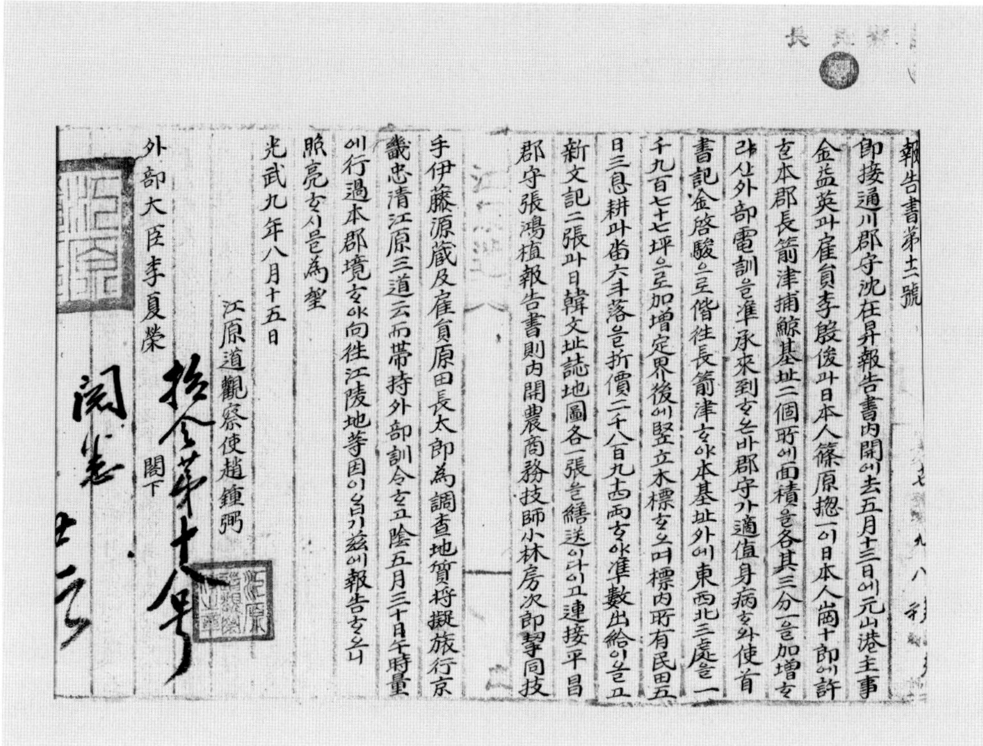

報告書第十二號

卽接通川郡守沈在昇報告書內開에去五月十三日에元山港主事
金益英과雇員李殷俊과日本人篠原揔一이日本人嵩十郎에許
ᄒᆞᆫ本郡長箭津捕鯨基址二個所에面積을各其三分一을加增ᄒᆞ
라신外部電訓을準承來到ᄒᆞ온바郡守가適値身病ᄒᆞ와使首
書記金啓駿으로偕往長箭津ᄒᆞ야本基址外에東西北三處을一
千九百七十七坪으로加增定界後에竪立木標ᄒᆞ오며標內所有民田五
日三息耕과畓六斗落을折價二千八百九十兩ᄒᆞ야準數出給이옵고
新文記二張과日韓文址誌地圖各一張을繕送이다이고連接平昌
郡守張鴻植報告書則內開農商務技師小林房次郎等同技
手伊藤源藏及雇員原田長太郎爲調査地質將擬旅行京
畿忠淸江原三道云而帶持外部訓令ᄒᆞ고陰五月三十日午時量
에行過本郡境ᄒᆞ야向往江陵地等因이ᄋᆞᆸ기玆에報告ᄒᆞ오니
照亮ᄒᆞ시믈爲望

光武九年八月十五日

江原道觀察使趙鍾弼

外部大臣李夏榮 閣下

115 독도가 일본 영토라고 주장하는 일본 시마네현 도사 등이 시찰하고 간 일에 대해 강원도에서 의정부에 보고함

문서 종류 보고서 호외
작성 날짜 1906-04-29
발신 강원도 관찰사 서리 춘천 군수 이명래
수신 의정부 참정 대신
출처 各觀察道去來案(奎17990) 1책 42a-b

보고서 호외

울도 군수 심흥택의 보고서 내용에,

"본 울도군 소속 독도(獨島)는 먼 바다 100여 리 밖에 있습니다. 이번 4월 4일 진시(辰時)쯤 윤선 1척이 울도군 내 도동포에 와서 정박하였습니다. 일본 관원 일행이 관아에 도착해 스스로 이르기를, '독도는 이번에 일본의 영토가 되었으므로 시찰(視察)하려고 왔다.'라고 하였습니다. 그 일행은 일본 시마네현 오키도사(隱岐島司) 히가시 분스케(東文輔), 사무관(事務官) 진자이 요시타로(神西田太郎), 세무감독 국장(稅務監督局長) 요시다 헤고(吉田平吾), 분서장(分署長) 경부(警部) 가게야마 이와하치로(影山巖八郎), 순사(巡査) 1명, 의회 의원[會議] 1명, 의사(醫師)와 기수(技手) 각 1명, 그 외 수행원 10여 명입니다. 먼저 호구 총수, 인구, 토지, 생산이 많은지 여부를 물었습니다. 또 인원 및 경비가 어느 정도인지와 여러 가지 사무를 조사하는 식으로 기록해 갔습니다. 이에 보고하니 잘 살펴 주시기를 삼가 바랍니다."

라고 하였습니다. 이에 따라 보고하니 잘 살펴 주시기를 삼가 바랍니다.

광무 10년(1906) 4월 29일

강원도 관찰사 서리 춘천 군수 이명래

의정부 참정 대신 합하

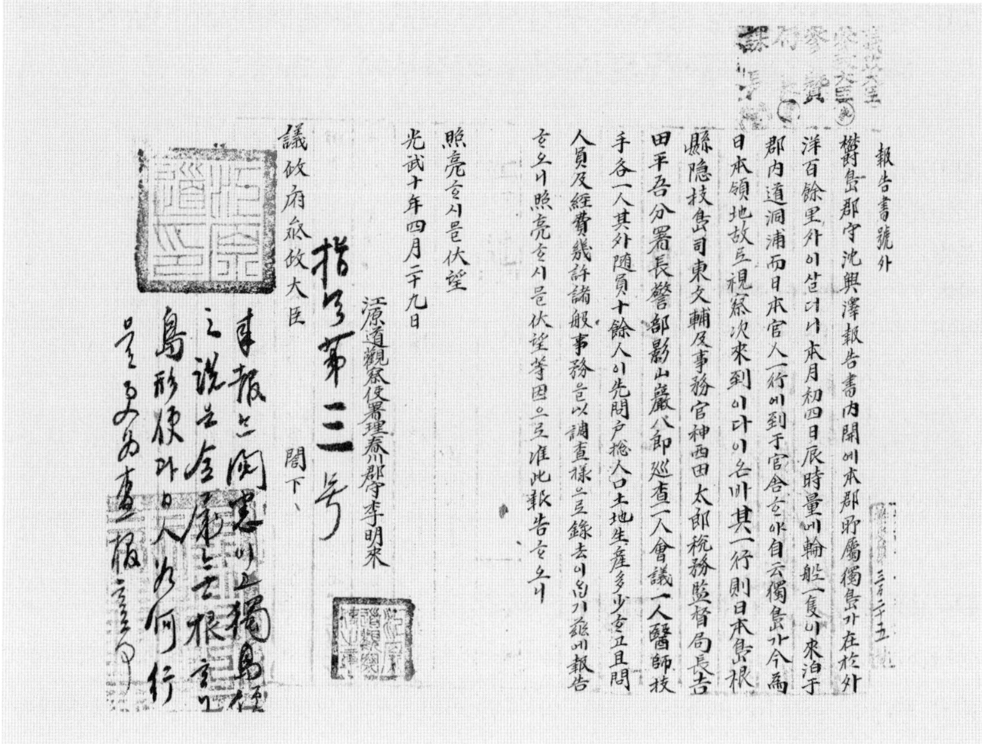

報告書號外
鬱島郡守沈興澤報告書內開에本郡所屬獨島가在於外
洋百餘里外이삽더니本月初四日辰時量에輪船一隻이來泊于
郡內道洞浦而日本官人一行에到于官舍ᄒᆞ야自云獨島가今爲
日本領地故로視察次來到이다이온바其一行則日本島根
縣隱岐島司東文輔及事務官神西田太郎稅務監督局長吉
田平吾分署長警部影山巖八郎巡査一人會議一人醫師技
手各一人其外隨員十餘人이先問戶摠人口土地生産多少ᄒᆞ고且問
人員及經費幾許諸般事務을以調査樣으로錄去이압기玆에報告
ᄒᆞ오니照亮ᄒᆞ시믈伏望等因으로准此報告ᄒᆞ오니
照亮ᄒᆞ시믈伏望
光武十年四月二十九日
江原道觀察使署理春川郡守李明來
議政府參政大臣 閤下
指令第三號
來報는閱悉이고獨島領地
之說은全屬無根ᄒᆞ니
該島形便과日人如何行
動을更爲査報ᄒᆞ라

116 원산항의 소금장사 김두원이 일본인 형제에게 도둑당해 손해 본 소금값 등을 받을 수 있도록 김두원이 의정부에 고소함

문서 종류 고소서(告訴書)
작성 날짜 1907-06-01
발신 김두원
수신 의정부 참정 대신
출처 請願書(奎17848) 6책 46a-50b

고소서(告訴書)

함경남도 원산항 거주, 상인, 김두원, 나이 58세

삼가 저는 지난해 음력 12월 3일에 소금값을 받으려고 통감부(統監府)에 장문의 편지를 보내고 곧바로 외사국(外事局)에 소장을 바치려고 광화문(光化門) 앞 등에서 기다렸더니 참찬(參贊) 한창수(韓昌洙) 씨가 마주하고 말하기를,

"마침 잘 만났다."

라고 하고는,

"성명, 나이, 본래 거주지를 즉시 써서 주라."

라고 하였습니다. 그래서 제가 대답하기를,

"영감이 어떤 곡절로 거주지와 성명을 기록해 넘기라고 하는지 모르겠지만 저에게는 모든 일이 전혀 도움 되지 않습니다. 일단 통감부에 조회하여 억울한 소금값을 받아주는 일 외에는 달리 생각할 것이 없습니다."

라고 하였습니다. 그리고 바로 소장을 바쳤더니 갑자기 본 댁 하인에게 지시하여 받아들이도록 하였습니다. 그 후 물러나 대답을 기다렸습니다.

12월 15일 오전 7시에 고향 집에서 제 아들 김준남(金俊南)이 도착하여 아버지의 병환이 위급함을 알렸습니다. 화들짝 깜짝 놀라 저와 아들은 즉시 출발하여 내려가다가 미처 본가 백수십 리밖에 이르지 못했는데 사망 소식을 만났으니 어찌 매우 애통하지 않겠습니까? 도중에 머리를 풀어헤치고 집으로 돌아가 처음부터 끝까지 부지런히 움직이며 산소를 정하고 탈 없이 장사 지냈습니다.

음력 이번 달 10일 오후 9시에 서울에 들어갔는데 갔다 돌아온 지 어느덧 다섯 달이 지났습니다. 그 사이 우리 한국 정부에서 분명히 공문 편지로 독촉하여 일본 정부에서 한국 정부에 대해 사용하던 이전 규정대로 독촉하고 8년에 8배 계산하여 46,791원 90전을 받아주는 것으로 알았습니다. 그래서 같은 달 17일에 위 몫을 받으려고 광화문 앞에서 기다렸더니 소금값을 내주는 것은 고사하고 소장을 판결하지 않고 물리쳤으니 어찌 매우 원통하고 매우 통탄스럽지 않겠습니까?

저는 원산 바닷가 구석의 한낱 상인으로 멀고 험한 길과 파도를 건너 소금 파는 것을 생업으로 삼았습니다. 그러다가 한번 일본인 기무라 겐이치로(木村源一郎) 형제에게 도적맞은 이후로 생업이 다 없어졌고 이리저리 떠도는 신세로 감히 고향으로 되돌아가지 못하고 서울에서 떠돌며 머금은 원한이 뼈에 사무치고 품은 억울함에 가슴이 막혔습니다. 그래서 맹세코 죽기를 각오하고 소금값을 징수하여 억울함과 원통함을 씻고자 할 뿐이었습니다. 그러므로 소장을 안고 호소한 지는 이미 8, 9년이 되었습니다. 이로 말미암아 일의 상황과 경위는 여러 번 각 신문에 실렸고 온 세상 사람에게 전파되어 사람들의 눈과 귀에 익숙하게 되었으며 많은 사람들의 입에 오르내렸습니다. 이는 일본과 한국 두 나라 사람만 익숙히 알 뿐이 아니라 세상의 여러 나라 사람도 모두 같이 전해 들었습니다. 따라서 매우 억울하고 통탄스러운 일의 정황을 누구인들 알지 못하겠습니까?

지난 광무 10년(1906) 9월 5일 통감부에 네 번째로 글을 올렸더니 총무장관(總務長官) 쓰루하라 사타키치(鶴原定吉) 씨가 우리 정부에 회답 조회한 것의 전문 내용은 법률상 이치에 맞지 않았고 다만 소금 통을 훔쳐 간 기무라 겐이치로만 두둔하고 한국인 김두원을 깔보려는 의도였습니다. 지금 또 통감 서리(統監署理) 합하께 여섯 번째 글을 올렸으니 제가 지금 굳이 상세하게 서술할 필요는 없습니다. 다만 요즘의 일의 대략만 말하겠습니다. 올해 9월 27일에 일본이 우리 정부에 회답 조회한 제149호를 근거해 보니 말하기를,

"기무라 겐이치로는 명치 32년(1899) 7월 24일 울릉도에서 살해되어 상속인(相續人) 나쓰메 소세키(金之助)와 당시 겐이치로와 동행한 위 사람의 동생 기무라 오토키치(木村乙吉) 등을 상대로 사실을 조사하였습니다. 그랬더니 해당 사람들은 마련해 갚을 의무가 없다고 주장합니다. 뿐만 아니라 상속인 나쓰메 소세키의 재산을 남모르게 탐문했더니, 겐이치로가 재물을 잃어버린 후 친척들이 빈곤함에 빠져 당장 입에 간신히 풀칠하고 있는 모양입니다. 가령 김두원의 소장 내용과 같이 배상할 의무가 있다고 하더라도 도저히 그 의무를 다하지 못할 것으로 생각됩니다."

라고 하였으니 일본이 문명화된 법률이라고 스스로 자랑하는 처지에 이러한 이치 밖의 문구를 꺼낸 것은 사람들에게 공평한 도리를 보여 주는 것이 매우 아닌 듯합니다.

대개 이전에 우리 정부와 일본 공사 사이에 이렇게 여러 번 교섭하고 담판하였는데 그때에 비록 나쓰메 소세키 등과 대질하여 심리 처리하지 못했지만, 제가 소금을 잃어버린 일의 상황과 기무라 등이 도둑질해 간 정황은 명백하고 의심이 없었습니다. 그러므로 그때 하야시 곤스케(林權助) 공사는 다만 구호금 몇백 환으로 대충 책임을 떼우려고만 하였습니다. 하지만 저는 단단히 거절하며 따르지 않고 바로 공관에 가서 통역관 고쿠부 쇼타로(國分象太郎)와 두세 번 이야기하였습니다. 그랬더니 대답하기를,

"소금값과 손해 금액을 마땅히 징수해 줄 것이니 몇 달을 기다리도록 하라."

라고 딱 잘라 말했습니다. 그렇게만 해 준다면 제가 받아야 할 것과 기무라가 줄 것을 다시 따질 것이 없습니다. 그런데 지금 갑자기 '마련해 갚을 의무가 없다고 주장한다.'라는 이야기는 아주 딱 잡아떼는 근거 없는 이야기입니다. 뿐만 아니라 하물며 소송의 법률에, '소송에 진 자가 매우 가난할 경우에는 이긴 자에게 보상할 수 없다.'고 하여 잡아떼고 주지 않는 이유인지는 저는 학문에 어두워 문명국가의 법률을 알지 못하지만 가령 도적이 자복해도 '매우 가난하다.'라고 하며 도적율[賊律]을 시행하지 말 것이며, 빚을 진 자가 빚을 준 사람에게 매우 가난하다고 잡아떼면 빌린 돈을 완전히 다 잃어버리라고 하는지 모르겠습니다. 이는 다른 나라 백성에 대해서만 시행하는 법률인지 알 수 없지만, 한마디로 말하자면 이러한 사례의 경우 일찍이 일본에서 우리나라 사람에게 이행한 사례가 이미 있습니다. 이전에 광무 6년(1902) 충청남도 홍주군(洪州郡) 장고도(長古島)에서 일본 범선이 바위에 부딪쳐 부서졌는데 해당 뱃값으로 돈 3,000원을 해당 지역 주민에게 독촉하여 징수하자 우리 정부에서 어쩔 수 없이 마련해 갚은 일도 있습니다. 그리고 광무 8년(1904) 공주군에 와서 머무는 일본 상인 칸가츠 타로(寬辰太郎)가 군인과 다툰 일에 대해 손해 금액 몇천 환을 우리 정부에서 징수해 준 일도 있습니다. 갑오년(1894), 을미년(1895) 이후로 '내지(內地)에서 사람이 죽었다.'고 핑계 대고 '유족에게 구호금을 준다.'고 하며 몇십만 환을 또한 징수해 갔습니다. 이와 같은 기존 사례는 이미 모두 일본에서 먼저 시행한 법률로 인용 사례의 증거입니다.

이번에 저의 소금값에 대해서도 기무라 겐타로가 살았는지 여부와 가난한 여부를 따지지 말고 일본 정부에서 당연히 징수해 줄 이유가 분명합니다. 가령 일본 상인이 물건을 한국인의 배에 꾸려 실었다가 불행히도 이름 모르는 도적의 변고를 당했더라도 일본에서 반드시 이전 사례를 다시 사용하여 우리 정부에게 독촉하고 다그쳐서 배상을 징수해 가는 데 잠시

도 지체하지 않을 것입니다. 그런데 우리 정부가 유약하다고 깔보고 당당하게 징수해 줄 물건을 줄곧 떠넘기며 세월만 질질 끌고 있습니다. 그러니 우리 정부가 비록 유약하더라도 유독 유약하지 않은 한 개인인 김두원만 구원하지 않는단 말입니까? 삼가 원하건대 합하께서는 하나하나 자세히 살피신 후에 이처럼 피맺히고 원통하여 뼈에 사무치는 통탄스런 김두원의 소금 1,088통의 값 돈 5,199환 10전과 대개 8년의 손해배상금을 일본 정부에서 이용한 이전 규정대로 8년에 8배로 계산하면 4만 6,791환 90전입니다. 우리 정부에서는 힘이 없어 공문 편지로 독촉하지 못하므로 태연히 보는데 빠졌으니 한 개인의 원통한 정황을 굽어 살펴 부리나케 위의 금액을 징수하여 한 사람으로 말미암아 모든 사람이 칭찬하도록 하고 모든 사람으로 말미암아 세상이 칭찬하도록 해 주시기를 삼가 바랍니다. 다만 합하께서는 잘 살펴 결정해 주십시오.

광무 11(1907) 6월 일

의정부 참정 대신 합하

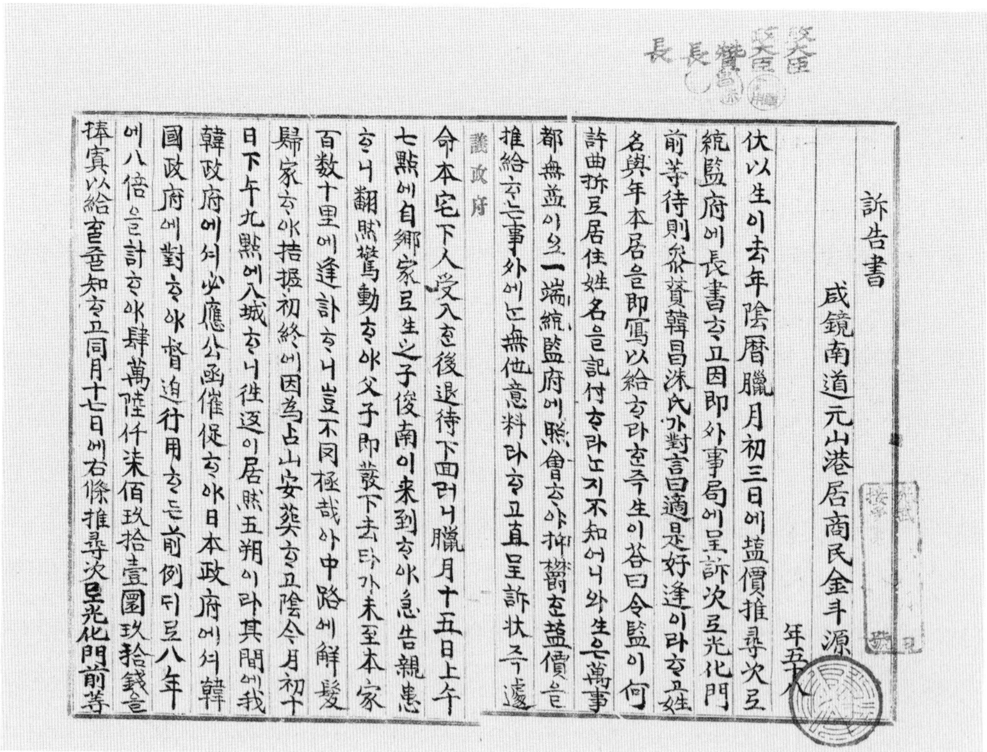

訴告書

咸鏡南道元山港居商民金斗源 年五十

伏以生이去年陰曆臘月初三日에鹽價推尋次로
統監府에長書ᄒᆞ고因卽外事局에呈訴次로光化門
前等待則叅贊韓昌洙氏가對言曰適是好逢이라ᄒᆞ고姓
名與年本居을卽寫以給ᄒᆞ라ᄒᆞᆫ즉生이答曰令監이何
許曲折로居住姓名을記付ᄒᆞ라ᄂᆞ지不知어니와生은萬事
都無益이오一端統監府에照會ᄒᆞ야抑鬱ᄒᆞᆫ鹽價을
推給ᄒᆞᄂᆞᆫ事外에ᄂᆞᆫ無他意料라ᄒᆞ고直呈訴狀ᄒᆞᆫ즉遽
議政府
命本宅下人受入ᄒᆞᆫ後退待下回러니臘月十五日上午
七點에自鄕家로生之子俊南이來到ᄒᆞ야急告親患
ᄒᆞ니翻然驚動ᄒᆞ야父子卽發下去ᄒᆞ다가未至本家
百數十里에逢訃ᄒᆞ니豈不罔極哉아中路에解髮
歸家ᄒᆞ야拮据初終에因爲占山安葬ᄒᆞ고陰今月初十
日下午九點에入城ᄒᆞ니往返이居然五朔이라其間에我
韓政府에서必應公函催促ᄒᆞ야日本政府에서韓
國政府에對ᄒᆞ야督迫行用ᄒᆞ던前例되로八年
에八倍을計ᄒᆞ야肆萬陸仟柒佰玖拾壹圜玖拾錢을
捧實以給ᄒᆞᆯ줄知ᄒᆞ고同月十七日에右條推尋次로光化門前等

待ᄒᆞ엿더니塩價出給은姑舍ᄒᆞ고訴狀을白退ᄒᆞ니豈不至冤極,
痛哉리오生은以元山海隅之一商民으로跋涉風濤에販塩資貝
業이다가一自被賊於日本人木村源一郎兄弟以後로産業蕩
敗에身勢飄零ᄒᆞ와不敢歸返故鄕ᄒᆞ고流離京城ᄒᆞ야
銜恨切骨에抱寃塞臆일ᄉᆡ誓欲抵死爲期ᄒᆞ고徵捧塩
價ᄒᆞ야以雪寃恨乃已이온故로抱狀號訴가已閱八九星霜
이온지라由是로其事狀顚末이屢登於各新報ᄒᆞ고傳播
於一世人ᄒᆞ야塗人耳目ᄒᆞ며膾炙萬口ᄒᆞ오니非但日韓兩
國人習知라抑天下列國人所共傳聞者也니其事情之至
寃極痛은孰有不諒哉아去

議政府

光武十年九月五日統監府에四次上書ᄒᆞ엿더니總務長官
鶴原定吉氏가照覆於我　政府者全篇辭意가不有
法理ᄒᆞ야只是偏護塩桶盜去之木源ᄒᆞ고蔑視韓人金斗
源之意也라今又統監署理閣下에六次上書ᄒᆞ엿ᄉᆞ오
니生이今不必覼縷盡述이되只以近日事畧言ᄒᆞ리니據
本年九月二十七日에日本照覆第百四十九號於我
政府者則有曰木村源一郎은明治三十二年七月二十四日鬱
陵島에付被殺됨으로其相續人金之助와當時源一郎과
同行ᄒᆞᆫ同人에弟乙吉等을對ᄒᆞ야査實ᄒᆞᆫ즉該人等이
辦償ᄒᆞᆯ義務가읍다고主張ᄒᆞᆯ뿐더러相續人金之助에

財産을內探ᄒᆞᆫ즉源一郎의失財ᄒᆞᆫ後其親族들이貪困
ᄒᆞᆫ데陷ᄒᆞ야當場糊口도艱辛ᄒᆞᆫ見樣이오니假令金斗源
의訴旨와갓치賠償ᄒᆞᆯ義務가有ᄒᆞ다ᄒᆞ더ᄅᆡ도到底히其
義務를成事키不能ᄒᆞᆫ줄로生覺ᄒᆞᆫ다ᄒᆞ얏스니日本이
開明ᄒᆞᆫ法律로써自詡ᄒᆞᄂᆞᆫ地位에此等理外의文字를發
ᄒᆞᆷ이大非示人以公平之道인듯ᄒᆞ도다盖從前我　政府와
日公使間에以此屢屢交涉談辦ᄒᆞ야其時에雖不與金之
助等으로對質審辦이오나生의失塩事狀과木村等의盜
去ᄒᆞᆫ情節이明白無疑故로其時林公使가只欲以恤金幾
百圜으로草草塞責이오나生이牢拒不聽ᄒᆞ고直往公館ᄒᆞ

議政府

야與通譯官國分象太郞으로再三談辦이온즉答以塩
價與損害金額을從當徵給ᄒᆞᆯ거시니容俟幾月ᄒᆞ라ᄒᆞ고
斷言ᄒᆞ얏ᄉᆞ오니然則生之當捧과木村之當徵은不俟更
論이거ᄂᆞᆯ今에忽然辦償ᄒᆞᆯ義務가無ᄒᆞ다고主張ᄒᆞᆫ다
ᄂᆞᆫ說은萬萬白賴의臆說일뿐더러況訴訟의法律에負
訟者가貪窶ᄒᆞᆫ境遇에ᄂᆞᆫ得勝者에對ᄒᆞ야報償ᄒᆞᆯ수
업다고抵賴不給ᄒᆞᄂᆞᆫ理由가有ᄒᆞ온지生은學問이鹵昧
ᄒᆞ야文明國의法律을不知ᄒᆞ오나假如盜賊이自服ᄒᆞ야도
貪窶ᄒᆞ다藉稱ᄒᆞ면賊律을勿施ᄒᆞ며負債者가債主
에對ᄒᆞ야貪窶ᄒᆞ다抵賴ᄒᆞ면債金을白失ᄒᆞ라ᄒᆞᄂᆞᆫ지

此ᄂᆞᆫ他國民에만對ᄒᆞ야施行ᄒᆞᄂᆞᆫ法律이온지未可知오
나蔽一言ᄒᆞ고此等事例에對ᄒᆞ야ᄂᆞᆫ曾往에日本에서我
國人에對ᄒᆞ야履行ᄒᆞᆫ已例가有ᄒᆞ오니往在
光武六年忠清南道洪州郡長古島에서日本風船이巖
礁에觸破ᄒᆞ엿거ᄂᆞᆯ該船價金三千圜을該地住民에게
督徵ᄒᆞᆷ이我
政府에서不得已辦償ᄒᆞᆫ事도有ᄒᆞ고
光武八年公州郡에來住ᄒᆞᄂᆞᆫ日本商民寬辰太郎이軍人
과爭鬪ᄒᆞᆫ事에對ᄒᆞ야損金幾千圜을我　政府에徵
捧ᄒᆞᆫ事도有ᄒᆞ고甲午乙未以後로內地에서人命損害라

議政府

藉稱ᄒᆞ야其遺族에게恤金ᄒᆞᆫ다ᄒᆞ고幾十萬圜을亦
徵去ᄒᆞ얏ᄉᆞ오니如此ᄒᆞᆫ已例가皆日本에서先行ᄒᆞᆫ法律證
援의比例라今에生의鹽價에對ᄒᆞ야도木源에生死貪富
를勿論ᄒᆞ고日本政府에서當然히徵給ᄒᆞᆯ理由가分明
ᄒᆞ온지라假令日本商民이物貨를韓人의船에裝載ᄒᆞ
얏다가不幸히遭無名盜賊之變이라도日本에서必應
復用前例ᄒᆞ야督迫我　政府ᄒᆞ야徵去賠償을不留時
刻ᄒᆞ깃거ᄂᆞᆯ蔑視我　政府柔弱ᄒᆞ고堂堂徵給之物
을一向推諉ᄒᆞ며延拖歲月ᄒᆞ오니我　政府ᄂᆞᆫ雖柔弱
이라도獨不恤金斗源一個人之不柔弱乎잇가伏願

閣下ᄂᆞᆫ一一細察ᄒᆞ신後에如此血寃骨痛ᄒᆞᆫ金斗源에鹽壹
仟捌拾捌桶價金伍仟壹佰玖拾玖圜拾錢과大抵八年損害
賠償金을日本政府에서行用ᄒᆞᄂᆞᆫ前例되로八年에八倍를
計ᄒᆞᆫ즉肆萬陸仟柒佰玖拾壹圜玖拾錢이라我　政府에서
無力ᄒᆞ야公函催促치못ᄒᆞᆫ고로陷其晏視ᄒᆞ니一個人의寃
情을俯察ᄒᆞ야火速히右額을徵捧ᄒᆞ시와一人으로由ᄒᆞ
야萬人이須케ᄒᆞ고萬人으로由ᄒᆞ야天下가頌케ᄒᆞ심을伏
望ᄒᆞ오니惟
閣下ᄂᆞᆫ裁諒ᄒᆞ소서

議政府

光武十一年六月　日

議政府參政大臣　閣下

117 구연수를 울도 군수로 임명하는 건을 내부에서 내각에 청의함

문서 종류 청의서
작성 날짜 1907-06-26
발신 내부 대신 임선준
수신 내각 총리 대신 훈2등 이완용
출처 奏本存案(奎17704) 35책 69a

청의서

전 기사(技師) 구연수(具然壽),

울도 군수에 임명하고 주임관(奏任官) 4등으로 함.

위 해당 관원의 임관 안건을 회의에 제출하는 일입니다.

광무 11년(1907) 6월 26일

내부 대신 임선준

내각 총리 대신 훈2등 이완용 각하

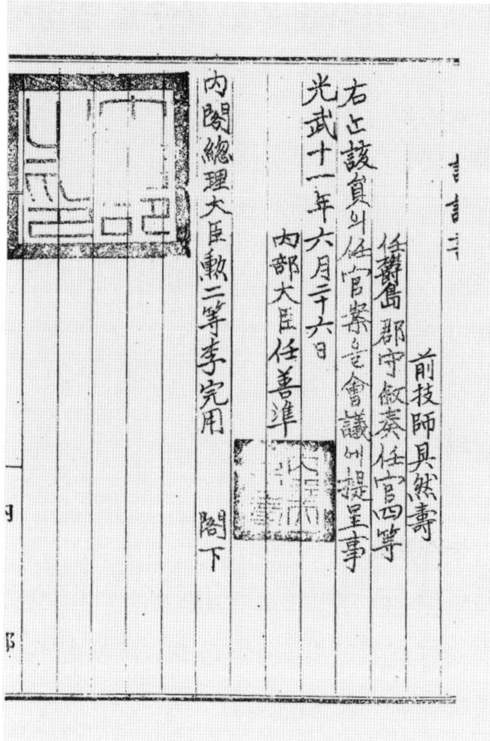

前技師具然壽
任鬱島郡守敍奏任官四等
右乙該員의任官案을會議에提呈事
光武十一年六月二十六日
內部大臣任善準
內閣總理大臣勳二等李完用 閣下

118 심능익을 울도 군수로 임명하는 건을 내부에서 내각에 청의함

문서 종류 청의서 제38호
작성 날짜 1907-08-08
발신 내부 대신 임선준
수신 내각 총리 대신 이완용
출처 奏本存案(奎17704) 39책14a

청의서 제38호

심능익(沈能益),

울도 군수로 임명하고 주임관(奏任官) 4등으로 함.

위 해당 관원의 임관 안건을 회의에 제출하는 일입니다.

융희 1년(1907) 8월 8일

내부 대신 임선준

내각 총리 대신 이완용 각하

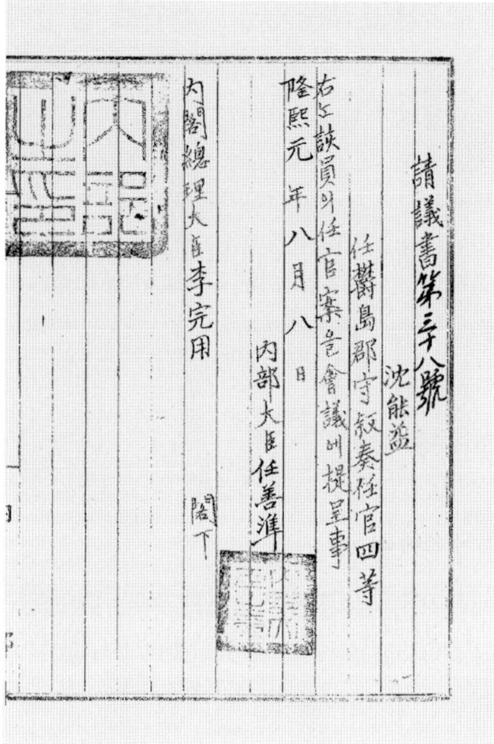

請議書第三十八號

任鬱島郡守叙奏任官四等 沈能益

右開員의任官案을會議에提呈事

隆熙元年八月八日

內部大臣 任善準

內閣總理大臣 李完用 閣下

| 찾아보기

ㄴ

ㄷ

ㄹ

ㅁ

ㅇ

일제침탈사 자료총서 03

일제의 독도·울릉도 침탈 자료집(2)

– 대한제국 정부 문서

초판 1쇄 인쇄 2020년 12월 20일
초판 1쇄 발행 2020년 12월 31일

엮은이 동북아역사재단
발행처 동북아역사재단

등록 제312-2004-050호(2004년 10월 18일)
주소 서울시 서대문구 통일로 81 NH농협생명빌딩
전화 02-2012-6065
팩스 02-2012-6189
홈페이지 www.nahf.or.kr
표지디자인 역사공간
제작·인쇄 역사공간

ISBN 978-89-6187-613-1 94910
978-89-6187-567-7 (세트)